Neue Wachstums- und Innovationspolitik in Deutschland und Europa

Wirtschaftswissenschaftliche Beiträge

Informationen über die Bände 1–111 sendet Ihnen auf Anfrage gerne der Verlag.

Band 112: V. Kaltefleiter, Die Entwicklungshilfe der Europäischen Union, 1995. ISBN 3-7908-0838-5

Band 113: B. Wieland, Telekommunikation und vertikale Integration, 1995. ISBN 3-7908-0849-0

Band 114: D. Lucke, Monetäre Strategien zur Stabilisierung der Weltwirtschaft, 1995. ISBN 3-7908-0856-3

Band 115: F. Merz, DAX-Future-Arbitrage, 1995. ISBN 3-7908-0859-8

Band 116: T. Köpke, Die Optionsbewertung an der Deutschen Terminbörse, 1995. ISBN 3-7908-0870-9

Band 117: F. Heinemann, Rationalisierbare Erwartungen, 1995. ISBN 3-7908-0888-1

Band 118: J. Windsperger, Transaktionskostenansatz der Entstehung der Unternehmensorganisation, 1996. ISBN 3-7908-0891-1

Band 119: M. Carlberg, Deutsche Vereinigung, Kapitalbildung und Beschäftigung, 1996. ISBN 3-7908-0896-2

Band 120: U. Rolf, Fiskalpolitik in der Europäischen Währungsunion, 1996. ISBN 3-7908-0898-9

Band 121: M. Pfaffermayr, Direktinvestitionen im Ausland, 1996. ISBN 3-7908-0908-X

Band 122: A. Lindner, Ausbildungsinvestitionen in einfachen gesamtwirtschaftlichen Modellen, 1996. ISBN 3-7908-0912-8

Band 123: H. Behrendt, Wirkungsanalyse von Technologie- und Gründerzentren in Westdeutschland, 1996. ISBN 3-7908-0918-7

Band 124: R. Neck (Hrsg.) Wirtschaftswissenschaftliche Forschung für die neunziger Jahre, 1996. ISBN 3-7908-0919-5

Band 125: G. Bol, G. Nakhaeizadeh/ K.-H. Vollmer (Hrsg.) Finanzmarktanalyse und -prognose mit innovativen quantitativen Verfahren, 1996. ISBN 3-7908-0925-X

Band 126: R. Eisenberger, Ein Kapitalmarktmodell unter Ambiguität, 1996. ISBN 3-7908-0937-3

Band 127: M.J. Theurillat, Der Schweizer Aktienmarkt, 1996. ISBN 3-7908-0941-1

Band 128: T. Lauer, Die Dynamik von Konsumgütermärkten, 1996. ISBN 3-7908-0948-9

Band 129: M. Wendel, Spieler oder Spekulanten, 1996. ISBN 3-7908-0950-0

Band 130: R. Olliges, Abbildung von Diffusionsprozessen, 1996. ISBN 3-7908-0954-3

Band 131: B. Wilmes, Deutschland und Japan im globalen Wettbewerb, 1996. ISBN 3-7908-0961-6

Band 132: A. Sell, Finanzwirtschaftliche Aspekte der Inflation, 1997. ISBN 3-7908-0973-X

Band 133: M. Streich, Internationale Werbeplanung, 1997. ISBN-3-7908-0980-2

Band 134: K. Edel, K.-A. Schäffer, W. Stier (Hrsg.) Analyse saisonaler Zeitreihen, 1997. ISBN 3-7908-0981-0

Band 135: B. Heer, Umwelt, Bevölkerungsdruck und Wirtschaftswachstum in den Entwicklungsländern, 1997. ISBN 3-7908-0987-X

Band 136: Th. Christiaans, Learning by Doing in offenen Volkswirtschaften, 1997. ISBN 3-7908-0990-X

Band 137: A. Wagener, Internationaler Steuerwettbewerb mit Kapitalsteuern, 1997. ISBN 3-7908-0993-4

Band 138: P. Zweifel et al., Elektrizitätstarife und Stromverbrauch im Haushalt, 1997. ISBN 3-7908-0994-2

Band 139: M. Wildi, Schätzung, Diagnose und Prognose nicht-linearer SETAR-Modelle, 1997. ISBN 3-7908-1006-1

Band 140: M. Braun, Bid-Ask-Spreads von Aktienoptionen, 1997. ISBN 3-7908-1008-8

Band 141: M. Snelting, Übergangsgerechtigkeit beim Abbau von Steuervergünstigungen und Subventionen, 1997. ISBN 3-7908-1013-4

Band 142: Ph. C. Rother, Geldnachfragetheoretische Implikationen der Europäischen Währungsunion, 1997. ISBN 3-7908-1014-2

Band 143: E. Steurer, Ökonometrische Methoden und maschinelle Lernverfahren zur Wechselkursprognose, 1997. ISBN 3-7908-1016-9

Band 144: A. Groebel, Strukturelle Entwicklungsmuster in Markt- und Planwirtschaften, 1997. ISBN 3-7908-1017-7

Band 145: Th. Trauth, Innovation und Außenhandel, 1997. ISBN 3-7908-1019-3

Band 146: E. Lübke, Ersparnis und wirtschaftliche Entwicklung bei alternder Bevölkerung, 1997. ISBN 3-7908-1022-3

Band 147: F. Deser, Chaos und Ordnung im Unternehmen, 1997. ISBN 3-7908-1023-1

Fortsetzung auf Seite 294

Thomas Gries · Andre Jungmittag
Paul J. J. Welfens (Hrsg.)

Neue Wachstums- und Innovationspolitik in Deutschland und Europa

Mit 51 Abbildungen und 31 Tabellen

Springer-Verlag Berlin Heidelberg GmbH

Reihenherausgeber
Werner A. Müller

Bandherausgeber
Professor Dr. Thomas Gries
Universität Paderborn
Fachbereich 5,
Wirtschaftswissenschaften
Warburgerstraße 100
33098 Paderborn
thomas.gries@notes.uni-paderborn.de

Professor Dr. Paul J. J. Welfens
Jean Monnet Professor
für Europäische Integration,
Präsident des EIIW
an der Universität Potsdam
August-Bebel-Straße 89
14482 Potsdam
welfens@rz.uni-potsdam.de

Dr. Andre Jungmittag
EIIW an der Universität Potsdam
August-Bebel-Straße 89
14482 Potsdam
jungm@rz.uni-potsdam.de

ISSN 1431-2034
ISBN 978-3-7908-0014-2 ISBN 978-3-642-57395-8 (eBook)
DOI 10.1007/978-3-642-57395-8

Bibliografische Information Der Deutschen Bibliothek
Die Deutsche Bibliothek verzeichnet diese Publikation in der Deutschen Nationalbibliografie; detaillierte bibliografische Daten sind im Internet über <http://dnb.ddb.de> abrufbar.

Ursprünglich erschienen bei Physica-Verlag Heidelberg 2003

Umschlaggestaltung: Erich Kirchner, Heidelberg

SPIN 10903759 88/3130-5 4 3 2 1 0 – Gedruckt auf säurefreiem und alterungsbeständigem Papier

Inhalt

Einführung

Paul J. J. Welfens, Andre Jungmittag und Thomas Gries

Hohes Wachstum in den USA und die Wachstumsschwäche in Deutschland, Italien und Japan in den 90er Jahren stehen für eine erhebliche wachstumsmäßige Ausdifferenzierung im OECD-Raum. Nachhaltige transatlantische Wachstumsunterschiede – insgesamt, aber auch auf Pro-Kopf-Basis – bedeuten internationale Machtpositionsverschiebungen und auch Anpassungsdruck in der internationalen Systemkonkurrenz. Welche langfristigen Wachstumstendenzen, welche grundlegenden sektoralen und strukturellen Veränderungen sind in den USA und Westeuropa festzustellen und welche Optionen der Wachstumspolitik sind erfolgversprechend zu Beginn des 21. Jahrhunderts? Diese und andere wachstumsrelevante Fragen werden in diesem Konferenzband thematisiert.

Die Globalisierung der Wirtschaftsbeziehungen einerseits und die regionale Wirtschaftsintegration in Europa andererseits haben sich im letzten Jahrzehnt intensiviert, wobei sich eine veränderte Arbeitsteilung und unterschiedliche Wachstumspfade ergeben haben. Starke Innovationsdynamik und hohe Wachstumsbeiträge des Sektors Informations- und Kommunikationstechnik (I&K) waren in den 90er Jahren in den USA und einigen EU-Ländern zu verzeichnen. In Deutschland lag der I&K-Sektor sowohl vom Beschäftigungs- als auch vom gesamtwirtschaftlichen Wertschöpfungsanteil in 2002 schon auf Rang drei, und neue digitale Produkte bzw. Dienstleistungen dürften gerade im dynamischen Teilbereich von Telefonie und Internet neue Expansionschancen schaffen. Ob das mittelfristig beträchtliche Wachstumspotential des I&K-Sektors in Europa optimal realisiert werden kann, wird allerdings auch von staatlichen Weichenstellungen abhängen, denn im Telekom- und Internetbereich spielen staatliche Regulierungen eine wichtige Rolle. Inadäquate Regulierungen, und zwar gerade solche, die den Besonderheiten und Unvollkommenheiten der Informationsmärkte nicht gerecht werden, könnten die Erschließung eines stark auf Netzwerkeffekten aufbauenden Wachstumspotentials verhindern. Bemerkenswert ist schließlich, daß die Globalisierungsprozesse aufgrund des Internet und moderner TV-Technologien sowie der Telekommunikation stärker als früher sichtbar werden. Selbst wenn die Globalisierung langfristig nicht zu verstärkten internationalen Unterschieden in den Pro-Kopf-Einkommen beitragen wird – wofür entgegen vieler öffentlicher Vorurteile bzw. unkritischer Statistikanalysen in Teilen der Publizistik einiges spricht -, könnte doch das vermehrte Sichtbarwerden internationaler Einkommensunterschiede politische und soziale Unruhe verbreiten.

Nachdem die USA im letzten Jahrzehnt einen rekordverdächtig langen Aufschwung von einer Dekade, und zwar bei erhöhtem Produktivitäts- und Wirtschaftswachstum – es ermöglichte Vollbeschäftigung und Preisniveaustabilität zu Beginn des 21. Jahrhunderts – zustande brachten, während Deutschland bzw. die Eurozone und die EU (sowie Japan bzw. Asien) divergente Wachstumsentwicklungen erlebten, stellen sich insbesondere fünf grundlegende Fragen:

- Welche wachstums- und beschäftigungspolitischen Probleme ergaben sich in den 90er Jahren in der Triade und weshalb waren die Wachstumspfade in den USA, Deutschland und anderen EU-Ländern jeweils so unterschiedlich?
- Welche veränderten internationalen Spezialisierungsmuster und Innovationsdynamiken waren zu Ende des 20. Jahrhunderts in den OECD-Ländern wesentlich und welche wirtschaftspolitischen Implikationen ergeben sich hieraus?
- Welche gesamtwirtschaftlichen und strukturellen Impulse haben in den USA zu einer Erhöhung des Trends beim Wachstum der Arbeitsproduktivität und des realen Bruttoinlandsprodukts beigetragen?
- Welche Problemfelder einer wachstums- und beschäftigungsorientierten Fiskalpolitik ergeben sich?
- Warum fehlt es in Deutschland und einigen anderen EU-Ländern erkennbar an wachstumsfreundlichen Weichenstellungen in der Wirtschaftspolitik, und zwar im Vorfeld der EU-Osterweiterung, die zumindest temporär auch verschärfte Beschäftigungsprobleme für wichtige Sektoren bringen könnte?

Paul J.J. Welfens identifiziert in seinem Beitrag „Wachstums-, Beschäftigungs- und Innovationsprobleme in der Triade“ zunächst längerfristig unterschiedliche makroökonomische Tendenzen in den USA, der EU und Japan, wobei sich letzteres nach einem erfolgreichen technologisch-ökonomischen Aufholprozeß in den ersten vier Jahrzehnten nach 1945 in den 90er Jahren als technologisches Co-Führungsland im OECD-Raum in nachhaltige Stagnationsprobleme verstrickte. Mit dem Ende des "kalten Krieges" hat sich die zivile Weltmarktkonkurrenz enorm verschärft, so daß – und dies gilt auch für Deutschland – Schumpetersche Sondereinkommen, auf den Weltmärkten zunehmend schwierig zu verdienen sind; außer für die jeweiligen Innovationsführer, wobei die entsprechenden Unternehmen oft in den USA und Westeuropa zu finden sind. Die internationalen Patentanmeldezahlen pro Kopf sind im übrigen bei Japan seit den späten 90er Jahren rückläufig, die USA hingegen haben eine Akzeleration registriert, wobei das OECD-Führungsland auf der Empfänger- wie auf der Quellenseite von Direktinvestitionen eine internationale Führungsposition einnahm. Die nachhaltige Wachstumsschwäche Deutschlands hingegen ist von diversen Regierungen in der Bundesrepublik ignoriert worden, problemadäquate Reformen fehlen zu Beginn des 21. Jahrhunderts, und zwar obwohl notwendige Weichenstellungen klar zu identifizieren sind – unzureichende Wachstumsorientierung bei der Staatsausgabenstruktur, unzureichende Dimensionierung der Innovations- und Internetförderung sowie ein Fast-Stillstand in der Hochschulpolitik bezeichnen einige Problemfelder von strategischer Bedeutung. Deutschland leidet an unkritischer Selbstzufriedenheit in der Wirtschaftspolitik und mangelndem Dialog zwischen Politik und Wirtschaftswissenschaften: hier liegt man weit hinter den USA, aber auch den Niederlanden, Irland, Großbritannien und anderen EU-Ländern. Doch sind selbst die USA angesichts einer nachhaltig hohen Leistungsbilanzdefizitquote ökonomisch nicht unverletzbar; jedenfalls droht bei einer Normalisierung von Produktivitäts- und Renditeentwicklungen in den USA, daß eine erhebliche Dollarabwertung erfolgt. Eine Dollarschwäche wird weniger in den USA Probleme bereiten, vielmehr könnten in Aufwertungsländern gravierende Anpassungsprobleme entstehen. Die seit den 80er Jahren gestiegene internationale Vernetzung über Kapitalströme wiederum könnte für die international verstärkte Ausbreitung temporärer Instabilitäten sorgen.

Ausgehend von einer Schumpeterschen Perspektive untersucht Bart Verspagen in seinem Beitrag „Wachstum und Strukturwandel: Trends, Muster und Politikoptionen" die langfristigen Zusammenhänge zwischen Strukturwandel und Wirtschaftswachstum unter besonderer Berücksichtigung der Konvergenzmöglichkeiten. Nach einer beschreibenden Darstellung der langfristigen Trends verwendet er einen dekompositionsanalytischen Ansatz, um die Bedeutung des Strukturwandels für das Wirtschaftswachstum der heute hochindustrialisierten Staaten und ihre Konvergenz abschätzen zu können. Auf diesen Ergebnissen aufbauend, interpretiert er die Konvergenz der Arbeitsproduktivitäten im Zeitraum von 1955 bis 1996 als das Ergebnis der Fähigkeit Europas und Japans, in den 50er Jahren eine Gruppe von Technologien aufzunehmen, die hauptsächlich in den USA entwickelt wurden und allgemein als Massenproduktionssystem bezeichnet werden. Dies führte zu einem Konvergenzprozeß, der vorrangig durch das Verarbeitende Gewerbe getrieben wurde. Mit der Abnahme der technologischen Möglichkeiten in diesem Sektor ging dann in der Mitte der 80er Jahre auch eine Verlangsamung des Konvergenzprozesses einher. Da die Weltwirtschaft seit der Mitte der 90er Jahre die Einführung eines neuen technologischen Paradigmas, nämlich die I&K-Technologien, erfährt, eröffnet sich nach seiner Argumentation auch die Chance für eine erneute Beschleunigung der wirtschaftlichen Konvergenz. Allerdings ist dieser Prozeß kein Selbstläufer, sondern er hängt in hohem Maße von der richtigen politischen Weichenstellung in Europa ab.

Georg Erber legt eine differenzierte Analyse von Wachstum und Beschäftigung in Deutschland vor, wobei das Wiedervereinigungsproblem als wachstumsschwächend thematisiert wird. Auch die Asien- und Rußlandkrise wird als Belastung für die Wachstumsdynamik in der stark exportorientierten Bundesrepublik Deutschland gesehen. Zu den wichtigsten Aspekten einer längerfristigen Analyse der Wirtschaftsdynamik in der Dekade nach der Wiedervereinigung gehört die unterschiedliche Wirtschaftsentwicklung in Ost- und Westdeutschland. Der Zusammenhang zwischen Produktivitätsanstieg und Outputwachstum erweist sich für die Neuen Länder als anders beschaffen als für das wiedervereinte Deutschland insgesamt. Als strategisch wichtig werden die neuen Wachstumstheorien eingeordnet, die zur Fundierung der Wachstumspolitik beitragen könnten. Zudem werden auch soziale Konflikte und Einkommensverteilungsfragen in die langfristige Wachstumsproblematik eingeordnet, bevor auf die Rolle der neuen Informations- und Kommunikationstechnologien eingegangen wird. Auch hier wird die Bedeutung von Netzwerkeffekten betont. Zu den Optionen der Politik gehört so gesehen auch eine netzwerkorientierte neue Industriepolitik. Allgemeine Wachstumspolitik könnte vor dem Hintergrund der Dynamik der New Economy durchaus mit sektoralen staatlichen Initiativen verbunden werden; fraglich ist allerdings, gerade vor dem Hintergrund der EU-Integration, ob nicht internationale Wachstumsaspekte für eine neue Wachstumspolitik mit zu bedenken sind. Der Beitrag von Erber stellt von daher neben die nationale Politikperspektive auch die EU-Sicht, wobei auch EU-Initiativen thematisiert werden.

In dem Beitrag „Internationale Innovationsdynamik, Spezialisierungsstruktur und Außenhandel“ analysiert Andre Jungmittag die Innovationsdynamik in hochentwickelten Volkswirtschaften – mit einem besonderen Fokus auf die EU-Staaten – sowie den Status quo und die Veränderungen ihrer Spezialisierungsmuster bei den FuE-intensiven Technologien mittels geeigneter Patentdaten. Zunächst zeigt er, daß sich rückblickend betrachtet im Zeitraum von 1963 bis 1997 vier Cluster von Ländern mit einer unterschiedlichen Pro-Kopf-Innovationsstärke herausgebildet haben. Werden die üblichen Konzepte der σ - und β -Konvergenz auf diese Daten angewendet, ergibt sich zwar für alle 15 EU-Staaten eine Abnahme der relativen Streuung (σ -Konvergenz), eine β -Konvergenz kann jedoch nur dann attestiert werden, wenn die drei südeuropäischen Länder aus der Stichprobe entfernt werden. Im weiteren wird ein Schwerpunkt auf die Frage gelegt, ob es in Technikfeldern bzw. Produktgruppen, in denen international viele Patentanmeldungen zu verzeichnen sind, zu einer Divergenz oder Konvergenz der technologischen Spezialisierungen kommt. Zudem untersucht er im Rahmen erweiterter Gravitationsmodelle empirisch, welche Auswirkungen die nationale und sektorale technologische Leistungsfähigkeit auf die bilateralen Exportströme FuE-intensiver Güter zwischen hochentwickelten Volkswirtschaften besitzt.

Im Teil von Thomas Gries, Stefan Jungblut und Angela Birk werden die unterschiedlichen Wirkungen der New Economy in den USA und Europa als mögliche Ursache der relativ schwachen Wachstumsentwicklung in Deutschland und Europa gesehen. Zu den stilisierten Fakten des Wachstumsprozesses der 90er Jahre gehören eine relative Wachstumsschwäche Deutschlands einschließlich Westdeutschlands, eine Aufspreizung der Lohnschere zwischen Qualifizierten und weniger Qualifizierten und eine Divergenzentwicklung der Beschäftigungswahrscheinlichkeiten dieser beiden Gruppen. Das diskutierte endogene Wachstumsmodell erklärt diese stilisierten Fakten, durch die der Einfluß der New Economy in den Ländern Deutschland und USA charakterisiert werden kann. Ein Rückgang der Kosten von Informationstechnologien induziert eine höhere Informationstechnologieintensität, so daß die Skill-Komplementarität zu einer steigenden Nachfrage nach Humankapital führt. Die erhöhte Arbeitsnachfrage von Qualifizierten verursacht eine Lohnspreizung zuungunsten der Unqualifizierten. Während die Informationstechnologie die Effektivität der qualifizierten Arbeitskräfte erhöht – mit der Folge relativer Lohnerhöhungen zuungunsten der Qualifizierten – ist deren Wirkung auf die Wachstumsrate nicht eindeutig. Die Wachstumsrate wird nur steigen, wenn hinreichend Humankapital vorhanden ist. Fehlt es an notwendigem Humankapital, können die Wachstumseffekte negativ sein, die Wachstumsraten werden sinken. Nur ausreichende Humankapitalakkumulation wird sowohl positive Wachstumswirkungen haben als auch die Lohndisparität zugunsten der Unqualifizierten verkleinern. In der New Economy hat damit Humankapital eine zentrale Bedeutung. Die Wirtschaftspolitik kann sowohl auf eine aktive Gestaltung der Humankapitalbildung als auch auf eine aktive wirtschaftlich orientierte Bildungspolitik nicht verzichten. Die für Deutschland typische Situation, daß Bildungspolitik ein drittrangiges Mittel der sozialen Verteilungspolitik ist, wird spätestens beim Weg in die New Economy fatale Folgen haben. Der Weg in die New Economy ist ohne massive Anstrengungen und Investitionen im Bildungs- und Ausbildungssystem nicht zu machen.

Der Beitrag von Wilfried Fuhrmann behandelt ausgewählte Problemfelder einer wachstums- und beschäftigungsorientierten Fiskalpolitik. Der Autor geht von einer begrenzten Wirksamkeit antizyklischer Stabilitätspolitik aus und betont, daß der Gegensatz zwischen angebots- und nachfrageorientierter Fiskalpolitik mittelfristig relativ gering ist. Darüber hinaus werden strategische Fragen der Haushaltskonsolidierung und der Steuerpolitik behandelt. Die Möglichkeiten einer kreditfinanzierten Expansionspolitik in der EU werden als sehr begrenzt eingeschätzt. Schließlich werden grundlegende Fragen der Ausgabenpolitik thematisiert, wobei auf die besondere Rolle der Devisenmärkte verwiesen wird, die wirtschaftliche Zukunftsperspektiven bzw. die Reformfähigkeit von Ländern im Devisenkurs bewerten.

Die Gegenüberstellung USA und Europa in einer längerfristigen Analyseperspektive ist von besonderer Bedeutung für das Verständnis transatlantischer wirtschaftlicher Schwerpunktverschiebungen bzw. des – möglicherweise temporären – Wachstumsvorsprungs der USA seit den 90er Jahren. Im Beitrag von Bernhard Felderer werden zunächst die langfristigen Wachstumsentwicklungen in den USA und der EU dargestellt, bevor auf Fragen der Wachstumsrelevanz des I&K-Sektors eingegangen wird. Der im letzten Jahrzehnt angestiegene US-Vorsprung bei der Internet-Host-Dichte bzw. der Server-Dichte, aber auch die relative geringe europäische Computerdichte sind auffällige Unterschiede zwischen Alter und Neuer Welt. Ergänzend werden europäische Faktormarktinflexibilitäten thematisiert. Schließlich wird die Gegenläufigkeit von wachsender Finanzmarktvolatilität und in den meisten europäischen OECD-Staaten langfristig sinkendem Instabilitätsgrad beim Wachstum der Pro-Kopf-Einkommen analysiert. Veränderungen der Fiskal- und Geldpolitik könnten den Befund ebenso erklären wie veränderte Lernprozesse auf seiten der Wirtschaftssubjekte.

Die Herausgeber sind den Diskutanten Jürgen Kromphardt, Michael Fritsch, Jürgen Jerger, Hans-Joachim Schalk und Helmut Wagner für ihre hilfreichen Anmerkungen zu Dank verpflichtet. Diese Beiträge sind wegen ihrer besonderen Wertigkeit mit abgedruckt.

Nachdem jahrzehntelang in den Wirtschaftswissenschaften stabilitätspolitische Analysen und Auseinandersetzungen – man denke nur an die Monetarismus-Debatte der 70er und 80er Jahre – im Vordergrund der Forschung und der Politik standen, haben in den 90er Jahren die Neue Wachstumstheorie von der analytischen Seite und veränderte wachstumspolitische Ansätze auf der anderen Seite zu einer Akzentverschiebung geführt: Die Herausforderungen der Wachstumspolitik werden gerade auf Seiten der OECD-Länder mit einer Wachstumsschwäche, aber auch im Kontext ökonomischer Aufholpotentiale – man denke an die EU-Kohäsionsfondsländer Irland, Griechenland, Portugal und Spanien sowie die osteuropäischen EU-Beitrittsländer – verstärkt diskutiert.

Erst eine verstärkte theoretisch-empirische Fundierung der Wachstumspolitik wird nachhaltige Impulse für eine stärkere Akzentuierung der Wachstumspolitik in den EU-Kernländern Kontinentaleuropas sorgen können. Zwar hat die Neue Wachstumstheorie mit der Endogenisierung des technischen Fortschritts, der Betonung von Produktdifferenzierungen im Außenhandel und der Einbeziehung der Rolle von Humanvermögen in der Wachstumsanalyse wichtige analytische Weichen gestellt, aber noch ist eine aufgewertete Rolle einer (neuen) Wachstumspolitik in kleinen und großen Ländern mit demokratischen Regierungen nicht klar absehbar. Während der demokratische Prozeß bzw. wirtschaftspolitische Entscheidungen eher kurz- und mittelfristig angelegt sind, liegt die Betonung bei der Wachstumspolitik auf langfristigen Überlegungen, die sich Politiker eher selten zu leisten glauben können. Allerdings könnten die Chancen für eine wachstumsfreundliche Politik zumindest in der EU steigen, denn der Druck kleiner wachstumsdynamischer Länder auf die reformträgen Länder Deutschland und Italien dürfte zunehmen. Möglicherweise wird auch der Stabilitäts- und Wachstumspakt mittelfristig ins Bewußtsein rücken, daß Haushaltskonsolidierung bzw. Stabilisierung der staatlichen Schuldenquote bei maximal 60 % bei einer wachstumsfreundlichen Politik leichter zu erreichen ist als bei einer naiven Kombination von proportionalen Ausgabenkürzungen und Steuer- plus Abgabenerhöhungen.

Die vorliegenden Beiträge, die auf einer von der Thyssen-Stiftung mitfinanzierten Konferenz des Europäischen Instituts für internationale Wirtschaftsbeziehungen (EIIW) basieren, versuchen auf ausgewählte Fragen der Wachstumspolitik fundierte Antworten zu geben – sicherlich ohne Anspruch auf Vollständigkeit, aber doch in dem Bemühen, wichtige Problembereiche und prioritäre Politikoptionen zu identifizieren. Aus Sicht des EIIW reiht sich dieser Tagungsband in die nunmehr durch über 15 internationale EIIW-Konferenzen dokumentierten Forschungsanstrengungen an der Schnittlinie zwischen Wissenschaft, Wirtschaft und Wirtschaftspolitik ein.

Es ist den Herausgebern eine angenehme Pflicht, sich bei der Thyssen-Stiftung für die Unterstützung der Konferenz sowie bei Albrecht Kauffmann für die technische Hilfe bei den Vorbereitungen zur Drucklegung zu bedanken.

A. Wachstums-, Beschäftigungs- und Innovationsdynamik in der Triade

Paul J. J. Welfens

1 Wachstum als Herausforderung der Wirtschaftspolitik

Zu Beginn des 21. Jahrhunderts gibt es große Veränderungen in der Triade gegenüber den 80er Jahren festzustellen, in denen sich für die OECD-Länder das Problem der Überalterung der Bevölkerung als wachstumsbremsendes Element und zugleich die Expansion der Computer- und Internetwelt als wachstumsförderlicher Impuls abzuzeichnen begannen. Die beim Aufbruch in die Internet-Wirtschaft führende USA haben, zwei Jahrzehnte nach den Ölpreisschocks der 70er Jahre, Vollbeschäftigung, hohes Wachstum und ein starkes Wachstum der Arbeitsproduktivität in den 90er Jahren wiederherstellen können, und zwar bei faktischer Preisniveaustabilität. Eine Wachstumsabschwächung in 2001/2002 dürfte für die USA nach einem zehnjährigen Rekordaufschwung mit Wachstumsraten von etwa 3 % p.a. – in der Spitze über 5 % – als normale Entwicklung anzusehen sein. Euroland bzw. die EU sieht sich unverändert in den Kernländern Deutschland, Frankreich und Italien mit hohen Arbeitslosenquoten und niedrigen Beschäftigungsquoten sowie Problemen bei der Reform der Sozialversicherung konfrontiert.

Japan hat sich von der Finanzkrise der frühen 90er Jahre nicht erholen können und hat sich aus Teilen des Globalisierungsprozesses ausgeblendet (bei Direktinvestitionszuflüssen), ja das Land, das noch im 20. Jahrhundert das weltweit höchste Wachstum des Pro-Kopf-Einkommens erreichte, droht im 21. Jahrhundert unter den OECD-Ländern dauerhaft zurückzufallen und beim Aufbruch in die Internetwirtschaft den Anschluß zu verpassen. Nach einem erfolgreichen technologisch-ökonomischen Aufholprozeß gegenüber den USA in den 70er und 80er Jahren, kommt Japan offensichtlich nicht mit den Anforderungen an ein führendes Innovationsland bei Globalisierung und Digitalisierung der Wirtschaft zurecht. Die späten 90er Jahre brachten in Japan erstmals nach 1960 nennenswerte Arbeitslosenquoten, nämlich über 5 %, während die USA 1999 mit etwa 4,5 % Arbeitslosenquote im achten Jahr des Aufschwungs einen historischen Tiefststand nach 1945 erreichten (Tab. A1). Die Inflationsentwicklung blieb trotz hohen Wachstums in den USA auch zu Ende der 90er Jahre mit gut 2 % relativ gering.

Bemerkenswert ist nach dem Ende des Kalten Kriegs, daß Japan und Deutschland ihre Sonderstellung unter den G-5-Ländern verloren haben: nämlich allein jeweils über 90 % der Forschungs- und Entwicklungsausgaben in den zivilen Bereich zu lenken, während die USA, Frankreich und Großbritannien früher etwa die Hälfte der Forschungsbudgets für militärische Zwecke verwendeten. Damit gerieten Japan und Deutschland in den 90er Jahren in eine doppelte technologische

Zangenbewegungen, nämlich einen verschärften US-Expansionsdruck in Weltmärkten für Produkte mittlerer Technologien, auf die sich vormals auf militärische High-tech-Güter spezialisierte US-Rüstungsfirmen massiv neu ausrichteten. Zugleich sieht sich Deutschland in den mittleren Technologiefeldern langfristig von Unternehmen aus technologisch aufholenden osteuropäischen EU-Beitrittsländern unter Druck gesetzt, vermag allerdings auch in Osteuropa neue Absatzmärkte und Produktionsmöglichkeiten zu erschließen. Japan hat dank eines expansiven Chinas auch einen benachbarten Wachstumspol, doch ist das neue China ein politisch-wirtschaftlich-militärischer Rivale mit Störpotential in ganz Asien; zugleich holen asiatische Schwellenländer gegenüber Japan technologisch auf.

Auch wenn das Wachstum konjunkturbedingt in Deutschland bzw. Euroland in 2000 mit etwa 3 % etwas höher ausfiel als in den Vorjahren, so ist mit Blick auf den internationalen Vergleich und das absehbar geringe Wachstum in 2001/2002 anhaltend hohes Wachstum im Sinn einer Anhebung des Expansionspfads des Produktionspotentials eine zentrale Herausforderung für die Politik in der Mitte Europas; hierfür gibt es mehrere Gründe:

- Das Wachstum ist in den 90er Jahren in Euroland bzw. Deutschland – sowie in Frankreich und Italien – im transatlantischen Vergleich niedrig gewesen, und zwar um ca. einen Prozentpunkt bzw. 30 % unter dem US-Wert bezogen auf die Wachstumsraten von 2 % in der EU bzw. 3 % in den USA (Tab. A2). Der Rückstand dürfte bei genauerer Betrachtung im ökonomischen Sinn nicht ganz so gravierend sein, wie es auf den ersten Blick scheint, da die gegenüber USA beträchtlichen Arbeitszeitverkürzungen in der EU teilweise als Wohlfahrtsgewinn zu interpretieren sind. Allerdings ist die EU insgesamt gegenüber den USA in den Jahren 1993–99 im Hochtechnologiebereich gegenüber den USA bei der Arbeitsproduktivität deutlich zurückgefallen (Röger, 2001), und zudem ist auch ein deutlicher Internetrückstand feststellbar (Audretsch/Welfens, 2002).
- Erhöhtes Wachstum in der EU ist erforderlich, wenn die Vollbeschäftigung wiederhergestellt werden soll. Dabei ist die Euroland-Arbeitslosenquote von 10 % zu Beginn des 21. Jahrhunderts von den Kernländern Deutschland, Frankreich und Italien bestimmt, während alle andere Mitgliedsstaaten – mit Ausnahme von Spanien, das aber bei hohem Wachstum sinkende Arbeitslosenquoten erwarten läßt – relativ geringe Arbeitslosenquoten verzeichnen. Die EU (von Skandinavien sei hier abgesehen) kann ihren beträchtlichen Rückstand bei der Beschäftigungsquote gegenüber den USA nur rückgängig machen, wenn anhaltend hohes Wachstum erreicht wird.
- Hohes Wachstum in Euroland ist im Interesse einer Stabilisierung des Außenwerts des Euros in der kritischen Anfangsphase notwendig.
- Anhaltendes Wachstum würde die wünschenswerte Konsolidierung der Haushalte in den Kernländern Frankreich, Deutschland und Italien und zugleich den notwendigen Umbau der staatlichen Sozialversicherungssysteme erleichtern. In den USA war etwa die Hälfte der Konsolidierungserfolge auf Bundesebene in den 90er Jahren auf Wachstumseffekte zurückzuführen; demgegenüber scheint die Konsolidierungsstrategie unter Finanzminister Eichel einseitig auf der Ausgabenseite anzusetzen – eine wachstumsorientierte Finanzpolitik ist nicht ein-

mal in Ansätzen zu erkennen. Deutschland müßte, begünstigt von hohen Wachstumsraten in EU-Beitrittskandidaten aus Osteuropa, ein überdurchschnittlich hohes Wachstum in Westeuropa aufweisen; das Gegenteil gilt in den 90er Jahren.

- Angesichts des hohen US-Außenhandelsdefizits von rund 4 % des Bruttoinlandsprodukts in 2000 (Tab. A3), kann nur über erhöhtes Wachstum in Westeuropa (und Asien) eine kritische Entwicklung für die USA und die Weltwirtschaft vermieden werden: daß nämlich eine sonst notwendige restriktive US-Geldpolitik, eingeführt zur Dämpfung der US-Inlandsnachfrage, zu national und international stark steigenden Zinsen führt. Der starke Rückgang der Aktienkurse in 2000/2001 in den USA hat die US-Notenbank zu wiederholten Zinssenkungen veranlaßt, wenn die US-Administration unter Präsident Bush allerdings die Steuern in geplantem Umfang stark senken würde, dürfte der Spielraum der Notenbank für Zinssenkungen schnell enger werden.
- Die EU hatte, längerfristige demographische Tendenzen widerspiegelnd, in 1999 die geringste Geburtenrate nach 1945, so daß von der Nachfrageseite eine Wachstumsdämpfung in Westeuropa droht; die USA stehen demographisch mit immerhin geringen Zuwachsraten der Bevölkerung weit günstiger da. Ob anhaltende Zuwanderung die geringen Kinderzahlen in den EU-Ländern ausgleichen wird, bleibt abzuwarten. Im übrigen ist mit der absehbaren demographischen Überalterung in Deutschland bzw. den meisten EU-Ländern die Gefahr massiv steigender Sozialversicherungsabgaben wegen erhöhter Ausgaben für die Alterssicherung und das Gesundheitswesen verbunden – steigende Steuer- und Abgabenlasten aber wirken leistungshemmend und könnten insbesondere die Emigration aus der offiziellen Wirtschaft in die Schattenwirtschaft bzw. den Rationalisierungsdruck erhöhen. Dabei droht keineswegs eine Verminderung des Arbeitsangebots in der EU, denn bei steigender Lebenserwartung werden mehr ältere Menschen arbeiten wollen; und zudem dürfte die Frauenerwerbsquote in der EU langfristig weiter steigen.
- Mit dem Übergang von der industriebasierten Dienstleistungsgesellschaft im 20. Jahrhundert (mit der Industrie als konjunkturellem Impulsgeber, an dem ein wachsender Dienstleistungssektor mit starker Abhängigkeit von industriellen Auftraggebern hing) zur internetorientierten Wissensgesellschaft ergeben sich – so die Hypothese zur New Economy – neue Wachstumschancen; zudem entsteht einer beschleunigter Strukturwandel.
- Mit der Globalisierung der Wirtschaft im Sinn einer Integration einer zunehmenden Zahl von Schwellen- und Transformationsländern in die Weltwirtschaft – in einer Phase stark steigender Direktinvestitionen – verbessern sich die Chancen für anhaltendes Wachstum in der Weltwirtschaft; zugleich stellt sich aber europaweit und global die Frage nach regionaler Konvergenz versus Divergenz in den Pro-Kopf-Einkommen. Divergenzen dürften zu politischen Instabilitäten und zu internationalem Wanderungsdruck führen.
- Mit der Globalisierung stellt sich auch die Frage, wer den intensivierten Wettbewerb der Wirtschaftssysteme für sich gewinnen wird, wobei vor allem das US-Modell der freien Marktwirtschaft und das alternative EU-Modell einer sozialen Marktwirtschaft miteinander konkurrieren. Eine Marktwirtschaft mit

vernünftig dimensionierter und effizient organisierter Sozialpolitik könnte wachstumsförderlich sein, sofern dadurch soziale Konflikte und Kriminalität eingegrenzt werden und zugleich Immigranten angeworben werden können.

- Da Globalisierung verstärkten Wettbewerb und intensivierte Standortkonkurrenz bedeutet, dürfte der Nationalstaat an Einfluß verlieren – möglicherweise über ein Maß hinaus, das im Interesse eines handlungsfähigen Staats und eines Wähler- bzw. Konsumenteninteressen vertretenden Parlaments sinnvoll ist (der supranationale EU-Staat gewinnt wohl an Bedeutung, aber in Brüssel wirken auf der Seite der Einflußträger die Unternehmerverbände weit mehr als Konsumenten- oder Gewerkschaftsorganisationen). Es ist jedenfalls nicht auszuschließen, daß Globalisierung, die auch mit wachsendem Einfluß volatiler Finanzmärkte einhergeht, phasenweise zu starken Schocks bzw. Spannungen führt, die aus dem Gegeneinander kurz- und langfristiger Preisreaktionen einerseits und aus der Unterschiedlichkeit der Anpassungsgeschwindigkeiten in den schnellen Finanz- bzw. Geldmärkten und den langsamen Arbeits- und Gütermärkten andererseits herrühren.
- Unklar ist, inwieweit die mit der Globalisierung zunehmende Handelsquote der meisten Länder zu einem Anstieg der Lohndifferenzierung führt und zu möglicherweise auch international wachsender Divergenz der Pro-Kopf-Einkommen führt. Unklar ist auch, wie wachsende Direktinvestitionen wirken, nämlich ob sie international nachhaltig zu Konvergenz oder Divergenz der Pro-Kopf-Einkommen beitragen.

In der nachfolgenden Analyse werden zunächst einige globalisierungsbezogene Entwicklungen in der Triade und dann Einzelaspekte für USA, Japan und EU dargestellt, bevor auf Basis theoretischer Überlegungen zu ausgewählten Wachstumsaspekten, Innovation, Internet und Beschäftigung übergegangen wird. Im Schlußabschnitt werden wirtschaftspolitische Schlußfolgerungen gezogen. Hierbei werden Reformoptionen der Wirtschaftspolitik entwickelt.

Grundlegend ist festzustellen, daß es in Deutschland eine nachhaltige Wachstumsschwäche gibt. Dabei kann man eine regionale Einschränkung mit Blick auf Bayern, Baden-Württemberg und Hessen machen, was unmittelbar auf eine Teilverantwortung der Wirtschaftspolitik in den Bundesländern hindeutet (man bedenke dabei, daß etwa Nordrhein-Westfalen von der Bevölkerungszahl mit den Niederlanden vergleichbar ist). Durch die Wachstumsschwäche Deutschlands ist die Einhaltung des Stabilitäts- und Wachstumspakts gefährdet, und Konflikte zwischen Bundesregierung und Kommission sind programmiert – damit aber werden Konsistenz und Glaubwürdigkeit der Politik in Euroland untergraben, so daß das Wachstumsthema vielfältige Bezüge zur Euro-Stabilität hat.

Tabelle A1. Entwickelte Ökonomien: Arbeitslosigkeit und Beschäftigung

	1981 – 90 (Zehnjahres-Durchschnitt)	1991 – 2000 (Zehnjahres-Durchschnitt)	2002*	2003*
	Arbeitslosenquote			
Entwickelte Länder	7,0	6,9	6,4	6,2
Wichtige Industriestaaten	6,9	6,7	6,5	6,3
USA	7,1	5,6	5,5	5,3
Japan	2,5	3,4	5,8	5,7
Deutschland**	7,3	8,2	8,2	8,1
Frankreich	9,3	11,4	9,2	8,7
Italien***	10,1	11,3	9,3	8,9
Großbritannien	9,0	7,3	5,4	5,4
Kanada	9,4	9,6	7,1	6,7
Andere entwickelte Staaten	7,2	7,8	6,3	6,1
Spanien	18,4	19,6	13,0	12,4
Niederlande	8,2	5,6	2,5	2,7
Belgien	9,7	9,0	7,3	7,0
Schweden	2,4	6,5	4,4	4,3
Österreich	2,7	4,0	4,1	3,8
Dänemark	9,1	9,0	5,2	5,2
Finnland	4,8	12,4	9,8	9,7
Griechenland	7,5	9,7	10,9	10,7
Portugal	7,4	5,6	4,2	4,3
Irland	14,6	11,3	4,7	4,7
Luxemburg	1,5	2,6	2,9	2,7
Industrieländer	7,3	7,2	–	–
Europäische Union	9,2	9,9	7,9	7,7
Euroland	9,6	10,6	8,5	8,2
	Beschäftigungswachstum			
Entwickelte Ökonomien	1,3	0,7	0,3	1,0
Wichtigste Industriestaaten	1,2	0,6	0,1	0,9
USA	1,8	1,3	0,5	1,4
Japan	1,2	0,3	-1,1	0,1
Deutschland	0,5	-0,5	-0,2	0,5
Frankreich	0,3	0,5	0,4	1,3
Italien	0,4	-0,2	0,5	0,6
Großbritannien	0,8	-	-0,1	0,4
Kanada	1,7	1,3	1,9	2,3
Andere entwickelte Staaten	1,4	1,2	0,9	1,4
Industrieländer	1,2	0,6	–	–
Europäische Union	0,6	0,1	0,2	0,8
Euroland	0,5	0,2	0,3	1,0

* Prognosewerte
** bis 1991 nur Westdeutschland
*** neue Meßweise ab 1993; angeglichen an westliche Standards

Quelle: INTERNATIONAL MONETARY FUND (2002), World Economic Outlook

Tabelle A2. Entwickelte Ökonomien: Reales Wachstum des BIP (jährliche prozentuale Veränderung)

Reales BIP	1981–90 (Zehnjahres-Durchschnitt)	1991–2000 (Zehnjahres-Durchschnitt)	1999*	2000*
Entwickelte Länder	3,1	2,4	2,8	2,7
Wichtige Industriestaaten	2,9	2,2	2,6	2,4
USA	2,9	2,7	4.0	4,0
Japan	4,0	1,3	1,0	1,5
Deutschland**	2,3	1,9	1,4	2,5
Frankreich	2,4	1,8	2,5	3,0
Italien	2,2	1,4	1,2	2,4
Großbritannien***	2,7	2,0	1,1	2,4
Kanada	2,8	2,4	3,6	2,6
Andere entwickelte Staaten	3,7	3,4	3,5	3,6
Spanien	3,0	2,4	3,4	3,5
Niederlande	2,2	2,6	2,6	2,5
Belgien	1,9	1,8	1,4	2,5
Schweden	2,0	1,5	3,2	3,0
Österreich	2,2	2,2	2,0	2,5
Dänemark	2,0	2,4	1,3	1,5
Finnland	3,1	2,0	3,6	3,8
Griechenland****	1,6	2,2	3,3	3,6
Portugal	2,9	2,5	3,0	3,2
Irland	3,6	6,5	7,5	7,0
Luxemburg	4,6	4,9	3,5	4,4
Industrieländer	2,9	2,2	2,6	2,5
Europäische Union	2,4	2,0	2,0	2,7
Euroland	2,4	1,9	2,1	2,8

* Prognosewerte; USA für 1999 revidiert nach OECD, für 2000 eigene Projektion
** bis 1991 ausschließlich westdeutsche Daten
*** BIP zu Marktpreisen

Quelle: INTERNATIONAL MONETARY FUND (1999), World Economic Outlook, S. 170.

Tabelle A3. Leistungsbilanzsalden ausgewählter OECD-Länder (in % des BIP)

Länder	1991	1998	1999*	2000*
USA	0,1	-2,6	-3,5	-3,5
Japan	2,0	3,2	3,5	3,4
Deutschland	-1,0	-0,2	-	0,3
Frankreich	-0,5	2,8	2,6	2,8
Italien	-2,3	1,7	1,6	1,7
Großbritannien	-1,4	0,2	-1,4	-1,6
Kanada	-3,8	-1,8	-1,0	-0,9

* Daten geschätzt

Quelle: INTERNATIONAL MONETARY FUND (1999), World Economic Outlook, October 1999, S. 206.

2 Globalisierung

Die Globalisierung der Wirtschaftsbeziehungen ist ein qualitativ neues Phänomen, das seit Mitte der 80er Jahre die Weltwirtschaft charakterisiert: Es geht dabei weniger um den Außenhandel, der relativ zum Bruttoinlandsprodukt auch schon zu Ende des 19. Jahrhunderts in Europa eine große Rolle spielte, sondern um das enorme Wachstum von Direktinvestitionen einerseits und andererseits von Portfolioinvestitionen – letztere in Verbindung mit computerisierten, superschnellen Finanzmärkten. Direktinvestitionen sind mit einem unternehmerischen Engagement des Investors verbunden und werden in der Statistik in der Regel von Portfolioinvestitionen so abgegrenzt, daß Beteiligungen über 10 % als Direktinvestitionen zählen. Als DaimlerChrysler im März 2000 ankündigte, man werde sich mit 25 % an Mitsubishi in Japan beteiligen, lag hier eine exemplarisch global ausgerichtete Direktinvestition vor; die Schwierigkeiten, über internationale Fusionen einen profitablen global player zu formen, sind allerdings bei Daimler wie bei anderen Triade-Fusionen erheblich. Mergers & acquisitions stellen den überwiegenden Teil der Direktinvestitionen der 90er Jahre dar.

Die Portfolioinvestitionen sind relativ zum Sozialprodukt traditionell in den OECD-Staaten hoch – besonders gestiegen in Relation zum Sozialprodukt seit den 70er Jahren – und sind vor allem durch kurzfristige Renditekalküle bei Börsenengagements bzw. durch Optimierungsstrategien beim Kauf von in- und ausländischen Staatsschuldtiteln bestimmt. Diese Investitionsart hat seit den 70er Jahren enorm zugenommen; von etwa 10 % des Bruttoinlandsprodukts zu Anfang der Dekade auf über 100 % in den 80er Jahren. Dabei sind viele Staaten bei Finanzierung ihrer Staatshaushalte von internationalen Kapitalgebern abhängig und damit indirekt von der Entwicklung ausländischer Zinsen und des Wechselkurses. Auch die Banken haben zunehmend grenzübergreifende Geschäfte durchgeführt, wobei internationale Refinanzierungen häufig auch Wechselkursrisiken beinhalten. Da etwa türkische Banken sich z.T. in Euroland refinanziert hatten, führte die massive Abwertung der türkischen Lira im Februar 2001 zu einer Abschwächung des Euros gegenüber dem Dollar: Eine Türkei-Krise berührt nämlich via Bankensystem negativ auch Euroland. An diesem Fall sieht man, daß es für Euroland – ähnlich wie für die USA im Verhältnis zu Mexiko oder Brasilien (oder künftig vermutlich Japan) – ein natürliches Interesse an wirtschaftlicher Stabilität in Nachbarregionen gibt.

Hohe Export- und Importquoten machen abhängig von der Weltmarktentwicklung und vergrößern die ökonomische Bedeutung von (realen) Wechselkursänderungen. Kleine Länder, die – wie Belgien, die Niederlande, Schweiz, Schweden oder Portugal mit Exportquoten von über 50 % – stark vom Weltmarkt abhängig sind, haben sich in ihrer Wirtschaftspolitik seit jeher an veränderte Weltmarktbedingungen anpassen müssen. Da die Unternehmen des Landes in fast allen Exportbranchen tendenziell Preisnehmer sind – der Weltmarktpreis eines Standardprodukts ist vorgegeben –, steht vor allem in der Lohnpolitik viel auf dem Spiel. Da Kapitalstückkosten und Lohnstückkosten (inklusive Sozialversicherung und Steuern) bestimmen, wieviel Produktion bzw. Export bei gegebenem Weltmarktpreis für ein gegebenes Produkt rentabel ist, kann Vollbeschäftigung in kleinen offenen Volkswirtschaften, ausgehend von Vollbeschäftigung, nur durch produktivitätsorientierte Lohnpolitik gesichert werden; oder aber es müßte über vermehrte Produktinnovationen technologieorientierter Branchen gelingen, einen Schumpeterschen Preiszuschlag auf den Weltmärkten zu verdienen (für innovative Produkte etwa Schweizer Pharmafirmen oder koreanischer Chiphersteller ist der Kunde bereit, einen Zuschlag zu zahlen). Kleine offene Volkswirtschaften mit innovativen Unternehmen in einem Teil des Sektors der handelsfähigen (T-) Güter können nicht länger als Preisnehmer angesehen werden. Das Preisniveau $p = (p^{Tn})^{\alpha} (p^{Ts})^{1-\alpha}$, wobei p^{Tn} = der Preisindex von Normalgütern und p^{Ts} von "Schumpetergütern" ist.

Die Lohnstruktur im Sinn der Lohnrelation von Qualifizierte zu Ungelernte dürfte sich bei verändertem Qualitäts- bzw. Technologieniveau verändern, insbesondere wenn die Nachfrage nach qualifizierten Arbeitskräften steigen sollte. Es bleibt im weiteren aber zu untersuchen, auf Basis welcher Mechanismen bzw. Modell Veränderungen der internationalen Lohnstrukturen zu erklären sind und welche Rolle Technologien bzw. Innovationen hierbei spielen.

Es gibt neben Innovationen noch eine weitere Möglichkeit zur Verbesserung der Weltmarktposition, nämlich verstärkt Direktinvestitionen ins Land zu holen: Steigt die Kapitalausstattung pro Kopf, dann erhöht sich die Arbeitsproduktvitität und damit steigen dann auch die Möglichkeiten, erhöhte Reallohnsteigerungen ohne Gefährdung der Vollbeschäftigung durchzusetzen. Hinzu kommt, daß der internationale Technologiehandel dominant über multinationale Unternehmen läuft, und zwar als Intra-Firmen-Handel zwischen Mutter- und Tochtergesellschaft, oder aber als gegenseitiges Austauschen von Lizenzen zwischen multinationalen Unternehmen (Beispiel: Siemens gibt eine Lizenz an IBM und erhält im Gegenzug eine von IBM). Ein erhöhter Zufluß von Direktinvestitionen bedeutet also in der Regel auch eine verbesserte Position bei Produktinnovationen und kostenrelevanten Prozeßinnovationen. Zwar gibt es neben den multinationalen Unternehmen auch noch andere Formen des internationalen Technologietransfers, aber innerhalb der Triade sind diese Unternehmen in der Tat entscheidend.

Direktinvestitionsdynamik und Standortkonkurrenz

Seit Mitte der 80er Jahre haben Direktinvestitionen international an Bedeutung gewonnen, da die Wachstumsraten der Investitionen multinationaler Unternehmen zeitweise deutlich höher als die der Exporte waren. Länder, die hohe Direktinvestitionszuflüsse realisieren, dürften positive Wachstumseffekte verzeichnen, und zwar wegen des Technologietransfers – er ist relevant bei internationalen mergers & acquisitions – und wegen des bei greenfield investments und Erweiterungsinvestitionen auftretenden positiven Effekts beim Produktionspotential.

Für die Wirtschaftspolitik bedeuten hohe Direktinvestitionsabflüsse der OECD-Länder, daß sich die Standortkonkurrenz verschärft, womit die Politik in Ländern mit geringer Investitionsdynamik unter erhöhten Anpassungsdruck kommt. Zugleich können Länder, die hohe Direktinvestitionszuflüsse verzeichnen, mit erhöhtem Wachstum von Einkommen und Beschäftigung rechnen. Die OECD-Abflüsse bzw. -Zuflüsse stiegen von 0,5 % des Bruttoinlandsprodukts zu Beginn der 90er Jahre auf rund 3 % in 1998. Bei Investitionsquoten von 10–12 % (ohne

Wohnungsbau) in den meisten OECD-Staaten ist damit rund ein Viertel aller Investitionen in den Bereichen Industrie und Dienstleistungen international mobil, d.h. es besteht ein verstärkter Wettbewerb der Standorte. Damit verschärft sich durch die Globalisierung der Wirtschaftsbeziehungen auch die Konkurrenz der Wirtschaftssysteme (Apolte/Caspers/Welfens, 1999; Welfens, 1999).

Die Direktinvestitionen sind in Bezug auf das Wirtschaftswachstum noch wichtiger als diese Zahlen auf den ersten Blick nahelegen. Denn Investitionen multinationaler Unternehmen werden vor allem in technologieintensiven Branchen vorgenommen. Direktinvestitionszuflüsse bedeuten daher in der Regel auch einen internationalen Technologietransfer. Von diesem Befund gibt es nur wenige Ausnahmen, etwa die Lebensmittel- oder die Mineralölwirtschaft, wobei letztere eine der ältesten multinationalisierten Branchen darstellt. Als besonders technologieintensiv gelten Chemie und Pharmazie, Flugzeugbau, Telekommunikation und Computertechnik/Software. Mit Ausnahme des letztgenannten Bereichs haben diese Branchen hohe Zuwächse bei den Direktinvestitionen. Ein Teil der Direktinvestitionsdynamik ist aus der in den 80er und frühen 90er Jahren fortschreitenden Handelsliberalisierung und den Privatisierungen entstanden, die größere Märkte entstehen ließ und damit Tendenzen zu hoher Technologieintensität in bestimmten Sektoren verstärkte (hohe F&E-Fixkosten lassen sich in größeren Märkten leichter am Markt einspielen als in engen Märkten). Die im Zuge der GATT-Uruguay-Runde und neuer WTO-Mitgliedsländer intensivierte globale Handelsliberalisierung schaffte auch interessante Optionen für eine vertikale internationale Arbeitsteilung im Konzern.

Direktinvestitonszuflüsse als Angebotsschocks

Auf Basis der Zahlen der UNCTAD (1999) zeigt sich, daß in den 90er Jahren Direktinvestitionen in den OECD-Ländern vor allem Unternehmenszusammenschlüsse darstellten, wobei hier offen bleibt, ob horizontale oder vertikale Direktinvestitionen dominiert haben. Da in den meisten OECD-Ländern die Aktienmärkte in den 90er Jahren wirtschaftlich bzw. für die Investitionsfinanzierung an Bedeutung gewonnen haben, ist davon auszugehen, daß Direktinvestitionen multinationaler Aktiengesellschaften stark von Renditeerhöhungs- und Marktanteilssicherungsmotiven – letzteres erhöht die Sicherheit künftiger Dividendenzahlungen – geleitet waren. In den Zuflußländern dürften Direktinvestitionen, abhängig von der Technologieintensität, zu einem Technologietransfer und mithin zu einem positiven Angebotsschock geführt haben.

Aus theoretischer Sicht von Interesse ist, daß neuere empirische Analysen für OECD-Länder im Fall eines Technologieschocks eine antizyklische Entwicklung von Realzins und Konjunkturverlauf zeigen, während Standardmodelle der Wirtschaft eine prozyklische Entwicklung erwarten lassen (Guay/Guay, 1996) In einem Modell mit handels- und nichthandelsfähigen Gütern und Anpassungskosten bei Investitionen sowie Habit-persistance-Verhalten im Konsum vermag Begum (1998) diesen auch von ihm in der Datenanalyse bestätigten Befund zu replizieren. Zwar enthält das Begum-Modell keine Direktinvestitionen, doch liegt die Überlegung nahe, daß bei beschleunigten Direktinvestitionszuflüssen – wie in den USA in den 90er Jahren – trotz anhaltenden Aufschwungs erst mit großer Verzögerung an Realzinsanstieg zustande kommt.

Für die asymmetrischen Direktinvestitionsbeziehungen zwischen USA und Japan bzw. EU und Japan könnte eine Implikation sein, daß es in Japan mit seinen geringen Direktinvestitionszuflüssen eher zu einem niedrigeren Realzins (r) kommen müßte als in USA oder der EU. Als global führendes Quellenland könnten die USA im übrigen die inländische Faktorproduktivität aus theoretischer Sicht auch durch Direktinvestitionen in anderen OECD-Ländern erhöhen, sofern ausländische Tochtergesellschaften produktivitätsrelevantes neues Wissen nach Hause zurücktransferieren. In empirischen Untersuchungen müßte von daher der Bestand an Direktinvestitionen im Ausland positiv auf die US-Wachstumsrate wirken; und ähnliches müßte für Großbritannien gelten.

Direktinvestitionsabflüsse aus kapitalreichen OECD-Ländern mit hohem Pro-Kopf-Einkommen können in gewissen Grenzen durchaus als normal bezeichnet und sind ein Indiz unternehmerischer Stärke, nämlich der Fähigkeit, im Ausland profitabel zu produzieren – auf Basis der unternehmensspezifischen Wettbewerbsvorteile (Patente, Makronamen, Management-Know-how etc.). Soweit die Errichtung von Produktionsstätten im Ausland mit einem verstärkten Import von Vorprodukten und Investitionsgütern aus dem Quellenland einhergehen, kann man von einer komplementären Beziehung zwischen Direktinvestitionsabflüssen und Exportdynamik ausgehen. Eine solche Komplementarität in schwacher Form läßt sich beispielhaft für Österreich nachweisen (Pfaffermayr, 1996).

Während mit wenigen Ausnahmen die EU-Länder und insbesondere auch Japan beträchtliche Netto-Abflüsse bei den Direktinvestitionen feststellten, erreichten die USA als absolut in der OECD führendes Zu- und Abflußland in 1998/99 einen Nettozufluß von über 100 Mrd. Dollar. Die für 1990-98 kumulierten Nettoabflüsse waren für die USA in den 90er Jahren negativ, sie erreichten Top-Werte von 258 Mrd. in Deutschland, gefolgt von Japan, Großbritannien, Niederlande, Frankreich, Schweiz, USA und Italien. Die führenden OECD-Nettozuflußländer waren hingegen Mexiko, Spanien, Australien, Griechenland, Belgien-Luxemburg, Polen und Ungarn mit 69, 33, 38, 37, 36, 23 bzw. 16 Mrd. Dollar (OECD, 1999). Während für die Zahlungsbilanzbetrachtung Nettogrößen bei den Direktinvestitionen relevant sind, ist aus Wachstumssicht auf Bruttogrößen abzustellen.

Nach den Transaktionswerten waren führende Industrien Öl & Gas, Automobil, Banken, Telekommunikation, Verlagswesen & Papierprodukte, Versorgungsunternehmen. Die Tatsache, daß der Telekommunikationssektor und die Versorger erstmals seit vielen Jahren unter den Top-6 rangieren, hängt im wesentlichen mit der Vielzahl von Privatisierungen und Deregulierungen in diesem Bereich zusammen. Strukturell ist eine Vielzahl von Privatisierungen in OECD-Ländern im Bereich der Netzindustrien entstanden, wobei die sich dem Wettbewerb stellenden Altmonopolisten und Neuanbieter verstärkt auf Mehrwertdienste, also spezielle Dienstleistungen für Unternehmen und private Haushalte setzen. Für Deutschland ist dies besonders wichtig, da man hier in der Beschäftigung deutlich hinter den USA, Großbritannien, Niederlande und Dänemark liegt. Rückständig ist in Deutschland vor allem der Anteil unternehmensbezogener und persönlicher Dienstleistungen. Während in den USA, Dänemark und Großbritannien 1999 jeder zweite Erwerbsfähige im Dienstleistungssektor beschäftigt war, lag die entsprechende Quote in Deutschland noch unter 40 Prozent.

Zufluß- und Abflußentwicklung

Für kapitalreiche Länder mit hohem Pro-Kopf-Einkommen und hohem Bestand an Wissenskapital (annähernd durch die akkumulierten Ausgaben für Forschung und Entwicklung ermittelbar) ist davon auszugehen, daß es bei wettbewerbsintensivem Heimatmarkt eine Vielzahl von Unternehmen mit firmenspezifischen Vorteilen gibt, die rentabel im Ausland produzieren können. Es kommt durch grenzüberschreitende Investitionen im Sinn einer Neuerrichtung von Anlagen bzw. durch Übernahmen oder Beteiligungen zu einer wachsenden Realkapitalverflechtung, die auch den Handel beeinflußt. Denn etwa ein Drittel des internationalen Handels der OECD-Länder ist Intra-Firmenhandel.

Der Anteil der Direktinvestitionsabflüsse an der heimischen Bruttokapitalbildung ist deutlich gestiegen, und zwar von 8,3 % in der EU im Durchschnitt der Jahre 1987-92 auf 14,8 % in 1997 (Deutschland: 5,5 % bzw. 9,5 %); die entsprechenden Zahlen für die USA zeigen einen Anstieg von 3,9 auf 9,4 %, bei Japan einen leichten Rückgang von 3,6 % auf 2,2 %. Die Zahlen für Deutschland zeigen einen Anstieg von 5,5 % auf 9,4 %, während die Werte für Frankreich von 9,9 auf 15 % anstiegen. Unter den wichtigsten kleineren europäischen Quellenländern bemerkenswert ist der Anstieg der entsprechenden Vergleichswerte von 11,5 auf 33,5 % im Fall der Schweiz – was etwa den Zahlen für UK von 16,1 bzw. 32 % entspricht – und bei den Niederlanden von 22,6 % auf 29,4 %. Relativ hohe Direktinvestitionsabflüsse erscheinen im Fall der Schweiz und der Niederlande angesichts der dort zu Ende der 90er Jahre herrschenden Vollbeschäftigung nicht als problematisch, zumal bei OECD-Ländern in der Regel von einer Komplementarität von Auslandsdirektinvestitionen und Güterexporten auszugehen hat. Denn die ausländischen Tochtergesellschaften arbeiten häufig mit Kapitalgütern und Vorprodukten aus dem Stammsitzland; und zudem sorgt die makroökonomische Verbindung von dank Direktinvestitionszuflüssen im Quellenland erhöhten Bruttoinlandsproduktanstiegs (im Gastland) und Importen für einen Exportstimulus auch im Quellenland der Direktinvestitionen.

Technologie- oder managementspezifische Vorteile versetzen Unternehmen aus führenden OECD-Ländern einerseits in die Lage, im Lauf des Produktlebenszyklus in der Standardisierungsphase lohnkostenintensive Produktion in Länder mit niedrigen Lohnstückkosten zu verlagern; oder aber durch die Kombination von eigenen firmenspezifischen Vorteilen mit Standortvorteilen in Hochlohnländern – sprich OECD-Ländern – profitabel zu produzieren. Letzteres ist etwa der Fall, wenn deutsche oder Schweizer Pharmaunternehmen sich in den USA in der Nähe von einschlägigen universitären Forschungszentren mit bestimmten Produktions- und Forschungsabteilungen ansiedeln bzw. dort entsprechende Firmen übernehmen.

Bei einem zwischen 1990 und 1999 von ca. 150 Mrd. $ auf fast 800 Mrd. $ pro Jahr angestiegenen globalen Direktinvestitionsvolumen ist es außerordentlich wichtig, daß sich gerade EU-Länder mit hohen Arbeitslosenquoten auf der Zuflußseite attraktiv und erfolgreich positionieren. Hier waren die USA auf der Gewinnerseite insofern, als die Direktinvestitionszuflüsse relativ zur Bruttokapitalbildung von einem schon recht hohen Wert von 6 % im Durchschnitt der Jahre 1987-92 auf 9,3 % in 1998 gestiegen sind. Auf seiten der EU betrugen die entsprechenden Werte 5,8 % bzw. 8,5 % (Tab. A4), allerdings bei großen Unterschieden von Land zu Land. Unter den relativen Verlierern war Deutschland, dessen entsprechender Wert ein niedriges 0,8 % im Durchschnitt der Jahre 1987-92 betrug und ein nur wenig erhöhter Wert von etwa 1,5 % in der zweiten Hälfte der 90er Jahre. Frankreich hingegen steigerte auf der Zuflußseite den Wert von 5,3 % auf 9,7 %, die Niederlande von 13,1 auf 18,9 % (in 1996); der niederländische Inlands-Bestandswert erreichte 1998 169,5 Mrd. $, ähnlich Belgien-Luxemburg mit 164,1 Mrd. $ (Tab. A5). Der Anteil der Direktinvestitionen an der Bruttokapitalbildung stieg in Großbritannien von 13,5 im Durchschnitt 1987-92 auf 18,6 % in 1997 und in Schweden gar von 5,0 auf 35 % (UNCTAD, 1999).

Die reale Abwertung des Euros gegenüber dem US-Dollar im Zeitraum 1999–2001 stimuliert einerseits die Nettoexporte der Eurozone; andererseits werden Firmen in der Eurozone für US-Unternehmen billiger, so daß letztere europäische Unternehmen leichter übernehmen können. Deutschland ist aber nur eines von zwölf Ländern in der Eurozone, so daß die BRD sich einem scharfen Standortwettbewerb stellen muß. Im wichtigen Bereich der I&K-Technologie lag Deutschland 2001 bei der Zahl der Internetnutzer bei 37, die USA bei 55 Prozent; die Internet-Host-Dichte je 1000 Einwohner betrug für die BRD 50, für die USA 273; die PC-Dichte je 100 Einwohner lag bei 33 in der BRD, in den USA bei 82; die I&K-Ausgaben pro Kopf erreichten in Deutschland € 1665,–, in den USA € 2822.

Die I&K-Indikatoren zeigen für Deutschland auch in der EU nur einen Mittelplatz an, was angesichts der OECD-weit überproportionalen Zunahme der I&K-Investitionen einerseits und der generellen Wachstumsrelevanz des I&K-Sektors andererseits problematisch ist. Weder bei der internationalen Direktinvestitionslücke noch beim I&K-Defizit zeigten deutsche Bundesregierungen Problembewußtsein.

Tabelle A4. Zuflüsse und Abflüsse ausländischer Direktinvestitionen in Prozent der Bruttoanlageinvestitionen in verschiedenen Ländern von 1987 bis 1997 (1987-92 Durchschnitt p.a.)

Länder	1987-1992	1993	1994	1995	1996	1997
Europäische Union						
Zuflüsse	5,8	5,9	5,6	7,2	6,8	8,5
Abflüsse	8,3	7,6	8,9	10,0	11,4	14,8
Österreich						
Zuflüsse	2,0	2,9	4,8	3,5	8,1	4,8
Abflüsse	3,2	3,0	2,9	2,1	3,5	3,9
Belgien und Luxemburg						
Zuflüsse	20,3	26,1	19,4	20,7	27,9	26,7
Abflüsse	17,4	11,9	3,1	22,4	16,0	16,6
Finnland						
Zuflüsse	1,4	6,9	10,5	5,4	5,5	10,5
Abflüsse	5,3	11,2	30,7	7,7	17,9	26,2
Frankreich						
Zuflüsse	5,3	7,1	6,5	8,6	8,2	9,7
Abflüsse	9,9	8,5	10,2	5,7	11,3	15,0
Deutschland						
Zuflüsse	0,8	-	1,6	2,3	1,1	2,3
Abflüsse	5,5	4,1	4,2	7,5	10,3	9,5
Irland						
Zuflüsse	8,9	14,9	9,6	13,4	20,6	19,0
Abflüsse	5,5	2,9	5,0	7,6	5,7	7,0
Italien						
Zuflüsse	2,2	2,6	1,3	2,6	1,7	1,9
Abflüsse	2,5	5,6	3,3	3,7	2,9	5,4
Niederlande						
Zuflüsse	13,1	14,2	11,4	15,6	18,9	12,9
Abflüsse	22,6	20,2	27,5	25,8	40,5	29,4
Portugal						
Zuflüsse	9,7	7,9	6,1	2,8	5,3	9,9
Abflüsse	1,4	0,8	1,4	2,8	3,0	7,5
Spanien						
Zuflüsse	9,9	10,1	9,8	5,9	5,7	5,9
Abflüsse	2,2	3,2	4,1	3,6	4,7	11,5
Schweden						
Zuflüsse	5,0	14,5	23,4	42,9	13,6	35,0
Abflüsse	18,0	5,2	24,7	33,3	12,5	40,6
Großbritannien						
Zuflüsse	13,5	10,9	6,1	11,9	14,5	18,6
Abflüsse	16,1	19,0	22,2	25,9	19,7	32,0
Schweiz						
Zuflüsse	4,7	1,8	7,1	5,5	5,2	9,9
Abflüsse	11,5	17,2	18,8	18,6	27,2	33,5
Vereinigte Staaten						
Zuflüsse	6,0	5,1	4,7	5,8	7,0	9,3
Abflüsse	3,9	8,8	7,7	9,1	6,9	9,4
Japan						
Zuflüsse	-	-	-	-	-	0,3
Abflüsse	3,6	1,1	1,4	1,5	1,7	2,2

Quelle: United Nations (1999), World Investment Report, S. 501-503

Tabelle A5. Bestand an ausländischen Direktinvestitionen in ausgewählten Ländern [a] (in Millionen Dollar)

Länder	1980	1985	1990	1995	1997	1998
Welt	506 602	782 298	1 768 456	2 789 585	3 436 651	4 088 068
Entwickelte Staaten	373 658	545 060	1 394 853	1 982 346	2 312 383	2 785 449
Westeuropa	200 410	253 824	784 371	1 144 001	1 308 040	1 571 427
Europäische Union	185 336	236 228	737 932	1 066 934	1 230 247	1 486 237
Österreich	3 163	3 762	9 884	17 532	17 810	25 386
Belgien und Luxemburg	7 306	18 447	58 388	116 692[b]	143 204[b]	164 093[b]
Dänemark	4 193	3 613	9 192	21 976[c]	25 139[c]	31 762[c]
Finnland	504	1 339	5 132	8 465	9 530	15 523
Frankreich	22 862[d]	33 636[d]	86 508	143 670	141 135	179 186
Deutschland	36 630	36 926	111 232	165 914	208 917	228 794[e]
Griechenland	4 524	8 309	14 016[f]	19 306[f]	21 348[f]	22 048[f]
Irland	3 749	4 649	5 502[g]	11 706[g]	17 051[g]	23 871[g]
Italien	8 892	18 976	57 985	63 456	81 145	105 397
Niederlande	19 167	25 071	73 567	123 896	127 426	169 522
Portugal	2 530[h]	3 463[h]	9 436[h]	17 246	18 076	21 130
Spanien	5 141	8 939	65 916	112 136	100 805	118 926
Schweden	3 626	5 071	12 461	31 089	42 402	53 709
Großbritannien	63 014	64 028	218 713	213 850	276 258	326 809
Übriges Westeuropa	15 074	17 597	46 438	77 067	77 793	85 190
Norwegen	6 572[i]	7 407[i]	12 402	19 513	20 705	24 303
Schweiz	8 506	10 058	33 693	57 063	56 390	60 096[e]
Nordamerika	137 195	249 249	507 783	658 888	819 309	1 016 798
Kanada	54 149	64 634	112 872	123 335	137 658	141 772
USA	83 046	184 615	394 911	535 553	681 651	875 026
Andere entwickelte Staaten	36 053	41 987	102 699	179 457	185 035	197 224
Japan	3 270	4 740	9 850	33 531	27 080	30 272[e]

a für Länder, bei denen die Daten auf Schätzungen beruhen, werden im Folgenden separate Hinweise gegeben
b geschätzt mittels Summierung der Zuflüsse seit 1994
c Bestand 1995 geschätzt durch die Addition der Zuflüsse 1995 auf den Bestand von 1994, danach geschätzt mittels Summierung der Zuflüsse seit 1996
d Daten vor 1989 geschätzt mittels Subtraktion späterer Zuflüsse
e geschätzt mittels Summierung der Zuflüsse seit 1997
f geschätzt mittels Summierung der Zuflüsse seit 1989
g geschätzt mittels Summierung der Zuflüsse seit 1986
h Daten vor 1996 geschätzt mittels Subtraktion späterer Zuflüsse
i Daten vor 1987 geschätzt mittels Subtraktion späterer Zuflüsse

Quelle: United Nations (1999), World Investment Report.

Unter den führenden OECD-Staaten gibt es neben Deutschland einen zweiten Verlierer beim verschärften Wettlauf um mobiles Realkapital in den 90er Jahren, nämlich Japan; die Direktinvestitionszuflüsse erreichten 1997 – ausgehend von traditionell minimalen Werten zuvor – nur 0,3 % der Bruttokapitalbildung. Auch wenn man diese japanischen Zahlen wohl als statistische Untertreibung ansehen muß (auf Basis von OECD-Quellenlandzahlen ergeben sich etwas höhere Werte), so ist doch nicht zu übersehen, daß Japan aus diversen Gründen sich als Investitionsstandort den global so stark gestiegenen Direktinvestitionen weitgehend verschlossen hat. Das hat negative Auswirkungen nicht nur auf die Investitionsquote in Japan. Dies bedeutet vor allem auch, daß der Investitionsauswahlprozeß in den japanischen Kapitalmärkten qualitativ schwach ist, weil hier der effizienzsteigernde Druck ausländischer Investoren weitgehend fehlt.

Zu den wichtigen Gründen der japanischen Abgeschlossenheit gehört neben der Sprachbarriere die traditionelle Ablehnung feindlicher Unternehmensübernahmen – noch dazu aus dem Ausland (!). Hinzu kommt, daß ausländische Investoren ganz massive Probleme im Arbeitsmarkt bei der Rekrutierung von Spitzenkräften haben, sofern das betreffenden multinationale Unternehmen nicht eines der weltführenden und damit auch in Japan angesehenen ist; japanische Arbeitnehmer bzw. Universitätsabsolventen haben nämlich eine deutliche Präferenz, in führenden japanischen Unternehmen zu arbeiten. Die annähernde Verzehnfachung des Direktinvestitionsbestands zwischen 1980 und 1998 hat wegen des niedrigen Ausgangsniveaus in Japan in 1998 nur zu einem inländischen Direktinvestitionsbestand von 30,3 Mrd. $ geführt, während das kleine Schweden bei etwa gleichem Ausgangswert von etwa 3,5 Mrd. $ in 1980 dank der Öffnung seiner Kapitalmärkte bzw. insbesondere der Liberalisierung des Energie- und Telekommarktes seinen Bestand an Direktinvestitionen im Inland im selben Zeitraum 53,8 Mrd. $ noch stärker erhöhen konnte.

Nimmt man illustrativ das lange gegenüber ausländischen Investoren relativ verschlossene Schweden als benchmark für das Pro-Kopf-Zuflußsoll Japans, so ist der japanische Ist-Bestand in 1998 rund 700 Mrd. $ zu niedrig gewesen. Auch auf Basis von Vergleichen mit Deutschland, Frankreich und USA ist eine Unterinternationalisierung Japans im Produktionsbereich zu konstatieren. Dieses Phänomen ist auch auf die hohen strukturellen Leistungsbilanzüberschüsse Japans zu beziehen, denn die positive Korrelation von Direktinvestitionszuflüssen und Importen bedeutet, daß eine normale Internationalisierung bzw. Globalisierung der japanischen Wirtschaft auch die abnormal hohen Leistungsbilanzüberschüsse Japans in den 90er Jahren verhindert hätte.

Ein stark in den Globalisierungsprozeß einbezogenes Land auf der Abfluß- wie der Zuflußseite sind in Europa die Niederlande. Die Niederlande konnten ihren Inlandsbestand von 19,2 in 1980 auf 169,5 Mrd. $ in 1998 erhöhen. Auf Pro-Kopf-Basis konnten in Westeuropa neben den Niederlanden und Schweden auch Irland, Portugal und Spanien hohe Direktinvestitionszuflüsse erreichen, die iberische Halbinsel besonders stark nach der EU-Mitgliedschaft in 1985 (Bestandswert Portugal 1985: 3,5 Mrd., 1998 21,1 Mrd. $, Spanien 1985 8,9 Mrd., 1998 118,9 Mrd.). Zählt man die Spanien, Portugal, Niederlande, Belgien und Schweden beim Bestand an Direktinvestitionen zusammen, so erhält man bei etwa gleich hoher Bevölkerungszahl wie Deutschland einen Soll-Bestandswert von rund 500 Mrd. $

für die BRD, während der deutsche Istwert nur 179,2 Mrd. in 1998 betrug. Da es in Deutschland eine hohe Arbeitslosenquote gibt, ist die Divergenz in der Tat teilweise Ausdruck auch arbeitsmarktpolitisch relevanter Standortdefizite in Deutschland. Besonders wichtig wäre es zu wissen, ob Funktionsprobleme im Arbeitsmarkt selbst – etwa mangelnde Lohndifferenzierung und unzureichende regionale Mobilität – zum Phänomen einer Direktinvestitionslücke in Deutschland beigetragen haben.

Im übrigen stellt sich die Frage, wie Güter- und Vermögensmärkte bei Globalisierung zusammenwirken. Aus theoretischer Sicht stellen sich hier einige interessante Fragen, auf die im weiteren noch einzugehen sein wird, wobei auch die Entwicklung der kurz- und langfristigen Wechselkursdynamik zu betrachten ist.

3 Erhöhtes Wachstum in USA versus Stagnation in Japan?

Im Zeitraum 1995-2000 hat sich in den USA die Arbeitsproduktivität um 3,1 % p.a. erhöht, hingegen betrug der Anstieg zwischen 1973 und 1995 nur 1,4 % (Council of Economic Advisers, 2001); der Expansionspfad des Produktionspotentials in den USA stieg in den 90er Jahren beschleunigt an, während sich das Wachstum des Produktionspotentials in Euroland nur leicht erhöhte; in Japan sank es deutlich ab. Ausgehend von einer Schrumpfung des US-Bruttoinlandsprodukts in 1991 um 0,5 % erreichten die USA im Zeitraum 1991-2000 eine jahresdurchschnittliche Wachstumsrate von 3,3 %, wobei 1994 bzw. 1997-1999 Wert von genau bzw. über 4 % erreicht wurden, in 2000 gar 5,0 %. Die Zahl der Jobs außerhalb der Landwirtschaft stieg um rund 23 Millionen, nämlich von 108 Mio. in 1991 auf 131 Mio. in 2000. Zugleich blieb die Inflationsrate in allen Jahren im Zeitraum 1993-2000 unter 2,5 %. Die Investitionen in Informations- und Kommunikationstechnik (I&K) gewannen in den 90er Jahren deutlich an Bedeutung, wobei in der zweiten Hälfte der Dekade über 50 % der Ausrüstungsinvestitionen in diesen Bereich hineingingen. Der fast zehnjährige Aufschwung in den USA ging in 2000 allerdings in eine gedämpfte Expansionsphase über, wobei die Ausrüstungsinvestitionen – im ersten Quartal 2000 noch mit 20,6 % gewachsen – im vierten Quartal 2000 um 4,7 % schrumpften; bei den I&K-Investitionen sank die Wachstumsrate von 31,4 % in 2000.I auf 9,6 % in 2000.IV, bei den Fahrzeuganschaffungen von 2,9 % auf -0,37 % (IWD, 2001). Ein Auslöser für die Konjunkturdämpfung dürfte wohl der Kurseinbruch an der NSDAQ um 40 % bzw. die Stagnation des Dow-Jones-Börsenindex in 2000 gewesen sein, aber auch die reale Dollaraufwertung aus 1999/2000, wobei die US-Exporte im vierten Quartal 2000 erstmals seit langen Jahren erheblich geschrumpft waren (-4,3 %). Mit Blick auf die USA ist einerseits die Überlagerung von Wachstums- und Konjunkturprozeß von Interesse, andererseits und insbesondere interessiert die Frage, ob sich der Expansionspfad des Produktionspotentials dauerhaft beschleunigt hat.

Der US-Sachverständigenrat sieht in den großen Produktivitätssteigerungen im Sektor Informations- und Kommunikationstechnologie den Hauptgrund für die Beschleunigung in den 90er Jahren; allerdings habe es auch in den I&K-

Anwendersektoren insbesondere durch veränderte Arbeitsorganisation, eine Erhöhung der Arbeitsproduktivität gegeben. Hintergrund der Wachstumsbeschleunigung ist nicht allein die verbesserte Ausstattung der USA mit PCs – die PC-Dichte hat sich in den 90er Jahren verdoppelt, wobei man fast die doppelte PC-Dichte in 1999 erreichte wie in der EU; auch eine hohe Rate des technischen Fortschritts in der Telekommunikation und in der zweiten Hälfte der 90er Jahre das rasante Wachstum des Internets bzw. des e-commerce in den USA sind wichtig. Das Zusammenspiel von Telekommunikationsliberalisierung und technischem Fortschritt im PC-Bereich wird den Produktivitätsfortschritt zumindest zeitweise beschleunigen. Es dürften sich erhebliche „Vernetzungsgewinne" ergeben. In den USA spricht man seit Ende der 90er Jahre von einer New Economy dank Computer und Internet. Bemerkenswert ist, daß die USA bei Anhalten des Aufschwungs bis in 2000 hinein den längsten Konjunkturaufschwung nach 1945 erlebt haben (Heilemann/Döhrn/Loeffelholz/Schäfer-Jäckel, 2000).

Die realwirtschaftlichen Wachstumsbedingungen haben sich in den USA offenbar grundlegend und strukturell verbessert. Zwar ist es richtig, daß die USA kein wesentlich höheres Wachstum des Pro-Kopf-Einkommens in den 90er Jahren verzeichneten als Euroland; in der Tat hat ein anhaltender beträchtlicher US-Bevölkerungszuwachs durch steigende Nachfrage für die Sektoren Wohnungsbau, Bildung und Gesundheit das Wachstum gestärkt. Unübersehbar ist aber einerseits auch das starke Wachstum des Faktorproduktivität und starke reale Vermögensgewinne für viele Bevölkerungsschichten, zudem andererseits eine sehr niedrige Inflationsrate auch in einem fortgeschrittenen Stadium des Konjunkturaufschwungs. Tatsächlich ist letzterer offenbar eingebettet in einen langfristigen Wachstumszyklus, und zwar in der Aufstiegsphase.

Die Wachstumsbedingungen für die USA dürften sich zu Beginn des 21. Jahrhunderts nicht nur technologisch gesehen – bedingt durch Internet- und Computerdynamik – verbessert haben. Vielmehr ist angesichts hoher privater Altersvorsorge in den USA damit zu rechnen, daß die Erwerbstätigkeit der Baby-Boom-Generationen, und zwar bei erhöhter Lebenserwartung, die private Spartätigkeit längerfristig stärkt. Die OECD erwartet zwar für Japan, EU und USA in der ersten Hälfte des 21. Jahrhunderts einen Rückgang der Sparquote, jedoch wird ab 2045 ein Wiederansteigen der US-Sparquote prognostiziert, während die EU und Japan erst etwa 15 Jahre später mit einen Ansteigen der Sparquote des privaten Sektor rechnen können (OECD, 1999). Im übrigen war zu Ende der 90er Jahre der Erwerbsquote der über 65jährigen Männer und Frauen mit rund 17 bzw. 8,5 % in den USA relativ hoch. Während in den USA also diese hohe Erwerbstätigkeit älterer Menschen hilft, höhere Lebenserwartung auch in mehr Produktion umzusetzen und zugleich die Belastungen der Rentenversicherung gering zu halten, wird in Euroland – vor allem in Deutschland – vielfach auf ein sinkendes Rentenalter als Mittel der Arbeitsmarktentlastung gesetzt. De facto verstärkt das den Lohn- bzw. Rationalisierungsdruck, es sei denn, es käme zu versicherungsmathematisch korrekten Abschlägen für die Frührentner.

Die geringe Inflationsrate im US-Boom ist erklärungsbedürftig, und tatsächlich haben die Inflationsprognosen die tatsächliche Inflationsrate zu Ende der 90er Jahre überschätzt (OECD, 1999). Daraus läßt sich ableiten, daß der US-Nominalzins eigentlich zu hoch war, wobei eine entsprechende Korrektur des langfristigen Zinssatzes in 2000 noch nicht abgeschlossen zu sein scheint.

Die Angebotselastizitäten haben sich – technisch gesehen – offenbar erhöht, zudem dürften die Substitutionselastizitäten vielfach zugenommen haben, da das Internet ein leichteres Ausweichen auf Substitutionsprodukte als bisher erlaubt; Konsequenz ist ein geringerer Preisauftrieb auf den Gütermärkten als bisher. Eine gegebene Wachstumsrate der Geldmenge führt dann einerseits zu einer geringeren Inflationsrate als früher, weil sich die Wachstumsrate des Produktionspotentials erhöht hat; andererseits dürfte die durch die Internetdynamik verbesserten Gewinnaussichten der Unternehmen unmittelbar zu höheren Aktienkursen führen, wobei erhöhte Umsätze am Aktienmarkt einen Teil der potentiell überschüssigen bzw. potentiell inflationstreibenden Liquidität bindet.

Aus Sicht von Zarnowitz (2000) markant ist am US-Zyklus der 90er Jahre im Vergleich mit den 60er und 80er Jahren – die 70er Jahre ignoriert er im historischen Vergleich wegen der Ölpreisschocks –, daß sich in der zweiten Hälfte des Aufschwungs bzw. der 90er Jahre der Produktivitätsfortschritt, anders in früheren Aufschwungsphasen, beschleunigt hat. Möglicherweise ist dies im Kontext mit der Diffusion moderner Computer und des Internets (als Inbegriff der New Economy) zu sehen. Bei einer Leistungsbilanzdefizitquote von 4 % in 1999 scheint hohes US-Wachstum von ca. 2-3 % noch einige Jahre lang realisierbar, sofern Angebots- und Nachfrageseite in etwa gleichmäßig expandieren. Der US-Aktienboom stimuliert ebenso wie die steigende Beschäftigungsquote die Konsum- und Investitionsausgaben, wobei die Unterauslastung des Produktionspotentials in den asiatischen Schwellenländern – traditionell wichtige Importquellen der USA – noch Raum für einen mehrjährigen Anstieg der US-Importe gibt.

Vor dem Hintergrund des Gravitationsansatzes zum Außenhandel sind langfristig verstärkte transpazifische Handelsbeziehungen zu erwarten, wobei die US-Wirtschaft vom zunehmenden Import technologieintensiver Güter aus Asien profitiert. Dies dürfte zusammen mit einer stabilen Investitionsquote und einer hohen Softwareinvestitionsquote sowie erhöhten realen Ausgaben für die Humankapitalbildung – und anhaltender Einwanderung – zu einer längerfristigen Wachstum des Produktionspotentials beitragen. Soweit der technische Fortschritt, wie etwa in der Telekommunikation und bei Software kapitalsparend ist, dürfte bei stabiler Investitionsquote sogar eine erhöhte Wachstumsrate zustande kommen.

US-Leistungsbilanzdefizit als Zeichen von Stärke der USA?

Das US-Leistungsbilanzdefizit zu Beginn des 21. Jahrhunderts zeigt nicht – wie vielfach argumentiert wird – Probleme der Wettbewerbsfähigkeit von US-Firmen an; dagegen spricht schon die Entwicklung der US-Weltmarktpatentanteile. Bei flexiblen Wechselkursen gilt, daß Nettokapitalimporte (Nettokapitalexporte) mit einem Leistungsbilanzdefizit (Leistungsbilanzüberschuß) einhergehen müssen. Da bei flexiblen Wechselkursen jederzeit gleichgewichtiger Devisenmarkt bedeutet dies, daß ein aus Nettokapitalimporten herrührender Angebotsüberschuß an Devisen de facto durch einen gleich hohen Nachfrageüberschuß für Nettogüterimport bzw. zur Finanzierung des Leistungsbilanzdefizits abgeflossen ist. Zunächst kann man daher nicht wissen, ob gewissermaßen ein negativer Außenbeitrag bzw. ein

Leistungsbilanzdefizit als Ausdruck wettbewerbsschwacher Unternehmen entstanden und die Nettokapitalimporte auslösten: Die Tatsache, daß die Bürger wertmäßig mehr Auslandswaren einführen als aus den inländischen Unternehmen auf dem Weltmarkt abgesetzt werden kann, mußte durch Kreditaufnahme im Ausland finanziert werden. Oder aber, ausländische Bürger wollten so sehr inländische Aktiva (Aktien und andere Wertpapiere) kaufen – es entstand eine Nettokapitalimport aus US-Sicht –, daß es zu einer so starken Währungsaufwertung kam, daß Bürger wertmäßig mehr dank Aufwertung zunehmend verbilligte Güter importierten als die inländischen Firmen exportieren konnten. Soweit die US-Nettokapitalimporte wegen hervorragend profitabler US-Firmen (siehe Börsenboom bzw. S&P-Index oder Dow-Jones-Index) angestiegen sind, ist das US-Leistungsbilanzdefizit paradoxerweise nur ein Echo der Stärke der US-Wirtschaft. Das würde nur dann nicht gelten, wenn die hohe Profitabilität von US-Firmen dominant von Erträgen von US-Tochtergesellschaften im Ausland herrühren würde – das kann verneint werden.

Japan

Nach Angaben des IWFs (1999, S. 83) ist die Wachstumsrate des Produktionspotentials von 3,5-4 % in den 80er Jahren auf 1-2,5 % in den 90er Jahren gesunken, wobei Japan zudem eine leichte Deflation erleidet. Letztere könnte investitions- bzw. wirtschaftsdämpfend über den Anstieg der realen Schuldenlast der Unternehmen wirken. Die deutliche Abflachung des japanischen Produktionspotentials wird noch langfristig verstärkt durch die zunehmende Überalterung Japans, das – anders als Westeuropa – kaum größere Einwandererzahlen akzeptieren wird. Problematisch ist auch der geringe Realzinssatz, in den Japans Geldpolitik in den 90er Jahren geführt hat: Er bedeutet einen Ansatz, hohe Investitionen mit geringem Kapitalgrenzprodukt zu realisieren, was wachstumsschädlich ist. Zudem entsteht beim niedrigen Nominalzinssatz ein massiver Anreiz für Ausländer, in Japan niedrigverzinsliche Kredite aufzunehmen, was zu einem überhöhten Yen-Wechselkurs führt.

Das schwache Wachstum spiegelt darüber hinaus nicht nur eine hausgemachte Bankenkrise und die Asienkrise der Schwellenländern in 1996-98 wieder, sondern vermutlich auch grundlegende Ineffizienzen das Kapitalmarkts in Japan. Jedenfalls fanden Jorgenson/Yip (1999) einen beträchtlichen langfristigen Rückgang der Kapitalqualität in Japan – für Deutschland finden die Autoren in der ersten Hälfte der 90er Jahre ähnliches, wobei hier jedoch der Wiedervereinigungseffekt eine erklärende Rolle spielen dürfte. Im übrigen hat Japan keine Voraussetzungen dafür geschaffen, daß das Land an den wachsenden globalen bzw. OECD-weiten Direktinvestitionen breit hätte profitieren können. Die Berechnungen von Jorgenson/Yip (1999), die einen starken Anstieg der Kapitalqualität in den USA und Großbritannien in den 80er und frühen 90er Jahren anzeigen, legen die Vermutung einer strukturellen Überlegenheit des kapitalmarktdominierten angelsächsischen Finanzierungsmodells gegenüber dem kontinentaleuropäischen Universalbankensystem nahe. Von daher wäre es sinnvoll, wenn man auf seiten der EU die Rolle von Aktienmärkten und Risikokapitalmärkten stärken würde. Allerdings nimmt bei verstärkter Börsenfinanzierung von Investitionen die Bedeutung eines potentiellen Crashs bzw. spekulativer Blasen zu.

Die OECD (1999) hat festgestellt, daß in Japan seit 1970 drei Jahrzehnte einer stark fallenden Kapitalproduktivität zeigte; und zwar im Gegensatz zu den westlichen OECD-Ländern, sofern man von Kanada in den 90er Jahren absieht. Japan könnte, allen Wachstumschancen Asiens zu Trotz, in eine zeitweise Stagnationsphase geraten und im übrigen zum Destabilisierungsquell für andere Regionen zu werden, wie im weiteren zu zeigen ist.

Japan liegt im wachstumsrelevanten Internetbereich hinter den USA in den meisten Expansionsfeldern zurück, zeigt allerdings im Bereich fortgeschrittener internetfähiger Mobiltelefonie einen gewissen Vorsprung. Es bleibt abzuwarten, ob DoCoMo, das führende japanische Mobilfunkunternehmen durch Direktinvestitionen in Asien, Europa und Nordamerika Zugang zu den wichtigen globalen Wachstumszentren findet.

Wachstumspolitisch problematisch ist in Japan, daß die Notenbank durch eine sonderbare Politik die Nominalzinssätze auf nahe Null und die Inflationsrate gar auf zeitweise negative Werte geführt hat. Der unnormal niedrige Realzinssatz ermutigt in wachstumsschädlicher Weise Investitionen mit niedrigem Kapitalgrenzprodukt, der niedrige Nominalzinssatz stimuliert – bei gegebenem Wechselkurserwartungen bzw. hinreichend schwachen Aufwertungserwartungen beim Yen – Anleger in den USA und Europa, Kredite in Yen aufzunehmen und dann außerhalb Japans zu investieren bzw. zu spekulieren. Damit werden die unnatürlichen Verhältnisse am japanischen Kapitalmarkt zu einer Quelle potentieller internationaler Instabilität. Es ist völlig unverständlich, daß die über Jahre unnormale makroökonomische Situation Japans nicht im Rahmen der G-7-Gipfel umfassend diskutiert wurde.

Sonderbarerweise hat die US-Administration über Jahrzehnte Japan eine nominale und reale Yen-Aufwertungspolitik aufoktroyiert, was als Produktivitätspeitsche und Gewinnfontäne für Japans Exportindustrie wirkte und die Pro-Kopf-Einkommen und damit auch die Sparquote ansteigen ließ. Da $s+\tau = \gamma+(I/Y)+x'$ gilt, hat sich eine hohe Nettoexportquote x' in Japan als Folge der strukturellen positiven Differenz zwischen Steuerquote τ und Staatsverbrauchsquote γ ergeben.

4 Wirtschaftsentwicklung in Euroland und Krise in Deutschland

4.1 Euroland-Entwicklung

Der Euro hat in den ersten 20 Monaten nach dem Start der Europäischen Wirtschafts- und Währungsunion rund 25 % seines Werts gegenüber dem Dollar eingebüßt. Das hat einige Euro-Skeptiker veranlaßt zu behaupten, dies sei nur eine Beleg für die unvermeidliche Schwäche einer europäischen Gemeinschaftswährung, die ohne vorheriges Schaffen einer politischen Union an den Start gegangen sei und in dessen Vorfeld die Konvergenzkriterien bei der Haushaltskonsolidierung nur in unbefriedigender Weise erfüllt worden seien. Einige Euro-Optimisten wiederum sehen nach der Phase der Euro-Abwertung im Startjahr für 2001 schon wieder erhebliches Aufwertungspotential. Tatsächlich hat sich der Euro-Kurs nach Abklingen des starken Ölpreisanstiegs in 2000 und dem Abflachen der US-Konjunktur in 2001 gefestigt. Die Wachstumsrate von Euroland war in 2000 mit rund 3,5 % relativ hoch, wobei allerdings Deutschland und Italien mit etwa 3 bzw. 2,5 % zurückhingen.

Aus theoretischer und empirischer Sicht läßt der Eurowechselkurs recht gut – auch gemessen an einem Out-of-sample-forecast – durch den Einfluß des transatlantischen Zins- und Aktienrenditedifferentials erklären (Welfens, 2001); hinzu kommt ein negativer Einfluß des Ölpreises.

Eine offene Frage in Deutschland ist, ob die Gewerkschaften nach dem Eurostart eine beschäftigungsförderliche Zunahme an Lohndifferenzierung erlauben werden. Das Problem einer mangelnden Lohndifferenzierung bzw. unzureichender Lohndrift (Differenz von Effektiv- und Tariflohnniveau) könnte sich insbesondere bei anhaltender interregionaler Wachstumsratendifferenzierung in Deutschland erhöhen. Wenn die Gewerkschaften in Bundesländern mit hohen Wachstumsraten – Bayern, Baden-Württemberg und Hessen (mit Wachstumsraten von um 4 % zu Ende der 90er Jahre, was fast doppelt so hoch wie im Rest der Republik war) – über sogenannte Pilotabschlüsse den Lohndruck auch für die wachstumsschwachen Bundesländer, inklusive Neue Länder, erhöhen, so ist dies beschäftigungs- und wachstumsschädlich.

Herausforderungen der Lohnpolitik

Da überdurchschnittlich hohe Innovationsaufwendungen typischerweise in großen (und mittleren) Unternehmen im Sektor der handelsfähigen Güter stattfinden und lange Amortisationszeiträume mit Blick auf hohe versunkene Kapital- und F&E-Aufwendungen notwendig sind, kommt einerseits einer den sozialen Frieden sichernden Sozialpolitik in Ländern mit großer bzw. zunehmender Technologie- und Exportorientierung langfristig erhebliche Bedeutung zu; andererseits sind aber die Weltmarktpreisrelationen aus theoretischer Sicht ein Begrenzungsfaktor für die relativen Arbeitskosten. Greift man die fundamentale Lohn-Preisrelation von Haskel/Slaughter (1999, S. 162) auf, so ist in einer kleinen offenen Volkswirtschaft die vollbeschäftigungskonforme Lohnrelation W^S/W^N – mit W^S bzw. W^N für Arbeitskosten der Qualifizierten bzw. der Ungelernten – direkt proportional zur exogenen Weltmarktpreisrelation P^S/P^N, wobei hier P^S den Güterpreis im den Faktor Qualifizierte intensiv nutzenden Schumpeter-Sektor“ bezeichnet; P^N ist der Güterpreis ist Nicht-Schumpeter-Sektor.

(B.1) $W^S/W^N = f(P^S/P', A^S, B^S, C^S, A^N, B^N, C^N); f_{1,2,3,4} > 0, f_{5,6,7} > 0$

Für das nominale Sozial- bzw. Umverteilungsbudget G^v muß die Budgetrestriktion erfüllt sein (mit L^S bzw. L^N für die sektoralen Beschäftigungsmengen), daß

(B.3) $G^v = L^S W^S v^S + L^N v^N W^N$

Traditionelle Regeln der Sozialversicherung sehen vor, daß die Beitragssätze in den Sektoren gleich sind, während dies aus einer politisch-ökonomischen Sicht keineswegs eine notwendig bzw. sinnvolle institutionelle Regel ist. Sollten bei exogener Arbeitszeit L für Produkte, die Ungelernte relativ intensiv einsetzen, die Arbeitskosten ohne Sozialversicherungssatz gerade dem Weltmarktpreis P^N gleich sein, so würde wegen der Preisnehmersituation des kleinen Landes jede Belastung des Faktors ungelernte Arbeit mit Sozialbeiträgen geradewegs Arbeitslosigkeit von Ungelernten bzw. ein Abdriften der Arbeitslosen in den abgabenfreien Schattenwirtschaftssektor hervorrufen – oder aber Auswanderung von Ungelernten oder aber Weiterqualifizierung. Mit Blick auf eine Reihe von eher armen EU-Staaten – Griechenland, Spanien und Portugal – stellt sich daher die Frage nach differenzierten Sozialversicherungsbeitragssätzen. Tatsächlich haben in den 90er Jahren auch Belgien und Frankreich für Arbeitnehmer aus unteren Lohngruppen, die praktisch mit Ungelernten gleichgesetzt werden können, reduzierte Sozialversicherungsbeitragssätze eingeführt. Dies dürfte mittelfristig die Wiederbeschäftigungschancen von Ungelernten erhöhen.

Mit Blick auf die Netto-Lohnstruktur W'^S/W'^N ist im übrigen in dynamischer Sicht anzumerken, daß es für die Humankapitalbildung nicht nur auf die Dimensionierung des staatlichen Bildungsbudgets ankommt, sondern auch auf die vertikalen Lohnstrukturen (Qualifizierte gegeben Ungelernten) und auf das Ausmaß an Humankapitalab- bzw. Humankapitalzuwanderung. Auf die Problematik der Veränderung der Lohnstruktur im Zug der außenwirtschaftlichen Öffnung bzw. der in der Literatur vielfach diskutierten Globalisierungsproblematik und eines bias beim Fortschritt (z.B. Welfens/Audretsch/Addison/Grupp, 1998; Siebert, 1999; Welfens/Collins/Jungmittag/Verspagen, 2002) kann hier nicht weiter eingegangen werden.

Je nach Art des technischen Fortschritts kann dieser für sich genommen zu einer erhöhten Einkommensungleichheit – zumindest temporärer Art – führen, wobei vor allem „general purpose technologies" (Allgemein-Zweck-Technologien) zu einer zeitweisen Besserstellung qualifizierter Arbeitnehmer führen können (Überblick: Aghion/Caroli/Garcia-Penalosa, 1999): Wenn neue Allgemein-Zweck-Technologien eingeführt werden, dann dürften zunächst qualifizierte Arbeitnehmer profitieren, die mit solchen Technologien umzugehen vermögen; erst längerfristig – wenn alle Arbeitnehmergruppen die neuen Technologien nutzen – reduzieren sich tendenziell die Qualifikationsprämien wieder. Dies könnte für Transformationsländer in besonderem Maß der Fall sein, da Transformation mit außenwirtschaftlicher Öffnung und damit auch mit technologischer Modernisierung verbunden war. Allerdings wirkt außenwirtschaftliche Öffnung aus theoretischer Sicht für einen Teil der Qualifizierten auch gegenteilig, denn steigende Importe qualifikationsintensiver Güter werden die Qualifikationsprämie reduzieren. Die handelsschaffenden Effekte der außenwirtschaftlichen Öffnung wirken von daher den im Sinn einer Aghion-Kuznets-Hypothese wirkenden technologischen Modernisierungsschritten entgegen, so daß die Existenz eines (modifizierten) Kuznetszusammenhangs nur empirisch zu überprüfen ist; vermutlich in jedem Fall nur mittelfristig gilt. Erschwert wird die Analyse zudem durch die Tatsache, daß der Außenhandel über ein induziertes zunehmendes Auseinanderklaffen der Löhne von Qualifizierten relativ zu Ungelernten die Ungleichheiten innerhalb der Arbeitnehmer erhöht hat (Leamer, 1998).

4.2 Investitionsineffizienz und Angleichung der Kapitalgrenzprodukte

Aus neueren Untersuchungen (McKinsey, 1996) ist bekannt, daß die Kapitalproduktivität in Deutschland und Frankreich in den 80er Jahren deutlich geringer als in den USA war. Für diesen Rückstand wichtiger kontinentaleuropäischer Länder könnte es verschiedene Gründe geben (Welfens, 1999):

- Mangel an jungen Unternehmen, die innovativ und effizient neue Investitionsmöglichkeiten, insbesondere auch in neuen Technologiefeldern, nutzen;
- Staatsunternehmen, die nicht der Logik der Kapitalmärkte folgen;
- Erhaltungssubventionen, die das Ausscheiden von Unternehmen mit geringer Faktorproduktivität verzögern;
- steuerliche Benachteiligung von börsenfinanzierten Investitionsentscheidungen;
- geringe Neigung von mittelständischen Unternehmensgründern, die Rechtsform der AG zu wählen bzw. externe Kapitalgeber zu akzeptieren.

Für Wirtschaftswachstum wesentlich sind Investitionsentscheidungen bzw. die jeweilige Art ihrer Finanzierung. Hier gibt es in der Triade zunächst unterschiedliche Kapitalmarktstrukturen in dem Sinn, daß im angelsächsischen System externe Kapitalgeber bzw. Aktienmärkte Hauptfinanzierungsquelle von Investitionsentscheidungen und damit wichtiger Kontrolleur von Managerentscheidungen sind. Hingegen spielen Banken als Finanzierungsquelle im deutschen und französischen System eine Hauptrolle, zugleich wird in vielen EU-Ländern aus steuerlichen und anderen Gründen häufig eine im transatlantischen Vergleich eher geringe Dividendenzahlung erfolgen; die interne Finanzierung von Investitionen aus dem Cash flow (Gewinne plus Abschreibungen) dominiert, wobei die Manager größere Freiheitsgrade in ihren Entscheidungen als im angelsächsischen Modell haben: Da Manager aus Prestige- und Gehaltsgründen systematisch nach Erhöhung der Unternehmensgröße streben, ergibt sich hieraus eine Tendenz zu Überinvestitionen bzw. zu Investitionen mit Renditen, die unterhalb des Kapitalmarktzinssatzes liegen. Für Österreich-Deutschland-Schweiz fanden Mueller/Yurtoglu (2000) in einer empirischen Untersuchung für die frühen 90er Jahre erhebliche Ineffizienzen bei der Investitionsfinanzierung aus Cash flow bzw. Überinvestitionen – wie in den USA noch in den 70er und 80er Jahren –, und zwar erreichte der relevante Indikator mit 0.39 nicht einmal die Hälfte des effizienten Werts von 1. Frankreich, die Niederlande, Portugal, Spanien und Italien zeigten ähnliche Ineffizienzen. In den USA lag der Wert nahe bei 1. Bei der Finanzierung über Neuverschuldung zeigten die USA wie die EU-Länder und Japan einen unproblematischen Indikatorwert, bei der Finanzierung über Aktienemissionen zeigten sich in EU-Ländern kaum Ineffizienzen; in den USA ergaben sich eher Anzeichen für Unterinvestitionen.

Der Cash Flow der deutschen Unternehmen im Sample von Mueller/Yurtoglu betrug in 1986-96 536 Mrd. DM, was zu einer Wertvernichtung von 326 Mrd. DM durch Überinvestitionen auf der Basis von cash-flow-finanzierter Investitionen führte. Der problematische Befund ineffizienter cash-flow-finanzierter Investitionen in vielen EU-Ländern impliziert nicht nur für sich genommen, daß im Interesse von Effizienz, Wachstum und Wohlstand Deutschland und andere kontinentaleuropäische EU-Länder die Rolle des Aktienmarktes nachhaltig stärken sollten, um Wertvernichtung durch Manager zu vermeiden; die staatlich und gewerkschaftlich betriebene Stärkung der Aktienkultur in Schweden und die verbesserte Attraktivität skandinavischer Länder für ausländische Investoren in der Dekade nach 1985 hat vermutlich dazu beigetragen, daß sich in Skandinavien cash-flow-bezogene Investitionsineffizienzen nicht fanden.

Angleichung der Kapitalgrenzprodukte in der EU?

Aus theoretischer Sicht sollten liberalisierte Direktinvestitionen bzw. der Binnenmarkt in der EU mit einer grenzüberschreitenden Angleichung der Kapitalgrenzprodukte in der Gemeinschaft einhergehen – d.h. Kapitalmärkte wären in einem umfassenden Sinne integriert. Die Analyse von De Menil (1999) zeigt jedoch, daß die Kapitalmarktintegration in Westeuropa in den frühen 80er Jahren noch recht beschränkt war, allerdings seither zugenommen hat. Immer noch gibt es länderspezifische Faktoren bei der Kapitalrendite, wobei einige Spezifika sich auf Arbeits- und Gütermarktregulierungen beziehen; so beeinträchtigen etwa ausgeprägte Kündigungsschutzregeln die Rendite, zugleich können Beschränkungen im Gütermarkt-Wettbewerb für übernormale Renditen sorgen. Die Kapitalmarktintegration ist in Europa geringer als in Nordamerika (Kanada/USA), und die Hauptgründe für Renditedifferentiale bei Realkapital liegen nach den empirischen Untersuchungen von De Menil in Arbeits- und Gütermarktregulierungen auf nationaler Ebene begründet. Indem der Euro die Wechselkursrisiken eliminiert und einen hochgradig transparenten Gütermarkt schafft, dürfte der Anreiz zu EU-internen Direktinvestitionen zumindest temporär zunehmen. In der Tat hat der Anteil der Intra-EU-Direktinvestitionen an den EU-Gesamtdirektinvestitionen schon vor dem Start der Währungsunion zugenommen, und zwar von 41 % in 1984 auf 55 % im Durchschnitt der Jahre 1986-90.

Wegen der stärkeren Synchronisation der Konjunkturzyklen in den Mitgliedsländern von Euroland dürfte es längerfristig aus dem Interesse an einer Minimierung der Konzernsteuerlast zu zunehmenden EU-Direktinvestitionen in die USA und gegebenenfalls nach Großbritannien kommen. In der Tat gibt es empirische Evidenz (Ebrill et al, 1999) dafür, daß Direktinvestitionen aus OECD-Ländern in der Vergangenheit in ihrer regionalen Struktur durch steuerliche Überlegungen beeinflußt wurden.

Ein wichtiger Aspekt von verstärkten EU-Direktinvestitionen innerhalb der Gemeinschaft dürfte sein, daß es zu einer Beschleunigung von Markteintritts- und Marktaustrittsprozessen und damit auch zu erhöhten Bruttobewegungen am Arbeitsmarkt in Euroland kommt. Dieser intensivierte Strukturwandel dürfte, folgt man neueren Untersuchungen aus Industrieländern und insbesondere USA (Alexander, 1996) zu einer Erhöhung des Produktivitätsfortschritts führen. Dabei erscheint mit Blick auf Deutschland der Befund von zu Anfang der 90er Jahre problematisch, daß die Brutto-Arbeitsplatzgewinne und -Arbeitsplatzverluste im kontinentaleuropäischen Vergleich gering ausfallen, was auf sklerotische Arbeitsmärkte hindeutet (OECD, 1994). Die Brutto-Mobilität der Arbeitskräfte dürfte weiter sinken, wenn es zu einem aus individuellen Gründen oft gewünschten – und im Interesse einer Stabilisierung der staatlichen Sozialversicherung – Erhöhung der Erwerbsquote von Frauen kommt. Ein Ausweg könnte hier in der Internetgesellschaft ein steigender Anteil von Telearbeitsplätzen sein. Allerdings lag Deutschland Ende der 90er Jahre hier gerade auf EU-Durchschnitt, weit hinter Finnland, Schweden, Niederland, Dänemark und Großbritannien; und anders als in Dänemark, Irland und Österreich gab es auch keine im Rahmen der Sozialpartnerschaft entwickelten Richtlinien oder Musterverträge für Telearbeiter (European Commission, 2000, p 18–19).

4.3 Wachstumsschwäche und Innovationskrise in Deutschland?

Deutschland, das von der Wirtschaftsleistung ein Drittel von Euroland bzw. ein Viertel der EU darstellt, ist ein wichtiges Kernland Westeuropas, dem zudem mit Blick auf die EU-Osterweiterung eine strategische Rolle zukommt. Zusammen mit Finnland, Österreich und Italien sowie Griechenland ist Deutschland den osteuropäischen Beitrittskandidaten geographisch am nächsten, was mit Blick auf das Exportwachstum Vorteile verspricht. Zugleich dürfte aber im Zuge intensivierten Ost-West-Handels und von Faktormobilität ein erhöhter Anpassungsdruck auf Deutschland zukommen. Ein erhöhter Anpassungsdruck wird sich relativ leicht verarbeiten lassen, wenn der Druck in einer Phase hohen Wachstums (und geringer Arbeitslosigkeit) auftritt. Wie sich zeigt, sind in Deutschland die Voraussetzungen für hohes Wachstum zu Beginn des 21. Jahrhundert deutlich unterentwikkelt.

Bildungswettbewerb und F&E-Rivalität

Deutschland ist im internationalen Vergleich bei den Bildungsausgaben im OECD-Vergleich zurückgefallen, wo man bei den öffentlichen Bildungsausgaben in den 90er Jahren mit gut 5 % des Bruttoinlandprodukts in 1997 unter dem OECD-Durchschnitt und dabei sogar hinter den USA zurück lag. Dort führen hohe private Bildungsausgaben in Verbindung mit hohen öffentlichen Bildungsausgaben zu einer Bildungsführerschaft in der OECD; diese wird verstärkt durch den globalen brain drain zugunsten der USA, die ausländische Studenten in hohem Maß ebenso anziehen wie qualifizierte Experten in vielen Wachstumsfeldern. Führende OECD-Länder bei den Bildungsausgaben waren zu Ende der 90er Jahre Korea, Schweden, USA, Dänemark und Kanada mit knapp 7 % des Bruttoinlandsprodukts (OECD, 2000, S. 43), gefolgt von Österreich, Finnland, Polen, Schweiz und Portugal, dann Deutschland gleichauf mit Spanien. Ein Hauptproblem Deutschlands liegt angesichts der Länderhoheit im Bildungsbereich in unzureichenden länderseitigen Bildungsausgaben, die der Bund nur in geringem Maß beeinflussen kann. Allerdings könnte der Staat gezielt den Bau privater Universitäten und Hochschulen über ein entsprechendes Stiftungs- und Steuerrecht anreizen, zudem hätte man 1/4 der 100 Mrd. UMTS-Sondererlöse für ein Bund-Länder-Sonderprogramm in den Bereichen Bildung und F&E-Förderung verwenden können. Finanzminister Eichel hat die Ausgaben in diesen beiden Bereichen hingegen nur in homöopathischen Dosierungen erhöht, aus nicht nachvollziehbaren Gründen betont er hingegen sein Prioritätsziel, bis 2006 einen ausgeglichenen Bundeshaushalt zu erreichen (in einem Interview im Frühjahr 2001 erfand er sogar eine Steigerung Brüningschen Denkens, indem er behauptete, ein Staat, der der Kindergeneration Schulden hinterlasse, begehe einen Fehler – dabei kommt es aus ökonomischer Sicht wesentlich auf eine investive Ausgabenstruktur des Staats an; die seit dem Juristen Waigel als Finanzminister in Deutschland offenkundige Kompetenzlücke hat nach dem Physiker Lafontaine in Lehrer Eichel eine originelle, wenngleich im OECD-Vergleich seltene Fortsetzung gefunden).

Deutschland ist auch im F&E-Bereich in den 90er Jahren deutlich im OECD-Vergleich zurückgefallen, wo man zu Beginn der 90er Jahre noch in der Spitzengruppe lag. Von den 1997 im OECD-Raum verausgabten Mitteln in Höhe von 500 Mrd. $ (2,2 % des OECD-Bruttoinlandsprodukts) entfielen 43 % auf die USA, 18 % auf Japan und 8,5 % bzw. 28 % auf Deutschland und die EU. Bezogen auf die F&E-Intensität lag Deutschland zu Ende der 90er Jahre hinter Schweden, Finnland, Korea, USA, Japan und Schweiz. Der Einbruch Deutschland bei den Patentaktivitäten von Anfang der 90er Jahre konnte trotz erhöhten Wachstums weltmarktrelevanter (Triade-)Patente in 1996/97 nicht wettgemacht werden (BMBF, 2000). Zu den Nettoexporteuren von Spitzentechnologien zählten zu Ende der 90er Jahre neben den führenden USA auch Japan sowie Großbritannien, Frankreich und Irland sowie – als neue Führungsländer – auch Schweden und die Niederlande.

Unklar ist, wie die verminderte Tendenz zum intraindustriellen Handel Deutschlands bei F&E-intensiven Waren im Zeitraum 1991–97 zu werten ist, wobei möglicherweise Probleme aus der deutschen Wiedervereinigung eine Rolle spielen. Während für die USA bei F&E-intensiven Waren, Spitzentechnik und der in Deutschland (und Japan) dominant ausgeprägten höherwertigen Technik eine Zunahme des intraindustriellen Handels festzustellen war, gab es in Deutschland in allen Bereichen einen Rückgang, desgleichen in Italien. Bei Großbritannien gab es in keiner Produktgruppe einen Rückgang, bei Frankreich immerhin in der Spitzentechnik eine Zunahme. Bei Japan gab es ausgehend von einem niedrigen Niveau des intraindustriellen Handels bei Spitzentechnik und höherwertiger Technik eine deutliche Zunahme, die wohl deutlich die von den USA und der EU erzwungene Marktöffnung Japans widerspiegelt.

Tabelle A6. Intraindustrieller Handel ausgewählter OECD-Länder mit F&E-intensiven Waren 1991–97 (Grubel-Lloyd-Index)

Länder	Durchschnitt 1991 – 1997 FuE-intensive Waren	Durchschnitt 1991 – 1997 Spitzentechnik	Durchschnitt 1991 – 1997 Höherwertige Technik	1997 FuE-intensive Waren	1997 Spitzentechnik	1997 Höherwertige Technik
USA	0,72	0,74	0,71	0,73	0,75	0,72
Japan	0,42	0,49	0,38	0,49	0,61	0,44
Frankreich	0,88	0,84	0,90	0,86	0,85	0,86
Italien	0,70	0,84	0,66	0,67	0,82	0,63
Großbritannien	0,87	0,85	0,88	0,88	0,87	0,88
Deutschland	0,72	0,83	0,69	0,69	0,79	0,66

[1] Der Index wird als Summe der „Überlappung" von Exporten und Importen in den einzelnen Warengruppen bezogen auf die Summe der Exporte und Importe berechnet du kann Werte zwischen 0 (nur intersektoraler Handel) und 1 (nur intrasektoraler Handel) annehmen

Quelle: DIW-Zahlen nach BMBF (2000) S. 85

Negativ neben dem Zurückfallen beim intraindustriellen Außenhandel fällt für Deutschland in den 90er Jahren auf, daß die gesamtwirtschaftlichen Ausgaben zum Aufbau der Wissensbasis – d.h. Ausgaben der Wirtschaft für duale Ausbildung, Weiterbildung und F&E sowie die Staatsausgaben für Bildung, Weiterbildung und F&E) – 1997/98 weiter rückläufig waren und nur noch 8,7 % am Bruttoinlandsprodukt erreichten: Von den DM 330 Mrd. DM für den Ausbau der Wissensbasis entfielen 214,1 Mrd. auf den Bildungsprozeß, 20,3 Mrd. DM auf die Förderung von Bildungsteilnehmern und 87,5 Mrd. DM auf F&E. Die Rolle des Bildungswesens lag in Deutschland mit einem Ausgabenanteil beim Staat von knapp 10 % um 2 Prozentpunkte unter dem OECD-Durchschnitt. Das BMBF (2000) stellt fest, daß Bildung sich unverändert doppelt lohnt, nämlich in Form höherer Einkommen (um 8 % steigt das Einkommen mit jedem Jahr Ausbildung) und zugleich in Gestalt verminderter Arbeitslosigkeitsrisiken.

Folgt man Ramser (1993), der in Anlehnung an Lucas (1988) annimmt, daß der Arbeitseffizienz-Parameter A in der gesamtwirtschaftlichen Produktionsfunktion Y= F(K, AL) sich entwickelt gemäß dA/dt/A = v(1-z), wobei v ein Parameter im Intervall 0,1 und z der Anteil der in der Produktion beschäftigten Arbeitnehmer ist – d.h. daß 1-z der Anteil der in Forschung und Entwicklung Tätigen entspricht –, dann gilt bei einer in K und zAL linear-homogenen Produktionsfunktion die Akkumulationsgleichung dk/dt = sf(k) – v(1-z)k; hierbei ist definiert k:= K/(zAL). Die Wachstumsrate beträgt im langfristigen Gleichgewicht dA/dt/A = v(1-z), wobei die Akkumulationsgleichung zeigt, daß eine Zunahme der in der Forschung Beschäftigten wie eine Erhöhung der Sparquote wirkt. Nähme man an, daß die Produktionsfunktion linear-homogen in A ist, also Y = A F (K, zL), so daß insgesamt Homogenität vom Grad 2 besteht, dann ist die gleichgewichtige Wachstumsrate größer, und zwar beträgt diese v(1-z)/ß, wobei ß der kompetitive Anteil der Kapitaleinkommensbezieher im Gleichgewicht ist. Es fehlt seit Ende der 80er Jahre politisch die Bereitschaft, angemessen in Forschung und Entwicklung bzw. Bildung zu investieren. Da zudem in Deutschland gegenüber den USA ein erheblicher Rückstand bei der Computerdichte besteht und auch bezüglich der Errichtung echter Privatuniversitäten eine politische Tabuisierung besteht, vermag Deutschland gegenüber den USA beim langfristigen Wachstum nicht aufzuholen; soweit via Internetnutzung zudem positive Netzwerkeffekte bestehen, wird der Wachstumsrückstand gegenüber den USA durch den Internet-Rückstand in Deutschland weiter verstärkt.

Positiv in der EU bzw. Deutschland zu vermerken ist, daß zu Ende der 90er Jahre die Frühphasenfinanzierung in den Risikokapitalmärkten deutlich an Gewicht gewonnen hat. Den USA gelang im Zeitraum 1996-98 ausgehend von einem ohnehin hohen Niveau von gut 0,3 % des Bruttoinlandsprodukts annähernd eine Verdopplung, wobei Belgien in 1998 als einziges EU-Land ebenfalls 0,6 % knapp übertraf. Finnland, die Niederlande und Irland sind hier weitere führende Länder, erst dahinter folgten – mit hohem Wachstum im Zeitvergleich – Deutschland, Frankreich, das Vereinigte Königreich und Italien, allerdings mit Anteilswerten von deutlicher unter 0,3 % des Bruttoinlandsprodukts in 1998 (BMBF, 2000). Insgesamt hat die EU einen gewissen Aufholprozeß bei der Zurverfügungstellung von Risikokapital gemacht. Aber relativ zum Bruttoinlandsprodukt erreichte man Ende der 90er Jahre nicht einmal die Hälfte des US-Werts bei der Frühphasenfinanzierung.

Die Wachstumsschwäche Eurolands betrifft im Kern – neben Italien – vor allem Deutschland, wobei es beträchtliche interregionale Wachstums- und Produktivitätsdivergenzen gibt. Unter den Flächenländern lag Schlußlicht Rheinland-Pfalz mit einer Pro-Kopf-Wertschöpfung von 40 000 DM in 1998 etwa ein Drittel hinter den Spitzenreitern Hessen, Bayern, Baden-Württemberg. Es muß dabei eigentlich auch erstaunen, daß das „Nachbarbundesland“ der Niederlande, Nordrhein-Westfalen, so nachhaltig und anhaltend hinter dem erkennbar reformfähigeren und anpassungswilligeren Niederlande in den 90er Jahren zurücklag. Zwar ist man im Ruhrgebiet durch wirtschaftspolitische Initiativen bei Bund und Land durchaus in den 90er Jahren im Strukturwandel vorangekommen, aber die politischen Impulse waren zu zaghaft und in Teilbereichen kontraproduktiv. Letzteres gilt u.a. eindeutig für die jährlichen 20 Mrd. DM (inklusive Rentenzuschüsse), die zur Subventionierung der Steinkohle verwendet werden. Dieser Betrag wäre in stärkerer Forschungsförderung und erhöhten Bildungsausgaben weit besser angelegt gewesen. Hätte der Bund auf die Steinkohlesubventionierung verzichtet, dann wäre der massive Abbau bei den Ausgaben für Forschung und Entwicklung (F&E) zu vermeiden gewesen, wo der Bund von 26,2 Mrd. in 1981 auf 20 Mrd. in 1998 fiel. Dabei wäre doch aus ökonomischer Sicht, nämlich im Zeichen der Globalisierung bzw. der Öffnung Osteuropas in den 90er Jahren ein Anstieg der Ausgaben für Forschung und Entwicklung in Deutschland angebracht gewesen, und zwar absolut und relativ zum Bruttoinlandsprodukt (1989 betrug die F&E-Quote 2,9 %, 1998 noch 2,3 %). Deutschland zählte bei der F&E-Quote 1999 nicht mehr – wie noch eine Dekade zuvor – zu den sieben führenden OECD-Ländern. Zudem lag Deutschland in der zweiten Hälfte der 90er Jahre bei den Bildungsausgaben relativ zum Bruttoinlandsprodukt unter dem Durchschnitt der führenden Industriestaaten. Zu Beginn des 21. Jahrhunderts befindet sich Deutschland, pointiert gesprochen, in einer Forschungs- und Bildungskatastrophe. Zudem ist der ökonomische Ost-West-Konvergenzprozeß in Deutschland ins Stocken geraten, was politisch destabilisierend wirken dürfte. Eine wirkliche Überwindung des in den Schlußjahren der Kohl-Regierung erkennbaren Reformstaus ist auch nach dem Ende der Kohl-Ära nicht gelungen.

Zu den großen Problemen Westdeutschlands gehört, daß die Arbeitsproduktivität – anders als in den USA, Frankreich oder Japan – in den technologieintensiven Industriesektoren noch Mitte der 90er Jahre deutlich geringer als im Durchschnitt der Volkswirtschaft war. Dies weist auf gravierende Ineffizienzen in der Forschungspolitik hin (Tab. A7).

Tabelle A7. Arbeitsproduktivität in F&E-intensiven Branchen in ausgewählten OECD-Ländern, 1993–95

	D (West)	USA	Japan	Frankreich	Italien	GB
F&E-intensive Branchen	0,95	1,44	1,24	1,03	1,10	0,98
Spitzentechnik	1,13	1,44	1,26	1,13	1,36	1,07
höherwertige Technik	0,90	1,44	1,24	0,98	1,05	0,96
Nicht F&E-intensive Branchen	0,92	0,98	0,98	1,06	0,95	0,89
Verarbeitendes Gewerbe	0,94	1,16	1,08	1,04	1,00	0,93

Spitzentechnik: Pharmazeutika, Computer/Büromaschinen, Radio/TV/Nachrichtentechnik, Luft- und Raumfahrzeugbau, Präzisionsinstrumente, Optik/Uhren
Höherwertige Technik: Sonstige Chemie, Maschinenbau, Elektrotechnik o. Radio/TV/Nachrichtentechnik, Schienenfahrzeugbau, Automobilbau

Quelle: Eigene Berechnungen nach Angaben von BMBF (2000), S. 43.

Auch der empirische Befund, daß keine relativ hohen (Schumpeterschen) Renditen in technologieintensiven Sektoren in Deutschland festgestellt wurden (Bönte, 1998), deutet auf Probleme bei der Allokation von Kapital und Wissen bzw. auf Ineffizienzen in der Forschungspolitik. Die Innovationsförderung arbeitet im Gegensatz zu den USA überwiegend mit Beihilfen, während letztere vor allem auf Steuervergünstigungen setzt. Diese haben den Vorteil, betriebsgrößenneutral zu sein. Im übrigen ist ja bereits auf empirische Befunde zu Investitionsineffizienzen hingewiesen worden.

Deutschland hatte 1991-95 nach Angaben der Europäischen Zentralbank eine Trendwachstumsrate von 2,4, 1994-98 von 2,2, was beides einen Rückgang gegenüber der Wachstumsrate vor der Wiedervereinigung darstellt. Dabei sollten doch hohe Wachstumsraten in Ostdeutschland und die begünstigte Lage Deutschlands bezüglich der rasch wachsenden EU-Exporte nach Osteuropa für überdurchschnittlich hohe Wachtumsraten sorgen. Die Trendwachstumsrate 1971-75 lag in Deutschland bei 3,7 % und auch 1986-90 wurden immerhin 2,5 % erreicht.

1991-98 lag die Niederlande mit 3 % ebenso wie die USA rund einen Prozentpunkt vor Deutschland im Wachstum. Woher kommt die Wachstumsschwäche in Deutschland, das doch von stark steigenden Exporten nach Osteuropa besonders profitiert hat und von daher eher eine überdurchschnittlich hohe Wachstumsrate im EU-Vergleich haben sollte. Wie ließe sich die Wachstumsschwäche überwinden? Was die Lage einiger Bundesländer in Ost- und Westdeutschland angeht, so ist – ähnliches könnte für einige Regionen Frankreichs und Italiens gelten – das hohe irische Wachstum bzw. die Beschäftigungsexpansion Irlands in den 80er und 90er Jahren lehrreich. Irland förderte massiv den Zufluß von Direktinvestitionen und setzte in der Förderung bewußt auf die Elektronikindustrie, die keineswegs in den 80er Jahren einen positiven RCA beim Handel aufwies. Aber die kluge Berücksichtigung der guten Ausstattung mit Humankapital und der schwierigen europäischen Peripherielage legte den Förderschwerpunkt "weightless goods" nahe, bei denen Transportkosten minimal waren (Görg/Ruane, 2000). Zudem entwikkelte Irland eine kompetente Wirtschaftsförderung, die auf Basis von Kosten-Nutzen-Analysen anreizkompatible und effiziente Fördermaßnahmen einsetzte und dabei EU-Fördermittel mit großem Erfolg verwendete, und zwar mit starker Betonung bei den "Sozialfonds", die Umschulung und Weiterbildung zu unterstützen erlauben. Im übrigen hatte Irland (wie Finnland auch) 1999 alle Schulen ans Internet angeschlossen und lag damit weit vor allen anderen EU-Ländern.

Wachstum entsteht durch private und öffentliche Kapitalbildung, Ausbildungseffekte und technischen Fortschritt sowie einen anhaltenden Strukturwandel, bei dem Produktionsfaktoren aus niedrigproduktiven Sektoren in höherproduktive – oder Bereiche mit verbesserter Preisstellung dank Produktinnovationen – überwechseln. Die Investitionsquote (ohne öffentliche Investitionen) lag in Deutschland mit knapp 18 % Ende der 90er Jahre auf niedrigem Niveau, immerhin rund 4 Prozentpunkte unterhalb des Werts für Österreich. Eine zu geringe Investitionsquote deutet auf zwei Schwachpunkte: (a) zu hohe Einkommens- und Körperschaftssteuersätze, (b) zu wenig Unternehmensneugründungen, (c) zu geringe öffentliche Investitionen. In drei Bereichen hat Deutschland Schwächen, dies gilt nicht nur im Vergleich zu den USA oder der Schweiz, sondern auch gegenüber den Niederlanden und Österreich.

Die öffentliche Investitionsquote (Relation staatliche Investitionen zu Bruttoinlandsprodukt) Deutschlands war zu Ende der 90er Jahre auf 1,8 % gefallen. Damit hatte Deutschland neben Belgien den geringsten Wert bei den öffentlichen Investitionen aller Mitgliedsländer von Euroland aufzuweisen. Wenn die öffentliche Investitionsquote schneller sinkt als die Neuverschuldungsquote verschlechtert sich die Qualität der staatlichen Finanzierung, auch wenn das Fallen der Neuverschuldungsquote einen Konsolidierungsfortschritt anzuzeigen scheint. Tatsächlich liegt aber eine Pseudokonsolidierung vor, denn die Nettoschuldenquote des Staats steigt, wenn die Balance zwischen Neuverschuldung und öffentlichen Nettoinvestitionen sich zu Lasten der Investitionen verschlechtert.

Deutschland ist im internationalen (und eigenen historischen) Vergleich in den 90er Jahren ein Land mit relativ schwachem Strukturwandel und vor allem mit geringer regionaler Arbeitskräftemobilität. Ohne Wandel und Mobilität sind keine hohen Wachstumsraten zu erreichen. Es fehlt an staatlichen Anreize für Lernen, Anpassung, Innovation und Mobilität. Die noch von Finanzminister Waigel auf den Weg gebrachte Erhöhung der Grunderwerbssteuer stellt ein staatlich verschärftes Hemmnis gegen hohe regionale Mobilität dar. In der Europäischen Währungsunion ist aber bekanntermaßen eher mehr als weniger Mobilität der Arbeitskräfte notwendig, um nach dem Wegfall des Wechselkurs-Anpassungsinstruments eine stabilitätspolitisch problemlose Wirtschaftsentwicklung zu sichern.

Das Stabilitäts- und Wachstumsgesetz von 1967 sieht vor, daß der Staat auch Maßnahmen zugunsten eines angemessenen und stetigen Wachstums unternehmen soll. Diese Aufgabe wird in Deutschland seit Jahren vernachlässigt – im Gegenteil, der Staat hat eine Reihe wachstums- und damit auch beschäftigungsfeindlicher Gesetze beschlossen bzw. die Rahmenbedingungen für Investitionen, Innovationen und Bildung verschlechtert.

Vergleichsprobleme

Die in der zweiten Hälfte der 90er Jahre in Deutschland festzustellende Wachstumsverlangsamung ist z.T. auf das Abflauen der durch zeitweilige Steueranreize im Zuge der Wiedervereinigung künstlich stimulierten Baukonjunktur in Ostdeutschland zurückzuführen: etwa 0,3 Prozentpunkte Wachstumsverlangsamung sind durch die Baukrise erklärlich, die in 2001 auslaufen dürfte. Die erheblichen Transfers bzw. die entsprechenden steuerlichen Sonderlasten zugunsten der Neuen Länder sorgten für eine Wachstumsminderung in ähnlicher Größenordnung. Gegenüber den EU-Partnerländern ist das Wachstum Deutschlands in der zweiten Hälfte der 90er Jahre auf etwa den halben Wert abgesunken, so daß eine relative Wachstumsschwäche vorlag; und tatsächlich fehlten auch in 2002 Weichenstellungen der Politik für mehr Wachstum. Dies ist im Vorfeld der EU-Osterweiterung höchst bedenklich, denn mit dieser werden arbeits-, aber auch kapitalintensive Produktionen beschleunigt nach Osteuropa verlagert werden. Seit der Euro-Einführung verfügt Deutschland im übrigen nicht länger über den Standortvorteil der niedrigsten Kapitalkosten in Europa; allerdings hat das Wegfallen desselben historischen Standortvorteils die ähnlich betroffene Niederlande – zudem auch Österreich – nicht am Wiedergewinnen der Vollbeschäftigung gehindert. Große Länder, noch dazu das wiedervereinigte größere Deutschland, scheinen sich, anders als kleine offenen Volkswirtschaften, sehr schwer zu tun, wenn es um politische Lernwilligkeit bzw. Reformen für mehr Wachstum und Beschäftigung geht.

Stärker noch erklärungsbedürftig als die Wachstumsverlangsamung Deutschlands in den 90er Jahren ist das Phänomen einer fehlenden Wachstumsbeschleunigung, die sich in den meisten EU-Ländern und in den USA in den späten 90er Jahren ergeben hat. Schwächen im I&K-Bereich, der in Skandinavien, Großbritannien und USA für einen beträchtlichen Wachstumsschub sorgte, sind unübersehbar (Audretsch/Welfens, 2002; Welfens, 2002b): Hätte Deutschland einen ähnlichen Wachstumsbeitrag wie die USA in der zweiten Hälfte der 90er Jahre gehabt, dann wäre – nach bisher unveröffentlichten RWI-Berechnungen (Gordon, 2002) – die Wachstumsrate in Deutschland einen halben Prozentpunkt höher gewesen als der Ist-Wert. Unübersehbar ist schließlich auch, daß beschäftigungs- und wachstumsförderliche Arbeitsmarktreformen ausblieben und im Hochschulbereich die Einführung von mehr Differenzierung – bei gleichzeitiger Förderung von privaten Universitätsgründungen, die staatliche Universitäten unter Wettbewerbsdruck setzten könnten – unterblieb.

Infolge einer strategisch teilweise verfehlten Fiskalpolitik, die starke Steigerungen der Sozialausgaben zuließ, zugleich investive Ausgaben wachstumsschädlich kürzte und die dringende Vollprivatisierung der Deutschen Telekom AG unterließ, kam Deutschland in 2002 beim Haushaltsdefizit mit Blick auf den Stabilitäts- und Wachstumspakt in akute Probleme. Klar ist, daß das von Finanzminister Eichel bis 2004 versprochene Erreichen eines annähernd ausgeglichenen Staatshaushalts nur durch absolute Ausgabenkürzungen erreichbar ist. So wenig ein positiver Fiskalmultiplikator in einem Wachstumsmodell gesichert ist (Welfens, 2001c), so wenig muß notwendigerweise eine temporäre Ausgabenkürzung unbedingt zu einem Rückgang des realen Bruttoinlandsprodukts führen – Reduktionen beim Posten öffentliche Investitionen (bei schon geringer öffentlicher Investitionsquote), die zugleich die Wachstumserwartungen beeinträchtigen, dürften allerdings mit großer Sicherheit nachhaltig kontraktiv wirken.

Das Finanzministerium bzw. Minister Eichel hat es nicht vermocht, eine den Kernproblemen und gesamtwirtschftlichen Interdependenzen angemessene Strategie zu verfolgen. Es sind vor allem punktuelle Ad-hoc-Reformen durchgeführt worden, und handwerklich fehlerhafte Steuerreformen wurden auf den Weg gebracht. Die Wachstumsbedeutung des I&K-Sektors ist lange unterschätzt worden; positive Weichenstellungen zugunsten einer sektoral erhöhten Investitionsquote sind kaum erfolgt, womit auch die wachstumspolitisch vermutlich wichtigen Netzwerk- und Spillovereffekte im I&K-Sektor unzureichend genutzt wurden. Die Option, einen Internetminister als Signal- und Impulsgeber für einen Aufbruch ins digitale 21. Jahrhundert zu ernennen, hat man in Berlin verworfen und damit zugleich die Chance vergeben, ein neues langfristiges Reformfeld und ein wichtiges Expansionsfeld auf höchster Politikebene zu verankern.

Illusionen über deutsche Außenbeitragsüberschüsse

Da die Summe aus Spar- und Steuerquote gleich der Summe aus Investitionsquote, Staatsverbrauchsquote und Nettoexportquote (Export- minus Importquote) ist, wäre bei gegebener Spar- und Steuer- sowie Staatsverbrauchsquote eine – für die Wiedergewinnung der Vollbeschäftigung notwendige – Erhöhung der Investitionsquote in Deutschland bzw. Euroland mit einer verminderten Außenbeitragsquote Deutschlands bzw. von Euroland verbunden. D.h. daß die hohen deutschen bzw. euroländischen Ausfuhrüberschüsse zu Ende der 90er Jahre nicht notwendig eine überragende hohe internationale Wettbewerbsfähigkeit anzeigen, sondern zum großen Teil Reflex der hohen Arbeitslosenquote bzw. der damit verbundenen Nachfrageschwäche sind. Einfacher gesagt: Bei Vollbeschäftigung wäre die Exportquote geringer, die Importquote – und die Investitionsquote – höher. Wenn man den Markt für Maschinen und Anlagen bzw. Transportgüter (SITC 7) vereinfachenderweise als Repräsentanten des Markts für handelsfähige Güter ansehen würde, könnte man auch formulieren: Bei Vollbeschäftigung wäre in Deutschland der inländische Angebotsüberschuß an handelsfähigen Gütern geringer, so daß der Ausfuhrüberschuß Deutschlands in den 80er und 90er Jahren vor allem als Reflex der inländischen Unterbeschäftigung erscheint.

Arbeitsmärkte und Globalisierungsdynamik

Im Zuge der Globalisierung hat sich eine Reihe von theoretischen und empirischen Fragen ergeben, die in der Literatur kontrovers diskutiert werden (Wagner, 2000; Welfens, 1999). Zweifelsohne ist das Angebot an ungelernter Arbeitskraft auf dem Weltmarkt – schon wegen der Öffnung Chinas – angestiegen. Vermutet wird zudem, daß der technische Fortschritt eine Verzerrung der Nachfrage bei qualifizierten Arbeitskräften bewirkt, womit sich insgesamt ein erhöhter Anpassungsdruck ergibt. Zu erheblichen Reformen in der Arbeitsmarktpolitik haben sich vor allem Regierungen in Großbritannien, Dänemark und den Niederlanden in den 80er und 90er Jahren bereitgefunden. Liberalisierungsmaßnahmen haben die Bedingungen für Unternehmensexpansion und Unternehmensgründungen verbessert, Bildungs- und Weiterbildungsmaßnahmen die Arbeitsproduktivität zu steigern geholfen.

Angesichts markterweiternder Liberalisierungen auf allen Kontinenten ist die mindestoptimale Betriebsgröße vielfach parallel zum Marktradius gestiegen. Die entspechenden Betriebsgrößen wiederum entstehen dann häufig durch internationale Unternehmenszusammenschlüsse, also horizontale Direktinvestitionen, wodurch in der Regel Arbeitsplätze verloren gehen. Mit Zusammenschlüssen verbunden ist tendenziell auch die Gefahr, daß die Wettbewerbsintensität abnimmt – jedenfalls in Fällen, in denen sich ein enges internationales Oligopol herausbildet. Die moderne Kommunikationstechnik bzw. die Liberalisierung der Telekommunikation (Welfens/Graack, 1997) erlaubt es im übrigen, auch sehr große Unternehmen kostengünstig relativ dezentral zu führen, nämlich über regionale profit center. Aber selbst große multinationale Unternehmen müssen sich der disziplinierenden Kontrolle der Kapitalmärkte unterwerfen. Die Aktienmärkte haben in Europa und Asien in den 90er Jahren deutlich an Gewicht gewonnen, nicht zuletzt weil die Diskussion um die Unterfinanzierung der staatlichen umlagefinanzierten Sozialversicherung das Interesse der privaten Haushalte an rentierlichem Vorsorgesparen zumindest in den OECD-Ländern gestärkt hat.

Wenn es um die Attraktivität von Standorten in Hochlohnländern wie Deutschland geht, fragen Investoren immer auch nach Qualifikationsniveau und Innovationsklima. Hier ist in Deutschland zu konstatieren, daß das Innovationsklima nach neueren Umfragen (IWD, 2001) in Deutschland wesentlich schlechter als in den Niederlanden, den USA, Japan, Dänemark, Kanada, Schweden, Italien, Großbritannien, Schweiz und Frankreich ist. Technologieorientierte Unternehmen aus den USA und Japan dürften sich von daher eher schwer tun, wenn es um Investitionen in Deutschland geht. Zwar können einige Bundesländer – wie Bayern, Hessen, Baden-Württemberg, Nordrhein-Westfalen, Thüringen und Sachsen – auf beträchtliche Ansiedlungserfolge und eine hohe Dichte von Unternehmensneugründungen verweisen, aber insgesamt ist Deutschland seit einer Reihe von Jahren im internationalen Standortwettbewerb deutlich zurückgefallen.

Ein Teil des deutschen Standortproblems liegt in der ausgeprägten Reformscheu der Wirtschaftspolitik begründet. Zwar hat sich über Parteigrenzen hinweg ein neuer Grundkonsens dahingehend gebildet, daß man den alten, überbordenden Sozialstaat angesichts von Globalisierung einerseits und sich verschlechterndem Altersaufbau der Bevölkerung andererseits dringend verschlanken muß; daß die Eigenvorsorge über marktmäßige Absicherungsmöglichkeiten gegen bestimmte Lebensrisiken zu stärken ist, weil nur dann das in den 80er und 90er Jahren überproportionale Anwachsen der Lohn- bzw. Arbeitskosten zu vermeiden ist. Es fehlt aber, anders als in den USA, an einer wissenschaftlichen Fundierung der Wirtschaftspolitik, ja es fehlt überhaupt an einem breiten Dialog zwischen Wirtschaftswissenschaften und Politik. In den USA nutzt praktisch jede Regierung, aber auch das Parlament, sehr gezielt einen laufenden Dialog mit den Wirtschaftswissenschaften, um eine bessere theoretische Fundierung der Wirtschaftspolitik zu erreichen. In dieser Richtung wirkt vor allem der Sachverständigenrat zur Begutachtung der gesamtwirtschaftlichen Entwicklung.

Um einen regelmäßigen Dialog Wissenschaft–Wirtschaftspolitik sind in der EU vor allem die Regierungen Großbritanniens und der Niederlande bemüht. Das niederländische Wirtschaftsministerium hat bereits mehrfach sogenannte Benchmarking-Studien vergeben, bei denen die Standortprobleme und –qualitäten verschiedener OECD-Länder wissenschaftlich miteinander verglichen wurden. Auf Basis des dabei benutzten pragmatischen Ampelsystems (Grün = kein Handlungsbedarf, Orange = mittelfristiger Handlungsdruck, Rot = dringender Reformbedarf) können Parteien, Verbände und Parlamentarier sowie die Öffentlichkeit recht frühzeitig Schwachstellen des Wirtschaftssystems und der Wirtschaftspolitik erkennen. Auf Basis international vergleichender Benchmarking-Studien kann dann die Politik die jeweiligen ausländischen Erfolgselemente bzw. „besten Rezepturen" identifizieren und, gegebenenfalls nach Modifikation, im eigenen Land einführen. Benchmarking-Studien zu Standortfragen in EU-Ländern sind auch vom europäischen Unternehmerverband durchgeführt worden (UNICE, 1999).

Eine stärkere Reformwilligkeit und eine objektiv verbesserte Reformgenauigkeit – auch dank wissenschaftlicher Beratung – ist in einem internationalen Umfeld mit verschärfter Kapitalmobilität und intensiviertem Standortwettbewerb außerordentlich wichtig. Erfahrungsgemäß öffnen sich, und zwar insbesondere im Blick auf Kontinentaleuropa, kleinere Länder rascher für die Übernahme ausländischer Erfolgselemente als große Staaten.

Neuere Analysen (Welfens/Graack, 1999) zeigen, daß Deutschland zwar nach wie vor Probleme im Bereich der Bereitstellung von Risikokapital – Ausnahmen sind Biotechnologie, Internetgründer und Mediendienstleister – hat. Aber die seit Beginn der 90er Jahre verbesserten Bedingungen für Unternehmensgründer haben zu einem Ansteigen der „Nettogeburtenrate" junger Firmen geführt. Eine höhere Neugründerdynamik verbessert auch die Chancen, Direktinvestoren nach Deutschland zu holen, da erfolgreiche Unternehmensgründungen ein beliebtes Ziel für internationale Firmenübernahmen sind. Ausländische Firmen verschaffen sich hierdurch häufig eine Art Frischzellenkur bzw. den Zugang zu neuem Know-how.

5 Moderne Wachstums- und Außenhandelstheorie mit Blick Internet und Technologie

Die traditionelle neoklassische Theorie geht von sinkenden Grenzerträgen der Produktionsfaktoren aus, wobei in der entsprechenden Außenhandelstheorie unter der Annahme identischer Technologien und bei Abwesenheit internationaler Faktorimmobilität durch Freihandel eine Angleichung der relativen Faktorpreise und langfristig auch der Pro-Kopf-Einkommen zustande kommt. Tatsächlich ist die Weltwirtschaft durch Direktinvestitionen zunehmend gekennzeichnet, deren Basis firmenspezifische, technologische Vorteile sind, was auf international unterschiedliche Technologien hindeutet. Freihandel trägt in neoklassischer Sicht zur Angleichung der Faktorpreise bzw. der Einkommen bei, aber es ist unklar inwieweit in einer nichtneoklassischen bzw. einer Schumpeterschen Welt die Folgerungen aus dem neoklassischen Modell gelten. Kritisch einwenden kann man gegen die Neoklassik insbesondere

- Der Faktor Realkapital (und teilweise auch der Faktor Arbeit) ist faktisch und potentiell nach 1960 in den OECD-Ländern als mobil anzusehen, wodurch sich die Notwendigkeit ergibt, zwischen Bruttoinlands- und Bruttoszialprodukt zu unterscheiden: Wenn in einem asymmetrischen Zwei-Länder-Modell mit Direktinvestitionen bei gleicher Faktorausstattung mit Kapital K und Arbeit L durch Direktinvestitionen der Kapitalbestand von Land 2 (Ausland bzw. *-Land) in den von Land 1-Bewohnern eigentumsmäßig überginge, dann ergibt sich bei Annahme gleicher Technologie bzw. Cobb-Douglas-Produktionsfunktionen $Y = K^{ß} L^{(1-ß)}$ in beiden Ländern, und zwar mit $ß=ß^*=1/3$, daß bei Gleichheit der Pro-Kopf-Bruttoinlandsprodukte die Relation Pro-Kopf-Sozialprodukt von Land 1 zu Land 2 bei 2: 1 liegt; denn wenn $L=L^*$ und der Kapitalbestand $K=K^*$, so gilt bei Entlohnung nach dem Grenzprodukt für das Quellenland-Bruttosozialprodukt $Z = Y(1+ß)$, während $Z^*= Y(1-ß)$ im Empfängerland der Direktinvestitionen (Welfens, 1997). Es ist von daher in der OECD wie im Nord-Süd-Verhältnis keineswegs notwendig von einer langfristigen Angleichung der Pro-Kopf-Bruttosozialprodukte auszugehen. Empirisch konnte für Deutschland im übrigen gezeigt werden (Jungmittag/Untiedt, 1996), daß die internationale Kapitalmobilität in der zweiten Hälfte des 20. Jahrhunderts zugenommen hat.
- Die Annahme international identischer Technologien bzw. Produktionsfunktionen ist aus empirischer Sicht fragwürdig, wie sich aus diversen empirischen Untersuchungen für die OECD-Länder ergab. Cornwell/Wächter (1999) fanden eine technologische Konvergenz zwischen den EU-Ländern für den Zeitraum 1970-90 (auf Basis einstelliger Industrieklassifikation), nicht aber eine transatlantische Konvergenz EU-USA. Harrigan (1999) zeigte in einer empirischen Untersuchung, daß es zwischen Industrieländern international beträchtliche und anhaltende Unterschiede in der totalen Faktorproduktivität gibt. Harrigan untersuchte, ob diese primär auf die Kombination identische Technologien in Verbindung mit industriespezifischen Skaleneffekten, oder aber auf unterschiedliche Technologien bei konstanten industriellen Skaleneffekten zurückzuführen sind – nur für letzteres findet sich empirische Evidenz.

Da die Märkte für technologische Informationen sehr unvollkommen sind bzw. etwa 80 % des Handels mit Patenten und Lizenzen zwischen multinationalen Unternehmen (inklusive cross licensing) und innerhalb von Multis stattfindet, könnten unterschiedliche Rückstände von EU-Ländern gegenüber den USA auf Unterschiede bei den (US-)Direktinvestitionszuflüssen und beim Ausmaß an Direktinvestitionsabflüssen bzw. eigenen multinationalen Unternehmensaktivitäten zurückzuführen sein. Zudem kann die Hypothese formuliert werden, daß unterschiedlich hohe zivile F&E-Quoten und Internetnutzungsintensitäten die Fähigkeit zur Absorption von technologischen Fortschritten in den USA als dem OECD-Führungsland beeinflussen.

Neue Wachstums- und Außenhandelstheorie

Nach der neuen Wachstumstheorie (Romer (1986, 1990), Lucas, 1988; Barro, 1990, Rebelo, 1991; Grossman/Helpman, 1990 und 1991) ist davon auszugehen, daß gesamtwirtschaftlich eine bei Akkumulation sinkende Grenzproduktivität von Real- oder Humankapital durch intra- und interindustrielle Produktivitäts-Spillovereffekte individueller Investitionen verhindert wird. Wenn i Firmen einen Kapitalbestand K_i akkumuliert haben, dann läßt sich der Produktionsspillover-Effekt bei Realkapital in folgender Produktionsfunktion abbilden:

(I) $Y = VL^{(1-ß)} K^{n} K^{n'}$, wobei $n+n'=ß$

Ergänzt man diese Romer-Produktionsfunktion um Information bzw. Telekomnutzung H als eigenständigen Produktionsfaktor, so kann in ähnlicher Weise verfahren werden wie bei Realkapital, da es bei der Telekom- bzw. Internetnutzung bekanntermaßen positive Netzwerkeffekte gibt; der Grenznutzen der Telekom- bzw. Internetnutzung steigt – in der Expansionsphase – mit zunehmender Nutzerzahl. D.h. auch daß das gesellschaftliche Informationsgrenzprodukt größer ist als das private; es wäre sinnvoll, wenn der Staat in der Expansionphase die Internetnutzung angemessen subventioniert, keinesfalls aber quasi (z.B. über monopolistisch überhöhte Ortsnetztarife) quasi besteuert. Es gilt die Produktionsfunktion

(II) $Y = VL^{(1-ß-h)} K_i^{n} K^{n'} H_i^{h} H^{h'}$

In der neuen Außenhandelstheorie werden einerseits Skaleneffekte, zum anderen Investitionen in Humankapital bzw. Einflüsse von Forschung und Entwicklung – inklusive internationaler Übertragungseffekte durch Außenhandel – untersucht. Seit den 90er Jahren wird schließlich auch die Wachstumsrelevanz von Banken und Kapitalmärkten diskutiert (King/Levine, 1993; Rajan/Zingales, 1998), was als Weiterführung der monetären Wachstumstheorie gelten kann.

Aus der Sicht der neuen Außenhandelstheorie kommt den Akkumulationseffekten bei Human- und Wissenskapital strategische Bedeutung zu. So gesehen ist die Beschäftigungsexpansion im US-Bildungssektor Indiz für gesteigerte Humankapitalakkumulation in den USA, denen in der EU rückläufige Beschäftigungszahlen im Bildungssektor und ein Rückstand beim Internet gegenüberstehen. Hier droht sich das transatlantische Wachstumsdifferential zu verfestigen wenn nicht der Staat in den EU-Ländern die Bildungsausgaben direkt bzw. indirekt erhöht und über Effizienzsteigerungen – ggf. vermittelt auch über die Einrichtung neuer privater Universitäten einerseits und die Einführung von Bildungsgutscheinen – das Bildungsniveau deutlich erhöht wird. Es steht zu vermuten, daß das wettbewerbsintensive, gemischte US-Universitätssystem das Internet als neue Plattform für nationale und internationale Weiterbildungsangebote schneller und effizienter aufgreift als das dominant staatliche Universitätssystem in Europa.

Zu den besonderen Problemen in Deutschland gehören Defizite bei Aus- und Weiterbildung. Die privaten und öffentlichen Aufwendungen für Bildung und Weiterbildung in Deutschland sind im OECD-Vergleich als relativ gering einzuschätzen. Die Wirtschaftspolitik steht angesichts knapper Budgetspielräume einerseits und andererseits verschärfter Standortkonkurrenz bei großen Anforderungen an die Umweltqualität vor erheblichen Herausforderungen beim Übergang in die Wissensgesellschaft; dies gilt zumal vor dem Hintergrund der Tatsache, daß die Ausgaben für Bildung und Ausbildung sowie Weiterbildung in den 90er Jahren bei Staat, Wirtschaft und Privaten – gemäß Erhebungen des Stifterverbandes (1999/2) real stagnierten, wenn man von einigen Ausnahmen in der ersten Hälfte der 90er Jahre absieht (Unternehmensbereich bei Bildung und Ausbildung). Durch das Internet gibt es neuartige Vernetzungsmöglichkeiten für die Ausbreitung von technischen Wissen, für die Vernetzung von Unternehmen und für die Organisation von F&E wie für Bildung und Weiterbildung.

Der Schul- und Hochschulbereich sind durch Unterinvestition, mangelnde Flexibilität und unzureichenden Praxisbezug geprägt, zudem fehlt es an privaten Universitäten. Die Weichen für einen vorderen europäischen Tabellenplatz auf dem Weg in die Wissens- und Informationsgesellschaft sind damit schlecht gestellt. In den 90er Jahren ist Deutschland bei den Weiterbildungsausgaben pro Beschäftigten in den Unternehmen hinter die USA zurückgefallen. Vermutlich wird dieser Rückstand sich längerfristig verschärfen, da die durchschnittliche Beschäftigungsdauer in den Unternehmen tendenziell rückläufig ist. Damit lohnt es sich für Unternehmen immer weniger, in die Weiterbildung der Beschäftigten zu investieren (im Zweifelsfall – bei Firmenwechsel der Mitarbeiter – sind das nämlich Aufwendung für die Konkurrenz). Zudem besteht in vielen multinationalen Unternehmen eine verstärkte Tendenz, statt selbst in Deutschland auszubilden, lieber Fachkräfte aus dem internationalen Pool an Fachpersonal in ausländischen Betriebsstätten „fertig" zu importieren. Schließlich lassen sich wissensintensive Fertigungsprozesse dank Internet und moderner Telekom- und PC-Technik relativ leicht auch in lohnkostengünstigere Länder innerhalb des Konzerns auslagern.

Noch problematischer ist die Entwicklung bei der F&E-Quote, der Relation Forschungs- und Entwicklungsausgaben zu Bruttoinlandsprodukt. Hier fiel die Quote – nach vorherigem Anstieg in den 80er Jahren – von 2,9 % in 1989 im freien Fall auf 2.3 in 1998. Wenn man bedenkt, daß bei den F&E-Ausgaben die Relation staatliche Ausgaben zu privaten Ausgaben etwa 40:60 (dabei Staatsausgaben etwa hälftig Bund und Land) beträgt und daß der Bund auch Ende der 90er Jahre nochmals reale Ausgabenkürzungen bei Bildung und Forschung plante, so ist ein Staatsversagen in diesem Bereich festzustellen.

Im internationalen Vergleich hat unter den westeuropäischen Ländern vor allem Schweden mit einer F&E-Quote von rund 3,8 % in 1998 und einer Führungsposition in der PC-Dichte und der Internet-Nutzung deutliche Akzente auf eine stärkere Wissensbasierung des Wirtschaftens gelegt. Diese angebotsseitigen Maßnahmen haben – in Schweden in Verbindung mit deutlichen Senkungen der Körperschaftssteuersätze – zum Wirtschaftswachstum beigetragen.

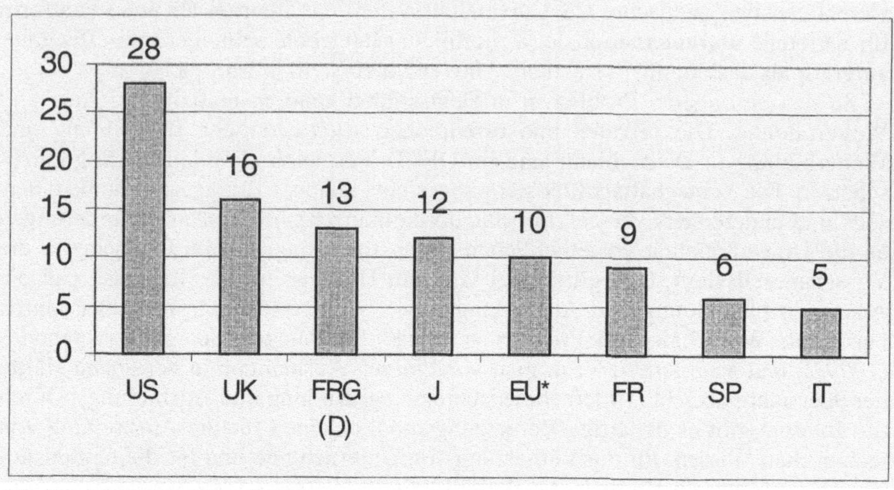

Quelle: BITKOM, EITO (2000)

Abb. A1. Internet/online-Nutzer je 100 Einwohner, Mitte 1999

Unterschiede EU-USA-Japan

Auf Basis von OECD-Daten ist auf dem Weg zur Wissensgesellschaft ein deutlicher Rückstand der EU gegenüber den USA festzustellen: Mitte der 90er Jahre machten wissensbasierte Industrien in den USA 55,3 % der unternehmerischen Wertschöpfung, während die EU bei 48,4 % lag. Die Investitionen in Wissen machten in den USA 8,4 % des Bruttoinlandsprodukts aus, in der EU nur 8,0 % – dabei bedeuten lange Studienzeiten in der EU relativ zu den USA mit ihrem effizienten gemischten (staatlichen und privaten) Universitätssystem, daß man in der EU mehr Geld für universitäre Bildung pro Absolventen aufwenden muß als in den USA; d.h. der Vorsprung der USA ist größer als es auf Basis von Ausgabenzahlen zunächst scheint. Zahlen für 1998 zeigen, daß in den USA die Ausgaben für Software etwa 1,4 % des Bruttoinlandsprodukts erreichten, in Deutschland hingegen nur 0,8 %.

Die Ausgaben für Informations- und Kommunikationstechnologie pro Einwohner lagen 1999 bei 2359 Euro in der Schweiz, 2023 Euro in den USA (EITO, 2000). Unter den EU-Ländern führten die skandinavischen Länder und die Niederlande, Deutschland lag nur leicht über dem Durchschnittswert für Westeuropa von 1215 Euro. Japan erreichte 1349 Euro. Relativ zum BIP führten in der OECD Schweden, USA, Schweiz, UK, Portugal, Finnland und Spanien mit 8–6 %, Deutschland und Italien erreichten nur 5–6 %, wie auch Japan. Am Rückstand Deutschlands ändert sich auch dann wenig, wenn man modernere US-Deflationierungsmethoden (hedonische Preisindizes) anwenden würde.

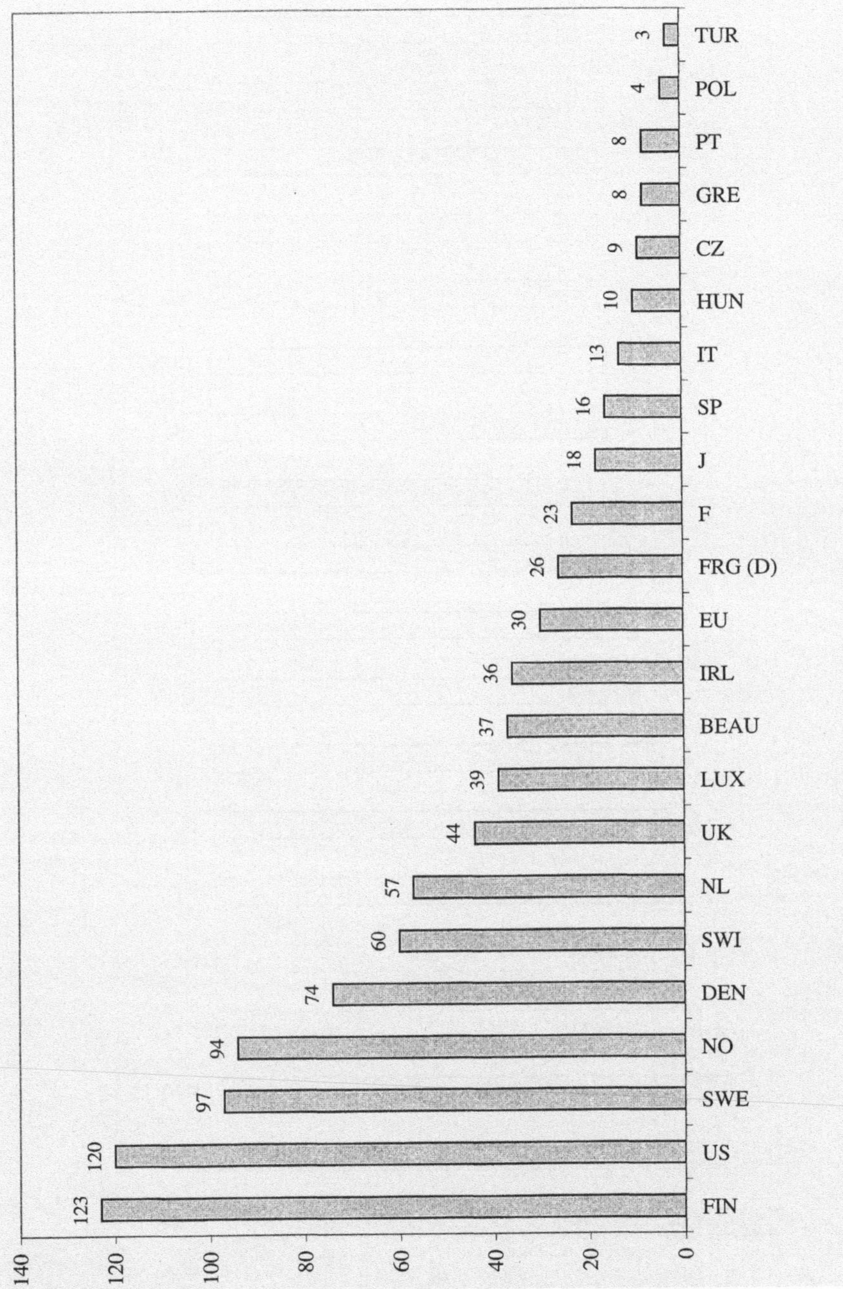

Quelle: EITO (2000); OECD basierend auf Internet Software Consortium (http://www.isc.org)

Abb. A2. Internet hosts je 1000 Einwohner, Juli 1999 (einschließlich von 'generic top level domain' [gTLD])

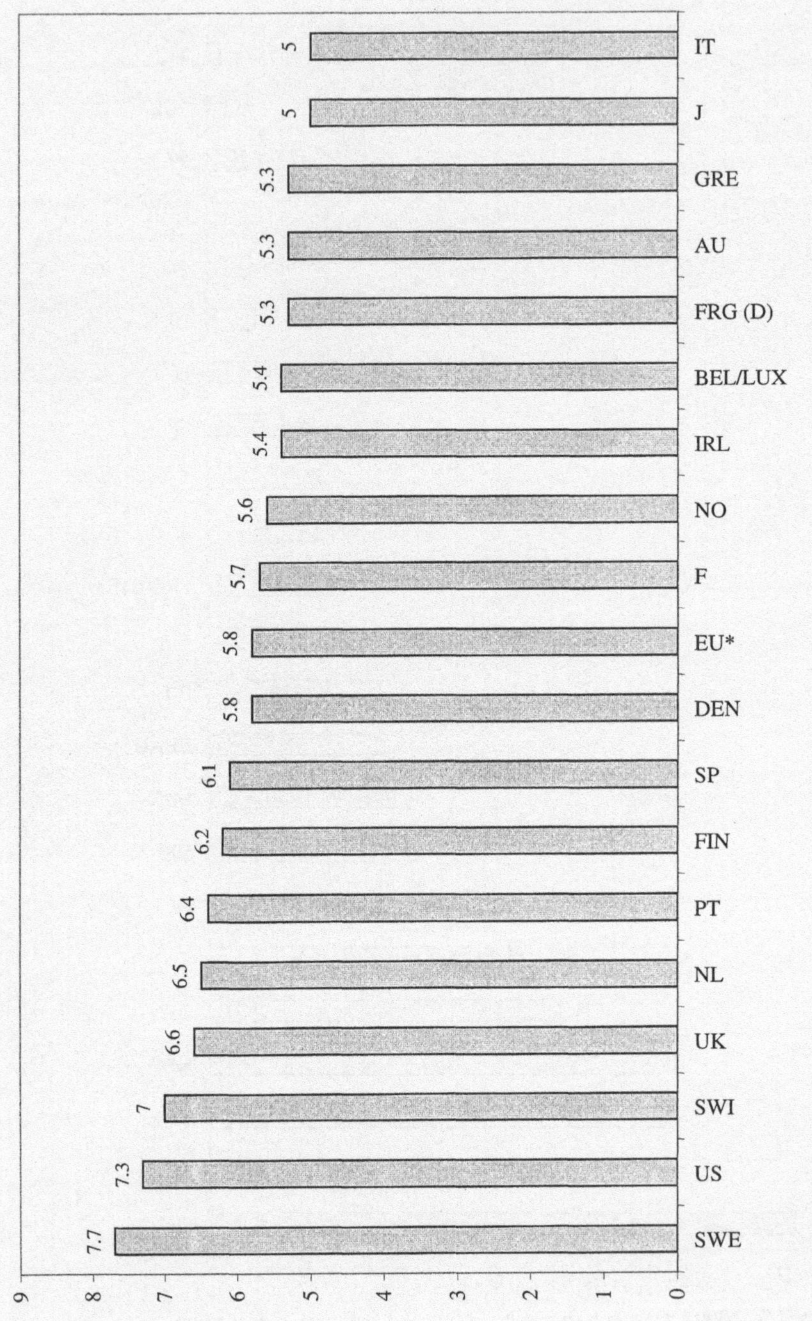

Quelle: EITO (2000)

Abb. A3. Informations- und Kommunikationstechnologieausgaben in % des BIP, 1999

Japan ist im Bereich der mobilen Internettechnologien weltweit führend. Allerdings sind die Internetkosten im Festnetzbereich in Japan hoch, die Hostdichte in Japan gering. Zudem dürfte die hierarchische Mentalität der japanischen Gesellschaft einige Probleme bei der Umsetzung des gänzlich unhierarchisch strukturierten Internet schaffen.

EU-Internetwirtschaft

Mit dem EU-Gipfel von Lissabon griff die portugiesische Ratspräsidentschaft erstmals das Internet-Thema auf EU-Ebene auf. Denn Westeuropa liegt gegenüber den USA zurück und könnte bei adäquaten Weichenstellungen für die neue digitale Wirtschaft beträchtliche Beschäftigungs- und Wachstumseffekte erzielen. 51 % der Haushalte in den USA nutzten 1999 das Internet, in der EU sind es gerade 23 %, wobei Deutschland nur leicht über diesem Durchschnittswert liegt. Führend in der EU sind Schweden und Finnland mit knapp 50 %, gefolgt von Dänemark, Großbritannien und Niederlande.

Die Internet-Zugangspreise in der EU bzw. in Deutschland sind etwa dreimal so hoch wie in den USA, wo etwa 40 % der Nutzer preiswerte Pauschaltarife nutzen. Deren Einführung hat – wie Ende 1999 auch in Großbritannien – zu einem allgemeinen Sinken der Internettarife und damit zu einer breiteren Nutzung geführt. Die möglichen Beschäftigungseffekte eines preiswerten Internet-Pauschaltarifs liegen für Deutschland bei 100 000 – 400 000 (Jungmittag/Welfens, 2000), wobei positive Realeinkommenseffekte der transaktionskostensenkenden Internettechnologie noch nicht berücksichtigt sind. Die Beschäftigungswirkungen internetbasierter Produktinnovationen und reduzierter Telekompreise allein sind auf gut 100 000 Arbeitsplätze für Deutschland geschätzt worden (Meyer et al. 2000).

Für eine wirtschaftsrelevante Internetexpansion fast wichtiger noch ist die verfügbare Bandbreite der Übertragungswege, also die Schnelligkeit, mit der Daten im Netz transportiert werden. Normale Modems, inklusive ISDN-Anschluß, sind viel zu langsam für großen Datendurchsatz, auf den es bei der Übertragung von Bildsequenzen ankommt; mit ADSL-Technik kann zwar das alte Telefonfestnetz aufgerüstet werden. Aber der Durchbruch zu einem schnellen Internet läge – sieht man von Satelliten-Internet ab – in der Nutzung des Kabel-TV-Systems, das neben TV auch Internet- und Telefoniedienste breitbandig, also schnell, leisten könnte. Die Niederlande, Belgien und Großbritannien haben hier erhebliche Investitionen in einem wettbewerblichen Umfeld vorgenommen. In Deutschland haben fast 40 % der Haushalte Kabel-TV-Anschluß und rund zwei Drittel der Haushalte könnten sofort Kabel nutzen; aber in Westdeutschland war das Kabel-TV-Netz lange in der Hand der Deutschen Telekom AG, die bis 2001 nicht in neue Kabel-TV-Applikationen (Internet, Telefonie) investiert hatte.

Tabelle A8. Patent- und FuE-Aktivitäten von Großunternehmen im Ausland

	Geographische Verteilung der Patentierungen von Großunternehmen in den USA, nach Herkunftsländern 1990–94 in % (359 der weltgrößten Unternehmen)						Anteil der FuE-Ausgaben im Ausland in % 1993
	Prozentualer Anteil		Jeweiliges Ausland				
	Herkunftsland	Ausland	USA	Japan	Europa	Sonstige	
Japan	98,0	2,0	1,4		0,5	0,1	2,1
USA	92,3	7,7		1,0	5,2	1,5	9,3
Europa	77,6	22,4	20,9	0,5		1,0	n.v.
Österreich	86,0	14,0	2,2	0,0	11,2	0,6	n.v.
Belgien	33,2	66,8	12,5	0,0	52,5	1,8	n.v.
Finnland	64,9	35,1	8,0	0,0	26,9	0,3	24,0 (1995)
Frankreich	67,3	32,7	18,0	0,4	13,2	1,0	n.v.
Deutschland	79,6	20,4	14,1	0,6	5,1	0,7	15,0
Italien	80,4	19,6	10,3	0,0	8,7	0,6	n.v.
Niederlande	39,7	60,3	30,4	0,9	28,4	0,6	n.v.
Schweden	62,2	37,8	18,2	0,1	18,5	1,1	22,4 (1995)
Schweiz	44,7	55,3	29,0	0,7	24,8	0,7	50,0 (1992)
Großbritannien	50,4	49,6	36,0	0,4	10,9	2,2	n.v.
Insgesamt	87,4	12,6	5,6	0,5	5,6	0,9	----

Quelle: European Commission (1998), S. 70 mit Angabe der Originalquellen

Technologische Internationalisierung

Es fällt auf der Basis der Auswertung von US-Patentanmeldungen führender multinationaler Unternehmen auf, daß deutsche und italienische Firmen einen im EU-Vergleich geringen Anteil von ausländischen Wissenschaftlern im F&E-Bereich haben (Tab. A8). Bei einer zunehmenden Internationalisierung von Wissenschaft und Forschung dürfte die geringe Internationalisierung der kommerziellen Forschung einiger EU-Länder wie die fehlende Internationalisierung des Hochschulbereichs ein Wachstumshemmnis sein; während führende private US-Universitäten ausländische Niederlassungen in Europa und Asien gegründet haben, bedeutet das Fehlen privater Universitäten in der EU – die wenigen Ausnahmen seien hier mangels Masse ignoriert – nicht nur das Fehlen von Wettbewerbsdruck mit Blick auf die staatlichen Universitäten, sondern es fehlt auch an Ansatzpunkten für die Gründung europäischer Auslandstochteruniversitäten. Im Vergleich zum internationalen US-networking bei Humankapital bzw. bei dessen Heranbildung liegt die EU (und mehr noch Japan) deutlich zurück.

Zu den wachstumspolitisch wichtigen Internationalisierungstendenzen gehört einerseits das Phänomen erhöhter Direktinvestitionen – relativ zum OECD-Bruttoinlandsprodukt; andererseits die zunehmende technologische Internationalisierung als Teilelement der Globalisierung der Wirtschaft (Welfens, 1999; Welfens/Audretsch/Addison/Gries/Grupp, 1999). Die technologische Internationalisierung hat sich zu Ende des 20. Jahrhunderts in den OECD-Ländern beschleunigt (Jungmittag, 2000)

Tabelle A9. Spezialisierung* ausgewählter OECD-Länder in forschungsintensiven Technikfeldern mit hohen Wachstumsraten

	Wachstum**	USA	Japan	Deutschland	Frankreich	Großbritannien	Schweiz	Kanada	Schweden	Italien	Niederlande
Telekommunikation	13,6	10	-3	-34	-7	17	-75	50	70	-67	18
Turbinen	10,6	-8	-74	-40	87	8	83	-84	-7	-96	-52
Schienenfahrzeuge	8,5	-74	-41	67	9	-67	58	-22	-19	0	-26
Papiermaschinen	7,6	-4	-88	28	-71	-43	-54	30	85	-41	-62
Kraftwagen	6,7	-47	-14	57	35	-31	-84	-71	-12	10	-56
Medizin, Instrumente	6,6	46	-80	-38	-36	-7	38	-64	32	-20	-29
Fortg. Elektrotechnik	6,4	-18	46	1	-21	-18	-52	42	-52	-44	48
Elektrizitätsverteilung	6,4	-20	8	16	34	-23	-27	-53	13	-7	-36
Agrarchemie	6,1	35	-59	0	-3	5	22	52	-53	-13	-69
Medizin, Elektronik	5,8	42	-31	-47	-64	-9	-48	-19	10	-65	35

* Spezialisierung = RPA (Relativer Patentanteil) in 1995 bis 1997
** Durchschnittlicher jährlicher Zuwachs der EPA-Anmeldungen in Prozent im Zeitraum 1989 bis 1997
Quelle: BMBF(2000)

In den besonders schnell wachsenden Patentklassen ist Deutschland teilweise gut vertreten bzw. positiv spezialisiert, so daß sich hier wachstumspolitisch positive Aufholperspektiven abzeichnen. Deutschland war allerdings im Hochtechnologiebereich trotz neuer globaler Konkurrenzbedingungen nach 1990 schwach vertreten. Bei der Telekommunikation, der Branche mit dem höchsten Wachstum, haben die frühen Liberalisierer USA und Großbritannien sowie Kanada, Schweden und Niederlande ihre Position im Zeitraum 1995-97 verbessern können (Tab. A9), während Japan einerseits und Deutschland, Frankreich und Italien andererseits deutliche Positionsverluste hinnehmen mußten. Es bleibt abzuwarten, wie sich auf längere Sicht bei der Telekommunikation und in anderen schnellwachsenden Patentklassen die Patentspezialisierungen entwickeln. Insgesamt als besorgniserregend muß die Entwicklung in Japan gelten, wo man nur bei fortgeschrittener Elektrotechnik und Elektrizitätsverteilung Positionsverbesserungen verbuchte; dabei ist zu berücksichtigen, daß Japan bei den internationalen handelbaren Dienstleistungen – auch bei den höherwertigeren – international eine schwache Position hat und damit, anders als die USA und einzelne EU-Länder, mögliche Positionsverluste im Industriebereich kaum auffangen kann. Damit ergibt sich auch aus einer technologischen Wachstumsperspektive, daß Japan vor ernsten Schwierigkeiten stehen dürfte (Tab. A9).

Grundsätzlich könnten sowohl Japan als auch die USA auf Grund der regionalen Schwerpunkte ihres Außenhandels erheblich vom technologischen Aufholprozeß in den asiatischen Schwellenländern profitieren. Der Import technologieintensiver Vor- und Endprodukte aus den asiatischen Schwellenländern hat in der Tat in den 90er Jahren vor allem für die USA stark an Bedeutung gewonnen. Die verschärfte Importkonkurrenz in den USA dürfte dort auch indirekt zu Effizienz- und Wachstumsgewinnen beigetragen haben. Schließlich ist auch bemerkenswert, daß die positiven langfristigen Wachstumsperspektiven Asiens durch die stark gesteigerten Bildungsausgaben der Schwellenländer abgesichert werden. Es ist nicht ausgeschlossen, daß die EU-15-Länder in den osteuropäischen Transformationsländern längerfristig ein dynamisches regionales Wachstumsvorfeld finden. Wie das Beispiel Japan bzw. USA im Verhältnis zu Südostasien zeigt, muß aber keineswegs ein Hauptvorteil für die regionale wirtschaftliche Führungsmacht entstehen. Es hängt sehr viel von klugen Weichenstellungen der Wirtschaftspolitik in den EU-15-Ländern ab – auch von der Bereitschaft zu unpopulären Reformen –, ob sich zu Beginn des 21. Jahrhunderts nachhaltiges Wirtschaftswachstum einstellen wird; nicht zuletzt sind für die Hochlohnländer Reformen in den Bereichen der Innovations-, Bildungs- und Internetpolitik wesentlich.

Die großen Rückschläge Italiens über fast alle technologischen Topsektoren wirft für dieses Land in besonderer Weise die Frage nach Schwächen im Bildungssystem auf. In Italien ist besonders auffällig die Unterdimensionierung der Innovations- und Bildungsausgaben im internationalen Vergleich. Negativ fällt zudem die mit über 70 % enorm hohe Studienabbrecherquote auf. Die Universitätssysteme in Deutschland, Frankreich und Italien mit ihren jeweiligen Schwachpunkten – Indiz ist hier auch die lange Studiendauer relativ zu den USA – sind Teil des Wachstumsproblems in Euroland. Bei der Hochqualifiziertenquote ist Deutschland international in den 90er Jahren weit zurückgefallen, die USA führen gegenüber der EU eindeutig. Frankreich ist ebenso wie Italien durch hohe Anteile von Jugend- und Dauerarbeitslosigkeit gekennzeichnet. Damit verschlechtern sich die Chancen zur Akkumulation von Humankapital in Euroland.

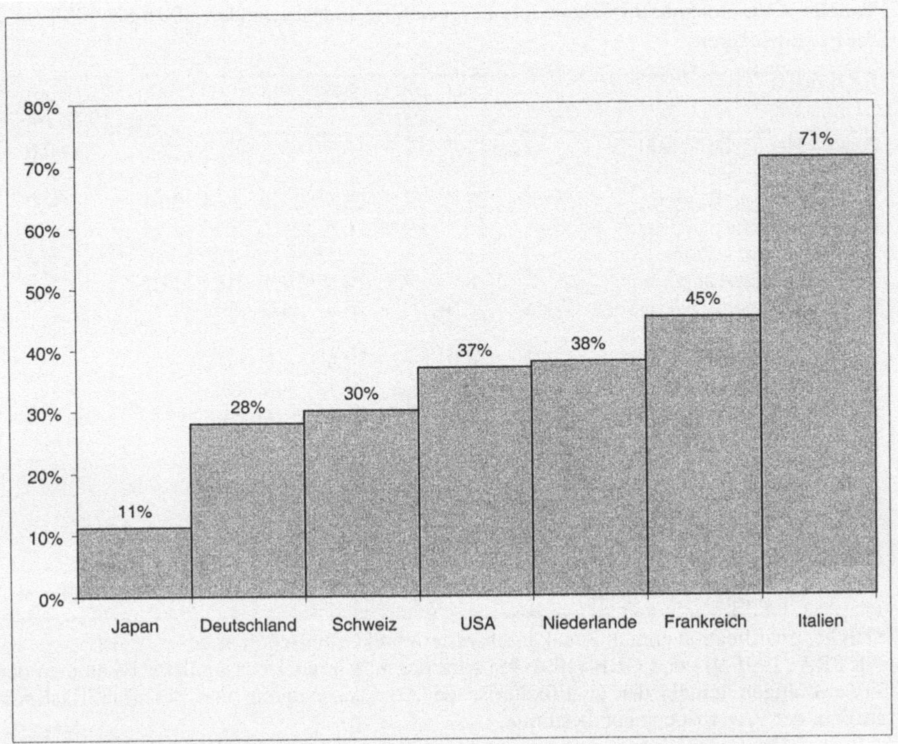

Quelle: Statistisches Bundesamt (1999), Bildung und Kultur – Hochschulstandort Deutschland, Wiesbaden, S. 83.

Abb. A4. Studienabbrecherquote im internationalen Vergleich 1995

Tabelle A10. Hochqualifiziertenquote ausgewählter Industrieländer, 1991 bis 1998 (in % der Erwerbstätigen)

		1991	1993	1995	1996	1997	1998	Wachstum** 1991-1997
GER (ABL)	Hochschulabschluß	11,7	12,9	13,9	15,1	15,6		3,0
USA	College Degree	27,0	27,7	28,7	29,1	29,4	30,1	4,0
FRA	Diplôme supérieur+ Baccalauréat + 2 ans	16,7	19,0	20,5	21,3	22,0	22,5	5,4
	Diplôme supérieur	8,2	9,3	10,0	10,4	10,9	11,2	2,8
NED	University education + Vocational colleges	21,9		25,3	26,0	26,3		
	University education	6,9		7,9	8,3	8,7		
BEL	Enseignement iniversitaire	8,4	8,7	9,1	9,6	10,3		
GBR	Degree or equivalent + higher education qualification*	20,0	22,0	23,0		24,8		ca. 5,0
	Degree or equivalent	12,0	13,0	14,0		15,1		ca. 3,0
SWE	Third level education >= 3 years + Postgraduate	11,8	12,1	13,4	13,3	13,7		
ESP	Superiores, Nivel anterior al superior (>= 3 years)		12,5	14,1	15,3	15,9	16,6	
	Superiores (>= 5 years)		6,2	7,3	7,9	8,2	8,7	

*Higher qualification enthält Krankenschwestern und Grundschullehrer.
Für FRA (1991-97) und GBR (1991-95) wird der Anteil der Hochschulabsolventen an den Erwerbstätigen mittels der qualifikatorischen Arbeitslosenquote und der Qualifikationsstruktur der Erwerbspersonen bestimmt.

**Auf Basis konstanter Erwerbstätigkeit

GBR: Nur erwerbstätige bzw. hochqualifzierte Frauen im Alter 16-60. USA: Alter 25-64. Sonst von 15/16 Jahren bis 64/65.

Quelle: Früheres Bundesgebiet: Statistisches Bundesamt Fachserie 1 Reihe 4.1.2, Aprilwerte, USA: Bureau of Labour Statistics, Jahresdurchschnitt, FRA: Le marché du travail, 2 Quartal, NED: Statistical Yearbook of the Netherlands, BEL: Statistiques Sociales, GBR: Labour Force Survey, SWE: Statistical Office Sweden, ESP: Boletin de Estadisticas Laborales, Berechnungen des ZEW.

Quelle: BMBF (2000), S. 100; eigene Berechnungen.

6 Ausgewählte Fragen der Lohn- und Einkommensverteilung

Die Globalisierung hat durch die Einbeziehung zahlreicher Schwellenländer bzw. Chinas in die Weltwirtschaft in den 80er Jahren ein weltweit wachsendes Angebot an ungelernter Arbeit gebracht. Damit stellen sich gewichtige Fragen für die Arbeitnehmerschaft und das Modell der Sozialen Marktwirtschaft europäischer Prägung:

- Wie entwickelt sich die Relation zwischen qualifizierten Arbeitnehmern und Ungelernten?
- Wie entwickeln sich die qualifikationsspezifischen Arbeitslosigkeitsrisiken?
- Welche Politikoptionen zur Verhinderung stark wachsender Einkommensunterschiede in der Gesellschaft gibt es?
- Hat das europäische Modell einer Sozialen Marktwirtschaft eine Expansions- bzw. Überlebenschance bei Globalisierung? Zumal diese dem Staat die Besteuerung wegen allgemein zunehmender Faktormobilität erschwert, so daß die Steuer- und Abgabenlasten – ohnehin droht die Abgabenlast im traditionellen Sozialsystem mit Umlagefinanzierung rapide zu steigen – auf seiten der Arbeitnehmer massiv zu wachsen drohen.

Aus theoretischer Sicht ist zu erwarten, daß dies zu einem Sinken der Lohnrelation von Ungelernten zu Qualifizierten in den OECD-Ländern führt; wo hinreichende Lohnflexibilität nach unten fehlt, dürfte die spezifische Arbeitslosenquote und der Anteil der Langzeitarbeitslosigkeit unter den Wenigqualifizierten ansteigen. Dies gilt jedenfalls insoweit, als es im Zug der globalen Arbeitsangebotsverschiebungen zu einem sinkenden relativen Preis von Gütern kommt, die in der Produktion relativ viel Ungelernte als Produktionsfaktor einsetzen. Die empirische Evidenz ist hier nicht eindeutig, wobei Lawrence/Slaughter (1993) und Neven/Wyplosz (1996) kaum Hinweise auf derartige Relativpreisänderungen im Güterbereich fanden. Hingegen zeigen OECD (1997) und Sachs/Shatz (1994), daß die Preise in importkonkurrierenden Sektoren signifikant fielen. Insgesamt dürfte es allerdings ziemlich unbestritten sein, daß der Außenhandel – neben Technologieschocks – eine Rolle für erhöhte Lohnunterschiede zwischen Qualifizierten und Ungelernten in den OECD-Ländern spielt. Unklar bleibt allerdings, inwieweit es Interdependenzen zwischen wachsendem Außenhandel und hoher Innovationsdynamik gibt, wobei ein einfacher Mechanismus darin liegen könnte, daß wachsender globaler Handel mit arbeitsintensiven Niedrigpreisgütern und standardisierten Produkten die Anbieter aus OECD-Hochlohnländer zu verschärften Anstrengungen bei Produktinnovationen veranlaßt – so können OECD-Anbieter sich der verschärften globalen Preiskonkurrenz tendenziell entziehen. Andere Mechanismen mit starker Betonung der Rolle von Technologien werden von Wood (1994) aufgezeigt. Auch die Reagibilität im Bildungsbereich ist wesentlich.

Duranton (1999) kommt auf Basis eines anders gelagerten Modells ebenfalls zu einer Verknüpfung von Außenhandel und Innovationsdynamik. Ausgangspunkt ist hier, daß bei Autarkie qualifizierte Arbeitnehmer sowohl bei der Produktion von Top-Qualitätsprodukten als auch bei Niedrigqualitätsgütern eingesetzt werden.

Wenn sich die Wirtschaft öffnet und damit importierte Vorprodukte von hoher Qualität vom Weltmarkt bezogen werden können, wobei angenommen wird, daß moderne Technologien mit überlegener Faktorproduktivität nur auf Basis von „Qualitätsinputs", nämlich qualitativ hochwertiger Vorprodukte und qualifizierter Arbeit hergestellt werden können. Außenhandel eröffnet so neue Möglichkeiten für den technologischen Aufstiegsprozeß bzw. zur Produktion von Qualitätsgütern unter Einsatz von mehr qualifizierter Arbeit – einschließlich derjenigen, die in importierten Vorprodukten inkorporiert ist. Da Qualifizierte nicht länger in der Niedrigqualitätsproduktion beschäftigt sein werden, erhöht sich nunmehr die Lohnrelation Qualifizierte zu Ungelernten.

Das Internet dürfte zur verstärkten Handelbarkeit qualitativ hochwertiger Dienstleistungen im Unternehmensbereich beitragen. Daher kann das Internet durchaus zu einem Anstieg der Lohnspreizung führen. Zudem könnte das Internet den nationalen Organisationsgrad der Arbeitnehmerschaft schwächen bzw. die effektive Durchsetzung von nationalen Lohnvereinbarungen schwächen. Positiv zugunsten der Arbeitnehmerschaft könnte das internetbedingte Sinken von Markteintrittsbarrieren wirken, wodurch Unternehmensneugründungen und ggf. das Schaffen neuer Arbeitsplätze stimuliert wird.

Zu den wichtigen Fragen gehört auch, inwieweit die Lohnstrukturen in der EU durch den wachsenden Ost-West-Handel in Europa beeinflußt werden. Während die traditionelle neoklassische Außenhandelstheorie von einem wachsenden Außenhandel eine Angleichung der Faktorpreisrelationen und der Faktorpreise bzw. der Einkommen erwartet, legen neuere Ansätze andere Erwartungen nahe (Überblick: Jansen, 2000): So betont etwa das Modell von Manasse/Turrini (1999) die Bedeutung von intraindustriellem Handel (mit horizontaler und vertikaler Differenzierung der Produkte), wobei gemäß Annahme der Übergang von Autarkie zum Freihandel mit fixen internationalen Markteintrittskosten verbunden ist; daher werden nur Firmen exportieren, die relativ hohe Güterqualitäten – unter Einsatz von gut qualifizierten Arbeitnehmern – produzieren, womit sich die Lohnschere zwischen Qualifizierten und Ungelernten durch Außenhandel weiter öffnet. Es sei hier die zusätzliche Schlußfolgerung gezogen, daß das Zurückbleiben der Löhne der Geringqualifizierten bzw. der Arbeitnehmer in den Nichtexport-Sektoren in Osteuropa dazu führen dürfte, daß der osteuropäische Emigrationsdruck dann gerade bei Ungelernten zunehmen wird.

Die Lohndifferentiale steigen durch Außenhandel auch im Modell von Grossman (1999). Angenommen wird, daß es zwei Sektoren mit unterschiedlicher Arbeitsorganisation gibt. In einem Sektor (z.B. Software) werden Arbeitnehmer entsprechend in Grenzprodukt bezahlt, während im anderen Sektor (z.B. Automobile) die Arbeitsgrenzprodukte technisch kaum unterscheidbar sind, so daß hier nach dem Durchschnittsprodukt der Arbeitnehmer bezahlt wird. Die besonders talentierten Arbeitnehmer werden unter diesen Bedingungen im Software-Sektor arbeiten. Wenn nun zwei Länder mit unterschiedlich heterogenen Arbeitskräftepopulationen Außenhandel miteinander aufnehmen, dann werden die ohnehin anfänglich bestehenden internationalen Lohnstrukturunterschiede zunehmen: Denn im Land mit dem stärker heterogenen Arbeitskräftepool wird es zur Spezialisierung auf Softwareproduktion bzw. -export kommen, während das andere Land sich auf PKW-Produktion spezialisiert und dabei einen Teil der Güter exportiert.

Da osteuropäische, asiatische und lateinamerikanische Unternehmen zunehmend durch verbesserte Bildungsanstrengungen und erhöhte F&E-Ausgaben – zunächst mit dem Effekt einer Erhöhung der technologischen Adaptionsfähigkeit und später der Realisierung eigener Innovationen – charakterisiert sind, können die EU-Hochlohnländer Arbeitslosigkeit bei Wenigqualifizierten kaum vermeiden. In diesem Segment des Arbeitsmarkts muß es letztlich darum gehen, durch Weiterbildung die Arbeitsproduktivität zu steigern und durch intersektoralen Strukturwandel die Arbeitnehmer in Produktionsbereiche mit höherem durchschnittlichen Exporterlös zu lenken. Für die Bildungspolitik und die Innovationspolitik kommt es insgesamt darauf an durch erhöhte Ausgaben und effiziente neue Konzepte die Weichen so zu stellen, daß insgesamt für die Arbeitnehmer mehr Beschäftigung bei erhöhter Arbeitsproduktivität und höheren Durchschnittserlösen für Produktinnovationen möglich sind. Tatsächlich werden bei Globalisierung die Beschäftigungschancen mehr als früher durch das Bildungs- bzw. Weiterbildungssystem bestimmt.

Faßt man einige der bisherigen Überlegungen zusammen, dann können wir zwei Arbeitsmärkte, nämlich für Qualifizierte L´ und Ungelernte L – mit Nominallöhnen W´ und W – unterscheiden. Testbare Hypothesen zur Arbeitsnachfrage L'^d bzw. L´ lauten:

(A.1) $L'^d = a_1(K'/L') + a_2V + a_3(X/Y) + a_5(W/W')$

(A.2) $L^d = b_1(K/L) - b_2(J/Y) - b_3(W'/W)$

wobei J die Importe von standardisierten Gütern darstellt. Dabei kann der Staat über die (kumulierten) Ausgaben für Forschungsförderung und für Bildung den Technologieparameter V beeinflussen.

Das Arbeitsangebot L'^s bei Qualifizierten kann geschrieben werden als:

(A.3) $L'^s = h_1N + h_2E + h_3(W'/W) + h_4T + h_5(A''/Y)$

wobei N die Bevölkerung darstellt, E die kumulierten Ausgaben für Bildung (plus Internet), W`/W die Lohnstruktur und T einen Steuer- und Abgabenparameter. Steigt die Relation Finanzvermögen plus Aktien (A“) zu Einkommen, dann erhöht sich der Reservationslohnsatz, so daß Wertsteigerungen ein Aktienboom bei gegebener Arbeitsnachfrage zu einem Lohnanstieg führen müßte.

Das Arbeitsangebot an Ungelernten L^s kann geschrieben werden als

(A.4) $L^s = (1-h_1)N + h_5(W'/W) + h_6N^*$

wobei N* die Zahl der Immigranten mit geringer Qualifikation sind. Hier wurde angenommen, daß das Arbeitseinkommen von Ungelernten relativ niedrig ist bzw. keiner Besteuerung unterliegt.

Die Arbeitslosenquote ergibt sich als gewichtete Summe der sektoralen Arbeitsangebotsüberschüsse im Markt für Qualifizierte und für Ungelernte. Im übrigen gilt für den Fall des Übergangs von Autarkie auf Freihandel zu bedenken, daß es nicht nur Wohlfahrtsgewinne durch bessere Güterversorgung und Abschmelzen von Monopolstellungen im Gütermarkt gegen wird, sondern daß es – abhängig vom Grad an Lohnflexibilität und dem Kurs der Wirtschaftspolitik – auch zu vorübergehender oder länger anhaltender Arbeitslosigkeit (mit negativen Wohlfahrtseffekten) kommen kann.

Vor dem Hintergrund der Analyse bzw. der Globalisierung gilt: Das traditionellen Ausbildungs- und Weiterbildungssystem soweit das staatliche Universitätssystem stehen vor großen Herausforderungen. Steuerliche Anreize für verstärkte Weiterbildungsaktivitäten der Unternehmen – inklusive Nutzung von Internet, etwa für eine verlängerte „interaktive Mittagspause" – wären hier ebenso sinnvoll wie ein umfassendes Investitionsprogramm zur Modernisierung der Schulen und für mehr Weiterbildung der Lehrer sowie mehr Lehrkräfte. Während mehr als fünfzig private US-Universitäten zu Beginn des 21. Jahrhunderts „Tochterunternehmen" in EU-Ländern (etwa zwei Dutzend in Deutschland) aufgemacht haben und von dem zunehmenden Qualifizierungsbedarf in Europa profitieren – zugleich hierbei auch Präferenzen und Wahrnehmungen der Absolventen amerikanisch prägen – sind mangels privater Universitäten in der EU europäische Universitäten bislang chancenlos im globalen Wettbewerb der Bildungssysteme. Das gilt übrigens auch mit Blick auf Asien, wo US-Universitäten den dank wachsender Einwohnerzahl expandierenden Wirtschafts- und Bildungsraum ohne jegliche EU-Konkurrenz durchdringen können.

Das Defizit an privaten Universitäten in der EU bzw. in Deutschland müßte von daher aus guten Gründen möglichst rasch durch staatliche Anreize für die Gründung privater Universitäten beseitigt werden: Es gilt, ein zusätzliches Standbein für die notwendige EU-Qualifizierungsoffensive zu gewinnen, zugleich vom wachsenden Weltmarkt für Bildungsdienste zu profitieren und im übrigen beim Wettbewerb der Systeme nicht kampflos die Expansion von US-Sichtweisen hinzunehmen. Wenn die europäische soziale Marktwirtschaft nicht durch Vollbeschäftigung, Wohlstand und Bildungsführerschaft für den Export des Modells Soziale Marktwirtschaft sorgt, werden Asien, Lateinamerika und andere Regionen in wenigen Jahrzehnten ein fast vollständiges Duplikat des US-Systems darstellen, so daß unter globalem US-Druck das europäische System der Sozialen Marktwirtschaft bestenfalls noch ein Nischen-Dasein wird führen können.

Soweit es um Lohndifferenzierung in den OECD-Ländern geht, muß angesichts der zunehmenden Verwendung von Aktienoptionsplänen für führende Mitarbeiter großer Unternehmen davon ausgegangen werden, daß der Grad an Lohndifferenzierung einerseits unter den Qualifizierten zugenommen hat; daß zugleich der statistisch gemessene Grad an vertikaler Lohndifferenzierung mit Blick auf die Relation Qualifizierte/Ungelernte die Realität zu schwach wiedergibt.

7 Perspektiven

Eine gewisse Wachstumskonvergenz in der Triade ist notwendig, um politische Spannungen im Kontext der hohen und steigenden US-Leistungsbilanzdefizite zu vermeiden. Japan und Euroland – und hierbei besonders Deutschland, Italien und Frankreich – sollten energische Wachstumspolitik betreiben. Nachdem die realwirtschaftlichen Schwankungen in den OECD-Ländern in der zweiten Hälfte des 19. Jahrhunderts abgenommen haben, während sich zugleich in den kontinentaleuropäischen Ländern ein hoher Sockel an Arbeitslosigkeit seit 1974 entwickelt hat, kommt der Wachstums- und Beschäftigungspolitik ein erhöhter Stellenwert zu. Was die Beschäftigungspolitik angeht, so sind flexiblere Arbeitsmärkte und stärker differenzierte Lohnsätze – ggf. auch ein Absenken der Sozialhilfe (Stichwort: Lohnabstandsgebot) – notwendig. Die Beschäftigungspolitik allein wird aber vermutlich Vollbeschäftigung nicht wiederherstellen können. Hierzu ist eine aktive Wachstumspolitik auf seiten von Bund und Ländern notwendig. Tatsächlich liegt fast die Hälfte der Herausforderung bei den Bundesländern, von denen die Mehrzahl seit Jahren unzureichende Bildungsausgaben einerseits und mangelnde Forschungsförderung andererseits zu verantworten haben. So gesehen dürfte die Überwindung des Reformstaus auf der Bundesebene nicht ausreichen, um die Wachstumslücke gegenüber den USA zu schließen.

In Deutschland ist Wachstumspolitik allerdings ein Fremdwort, soweit man diese nicht auf Infrastrukturpolitik beschränken wollte. Es fehlt sowohl beim Bund als auch bei den Ländern am politischen Willen, die Ausgaben für Bildung und F&E deutlich und nachhaltig zu erhöhen; während das Defizit bei den Bildungsausgaben, wo Deutschland seit Jahren unter dem OECD-Durchschnitt liegt (Spitzenreiter Korea, Schweden, USA), in wesentlichen von Ländern zu verantworten ist, muß die mangelnde Förderung von Forschung und Entwicklung – staatlicherseits etwa je hälftig von Bund und Ländern getragen – beiden Politikebenen gleichermaßen als langjähriges Versäumnis zugewiesen werden. Hinzu kommen wachstumsrelevante Defizite bei der Bundespolitik, wo man bei der Waigelschen Privatisierung der Deutschen Telekom AG durch die fehlende unternehmerische Separierung von Kabel-TV-Netz und Telefonfestnetz strukturell für Mangel an Wettbewerb bei Telefon- und Internetdiensten sorgte. Damit dürfte Deutschland im I&K-Bereich im Vergleich zu Großbritannien oder Niederlande oder USA – wo der Telekom-Wettbewerb dank historischer Separierung von Fern- und Ortsnetz mit nachfolgender reziproker Marktöffnung intensiv ist – strukturelle Wachstumsdefizite haben; hinzu kommt der fehlende politische Wille zur vollen Privatisierung der DT AG, wo man sogar gegenüber Italien und Spanien (Vollprivatisierung) zurückhängt.

Japan ist in den 90er Jahren durch eine absurde Notenbankpolitik, die das Land in eine Art Keynessche Liquiditätsfalle cum Deflationem hineinführte, in eine Wirtschaftskrise hineingeraten, für die allerdings auch strukturelle Schwächen im Bankensystem verantwortlich sind. Für Japan bieten sich für die Überwindung der Kombination von Deflation und Wachstumsschwäche auch steuerliche Maßnahmen innovativer Art an (Vogelsang, 1999).

Zu Beginn des 21. Jahrhunderts sind die USA als dynamische Wirtschaft mit Vollbeschäftigung und ausgeglichenem Haushalt – mit Risiken bei der Aktienkursentwicklung und dem Leistungsbilanzdefizit – einzustufen, während Euroland mit erheblichen und hartnäckigen Problemen bei der Arbeitslosigkeit zu kämpfen hat. Auf dem Europäischen Gipfel von Lissabon hat die EU im März 2000 erstmals offen den europäischen Rückstand im Internetbereich angesprochen. Die Staats- und Regierungschefs haben vereinbart, einen Aufholprozeß durch Innovationsförderung, Deregulierung und eine offene Koordinierung der Wirtschaftspolitik einzuleiten, um den Rückstand gegenüber den USA bis 2010 zu beseitigen; angestrebt wird auch, die Nutzungskosten des Internets deutlich zu senken. 3 % reales Wirtschaftswachstum werden als Orientierungsmarke bis 2010 in der EU genannt. Zudem will man bis 2010 möglichst nahe an eine Beschäftigungsquote von 70 % herankommen – ausgehend von 61 %; die politischen Vorgaben dürften sich weitgehend als illusorisch erweisen. Zu den internetbezogenen Vorschlägen bzw. Maßnahmen gehören insbesondere die folgenden Punkte:

- bis 2001 sollen alle Schulen in der EU ans Internet angeschlossen sein;
- bis 2002 sollen neue Regeln für öffentliche Ausschreibungen verankert werden und ab 2003 öffentliche Aufträge elektronisch abgewickelt werden können;
- bis 2003 soll der von der Kommission schon 1999 vorgelegte Aktionsplan zur Förderung von Risikokapital endlich umgesetzt werden;
- Bis 2005 sollen Kernbereiche der Finanzdienstleistungen in der EU reformiert bzw. dereguliert sein (hingegen konnte man sich bei der Liberalisierung der Energiemärkte nicht auf ein festes Liberalisierungsdatum einigen).

Die Vorschläge der Kommission lassen ein gewisses Problembewußtsein für die Notwendigkeit einer Modernisierung der EU-Volkswirtschaften erkennen. In der Tat ist beschäftigungsförderliches Wachstum vor allem in den mitteleuropäischen EU-Ländern dringlich, da mit der für 2004/5 erwarteten EU-Osterweiterung ein erhöhter Anpassungsdruck auf die Arbeitsmärkte in Westeuropa zukommen dürfte. Folgt man der Olson-Hypothese, wonach sich im Zeitverlauf in politisch fest abgegrenzten Gebilden Skleroseprobleme ergeben, so könnte die EU-Osterweiterung katalytisch als Antiskleroseimpuls wirken – allerdings ist unklar, inwieweit auf EU-Ebene solche Impulse konstruktiv aufgenommen werden können, da sich der ohnehin komplizierte Abstimmungsprozeß mit der zunehmenden Zahl von Mitgliedsländern weiter kompliziert. Zudem droht – auf Basis bisheriger Entscheidungsregeln – nach einer EU-Osterweiterung um 10 Beitrittskandidaten, daß die supranationale Politik in Europa von einer Mehrheit armer, kleiner Länder dominiert wird, die hohes Interesse an einem Ausbau der EU-Strukturfonds und insbesondere auch an Subventionszahlungen für die Landwirtschaft haben. Hier sind einerseits institutionelle EU-Reformen dringlich, andererseits wäre eine neue Wachstumsorientierung der Strukturfonds zu verankern – etwa durch Schwerpunktsetzung bei Innovations- und Weiterbildungsförderung – und zugleich das Niveau der EU-Agrarausgaben (nach Kürzung) mit einer dauerhaften absoluten Obergrenze so festzuschreiben, daß dieser Etatposten im Zeitablauf relativ sinken würde.

Unklar ist weiterhin, wie es in Deutschland und wichtigen anderen EU-Ländern gelingen kann, das beschäftigungs- und wachstumsschädliche System der Sozialversicherung umfassend zu reformieren. Steigende Beitragssätze in der Renten- und der Krankenversicherung drohen die wachstumsschädliche Emigration in die Schattenwirtschaft ebenso zu stimulieren wie Rationalisierungsinvestitionen. Es ist durchaus möglich, kurzfristig auf eine Teilkapitaldeckung überzugehen, und zwar dann, wenn man die überschüssigen Gold- und Devisenreserven der Deutschen Bundesbank als Startkapitalbestand heranziehen würde (Welfens, 1998), wobei man die kapitalgedeckte neue Säule der staatlichen Alterssicherung ohnehin am besten bei der politisch unabhängigen Deutschen Bundesbank verankern würde.

Aktive Wachstumspolitik in Euroland notwendig

Wenn in Euroland das Wachstum bzw. die Profitabilität von Investitionen stiege, dann würde auch das US-Leistungsbilanzdefizit sich – in transatlantischer Perspektive – vermindern. Zu Beginn des 21. Jahrhunderts liegt demnach der Schlüssel für die Überwindung der hohen Arbeitslosigkeit in Euroland und der Euro-Schwäche sowie des US-Leistungsbilanzdefizits wesentlich in Europa.

Regierungen, Kommission und Tarifvertragsparteien sollten gemeinsam auf adäquate Lohndifferenzierungen und eine erhöhte Lohndrift in Euroland hinwirken, damit Marktsignale und der Strukturwandel stärker wirken können. Der Staat sollte in Deutschland den zu wenig – viel zu wenig – regionaler Differenzierung neigenden Tarifvertragsparteien in Deutschland vorschreiben, daß bei den Lohnerhöhungen angemessene Abschläge in Regionen mit hoher Arbeitslosigkeit (im Gemeinwohlinteresse) zu realisieren sind und daß in Regionen mit besonders hoher Arbeitslosigkeit von Geringqualifizierten eine überproportionale Anhebung der Tariflöhne – etwa durch Sockelzuschläge – nicht erlaubt ist. Nach Wiedergewinnung der Vollbeschäftigung sollten in der Arbeitslosenversicherung mehr wirkliche und vernünftige Versicherungsprinzipien als anreizkompatible Regeln Einzug halten, insbesondere das Prinzip daß in Regionen mit überdurchschnittlich hoher Arbeitslosigkeit Arbeitnehmer überdurchschnittlich hohe Beitragssätze aufbringen müssen, während Vollbeschäftigungsregionen Beitragssatzrückerstattungen (ähnlich wie in der PKW-Haftpflichtversicherung) erhalten. Zudem wäre es sinnvoll, daß ähnlich wie in den USA Unternehmen mit hohen Entlassungszahlen einen überproportional hohen Arbeitgeberanteil in die Arbeitslosenversicherung einzahlen. Eine solche Regelung dürfte die Weiterbildungsanreize im Unternehmen stärken, soweit Weiterbildung künftige Entlassungen vermeiden hilft. Schließlich sollte der Staat die Weiterbildung in den Unternehmen und generell die Erwachsenen-Weiterbildung steuerlich fördern. In Deutschland und den EU-Ländern besteht nämlich wegen der trendmäßig rückläufigen durchschnittlichen Beschäftigungszeit im Unternehmen ein tendenziell reduzierter Anreiz zur Weiterbildung, was außerordentlich problematisch in der neuen globalen Konkurrenz ist. Vorliegende empirische Analysen (European Commission, 2000) für Euroland legen den Schluß nah, daß das Zusammenwirken von technischem Fortschritt mit Verzerrung zugunsten steigender Arbeitsnachfrage von Qualifizierten in Verbindung mit mangelnder Lohnstrukturflexibilität (Lohnrelation Qualifizierte zu Ungelernte) erheblich zur Arbeitslosigkeit in Kontinentaleuropa beigetragen hat. Der Grad an Lohndifferenzierung war Mitte der 90er Jahre gegenüber der Dekade zuvor in Deutschland und Frankreich zurückgegangen, in Italien leicht gestiegen – hingegen war in den USA und Großbritannien ein deutlich höherer Grad an Lohndifferenzierung feststellbar.

Reformstrategie für Wachstum, Beschäftigungsanstieg und nachhaltige Konsolidierung: Handlungsdruck und Optionen

Die Wirtschaftspolitik in Deutschland steht in 2002/03 vor großen Herausforderungen, denn fünf wesentliche Probleme sind erkennbar:

- Wachstumsschwäche, d.h. daß Deutschland – schon in den 90er Jahren – auf einen der hinteren Tabellenplätze in der EU-Wachstumsliga zurückgefallen ist; weniger als 2 % Wachstum p.a. nach dem Wiedervereinigungsboom 1990-93 müssen als schwaches Wachstum angesehen werden, zumal Länder wie die USA, Niederlande, Finnland, Schweden und Großbritannien im Zeitraum 1993-2000 Wachstumsraten zwischen 3 und 4 % p.a. erreichten. Seit 1997 wächst zudem die ostdeutsche Wirtschaft langsamer als die westdeutsche, was den wirtschaftlichen Wiedervereinigungsprozeß gefährdet.
- Hohe Arbeitslosigkeit besteht in fast allen Bundesländern in Westdeutschland, wo die Arbeitslosenquote in 2001/2002 wieder auf Werte von über 8 % anstieg, in Ostdeutschland wurden Anfang 2002 gar 18 % verzeichnet. Hohe lang anhaltende Arbeitslosenquoten gefährden die ökonomische, soziale und politische Stabilität. Im Vorfeld der EU-Osterweiterung, die zu einer beschleunigten Verlagerung von Industriebetrieben aus Deutschland nach Osteuropa führen wird – dies dürfte die Arbeitslosigkeit der Wenigqualifizierten und damit auch die Langzeitarbeitslosigkeit erhöhen –, ist das Verharren auf hohen Arbeitslosigkeitsquoten als höchst problematisch einzuordnen. In den 90er Jahren haben die Kohl-Regierung und die Tarifvertragsparteien das Problem der Überwindung der hohen Arbeitslosigkeit vor sich hergeschoben. Bei einer für 2004 absehbaren EU-Osterweiterung, die 2011 zu voller Freizügigkeit führen wird, wäre an der neuen EU-Nahtstelle Deutschland/Polen eine Situation wie in 2001 – nämlich jeweils über 15 % Arbeitslosenquote in den Regionen auf beiden Seiten der Oder-Neiße-Grenze – äußerst problematisch.
- Die Haushaltssituation ist angesichts der im Maastrichter Vertrag bzw. im Stabilitäts- und Wachstumspakt festgelegten Begrenzungskriterien problematisch, da Deutschland in 2001 eine unerwartet hohe Defizitquote von gut 2,5 % realisiert und für 2002 eine Defizitquote in mindestens ähnlicher Größenordnung droht. Problematisch ist die Finanzsituation der öffentlichen Haushalte auch deshalb, weil Finanzminister Eichel zwecks Abwendung eines „Blauen Briefs“ von der Kommission bzw. der EU für 2004 einen nahezu ausgeglichenen Haushalt der Gebietskörperschaften (Bund, Länder, Gemeinden, Sozialversicherung) zugesagt hat. Dieses politische Versprechen einzuhalten, das im Kontext mit dem Stabilitäts- und Wachstumspakt steht, dürfte ohne wachstumspolitisch und arbeitsmarktpolitisch erfolgreiche Reformschritte schwierig sein. Denn nach 3 % Wachstum in 2000 und 0,6 % in 2001 bzw. voraussichtlich etwa 1 % in 2002 müßte man in 2003 und 2004 rund 3 % Wachstum erreichen, um eine Defizitquote nahe Null zu erreichen.

- Deutschland hat seine im OECD-Vergleich traditionell führende Position im Bildungsbereich verloren, wie nicht nur die Pisa-Studie aus dem Jahr 2001 gezeigt hat. Mit 87 000 Schülern ohne Schulabschluß in 2000 ist die schulische Abbrecherzahl der Jugendlichen (bei insgesamt 938 000 Schulabgängern in 2000) dramatisch gestiegen. Gegenüber 1992 stieg die Abbrecherzahl um 36 %, die Abbruchquote, die 1992 8 % betrug, lag in 2000 bei 9 %. Da gerade Schüler ohne Abschluß erfahrungsgemäß längerfristig besonders stark von Arbeitslosigkeit bedroht sind, ist mit den hohen Abbrecherquoten ein Ansteigen der Arbeitslosenquote fast vorprogrammiert. Da besonders ausländische Kinder Probleme beim Schulabschluß haben – der Anteil der ausländischen Schüler ohne Schulabschluß lag 1992 bei 17,9 % –, ist hiermit zudem die Integrationsfähigkeit der deutschen Gesellschaft gefährdet. Während das wachstumsstarke Irland etwa in den 90er Jahren energische Maßnahmen der Politik zur Reduzierung der Abbrecherquote unternahm, wird die Problematik der Abbrecherquote von den zuständigen Bundesländern in Deutschland seit Jahren vernachlässigt. Der Bund sollte gesetzlich mindestens einen Bericht der Länder zur Abbrecherquote jährlich einfordern und ggf. wissenschaftliche Untersuchungen hierzu in Auftrag geben.
- Deutschland fällt nach OECD-Angaben im wachstumsrelevanten Bereich der Informations- und Kommunikationstechnik (I&K) ins Schlußdrittel der OECD-Liga. Der starke Rückstand Deutschlands bei Computerisierung, Internetdichte, durchschnittlichen Internetnutzungszeiten und schulischem Internetlernen ist ein wesentlicher Grund für Deutschlands Wachstumsschwäche. Allein das Fehlen eines preisgünstigen Internetpauschaltarifs – wie er etwa in den USA, Brasilien, Niederlande, Spanien, Großbritannien und Australien verfügbar ist – für normale Telefonkunden (Deutsche Telekom als dominanter Anbieter offeriert nur für DSL-Kunden nach Art eines Technologiediktators einen Internetpauschaltarif) kostet etwa 400 000 Arbeitsplätze, wie theoretische und empirische Analysen des EIIW ergeben haben – siehe Welfens/Jungmittag-Studie unter www.euroeiiw.de. Im I&K-Sektor hat es in den USA und Westeuropa auf seiten der Investoren bzw. der Börsen in den 90er Jahren zweifelsohne Übertreibungen bzw. eine zeitweise überschäumende Euphorie gegeben. Aber es ist auf Basis empirischer Studien festzustellen, daß der I&K-Sektor, dessen Anteil an der US-Wertschöpfung gerade 10 % beträgt, auch längerfristig wesentlich zu hohem Wachstum beitragen wird, da die Nutzung moderner Computer und innovativer Software erhebliche Produktivitätsfortschritte ergibt, die wegen sogenannter Netzwerkeffekte zumindest zeitweise auch eine Beschleunigung des Produktivitätsfortschritts erwarten lassen. Ein harter Indikator für die strategische Bedeutung des I&K-Sektors in den USA ist im übrigen, daß die Zahl der Softwareingenieure in 2000 erstmals die Zahl aller anderen Ingenieure überstieg. Internationale Wettbewerbsfähigkeit und technischer Fortschritt sind zunehmend vom I&K-Sektor zu erwarten. Deutschland (aber auch Frankreich und Italien) als ein Land, das vor allem bei Produkten mittlerer Technologieintensität im Export erfolgreich ist, droht bei der Nutzung der I&K-Dynamik zurückzufallen; es gibt nur eine relativ geringe Zahl erfolgreicher Neugründungen im I&K-Bereich, die USA geben relativ zum Sozialprodukt mehr als doppelt soviel für Software aus wie Frankreich und Deutschland (Annahme ist hier, daß

die Softwareausgabenquote Deutschlands, für das keine OECD-Angaben verfügbar sind, etwa dieselbe wie in Frankreich ist). Vor dem neuartigen Hintergrund der New Economy muß die Investitionsquote anders als früher berechnet werden; die effektive Investitionsquote ist sinnvollerweise als Summe aus den Investitionen in Maschinen und Anlagen sowie Bauten plus Software zu berechnen. Wenn man im Rahmen einer erweiterten effektiven Investitionsquote noch die Bildungsausgabenquote und die F&E-Quote hinzunimmt (F&E = Forschung und Entwicklung), dann hatte Deutschland Anfang des 21. Jahrhunderts gegenüber den USA einen Rückstand von etwa 4 %. Dies und der inflexible Arbeitsmarkt dürften die Wachstumsschwäche Deutschlands wesentlich erklären.

Die rot-grüne Bundesregierung hat nach einer Dekade des Reformstillstands unter der Vorgängerregierung ernsthafte Reformen in drei Kernbereichen begonnen:

- Steuerreform bzw. Reduzierung der Einkommens- und Körperschaftssteuersätze,
- Sozialversicherungsreform, wobei u.a. steuerliche Anreize für ein Mehr an privater Ersparnis bzw. die Altersvorsorge eingeführt worden sind,
- Haushaltskonsolidierung im Sinne einer Rückführung der Neuverschuldungsquote.

Nach dem Skandal um geschönte Vermittlungsstatistiken bei der Bundesanstalt für Arbeit (BA; Februar 2002) ist die Bundesregierung mit einer Reformagenda für die BA auch das konfliktträchtige Reformfeld der Arbeitsmarktpolitik angegangen. Es sollte dabei nicht übersehen werden, daß die Hauptverantwortung für Vollbeschäftigung bei den Tarifparteien liegt, nicht beim Staat. Letzterer kann über Reformen der Sozialabgaben und Steuern die Arbeitskosten und ggf. auch die Höhe der Investitionen beeinflussen.

Ein Kernpunkt der Steuerreform unter Eichel – als Ansatz zur Überwindung des Reformstaus und Impuls für mehr Investitionen bzw. Beschäftigung gedacht – war dessen Körperschaftssteuerreform.

Die Körperschaftssteuer brachte eine Absenkung und Vereinheitlichung der Körperschaftssteuersätze auf niedrigem Niveau von 25%, die alte Unterschiedlichkeit des Steuersatzes von 40 bzw. 30% für einbehaltene bzw. ausgeschüttete Gewinne wurde damit aufgehoben; vom Unternehmen gezahlte Körperschaftssteuern kann der inländische Aktionär nach neuer Gesetzeslage nicht länger geltend machen, was die bisherige Diskriminierung zwischen in- und ausländischen Aktionären aufhebt. Die Kapitalgesellschaften werden mit den niedrigen Körperschaftssteuersätzen nunmehr gegenüber anderen Unternehmensformen, vor allem solchen für den Mittelstand typischen, klar bevorzugt. Schon dies ist deutlich kritikwürdig. Ein Hauptgrund für den Übergang vom Anrechnungsverfahren zum neuen Halbeinkünfteverfahren war nicht, wie der Staatssekretär suggeriert, daß das neue System das Anwachsen von potentiellen Steuergutschriften beendete, sondern einfach der Druck zu einer Vereinheitlichung der Körperschaftssteuersysteme in den EU-Ländern – hier stand Deutschland mit seinem alten System bislang außen vor. Mit gutem Grund haben sich viele Unternehmen über Jahrzehnte trotz des relativ hohen Steuersatzes für thesaurierte Gewinne im alten System für eine Einbehaltung von Gewinnen entschieden, um nämlich auf einfachem Weg die Eigenkapitalbasis zu stärken. Im alten System entstanden potentielle Ansprüche der Unternehmen an die Finanzämter, nämlich für den Fall, daß sie einbehaltene Gewinne nachträglich noch ausschütteten: Dies kam typischerweise bei Unternehmensaufkäufen vor, da der neue Eigentümer durch Geltendmachung der Anrechnungsguthaben relativ leicht einen Teil des Kaufpreises finanzieren konnte. Eher selten war eine Geltendmachung im Rahmen einer Schütt-aus-hol-zurück-Politik, wie dies etwa Daimler-Chrysler praktizierte. Letztere Politik kam für die meisten anderen Kapitalgesellschaften kaum in Frage, da das Risiko, daß die Aktionäre die Ausschüttungen lieber in andere Unternehmen investieren, aus Sicht des Unternehmens erheblich war. Eine nachträgliche Ausschüttung bedeutete von daher einen Liquiditätsabfluß, eine Senkung der Eigenkapitalquote und eine potentielle Stärkung der Konkurrenz. Daß über jeder Steuerschätzung – wie der Staatssekretär schreibt – das Damoklesschwert von 36 Mrd. Euro Rückforderungen an die Finanzämter hing, ist also Unfug: Die Wahrscheinlichkeit, daß alle Anrechnungsguthaben gleichzeitig realisiert würden, war sicher nahe Null.

Wenn jährlich 1/10 der Unternehmen den Eigentümer wechselte, dann kann versicherungsmathematisch mit weniger als 4 Mrd. Euro p.a. Geltendmachung von Anrechnungsguthaben gerechnet werden. Die Dummheit in Eichels Steuerreform besteht darin, nicht im Rahmen einer intelligenten Übergangslösung dafür gesorgt zu haben, daß die Unternehmen Anrechnungsguthaben möglichst gleichmäßig gestreckt über die Zeit geltend machen. Selbstverständlich hätte ein kluger Kassenwart der Nation auch eine zeitlich eher kurze Übergangsregelung gewählt, so daß erhebliche Anrechnungsguthaben auch verfallen wären. Dies wäre keine Enteignung gewesen, sondern hätte einfach die historischen Entscheidungen über die Gewinnverwendung reflektiert. Eine mögliche gleichmäßige Zwangsverteilung von Steuergutschriften über die Zeit wurde als Vorschrift im Gesetz verschlafen. Im Übrigen hat Eichel mit der Erlaubnis von 2001, daß die Versicherungen erworbene Aktien zum Anschaffungspreis bilanzieren können, heiße Luft in die Bilanzen von Allfinanzinstituten gelassen – dies wirkt destabilisierend.

Die riesigen Steuergutschriften von fast 1% des Bruttoinlandsprodukts in 2001 und 2002 sorgen bei der Maastricht-Obergrenze von maximal 3% Neuverschuldungsquote (außerhalb von Zeiten einer schweren Rezession) für ein im Finanzministerium eigenhändig eingebrocktes Einnahmenproblem.

Die Wirtschaftspolitik in Deutschland ist auf Bundesebene seit vielen Jahren von einer relativ kurzatmigen Politik geprägt, es fehlt in der Finanz- bzw. Wirtschaftspolitik weitgehend an langfristig orientierten Strategien. Es ist im übrigen keineswegs so, daß Deutschland in den 90er Jahren unter einer allgemeinen Nachfrageschwäche leidet. Denn eine solche Sichtweise ließe sich nur dann begründet vertreten, wenn es quer durch alle Branchen eine Kapazitätsunterauslastung geben würde; ein Blick auf Kapazitätsauslastungsgrade einzelner Sektoren zeigt (siehe Abb. A5) jedoch, daß die Standardabweichung beim Kapazitätsauslastungsgrad in den 90er Jahren zeitweise erheblich angestiegen ist – das Vorliegen hoher Arbeitslosenquoten über lange Jahre muß von daher zum Teil als strukturelles Problem angesehen werden, für das auch Rigiditäten im Arbeitsmarkt verantwortlich sind. Diese Überlegung bedeutet nicht, die offensichtliche negative Korrelation von Kapazitätsauslastungsgrad insgesamt und Standardabweichung über die Sektoren hinweg zu übersehen. Diese Korrelation ist in der Abbildung offensichtlich.

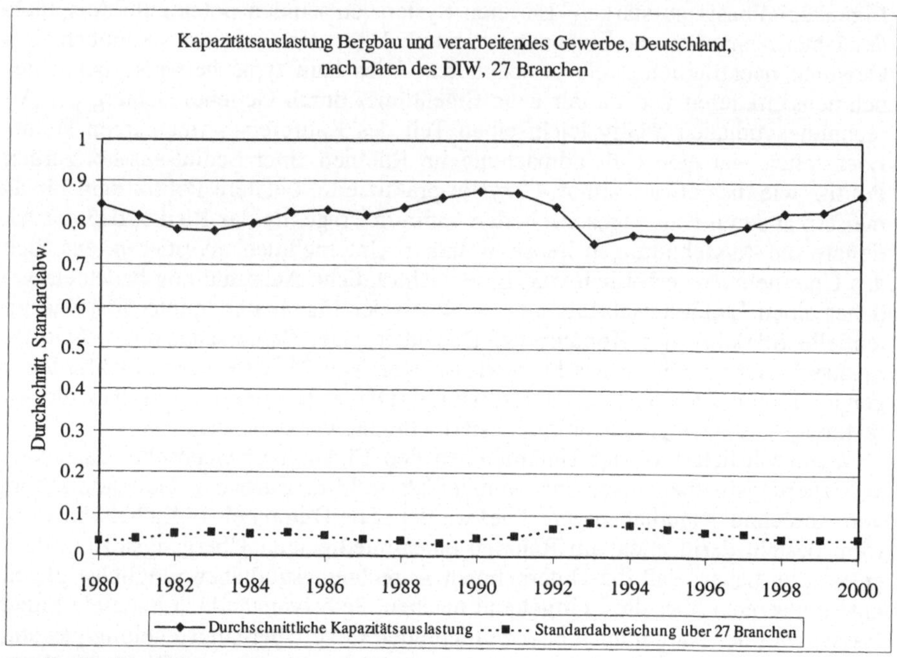

Quelle für Grunddaten: Görzig et al (2001)

Abb. A5. Kapazitätsauslastung in Deutschland 1980–2000

Zu den langfristigen Reformerfordernissen gehört:

- Novellierung des Stabilitäts- und Wachstumsgesetzes; schon seit 1999, dem Gründungsjahr der Europäischen Währungsunion bzw. der EZB, ist dieses Gesetz anzupassen. Dies gilt einerseits offenbar deshalb, weil man in einer Währungsunion für ein einzelnes Land – hier Deutschland – nicht sinnvoll das Ziel eines außenwirtschaftlichen Gleichgewichts (isoliert) fordern kann; zudem muß andererseits im föderalen System Deutschlands ein interner Stabilitätspakt vereinbart werden, der Regeln für die Defizitpolitik auf der Ebene von Bund und Ländern (ggf. auch Gemeinden und Sozialversicherung) festlegt, und zwar so, daß den Erfordernissen des Maastrichter Vertrags und des Stabilitäts- und Wachstumspakts genüge getan wird. Letzterer sieht vor, das die Mitgliedsländer der Währungsunion langfristig einen ausgeglichenen Haushalt vorweisen.
- Erschließung neuer Ausgabenspielräume in der Bildungs- und Forschungspolitik, wo der Staat langfristig mit höheren Ausgaben gefordert ist. Angesichts der Haushaltsprobleme liegt hier eine gravierende und schwierige Herausforderung.
- Die seitens der Bundespolitik erkennbare Vorzugsbehandlung des Bundesunternehmens Deutsche Telekom AG (anders als in Spanien, Großbritannien oder

Italien hat Deutschland keine Vollprivatisierung erreicht), die den Ausbau der Informationsgesellschaft und die Entwicklung des I&K-Sektors durch diskriminierendes und quasi-monopolistisches Verhalten behindert, ist aufzugeben. Zwar mag man auf seiten der Politik (bei Bund und Ländern) aus industriepolitischen Gründen eine Vorzugsbehandlung der Deutschen Telekom AG – die auch potenter Spender an Parteien ist – für geboten halten. Es stellt sich aber die Frage, was eine Industriepolitik für einen globalen Champion Deutsche Telekom AG soll, wenn dadurch das gesamtwirtschaftliche Wachstum erheblich beeinträchtigt wird und die Schaffung hunderttausender neuer Arbeitsplätze verhindert wird. Der Beitrag der Deutschen Telekom AG zur gesamtwirtschaftlichen Wertschöpfung beträgt gerade soviel wie die Landwirtschaft, nämlich 1 %, entscheidend für hohes Wachstum ist aber nicht ein hoher Börsenkurs der DT AG, sondern das 99 % der Wirtschaft – nämlich alle Unternehmen – preiswerte und innovative Telekom- und Internetdienste im Wettbewerb erhalten. Empirische Untersuchungen zeigen die Relevanz der Telekom- und Internetnutzung für Wachstum und Außenhandel sehr deutlich. Wenn die Politik diese Befunde ignoriert und sich der Pressionspolitik der DT AG ausliefert, so ist dies zum großen Nachteil Deutschlands bzw. der 80 Mio. Einwohner in Westeuropas größtem Land. Für falsche Weichenstellungen in der Privatisierungspolitik im Telekombereich ist im übrigen nachweislich Ex-Finanzminister Waigel verantwortlich, der es gegen wissenschaftlichen Rat unterließ, das Kabel-TV-Netz in 1997 separat zu veräußern und damit flächendeckend Wettbewerb bei Telekom und Internet in Deutschland einzuführen. Die in 2002 erkennbaren Probleme der DT AG, das Kabel-TV-Netz zu veräußern – hier geht es also schon um fünf verschenkte Jahre bei der internet- und telekommäßigen Aufrüstung des Kabel-TV-Netzes – sind symptomatisch für die unerledigten Probleme bei der Stellung wachstumsförderlicher Weichen im I&K-Sektor. Dessen Dynamik ist mitentscheidend für die Chancen, im Hochlohnland Deutschland neue Dienstleistungsarbeitsplätze zu schaffen; solche Arbeitsplätze aber sind unerläßlich in einer Situation, in der absehbar die Industrieproduktion durch internationale Standortverlagerungen zurückgehen wird.

Wenn die Wirtschaftspolitik nicht Weit- und Einsicht genug aufbringt, eine neue Wachstumspolitik zu entwickeln, dann droht in Deutschland bzw. Europa auf mittlere Sicht politische und ökonomische Instabilität. Die verbreitete Neigung von Entscheidungsträgern der Wirtschaftspolitik, langfristige Probleme durch kurzfristige Ad-hoc-Maßnahmen anzugehen, ist nicht erfolgversprechend. So unbequem für die Politik die Auseinandersetzung mit Theorie und Empirie der Wachstums- und Arbeitsmarktforschung ist, so wird eine erfolgversprechende Strategie am Ende doch nur auf Basis einer wissenschaftlich fundierten Analyse formulierbar sein. Euroland ist ökonomisch groß und gewichtig genug, um auch bei schwacher US-Konjunktur anhaltendes und hohes Wachstum zu erzielen – jedenfalls dann, wenn es durch strukturelle Reformen in den Kernländern der Eurozone gelingt, zu Vollbeschäftigung und Wachstum zurückzufinden. Allerdings ist mit Blick auf das Vollbeschäftigungsziel vor einer Überschätzung des Einflusses der Wirtschaftspolitik zu warnen; wenn die Tarifvertragsparteien nicht zu einer stärker beschäftigungsorientierten Lohnpolitik – mit stärker differenzierten Lohnstrukturen – zu bewegen sind, wird Vollbeschäftigung nicht wiederherstellbar sein. Es ist ein Gebot kluger Politik, bei der Beschäftigungsentwicklung nicht versprechen zu wollen, was nur die Tarifvertragsparteien selbst liefern können, nämlich Lohnstrategien, ggf. unter Einbeziehung einer Investivlohnkomponente, die mehr Beschäftigung nachhaltig rentabel macht. Die Wirtschaftspolitik des Bundes könnte allerdings mit Impulsen für mehr Transparenz zu einem veränderten Verhalten der Tarifparteien beitragen, etwa indem jährlich ein Bericht zur Entwicklung des Humankapitals in Deutschland vorgelegt wird; hierdurch würde im Bewußtsein der Öffentlichkeit und der Tarifpartner deutlicher werden, wie groß die gesellschaftlichen Verluste infolge hoher und langanhaltender Arbeitslosigkeit ist. Der Staat könnte im übrigen im Gemeinwohlinteresse gesetzlich regeln, daß regionale Abweichungen der Arbeitslosenquote vom Bundesdurchschnitt durch eine angemessen differenzierte Lohnpolitik von den Tarifpartnern im Rahmen der Tarifautonomie zu berücksichtigen sind. Die Beurteilung dessen, was angemessene Differenzierung bedeutet, fiele dann in die Verantwortung der Tarifparteien. Diese würden vermutlich zu stärker differenzierten Lösungen kommen, und zwar um das Damoklesschwert höchstrichterlicher Entscheidungen zu vermeiden.

Die Wirtschaftspolitik ist mit Blick auf den Arbeitsmarkt insofern gefordert, als sie für einen deutlichen Lohnabstand zwischen Sozialhilfe und Einstiegslohn für Wenigqualifizierte sorgen müßte. Im übrigen ist im Interesse des Strukturwandels über Anreize nachzudenken, die eine hinreichend hohe Lohndrift (Abstand zwischen Effektivlohn- und Tariflohnniveau) sichern. Es wäre schließlich wichtig, daß der Staat die Tarifvertragsparteien verpflichtet, regelmäßig aussagefähige Daten über die regionalen Lohnunterschiede zu veröffentlichen. Bezeichnend ist, daß etwa im Bereich der Metallindustrie allenfalls für den Ecklohn, also den Einstiegslohn für Facharbeiter, einige regional vergleichbare Daten verfügbar sind. Ohne Beseitigung des Datendefizits kann nicht wirklich fundiert über das notwendige Ausmaß an erhöhter Lohndifferenzierung diskutiert werden. Die folgende Abbildung verdeutlicht einige Ansatzpunkte für die Regierung in der Arbeitsmarktpolitik. Es darf im übrigen nicht übersehen werden, daß eine Zunahme der Beschäftigung eine nachhaltige Haushaltskonsolidierung sicher erleichtern würde – diese und andere Interdependenzen werden in der Wirtschaftspolitik bislang vernachlässigt.

Langfristige Haushaltskonsolidierung in Deutschland wird nicht möglich sein, ohne daß eine stärker beschäftigungs-, innovations-, bildungs- und wachstumsfreundliche Politikstrategie entwickelt wird. Eine wachstumsorientierte Fiskalpolitik darf allerdings nicht mit einer Keynesianischen Politikstrategie verwechselt werden; aus theoretischer Sicht (Welfens, 2002a) ist ohnehin die Effizienz der Fiskalpolitik Keynesianischer Prägung differenzierter als in traditionellen Modellen zu sehen, und zwar insbesondere dann, wenn die Wachstumstheorie mit dem Keynesianischen Makromodell verbunden wird.

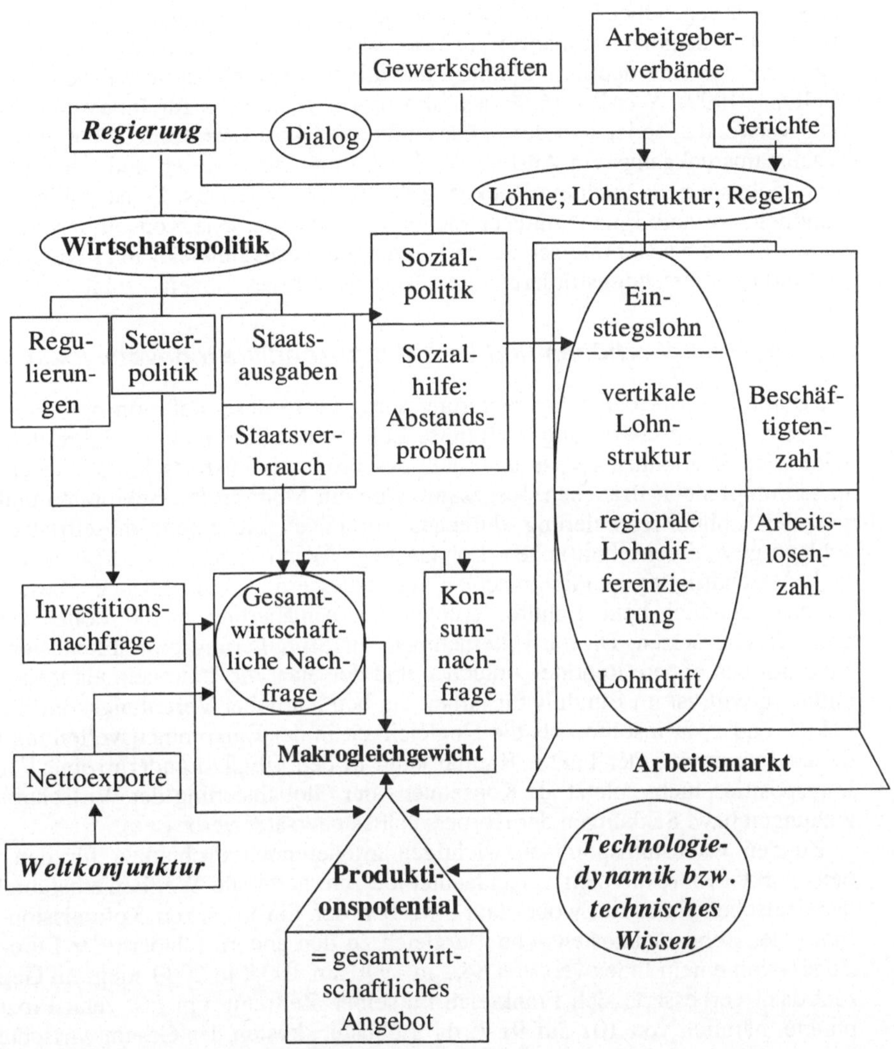

Abb. A6. Regierung und Arbeitsmarkt

Die Stabilisierung der Schuldenquote – und hierauf zielt ja bekanntlich auch die 3 %-Obergrenze bei der Neuverschuldungsquote im Maastrichter Vertrag – kann ebenso sehr durch höheres Wachstum wie durch eine Rückführung der Neuverschuldungsquote erreicht werden. Angesichts der hohen Technologiedynamik im I&K-Sektor gibt es erhebliche Chancen für eine temporäre Wachstumsbeschleunigung, zu der der Staat über veränderte Ausgabenschwerpunkte und angemessene Rahmenbedingungen aktiv beitragen kann.

Wichtig wäre es, die F&E-Ausgaben von Bund und Ländern bzw. die Innovationsförderung deutlich zu erhöhen und dabei die Effizienz der Forschungsförderung wesentlich zu steigern. Betriebsgrößenneutrale Steuervergünstigungen sollten künftig gegenüber F&E-Beihilfen dominieren, die meist bei Großunternehmen landen. Ein denkbarer Finanzierungsweg wäre es, einen Teil des Ökosteueraufkommens für eine deutlich erhöhte Innovationsförderung zu verwenden (Meyer/Welfens, 1999). Werden 15 % des Ökosteueraufkommens für Innovationsförderung verwendet, so ist statt des in der einfachen Ökosteuerreform sich ergebenden Wachstumsrückgangs ein Anstieg des Wachstums zu erwarten und am Ende der Simulationsperiode auch ein Rückgang des Haushaltsdefizits. Es ist völlig unverständlich, weshalb Finanzminister Eichel eine entschlossene Konsolidierungspolitik verfolgt, die sich praktisch nur in Kürzungen wachstumsrelevanter Ausgaben – für Bildung, Forschungsförderung und öffentliche Investitionen – zeigt.

Lohnflexibilität erhöhen und Verteilungskonflikte innovativ lösen

Im Bündnis für Arbeit wäre regierungsseitig zu fordern, daß von den Gewerkschaften eine beschäftigungsorientierte Lohnpolitik über mehrere Jahre verfolgt wird: also Reallohnzuwächse unterhalb des Produktivitätsfortschritts – jedenfalls in schrumpfenden Branchen. Insgesamt wäre ein Mehr an intersektoralen und regionaler Lohndifferenzierung durchaus vereinbar mit einem mittelfristig beschleunigten durchschnittlichen Lohnanstieg: Wenn mehr Lohndifferenzierung mehr Beschäftigung möglich macht, dann verbessern sich die Chancen, beschäftigungsunschädlich hohe Lohnforderungen bei Annäherung an die Vollbeschäftigung durchzusetzen. Da die Unternehmen zur Stimulierung bzw. Expansion der Investitionen höhere Renditen brauchen und der Staat die Unternehmen steuerlich entlasten will, ist im Bündnis für Arbeit ein beträchtlicher Verteilungskonflikt angelegt: und zwar insofern, als die Ungleichheit in der Einkommensverteilung tendenziell zunimmt. Der Faktor Kapital kann in den OECD-Ländern seine Verteilungsposition nicht zuletzt als Konsequenz der Globalisierung der Wirtschaftsbeziehungen bzw. Senkungen der Körperschaftssteuersätze verbessern.

Zu den wachstumspolitisch wichtigen gravierenden Problemen für den Arbeitsmarkt gehört die sich verschlechternde internationale Wettbewerbsfähigkeit der deutschen Industrie, wobei laut Angaben der Europäischen Kommission der Index der Lohnstückkosten – im Vergleich zu den andern Ländern der Euro-12-Zone – von einem Indexwert von 84,2 in 1990 auf 100,8 in 2000 stieg; im Gegensatz dazu verbesserte sich Frankreich im selben Zeitraum um fast zehn Prozentpunkte, nämlich von 101 auf 91,7; die Lohnstückkosten der Gesamtwirtschaft – im Vergleich zu den jeweiligen anderen Ländern der Eurozone – haben sich hingegen in Frankreich und Deutschland im selben Zeitraum leicht verschlechtert, was vor allem auf den relativ geringen Fortschritt der Arbeitsproduktivität im Dienstleistungssektor zurückzuführen sein dürfte. Die verschlechterte Intra-Euro-Position Deutschlands beeinträchtigt das Wachstum der deutschen Exporte innerhalb der Eurozone. Da der industrielle Lohnstückkostenindex gegenüber 24 Industrieländern („globaler Index") sich von 1994=100 auf 91 in 2000 in Deutschland, aber auf 83,8 in 2000 im Fall Frankreichs ermäßigt hat, ist auch global von einer verbesserte Preiswettbewerbsfähigkeit im französischen Export und einer relativen Verschlechterung Deutschlands auszugehen; nachhaltig verschlechtert hat sich im übrigen die Preiswettbewerbsfähigkeit Großbritanniens in den 90er Jahren, das genaue Gegenteil ist Irland, wo hohe Direktinvestitionszuflüsse – sie dürften auch für Frankreich eine wesentliche Rolle spielen – zu hohen Produktivitätszuwächsen in der Industrie und von daher zu Lohnstückkostensenkungen beigetragen haben.

Der globale Lohnstückkostenindex der USA, der im Zeitraum 1989-1994 deutlich rückläufig war, ist zwischen 1994 und 2000 von 96,2 auf 107,9 gestiegen, so daß sich die internationale Wettbewerbsfähigkeit der USA nachhaltig verschlechtert hat. Von daher erscheinen die hohen Kapitalzuflüsse der USA in den späten 90er Jahren nicht nur als Reflex hoher Realkapitalrenditen, sondern teilweise auch als Ausdruck einer relativen Verschlechterung in der internationalen Kostenposition. Ein durch Steuersenkungen in den USA stimulierter Konjunkturaufschwung in 2001/2002 dürfte an den außenwirtschaftlichen Problemen der Vereinigten Staaten nur wenig ändern, vielmehr könnte es mittelfristig zu einer neuerlichen Wachstumsabflachung kommen. Für diesen Fall wäre eine eigenständige Wachstumspolitik der EU-Länder bzw. in der Euro-Zone um so wichtiger.

Hat schon der Kurs der deutschen Wirtschaftspolitik in den frühen 90er Jahren das Wachstum wenig gefördert, so hat die Finanzpolitik des Bundes unter Eichel direkt und indirekt das langfristige Wachstum geschwächt; indem nämlich produktivitäts- und innovationsrelevante Ausgabenkategorien in realer Rechnung bzw. relativ zum Sozialprodukt gekürzt wurden. Reduzierte Ausgaben für Forschung, Bildung und öffentliche Investitionen einerseits und unzureichend Förderung des Internets andererseits erscheinen neben der Arbeitskostensituation als Hauptprobleme für eine nachhaltige Erhöhung von Wachstum und Beschäftigung.

Methodische Schlußfolgerungen

Die EU hat – wenn nicht ein dramatischer US-Kurseinbruch die USA über Jahre (allein) in eine Stagnation führen sollte – wenig Aussichten, mittelfristig gegenüber den USA aufzuholen bzw. Vollbeschäftigung wiederherzustellen, wenn nicht grundlegende Neuerungen in der Wirtschaftspolitik eingeführt werden. Vor dem Hintergrund der Neuen Wachstumstheorie und der Neuen Außenwirtschaftstheorie in Verbindung mit Krugmans wirtschaftsgeographischen Ansätzen einerseits und der praktischen Erfahrungen mit erfolgreicher Wirtschaftspolitik in den USA selbst, aber auch in einigen kleineren EU-Ländern (mit hoher Geschwindigkeit beim Strukturwandel) ergibt sich die Hinwendung zu einem „skandinavischen Krugman-Schumpeter-Ansatz" der Wirtschaftspolitik als Neues Paradigma der für offene Volkswirtschaften im 21. Jahrhundert: Dabei liegt die Betonung

- auf der Akkumulation und Diffusion von Neuem Wissen und der Innovationsdynamik bei Prozeß- und Produktinnovationen (Schumpeter-Perspektive)
- der Rolle regionaler Kernzonen für Handels- und Direktinvestitionen (gemäß Gravitationsansatz bzw. in Anwendung von Krugman-Überlegungen zur räumlichen Wirtschaftstheorie); eine besondere Rolle kommt dabei auch der Berücksichtigung von Direktinvestitionen zu, die maßgeblich auch für das internationale Handelsnetz und direkte Basis für den überwiegenden Teil des internationalen Wissensaustauschs – jenseits inkorporierten Wissens in gehandelten Produkten – sind.
- Der Verbindung von makroökonomischen und sektoralen Überlegungen erscheint schließlich in einer Zeit sektoral großer Unterschiede in den Produkti-

vitätsfortschritten besonders wichtig zu sein, wobei die einfachste Unterscheidung sektoraler Produktivitätsfortschritte in einem Modell mit handelsfähigen und nichthandelsfähigen Gütern liegt („Skandinavischer Ansatz", in Anlehnung an das bekannte skandinavische Inflationsmodell). Der Bereich der handelsfähigen Güter wird sich durch die Internetexpansion vergrößern.

Methodisch führt ein skandinavischer Schumpeter-Krugman-Ansatz weg vom Mundell-Fleming-Ansatz des einfachen makroökonomischen Modells und im einfachsten Fall hin zu einem Zwei-Sektoren-Modell mit drei Ländern und heterogener Konkurrenz im Sektor der handelsfähigen Güter – letztere können unter bestimmten Umständen als composite good zusammengefaßt werden. Jedenfalls ist die Gegenüberstellung von Keynesianischen und monetaristischen Ansätzen weitgehend irrelevant bzw. in verändertem Licht zu sehen: Eine Erhöhung des Staatsverbrauchs wirkt insbesondere dann langfristig expansiv, wenn damit höhere Ausgaben für Bildung und F&E verbunden sind; eine Senkung der Steuersätze wirkt vor allem, wenn damit die Weiterbildungsanreize gestärkt und die Investitionsbereitschaft von heimischen und ausländischen Unternehmen im Sektor der handelsfähigen Güter erhöht werden (daß Geldpolitik für Inflation relevant ist, erscheint als unbestritten, inwieweit Geldpolitik auch zu einer realen Erhöhung der Aktienkurse beitragen kann und dabei Liquidität absorbiert wird, ist eine offene Frage).

Von fundamentaler Bedeutung ist es, daß eine empirische Analyse des neuen Ansatzes vorgelegt wird. Beispielhaft für die Analyse der Bedeutung der Forschungspolitik und des technischen Fortschritts ist der für die Niederlande entwikkelte Mesemet-Modellansatz (van Bergeijk/von Hagen/de Mooij/van Sinderen, 1997); er zeigt, daß Technologiepolitik – anders als in anderen Ansätzen – die Beschäftigung erhöht, wobei neben staatlichen Ausgaben für Bildung und F&E vor allem Steuervergünstigungen als robustes Instrument zur Erhöhung des Wirtschaftswachstums durch Wissensakkumulation erscheinen. Zu den besonders interessanten Ansätzen gehört auch das Panta-Rhei-Modell in der Simulation der ökologischen Steuerreform (Meyer/Welfens, 1999).

In der Steuerpolitik haben sich in Deutschland (Bork, 2000) und anderen OECD-Ländern zudem dank Methoden der Mikrosimulation Möglichkeiten zu einer abgeschichteten Einschätzung von Steuerreformansätzen ergeben, die es zu nutzen gilt. Es sollte selbstverständlich sein, daß effektive Grenzsteuersätze von deutlich über 50 % und relative Bevorzugungen kinderloser Haushalte – anders als in der Realität zu Ende der 90er Jahre – in keiner Einkommensgruppe entstehen.

Fazit

Als Fazit kann man feststellen: Die alte Krankheit der Massenarbeitslosigkeit und das neue Phänomen der Wachstumsschwäche unterminieren die Attraktivität des deutschen Modells der Sozialen Marktwirtschaft. Das Wirtschaftswachstum im Zeitraum 1996–2001 betrug in den USA 3,6 %, auf Pro-Kopf-Basis 2,7 %, Deutschland erreichte 1,6 %. Die Wachstumsrate Deutschlands im Zeitraum 1991 –2001 betrug 1,5 % p.a., die Wachstumsrate der Partnerländer in der Eurozone erreichte 2,3 % p.a. (der regierungsseitig bevorzugte Vergleich Deutschland versus Eurozone ist abwegig, weil letzteres rund 30 % des Euroland-BIPs repräsentiert). Beim Vergleich der jahresdurchschnittlichen Wachstumsraten hat Deutschland also für die frühen wie für die späten 90er Jahre einen Wachstumsrückstand von etwa 0,8 Prozentpunkten, wobei Deutschland doch wegen zu erwartenden hohen Wachstums in den aufholenden Neuen Bundesländern mit niedrigen Pro-Kopf-Einkommen eigentlich einen Wachstumsvorsprung gegenüber der Eurozone aufweisen sollte, zumal da Deutschlands Nettoexporte nach Osteuropa stark wuchsen. Allerdings reduzierten innerdeutsche Transferlasten von 4 % p.a. des BIPs bzw. erhöhte Steuerlasten und die Baukrise das Wachstum um einen halben Punkt (European Commission, 2002)

Wäre Deutschland in den 90er Jahren genauso schnell wie die 11 Partnerländer der Eurozone gewachsen, dann hätte es folgende veränderte Daten gegeben:

- Es wäre das Bruttosozialprodukt in 2001 um rund 200 Mrd. Euro höher ausgefallen – also ein Plus von 10 % gegenüber dem realen Ist-Wert.
- Die Zahl der Arbeitsplätze wäre etwa drei Mio. höher ausgefallen als der Ist-Wert. Diese Zahl ist bemerkenswert angesichts der schwachen Arbeitsmarktbilanz der rot-grünen Koalition, die im Mai 2002 erstmals seit Ende 1999 saisonbereinigt wieder mehr als vier Mio. Arbeitslose verzeichnete. Interessant ist auch, daß das relative Risiko für westdeutsche Geringqualifizierte, arbeitslos zu werden höher als in Ostdeutschland ist, was auf westdeutsche Arbeitsmarktrigiditäten und Inflexibilitäten deutet.
- Die Einnahmen des Staates aus Steuern und Sozialabgaben wären etwa 80 Mrd. Euro höher gewesen; rechnerisch würde dies statt eines Defizit mit einem Ist-Wert von 52 Mrd. Euro einen Überschuß von 28 Mrd. Euro oder fast 2 % des Bruttoinlandsprodukts bedeutet haben; selbst bei einer Erhöhung der öffentlichen Investitionen um 20 Mrd. Euro (Ist-Wert 40 Mrd.) und um 10 Mrd. Euro erhöhter Ausgaben für Bildung und Forschung hätte der Staat also noch einen geringen Haushaltsüberschuß erreicht – wie ihn Finanzminister Eichel, ein gelernter Germanist, mit seiner inkonsistenten Politik nicht einmal in seiner Haushaltsplanung für 2006 hat. Der Jahreswirtschaftsbericht von Finanzminister Eichel für 2002 offenbart eine naive Erwartung an eine Rückkehr zu hohem Wachstum in Deutschland, für das von Seiten der Regierung keine Weichen gestellt worden sind. Ein Problembewußtsein hinsichtlich der deutschen Wachstums- und Arbeitsmarktprobleme besteht in Berlin nicht, obwohl doch die Wachstumsraten von Bruttoinlandsprodukt und Arbeitsplätzen hochgradig miteinander parallel laufen. Im übrigen kann man sinnvollerweise nicht einfach die Gleichung mehr Wachstum = mehr Jobs aufstellen, sondern auch umgekehrt gilt, daß die Schaffung von mehr rentablen Arbeitsplätzen – im Zuge von mehr Lohndifferenzierung in Westdeutschland und einer verstärkten Unternehmensgründerdynamik – zu mehr Wachstum führt.

Besonders problematisch ist, daß der RCA-Index – ein Wettbewerbsfähigkeitsindikator – im Außenhandel in den späten 90er Jahren bei kapitalintensiven Gütern zurückgegangen ist (European Commission, 2000, 62), was sich wegen des mit dem Start von Euro und EZB bedingten Wegfalls des deutschen Vorteils der relativ niedrigsten Kapitalkosten in der EU mittelfristig im Kontext der EU-Osterweiterung als Problem verschärfen dürfte.

Appendix

Euro- und Innovationseffekte aus theoretischer Sicht

Aus einer theoretischen Sicht hat die Einführung des Euros die Kosten innergemeinschaftlichen Handels reduziert. D.h. daß die Intra-Euroland-Importangebotskurve JS sich nach unten verschiebt (JS´) – ähnlich wie im Fall des Binnenmarkts (Venables, 1991). Die Euroland-Importnachfrage ist mit der Kurve JD gegeben. Damit kommt es zu einer Ausweitung des innergemeinschaftlichen Handels, wenn man von einem Weltmarktpreis Po und einem zollbelasteten Preis $P_0(1+t)$ ausgeht: Von OI steigt der Binnenhandel auf OI´, was zu einer internen Handelsausweitung entsprechend der Strecke II´ führt und mit einem positiven Wohlfahrtseffekt in Höhe der Fläche ABCD verbunden ist. Der Import aus Drittländern sinkt von IM auf I´M, was einen Handelsablenkungseffekt darstellt; damit ist ein negativer Wohlfahrtseffekt entsprechend der Fläche DEGF verbunden, so daß nur unter bestimmten Umständen ein positiver Nettowohlfahrtseffekt verbleibt. Wenn die Exportangebotskurve im Rest der Welt nicht völlig preiselastisch ist, dann wird sich ein positiver Terms-of-trade-Effekt für Euroland ergeben, d.h. der Weltmarktpreis sinkt auf P_1 und der zollbelastete Importpreis auf P_1 (1+t), was zu einem externen Handelsschaffungseffekt führt. Der positive Terms-of-trade-Effekt und der Handelsschaffungseffekt sind mit positiven Wohlfahrtseffekten entsprechend der Fläche GRJK bzw. HLNJ verbunden. Die Euro-Abwertung in 1999/2000, die sich auf diverse Gründe zurückführen lassen mag, stellt allerdings eine terms of trade-Verschlechterung dar.

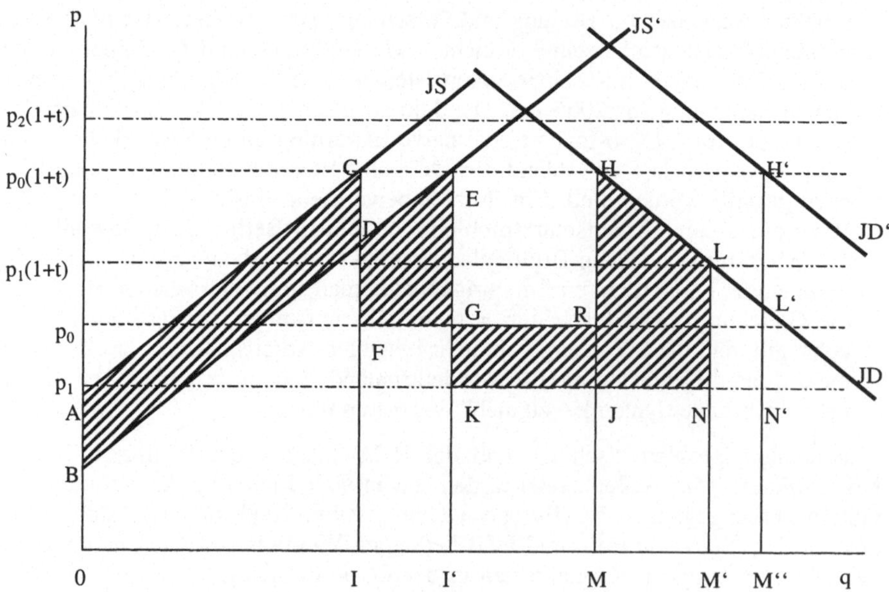

Abb. A7. Handelswirkungen der Euro-Einführung

Eine ähnliche Analyse ergibt sich, wenn man kostenneutrale Produktinnovationen in Euroland analysiert. Die Intra-Euroland-Importangebotskurve wird sich nach unten verschieben, wobei dann bei der neuen Intra-Euroland-Importmenge OI´ mehr Produktvarianten gehandelt werden als zuvor (das Ausmaß an intraindustriellem Handel steigt gleichzeitig). Da man davon auszugehen hat, daß durch Produktinnovationen die Güternachfrage weniger preiselastisch wird, würde nun die Importnachfragekurve JD steiler verlaufen, zugleich ergäbe sich ein positiver Terms-of-trade-Effekt, da die externen Substitutionsprodukte nur noch zu reduzierten Preisen absetzbar sind.

Bei monopolistischer Konkurrenz wird jede Firma j den Faktor Arbeit einsetzen, bis – mit W für Nominallohn, R´ für Grenzerlös, Y_L für Grenzprodukt der Arbeit und e für subjektive Wahrnehmung der Nachfrageelastizität – gilt:

(1) $W_i = R'_j\, Y_{Li} = P_j\,(1 - (1/e_j))\, Y_{Li}$

Nimmt längerfristig der Wettbewerb durch technologische Aufsteiger bzw. Newcomer aus Schwellenländern bzw. Osteuropa oder durch technologische „Quasi-Absteiger“, nämlich früher militärisch orientierte US-High-tech-Unternehmen mit allmählicher Neuausrichtung auf zivile Märkte mit mittlerer Technologie, zu, dann sinkt die Marktmacht von Unternehmen in der EU: Die Preis-Kostendivergenz wird reduziert, weil die Elastizität betragsmäßig größer wird, wobei jede Firma j sich auf ein höheres Produktionsniveau hin bewegt. Bei der Produktionsausweitung dürfte die Nachfrage nach dem relativ knappen Faktor qualifizierte Arbeit steigen, was zu Reallohnsteigerungen für qualifizierte Arbeit führt. Will eine Gewerkschaft eine konstante Relation der Lohnsätze für Qualifizierte zu Ungelernten aufrechterhalten, so ist bei Durchsetzbarkeit einer solchen Strategie am Arbeitsmarkt ein Hauptergebnis zunächst der Anstieg der Arbeitslosenquote für Ungelernte. Aus wirtschaftspolitischer Sicht liegt der Fehler hier nicht in einer Lohnerhöhung für qualifizierte Arbeitnehmer, sondern in einer ökonomisch unvernünftigen Lohnstrukturpolitik. Diese falsche Lohnstrukturpolitik kostet Arbeitsplätze bzw. erhöht die Arbeitslosigkeit der Ungelernten, was in der Praxis einen Anstieg der Dauerarbeitslosigkeit bedeutet. Zugleich entsteht mit wachsender Arbeitslosigkeit erhöhte Arbeitsplatzunsicherheit für alle Arbeitnehmer, soweit diese nicht erkennen können, daß der Anstieg der Arbeitslosigkeit ausschließlich in einem Anstieg der Arbeitslosigkeit von Ungelernten bestand. Erhöhte Job-Unsicherheit bedeutet subjektiv erhöhte Einkommensunsicherheit, letzteres aber führt gemäß De Salvo/Eeckhoudt (1982) zu einer Reduzierung des gesamtwirtschaftlichen Konsums. Sektoral oder qualifikatorisch unzureichende Lohndifferenzierungen führen damit indirekt über makroökonomische Unsicherheitseffekte zu einer Erhöhung der Arbeitslosigkeit aller Qualifikationsgruppen.

Denkbar ist allerdings – bei Abstrahierung von Produktinnovationen – auch, daß im Zug einer bei Euro-Einführung sich durch Impulse aus den Finanzmärkten ergebenden realen Abwertung des Euro ein negativer Terms-of-trade-Effekt ergibt. Eine reale Abwertung führt, der Argumentation von Froot/Stein (1991) folgend, zu einem erhöhten Zufluß an Direktinvestitionen in Euroland, was zur Erhöhung der mittelfristigen Gesamtimportnachfrage von Euroland führt, sofern Direktinvestitionszuflüsse und Güterimporte komplementär sind. Das bedeutet, daß sich die JD-Kurve nach außen verschiebt (JD´), was für sich genommen zu einem positiven Wohlfahrtseffekt entsprechend der Fläche LL´M"M´ führt. Da allerdings der Importpreis in inländischer Währung auf $P_2(1+t)$ steigt, kann der Nettoeffekt eine Handelsablenkung sein.

Tabelle A11. Reale Einkommensentwicklung im internationalen Vergleich

	Deutsch-land	Frankreich	Groß-britannien	Italien	Spanien	USA	Japan
	Veränderung des realen BIP in % gegenüber dem Vorjahr						
1991	0,5	0,8	-1,5	1,4	2,3	1	3,8
1992	2,2	1,2	0,1	0,8	0,7	2,8	1
1993	1,1	-1,3	2,3	-0,9	-1,2	2,4	0,3
1994	2,3	2,8	4,4	2,2	2,1	3,7	0,6
1995	1,7	2,1	2,8	2,9	2,8	2,4	1,5
1996	1,4	1,5	2,8	0,9	2,3	3,4	5
1997	2,2	2,4	3,5	1,5	3,4	3,9	1,4
1998	1,4	3,2	2,2	1,3	3,6	3,9	-2,8
1999	2,7	2,5	1,1	1,2	3,7	3,7	1
1991/1999	2,2	1,7	1,9	1,3	2,2	2,8	1,3
	Jahresdurchschnittliche Veränderung der Bevölkerung in %						
1991/1999	0,3	0,5	0,3	0,0	0,1	1,2	0,3
	Jahresdurchschnittliche Veränderung der Zahl der Erwerbstätigen in %						
1991/1999	-0,8	0,2	0,2	-0,5	0,6	1,6	0,6
	Jahresdurchschnittliche Veränderung der Erwerbstätigenstunde in %						
1991/1999	-0,8	0,0	-0,1	0,3	0,2	0,4	-0,9
	Jahresdurchschnittliche Veränderung des realen BIP pro Kopf in %						
1991/1999	1,9	1,2	1,6	1,3	2,1	1,6	1,0
	Jahresdurchschnittliche Veränderung des realen BIP pro Erwerbstätigen in %						
1991/1999	3,0	1,5	1,7	1,8	1,6	1,2	0,7
	Jahresdurchschnittliche Veränderung des realen BIP pro Erwerbstätigenstunde in %						
1991/1999	3,8	1,5	1,8	1,5	1,4	0,8	1,6
	Nominales BIP pro Kopf in ECU						
1991	17394	17138	14238	16422	11021	18435	22289
1999	24362	22763	22119	19488	13316	28510	29953

Quellen: BMA Statistisches Taschenbuch 1998 und CEA 2000

Tabelle A12. Labour productivity growth and GDP growth in selected OECD countries

a) Labour productivity growth in selected OECD countries

	1995-2000*	1977-95
US	2,2	1,4
Japan	2,0	2,6
Germany	1,8	1,9
France	1,8	1,6
UK	1,5	1,9

b) GDP growth in selected OECD countries

	1995-2000*	1977-95
US	4,00	3,00
Japan	1,25	3,50
Germany	1,75	2,25
France	2,50	2,25
UK	2,75	2,25

Quelle: OECD

Tabelle A13. Durchschnittliche jährliche Wachstumsfaktoren des BIP in jeweiligen Preisen

Land	1991-95	1995-98
Ba-Wü	1,028	1,035
Bay	1,042	1,037
Ber-W	1,041	1,007
Bre	1,023	1,030
Ham	1,050	1,034
Hess	1,034	1,026
NRW	1,036	1,025
Nsa	1,036	1,033
R-Pf	1,031	1,022
Saa	1,032	1,018
Schl-H	1,041	1,030
Ber-O	1,146	1,014
Brb	1,175	1,045
M-V	1,168	1,024
S-Anh	1,173	1,024
Sach	1,178	1,028
Thü	1,200	1,036
D ges.	1,048	1,030
D-West	1,036	1,030
D-Ost	1,175	1,030

Quelle: Statistisches Bundesamt

Direktinvestitionen und Technologietransfer im Zwei-Länder-Modell

Soweit im Zwei-Länder-Modell innerhalb führender OECD-Länder Direktinvestitionen in beiden Richtungen zustande kommen, wird die Realkapitalrendite u.U. in beiden Ländern steigen (siehe Abb. A8). Betrachtet wird ein Zwei-Länder-Modell mit handelsfähigen Gütern (T-Sektor) und nicht-handelsfähigen Gütern (N-Sektor), wobei die Ausgangskonstellation ohne Kapitalverkehr im T-Sektor durch Punkt A (Inland) bzw. B (Ausland) gegeben ist. Durch Direktinvestitionen von Land 2 (*-Land) ergibt sich zunächst Punkt C, so daß bei traditioneller Betrachtung der Welteinkommensgewinn entsprechend Dreieck ABC entsteht. Technologietransfer zugunsten von Land 1 bzw. Erhöhung des Kapitalgrenzprodukts (Y^T_{K1} statt Y^T_{K0}) führt in einer erweiterten Analyse zu Punkt D, das Aufnehmen von neuem Wissen in Land 1 und Rücktransfer von Neuwissen der Tochtergesellschaften an die Muttergesellschaft in Land 2 verschiebt die $Y_K{}^{*T}$-Kurve nach oben bzw. etabliert Punkt E: Der langfristige zusätzliche Welteinkommensgewinn bei zweiseitigem Technologietransfer ist gleich der Fläche HEFGCJ, was im OECD-Fall relevant scheint. Bei einem Zufluß von Null entstehen also Probleme. Ähnliche Prozesse auf Basis der Ausgangslage A'B' führen im N-Sektor zu Direktinvestitionen von Land 1 bzw. zu Punkt E'. Es gibt zweiseitige Direktinvestitionen in einem 2-Länder-2-Sektoren-Modell. Im strukturellen Gleichgewicht gilt $Y_K{}^T = Y_K{}^{T*} = Y_K{}^N = Y_K{}^{N*}$, wobei ein Technologieschock in einem Sektor zu Anpassungen in beiden Sektoren beider Länder führen wird.

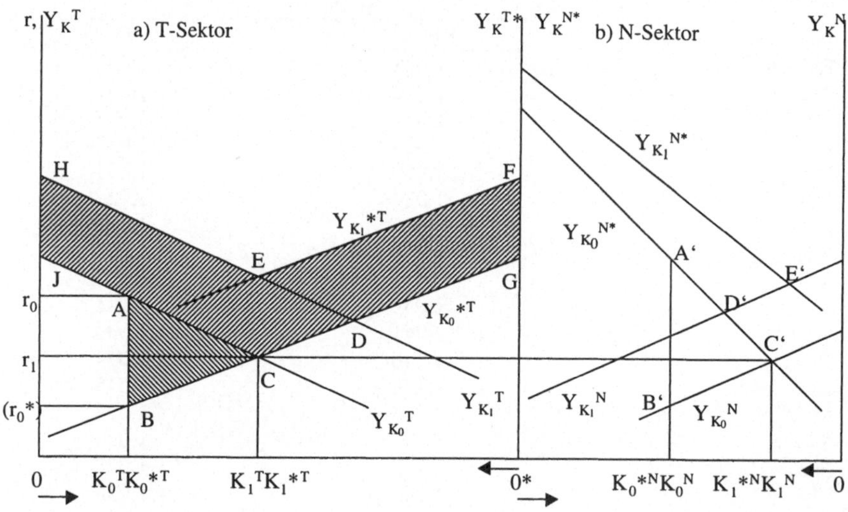

Abb. A8. Direktinvestitionen und Technologietransfer im Zwei-Länder-Modell mit beiderseitigen Direktinvestitionen

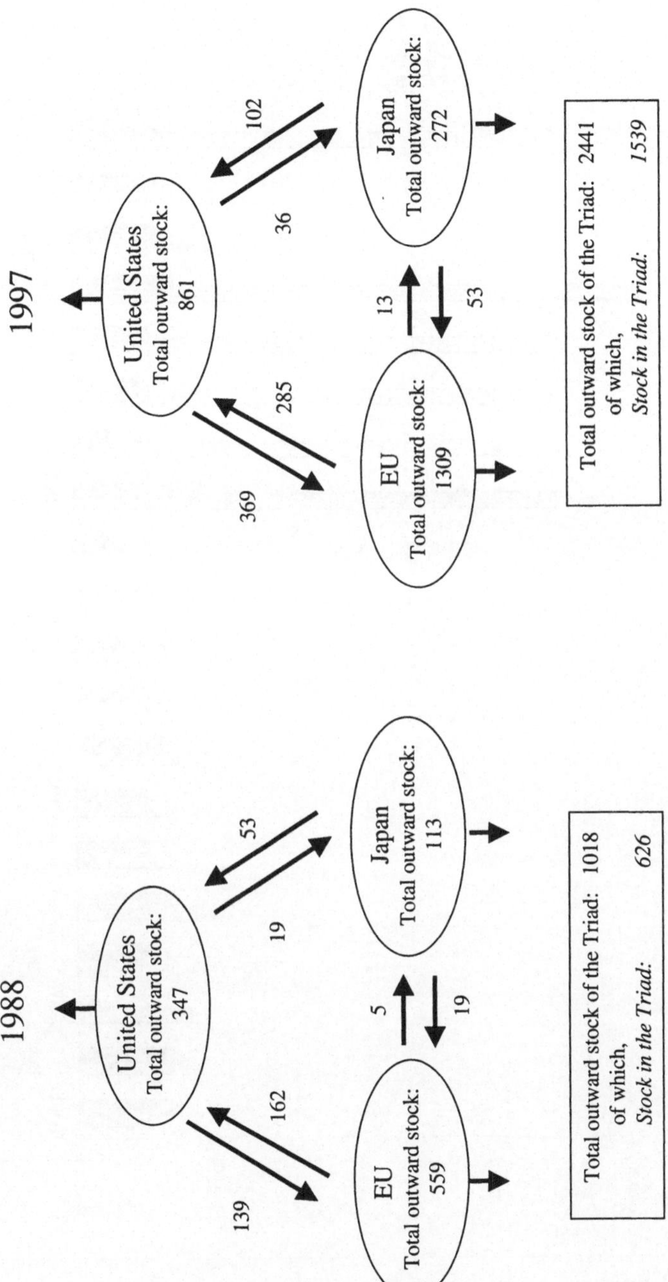

Quelle: United Nations, World Investment Report 1999, S. 22.

Abb. A9. Ausländische Direktinvestitionen in der Triade und in Ländern mit überwiegend aus der Triade stammenden Direktinvestitionen, 1988 and 1997

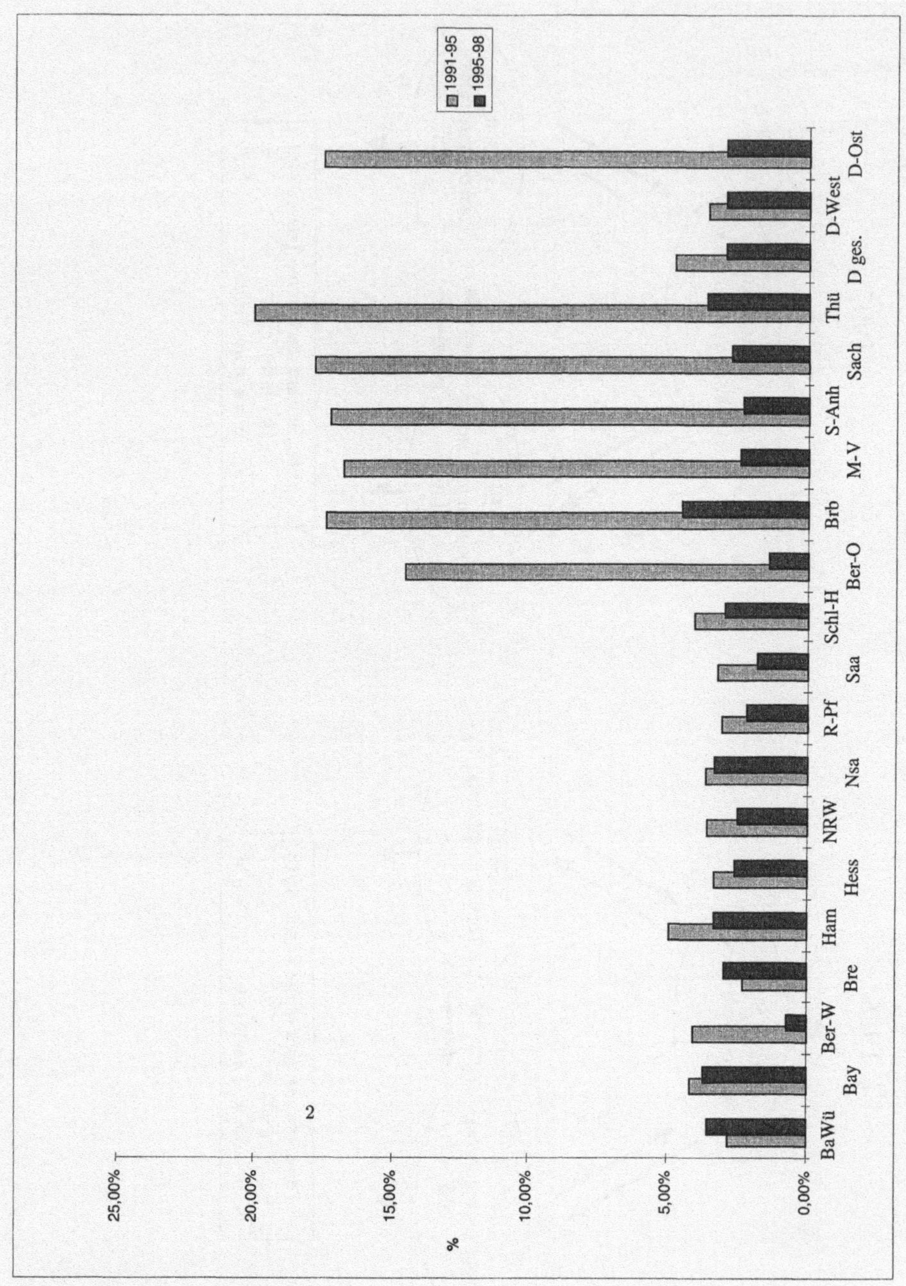

Quelle: Statistisches Bundesamt

Abb. A10. Durchschnittliche jährliche Wachstumsraten des BIP in jeweiligen Preisen 1991–95 und 1995–98

Literatur

Aghion Ph, Caroli E, Garcia-Penalosa C (1999) Inequality and Economic Growth: The Perspective of the New Growth Theories. Journal of Economic Literature 37: 1615–1660

Alexander LS (1996) Technology, Economic Growth and Employment: New Research from the US Department of Commerce. In: OECD (ed) Employment and Growth in the Knowledge-based Economy. S 307–326

Apolte T, Caspers C., Welfens PJJ (Hrsg) (1999) Standortwettbewerb, wirtschaftspolitische Rationalität und internationale Ordnungspolitik. Nomos, Baden-Baden

Audretsch DB, Welfens PJJ (eds) (2002) The New Economy and Economic Growth in Europe and the US. Springer, Berlin

Barro RJ (1990) Government Spending in a Simple Model of Endogenous Growth. Journal of Political Economy: 103–125

Begum J (1998) Correlations Between Real Interest Rates and Output in a Dynamic International Model: Evidence from G-7 Countries. IMF Working Paper WP/98/179

BMBF (2000) Zur technologischen Leistungsfähigkeit Deutschlands. Zusammenfassender Endbericht 1999, Berlin

Bönte W (1998) Wie produktiv sind Investitionen in Forschung und Entwicklung? Diskussionspapier, Institut für Allokation und Wettbewerb, Universität Hamburg

Bork C (2000) Steuer, Transfers und private Haushalte. Eine mikroanalytische Simulationsstudie der Aufkommens- und Verteilungswirkungen. Lang, Frankfurt/M.

Cornwell CM, Wächter J-U (1999) Comovement and Catch-up in Productivity across Sectors: Evidence from the OECD. ZEI Working Paper B7, Bonn

Council of Economic Advisers (2001) Economic Report of the President. Washington DC

De Menil G (1999) Real Capital Market Integration in the EU: How Far has it Gone? What will the Effect of the Euro Be? Economic Policy 28: 167–201

De Salvo JS, Eeckhoudt LR (1982) The Effects of Unemployment Risk on Consumption Behavior. Zeitschrift für Nationalökonomie 42: 411–418

Duranton G (1999) The Futue of the High-Skill Equilibrium in Germany. Oxford Review of Economic Policy 15: 43–59

Ebrill L, Stotsky J, Gropp R (1999) Revenue Implications of Trade Liberalization. Occasional Paper 180, IMF, Washington DC

European Commission (1998), Internationalisation of Research and Technology: Trends, Issues and Implications for S&T Policies in Europe. ETAN Working Paper prepared by an Independen ETAN Expert Working Group for the European Commission Directorate General XII, Brussels/Luxemburg

European Commission (2000) Strategies for Jobs in the Information Society. Brussels

European Commission (2002) Germany's Growth Performance in the 1990s. Economic Papers No. 170, May, Brussels

Froot KA, Stein JC (1991) Exchange Rates and Foreign Direct Investment: An Imperfect Capital Markets Approach. Quarterly Journal of Economics: 1191–1217

Görzig B, Schintke J, Schmidt M (2001) Produktion und Faktoreinsatz nach Brancen des verarbeitenden Gewerbes Westdeutschlands.Deutsches Institut für Wirtschaftsforschung, Berlin

Grossman GM, Helpman E (1990) Comparative Advantage and Long-Run Growth. American Economic Review: 796–815

Grossman GM, Helpman E (1991) Quality Ladders in the Theory of Growth. Review of Economic Studies 58: 43–61

Grossman GM (1999) Imperfect Labour Contracts and International Trade. CEPR Discussion Paper 2240, London

Guay B, Guay A (1996) What Do Interest Rates Reveal About the Functioning of the Real Business Cycle Models? Journal of Economic Dynamics and Control 20: 1661–1682

Harrigan J (1999) Estimation of Cross-Country Differences in Industry Production Functions. Journal of International Economics 47: 267–293

Haskel JE, Slaughter MJ (1999) Technological Change as a Driving Force of Rising Income Inequality. In: Siebert H (ed) Globalisation and Labour. Mohr, Tübingen, pp 158–175

Heilemann U, Döhrn R, Loeffelholz HD, Schäfer-Jäckel F (2000) Der Wirtschaftsaufschwung in den Vereinigten Staaten in den neunziger Jahren – Rolle und Beitrag makroökonomischer Faktoren. RWI Untersuchungen, Heft 32, Essen

IMF (1999) World Economic Outlook, Washington DC

IWD (2001) US-Konjunktur. IWD-Mitteilungen 2001/Nr. 6, Köln, S 6–7

Jansen M (2000), International Trade and the Position of European Low-Skilled Labor. In: Addison J, Welfens PJJ (eds) Labor Markets and Social Security. 2nd revised and enlarged edition, Springer, Heidelberg and New York (forthcoming)

Jorgensen DW, Yip E (1999) Whatever Happened to Productivity Growth? Harvard University, June, mimeo

Jungmittag A (2000) Techno-Globalismus: Mythos oder Realität? List Forum (in Druck)

Jungmittag A, Untiedt G (1996) Internationale Kapitalmobilität und Zeitreihenkorrelation zwischen Spar- und Investitionsquoten – eine empirische Analyse mit zeitvariablen Parametermodellen für die EU-Staaten von 1961 bis 1992. Volkswirtschaftliche Diskussionsbeiträge Nr. 234, Westfälische Wilhelms-Universität, Münster

Jungmittag A, Welfens PJJ (2000) Auswirkungen einer Internet Flat rate auf Wachstum und Beschäftigung in Deutschland. EIIW Diskussionspapier Nr. 75, Universität Potsdam

King RG, Levine R (1993) Finance and Growth: Schumpeter Might Be Right. Quarterly Journal of Economics 108(3): 719–737

Lawrence RZ Slaughter MJ (1993) Trade and US Wages: Great Sucking Sound or Small Hiccup? Brookings Papers on Economic Activity 2: 161–226

Leamer EE (1998) In search of Stolper-Samuelson linkages between international trade and lower wages. In: Collins SM (ed) Imports, exports, and the American worker. Washington DC

Lucas RE (1988) On the Mechanics of Economic Development. Journal of Monetary Economics 22: 3–42

Manasse P, Turrini A (1999) Tade, Wages and Superstars. CEPR Discussion Paper 2262

Meyer B, Welfens PJJ (1999) Innovation-augmented Ecological Tax Reform. EIIW Discussion Paper No. 65, Universität Potsdam

Mueller DC and Yurtoglu BB (2000) Country Legal Environments and Corporate Investment Performance. German Economic Review 1: 187–220

Neven D, Wyplosz C (1996) Relative Prices, Trade and Restructuring in European Industry. CEPR Discussion Paper No. 1451

OECD (1994) OECD Employment Outlook. Paris

OECD (1997) OECD Employment Outlook. Paris

OECD (1999) Financial Market Trends. Paris

Pfaffermayr M (1996) Foreign Outward Direct Investment and Exports in Austrian Manufacturing: Substitutes or Complements? Weltwirtschaftliches Archiv 132(3)

Rajan RG, Zingales L (1998) Financial Dependence and Growth. The American Economic Review: 559–586

Ramser HJ (1993) "Neue" Wachstumstheorie. Wirtschaftswissenschaftliches Studium: 117–123

Rebelo S (1991) Long-Run Policy Analysis and Long-Run Growth. Journal of Political Economy 99: 500–521

Röger W (2001) Structural Changes and New Economy in the EU and the US. In: Audretsch D, Welfens PJJ (eds) The New Economy in the EU and Economic Growth in Europe and the US. Springer, Heidelberg and New York

Romer PM (1986) Increasing Returns and Long-Run Growth. Journal of Political Economy 94: 1002–1037

Romer PM (1990) Endogenous Technological Change. Journal of Political Economy 98(5): 71–102

Sachs JD, Shatz HJ (1994) Trade and Jobs in US Manufactures. Brookings Paper on Economic Activity 1: 1–84

Siebert H (1999) Globalization and Labor. Mohr, Tübingen

UNCTAD (1999) World Investment Report. United Nations, New York and Geneva

UNICE (1999) Fostering Entrepreneuship in Europe. Brussels

Van Bergeijk PAG, van Hagen GHA, Mooij RA de, Sinderen J van (1997) Economic Modelling 14: 341–367

Venables AJ (1991) International Trade and the Internal Market. In: McKenzie G, Venables AJ (eds) The Economics of the Single European Act. Macmillan, London, S 51-70.

Vogelsang M (1999) How to Rescue Japan: Proposal for a Staggered VAT-Reform. EIIW-Diskussionspapier Nr. 61, Universität Potsdam

Wagner H (Hg) (2000) Globalisation and Unemployment. Springer , Heidelberg

Welfens PJJ (1997) Privatization, Structural Change and Productivity: Toward Covergence in Europe. In: Black S (Hg) Europe's Economy Looks East. Cambridge UP, 212–257

Welfens PJJ (1998) Euro, Staat und rationale Wirtschaftspolitik. In: Welfens PJJ, Eichhorn B, Palinkas P (Hg) Euro – Neues Geld für Europa. Campus , Frankfurt/M.

Welfens PJJ (1999) Globalization of the Economy, Unemployment and Innovation. Heidelberg

Welfens PJJ 2001 European Monetary Union and Exchange Rate Dynamics. New Approaches and Applications to the Euro. Springer, Berlin Heidelberg

Welfens PJJ (2002a) Stabilization and Growth: A New Model. EIIW Diskussionsbeitrag Nr. 90, Universität Potsdam

Welfens PJJ (2002b) Intereconomics.net. Springer, Berlin Heidelberg

Welfens PJJ, Graack C (1997) Telekommunikationswirtschaft. Springer, Heidelberg

Welfens PJJ, Graack C (Hg) (1999) Technologieorientierte Unternehmensgründungen und Mittelstandspolitik in Europa. Physica , Heidelberg

Welfens PJJ, Audretsch D, Addison J, Gries T, Grupp H (1999) Globalization, Economic Growth and Innovation Dynamics. Springer , Heidelberg and New York

Welfens PJJ, Audretsch D, Addison J, Grupp H (1998) Technological Competition, Employment and Innovation Policies in OECD Countries. Springer , Heidelberg and New York

Welfens PJJ, Collins S, Jungmittag A, Verspagen B (2001) Impact of Trade Liberalisation on Employment, Labour and Gender Relations. Study for the European Parliament (forthcoming)

Wood A (1994) North-South Trade, Employment and Inequality: Changing Fortunes in a Skill-Driven World. Clarendon Press, Oxford

Zarnovitz, V. (2000), Das Alte und Das Neue am amerikanischen Wirtschaftsaufschwung der neunziger Jahre. RWI Mitteilungen 51, 1: Berlin: 45–90

Korreferat zu Paul J.J. Welfens: Wachstums-, Beschäftigungs- und Innovationsdynamik in der Triade

Jürgen Kromphardt

Vorbemerkung

Angesichts des umfangreichen Referats ist es für den Korreferenten keine leichte Aufgabe, hierzu auf wenigen Seiten Stellung zu nehmen. Dabei ist der Umfang des Referats von der Sache her nicht überraschend, denn erstens wird ein weiter und umfassender Problembereich, nämlich Innovationen, Wachstum und Beschäftigung, behandelt und dies nicht in Beschränkung auf ein Land oder eine Region. Vielmehr wird ein Vergleich der Probleme in der Triade unternommen. Ein solcher Vergleich erweist sich wiederum als deswegen besonders schwierig, weil Europa als eine Ländergruppe dieser Triade keine Einheit darstellt; denn innerhalb Europas bestehen große Unterschiede in der Entwicklung und in der Wirtschaftspolitik, zum einen zwischen den großen Ländern (man denke z.B. an die Wirtschaftspolitik in Deutschland und in Großbritannien), zum anderen zwischen den großen und den kleinen Ländern, wie z.B. Niederlande, Dänemark und Irland.

Die Heterogenität der wirtschaftlichen Entwicklung und Politik innerhalb Europas hat den Referenten dazu geführt, bei der Analyse und bei den wirtschaftspolitischen Empfehlungen sehr häufig auf Deutschland einzugehen und sich nicht auf den Gesamtraum Europas zu beschränken. Im Korreferat werde ich dagegen versuchen, mich weitgehend auf der Ebene des Vergleichs der Triade zu bewegen und auf die Kommentierung der Ausführungen über Deutschland zu verzichten, auch wenn ich eine abweichende Meinung habe. Dies gilt z.B. für seine Forderungen nach einer stärkeren Differenzierung der Löhne, nach einer Reform der Arbeitslosenversicherung und nach einer innovationsorientierten Ökosteuer

Im Referat lassen sich vier Themenschwerpunkte identifizieren, mit denen sich Welfens besonders auseinander setzt:

a) Die Innovationsdynamik, insbesondere im Zusammenhang mit Direktinvestitionen
b) Andere Ursachen für schwaches Wachstum
c) Die Rolle des I&K-Sektors
d) Die Rolle des Bildungssystems

Auf diese vier Schwerpunkte werde ich meine Kommentare konzentrieren.

Zur Innovationsdynamik

Der Referent betrachtet zweifelsohne zu Recht die Innovationsdynamik in einer Wirtschaft als die Schlüsselgröße des Wachstumsprozesses. Daher ist es sehr wichtig zu wissen, welche Faktoren die Innovationsdynamik fördern und welche sie bremsen.

In diesem Zusammenhang mißt der Referent den Direktinvestitionen eine erhebliche Bedeutung zu, indem er einen engen Zusammenhang zwischen den Direktinvestitionsströmen und den Innovations- und Technologieströmen unterstellt. Gegen diese Hypothese sprechen verschiedene Überlegungen:

a) Der größte Teil der Direktinvestitionen wird vorgenommen, um ausländische Märkte zu erschließen und Zugang zu dort bereits etablierten Verteilungsnetzen zu gewinnen. Es geht also nicht darum, die Produktion und die dafür verwendete Technologie dorthin zu verlagern, sondern allenfalls die Endmontage, falls dies aus steuerlichen oder zollrechtlichen Gründen oder wegen der Forderung nach hohem „local content" vorteilhaft ist.
b) Technologietransfer ist nicht an Direktinvestitionen gebunden, vielmehr kann er auch über Lizenznahme und auf anderen Wegen erfolgen.
c) Für die entwickelten Industriestaaten der Triade ist die Bedeutung eigener, im Inland geschaffener Innovationen vermutlich wesentlich größer als jene von Innovationen, die via Direktinvestitionen oder auf anderem Wege aus dem Ausland importiert werden. Dies dürfte für Entwicklungsländer anders sein, die jedoch nicht Gegenstand des Referats sind.
d) Schließlich macht die in den Statistiken gewählte Meßgröße für Direktinvestitionen deutlich, wie wenig diese geeignet sind, um als Indikator für Technologietransfer zu dienen, denn die Definition der Direktinvestitionen umfaßt in der Statistik nicht nur Sachinvestitionen im Ausland, sondern auch den Erwerb von Anteilen an ausländischen Kapitalgesellschaften. Dabei ums festgesetzt werden, ab welcher Höhe des Anteils an der Kapitalgesellschaft die Absicht des Investors vermutet wird, auf die Geschäftspolitik Einfluß zu nehmen und damit eventuell auch zu einem Technologietransfer beizutragen. Diese Höhe kann nur „erahnt" werden. Das zeigt sich daran, daß die Bundesbank seit 1989 die Grenze bei 20 % zieht (vorher waren es 25 %), während im „World Investment Report" der UNCTAD bereits bei 10 % Mindestanteil von Direktinvestitionen gesprochen wird.

Ungeachtet dessen ist die Hypothese schwer von der Hand zu weisen, daß die Verschlossenheit Japans gegenüber ausländischen Direktinvestitionen für den Technologietransfer ungünstig war, so daß ein Teil der Wachstumsschwäche Japans durch diesen Faktor erklärt werden kann.

Andere Ursachen für schwaches Wachstum

Gerade am Beispiel Japans läßt sich sehr deutlich zeigen, daß auch andere Gründe für die Wachstumsperformance eines Landes entscheidend sind. Der Referent weist für Japan auf die dortige Deflation hin; diese „könnte investitions- und wachs-

Tabelle A14. Kennzahlen für Japan

	1986	1987	1988	1989	1990	1991	1992	1993	1994	1995	1996	1997	1998	1999	2000
Bruttoinlandsprodukt, real[a]	362	377	401	420	442	458	463	464	467	474	493	497	(484)	.	.
Anlageinvestitionen, real[a]	98	107	119	129	139	144	142	139	138	140	154	148	(135)	.	.
(privat und staatlich)															
Wachstumsraten															
- des realen BIP	2.9	4.2	6.2	4.8	5.1	3.8	1.0	0.3	0.6	1.5	5.1	1.4	-2.8	1.4	1.4
- der privaten Anlage-Investitionen (ohne Wohnungsbau)	4.5	5.9	14.7	14.5	10.9	6.3	-5.6	-10.2	-5.3	5.2	11.3	7.1	-11.3	-5.6	-0.6
- der Wohnungsbau-Investitionen	8.1	22.4	11.4	0.9	4.8	-8.5	-6.5	2.4	8.5	-6.5	13.6	-16.3	-13.7	3.1	4.8
Zinssätze															
kurzfristig	5.2	4.2	4.5	5.4	7.7	7.4	4.5	3.0	2.2	1.2	0.6	0.6	0.7	0.3	0.3
langfristig	5.1	5.0	4.8	5.1	7.0	6.3	5.3	4.3	4.4	3.4	3.1	2.4	1.5	1.8	2.2
Sparquoten															
Private Haushalte	15.6	13.8	13.0	12.9	12.1	13.2	13.1	13.4	13.3	13.7	13.4	12.6	13.5	12.1	12.2
Gesamtwirtschaft, brutto	31.9	32.5	33.4	33.6	33.6	34.5	33.9	32.7	31.3	30.8	31.6	31.0	.	.	.

[a] in Billionen Yen, in Preisen von 1991

Quellen: Jahresgutachten 1998/99 des SVR, Tab. 3 und 7*, 1998 durch Verkettung ermittelt. OECD, Wirtschaftsausblick 1999, Dezember 1999*

tumsdämpfend über den Anstieg der realen Schuldenlast der Unternehmen wirken".

Diese Deflation kann durch folgende Zahlen belegt werden: Da die Unternehmen ihre Schulden aus ihren Gewinnen zurückzahlen müssen, ist für die Preisbereinigung der nominalen Schuldenlast der Preisindex für die von den Unternehmen erwirtschaftete Wertschöpfung (also für ihren Beitrag zum BIP) relevant, d.h. der BIP-Deflator. Dieser ist in Japan 1995/96 negativ und ebenso wieder – gemäß der Prognose der OECD – in den Jahren 1999/2000. Im Durchschnitt ist dieser Deflator seit 1995 jährlich um 0,43 % gesunken. Kein anderes OECD-Land ist in dieser Situation. Noch aufschlußreicher als diese geringfügige Deflation, die ihrerseits wachstumshemmend wirkt, sind die Konstellationen, die diese deflationäre Entwicklung herbeigeführt haben. Sie ist nämlich ein Ergebnis des abrupten Endes des Wachstumsprozesses, das Japan 1992 erlebt hat, wobei dieses wiederum ausgelöst wurde durch einen drastischen Einbruch der Wohnungsbauinvestitionen im Jahr 1991 und der anderen privaten Anlageinvestitionen ein Jahr später.

Diesen Einbruch hat hauptsächlich die dramatische Wende der Geldpolitik im Jahre 1990 verursacht. Das Wachstum der Geldmenge, das von 1988 bis zum 1. Quartal 1990 noch über 10 % betragen hatte, sank bis 1991 auf ca. 5 % und wurde zu Beginn 1993 sogar leicht negativ (vgl. DIW 1999). Diese Entwicklung schlug sich auch in dem weniger spektakulären, aber deutlichen Anstieg der kurz- und langfristigen Zinssätze nieder, der aus der Tabelle A14 zu entnehmen ist. Die weitere wirtschaftliche Entwicklung ist durch ein heftiges Auf und Ab gekennzeichnet. Dies gilt insbesondere für die Jahre ab 1995, obwohl die Zinssätze seit diesem Jahr ziemlich niedrig sind und nicht übermäßig schwanken (vgl. Tabelle A14).

Die japanische Wirtschaft hat sich von dem Einbruch der Investitionen bisher nicht wieder erholt, trotz diverser finanzpolitischer Konjunkturprogramme und trotz einer etwas expansiveren Geldpolitik, die aber vergeblich versucht hat, eine expansive Wirkung zu entfalten. Krugman meint daher, hier sei die von Keynes beschriebene und als möglich erachtete Liquiditätsfalle Realität geworden und die expansive Geldpolitik verpuffe in einer Zunahme der Geldhaltung.

Weshalb ist bislang keine wirtschaftliche Erholung gelungen? Den wichtigsten Erklärungsfaktor liefern neben der Innovationsschwäche die gesamtwirtschaftlichen Rahmenbedingungen. Wie die Tabelle A14 zeigt, ging die Sparquote der privaten Haushalte seit 1990 nur geringfügig zurück (die Bruttosparquote der Gesamtwirtschaft verringerte sich zwar stärker, aber immer noch sehr wenig – Zahlen ab 1998 sind von der OECD leider nicht angegeben). Es ging daher von der privaten Konsumgüternachfrage kein eigenständiger expansiver Impuls aus. Gleichzeitig haben die privaten Anlageinvestitionen im Trend seit 1991 kaum zugenommen, so daß trotz der Exportüberschüsse kein expansiver multiplikativer Prozeß einsetzte und das BIP kaum anstieg.

Das Stagnieren der privaten Investitionen ist – über längere Zeit betrachtet – natürlich nicht allein der Geldpolitik zuzuschreiben, vielmehr ist die Entwicklung in Japan auch Ausdruck eines Endes des technologischen Aufholprozesses gegenüber den USA, das zu einer Verlangsamung des Wachstumstempos und zu einem Einschwenken auf einen Konvergenzpfad führte. Dennoch muß die Geldpolitik – die 1988 bis 1990 eine übermäßige Expansion der privaten Anlageinvestitionen zugelassen hat (außerhalb des Wohnungsbaus; die Wohnungsbauinvestitionen expandierten ganz extrem in den Jahren 1987 und 1988) – dafür verantwortlich gemacht werden, daß der Wachstumsprozeß so schlagartig ein Ende fand und es der japanischen Wirtschaftspolitik nicht gelingt, die Wirtschaft wieder auf einen Wachstumspfad zu bringen, solange die privaten Anlageinvestitionen auf der jetzigen Höhe verharren.

Wie wichtig die Entwicklung von Investitionen und Ersparnissen für die gesamtwirtschaftliche Entwicklung ist, zeigt auch das entgegengesetzte Beispiel der USA. Dort ist die Sparquote der privaten Haushalte (nach neuer Berechnung) seit 1991 von 8,7 auf 2,3 % zurückgegangen; während die Gesamtsparquote im Trend konstant geblieben ist. Daher stiegen die privaten Investitionen seit 1993 kräftig an: Die Wohnungsbauinvestitonen erhöhten sich im Durchschnitt der Jahre 1993 bis 1999 jährlich um 5,6 % und die sonstigen Anlageinvestitionen sogar jährlich um 9,9 %. Diese Konstellation führte zu einem expansiven Multiplikatorprozeß mit steigenden Einkommen. Dabei stiegen Produktion und Einkommen so stark an, daß die USA ein zunehmendes Leistungsbilanzdefizit aufweisen.

Rolle des I&K-Sektors

Im Referat wird die Bedeutung des I&K-Sektors für die unterschiedliche Entwicklung in der Triade wiederholt hervorgehoben. Insbesondere für die USA stellt dieser Sektor eine starke Antriebskraft dar. Wie schon erwähnt, sind die 90er Jahre in den USA durch ein sehr starkes Investitionswachstum gekennzeichnet. Dabei haben sich die Ausrüstungsinvestitionen einschl. Software (in Preisen von 1996) seit 1991 um das 2,5fache erhöht. Die in diesem Aggregat enthaltenen IT-Ausrüstungen und Software haben sich (ebenfalls in Preisen von 1996) dabei ungefähr vervierfacht, sind also deutlich rascher angestiegen. Dementsprechend ist der Anteil der I&K-Technik produzierenden Wirtschaftsbereiche am BIP von 1977 bis 1999 nach Angaben des US-Department of Commerce von 4,2 auf 8,5 % gestiegen, hat sich also ungefähr verdoppelt. Diese rasch wachsenden Investitionen im I&K-Bereich haben die wirtschaftliche Entwicklung also deutlich vorangetrieben. Eine ähnlich starke Entwicklung läßt sich weder in Japan noch in Europa beobachten.

Insofern ist die Bedeutung des I&K-Sektors als Antriebskraft für den Wachstumsprozeß der 90er Jahre in den USA unbestreitbar. Dessen ungeachtet sei aber darauf hingewiesen, daß die Beschäftigungseffekte der Ausbreitung dieser neuen Technologien nicht einfach aus dem Wachstum der Beschäftigtenzahlen in diesem Sektor abgelesen werden können. Vielmehr findet in vielen Bereichen an anderer Stelle ein Abbau von Arbeitsplätzen statt, so z.B. wenn durch die zunehmenden Verkäufe und Käufe via Internet die Bedeutung des Großhandels und z.T. auch des Einzelhandels untergraben wird. Die Nettobeschäftigungseffekte werden daher geringer sein als der Beschäftigungsaufbau im I&K-Sektor selbst. Diese gegenläufigen Kräfte sollten berücksichtigt werden, bevor man die Beschäftigungseffekte der I&K-Technik allzu euphorisch beschreibt.

Die negativen Auswirkungen auf die gesamtwirtschaftliche Beschäftigung kommen auch darin zum Ausdruck, daß die Akkumulation von I&K-Kapital einen großen Beitrag zum rascheren Wachstum der Arbeitsproduktivität in den USA leistet (vgl. Oliner/Sichel, 2000, die knapp ein Drittel des Anstiegs der Produktivitätszunahme auf die Akkumulation des I&K-Kapitals zurückführen).

Es darf auch nicht übersehen werden, daß Angaben über die Produktivitätsentwicklung in diesem Bereich angesichts der raschen und kräftigen Neuerungen der Produkte von einer relativ unsicheren statistischen Basis aus gewonnen werden.

Zur Rolle des Bildungssystems

Insbesondere durch die neue Wachstumstheorie hat sich die alte Einsicht wieder in den Vordergrund geschoben, daß Wissen und Erfahrung der Arbeitskräfte (zusammengefaßt zum Humankapital) eine entscheidende Voraussetzung für wirtschaftliches Wachstum darstellen und die Entwicklung dieses Wissens vom jeweiligen Bildungssystem abhängt. Folglich wäre es für den Vergleich in der Triade notwendig, auch das Bildungssystem in der Triade in die Betrachtung einzubeziehen. Der Referent beschränkt sich bei den Bildungsausgaben auf einen Vergleich zwischen Deutschland und dem Durchschnitt der OECD. Angesichts der Heterogenität des Bildungssystems in Europa und der unterschiedlichen Bildungssysteme der Triade würde ein Vergleich der Leistungen, die das jeweilige Bildungssystem erbringt, den Rahmen seines Referats sprengen.

Aus deutscher Sicht ist es bedenklich, daß Deutschland bei den Bildungsausgaben deutlich unter dem Durchschnitt der OECD-Länder liegt, und es ist sicherlich richtig, dieses Zurückbleiben der Bildungsausgaben in Deutschland immer wieder den politischen Akteuren klar zu machen. Neben diesen finanziellen Aspekten ist jedoch auch eine Untersuchung der qualitativen Aspekte nötig, denn es gibt eine ganze Reihe von Maßnahmen, mit denen man – ohne allzu große Zusatzkosten – die Qualität unseres Ausbildungssystems verbessern könnte. Dazu wären Antworten auf folgende Fragen zu suchen:

- Wie können die Lehrpläne der Schulen, insbesondere der Grundschulen verbessert werden?
- Wie kann dabei der Lernwille – gerade der Grundschulkinder – besser genutzt werden?
- Braucht man in Deutschland ein 13. Schuljahr vor dem Abitur, während alle anderen europäischen Schüler mit 12 Schuljahren auskommen?
- Wie kann an den Hochschulen eine kürzere Studienzeit erreicht werden? Eine Ursache für die langen Studienzeiten bei uns liegen in den umfangreichen Nebenjobs, die die Studierenden zur Aufbesserung ihrer Einkommenssituation ausüben. Hier wäre zu prüfen, ob nicht durch eine Kombination von Hochschulgebühren und von – auf eine normale Studienzeit befristete – Stipendien der Anreiz, nebenbei Geld zu verdienen, stark verringert werden könnte, weil die zusätzlichen Gebühren für das längere Studium höher sind als die Nebenverdienste, die man durch Jobben erzielen kann.
- In welcher Weise sollte die Relation von Ausbildung vor der Erwerbstätigkeit zu Weiterbildung während der Erwerbstätigkeit in Richtung „lebenslanges Lernen“ verändert werden?

Ökonomen können diese Fragen zwar nicht allein beantworten, aber sie sollten sie stellen und nicht nur über die Ausgaben reden. Erforderlich wäre eine Zusammenarbeit von Ökonomen, Psychologen und Pädagogen, um das Bildungssystem zu verbessern. Viele Reformen, die sich aus dieser Zusammenarbeit ergeben könnten, erfordern relativ wenige zusätzliche Finanzmittel und könnten dennoch die Effizienz des Bildungssystems kräftig erhöhen.

Literatur

DIW (1999) Japan: Kann die Deflationsgefahr gebannt werden? „DIW-Wochenbericht", 66. Jg., Heft 20: S 372–379

Oliner S, Sichel D (2000) The Resurgence of Growth in the Late 1990s: Is Information Technology the Story? Finance and Economics Discussion Series, Federal Reserve Board, March 2000

B. Wachstum und Strukturwandel: Trends, Muster und Politikoptionen

Bart Verspagen

1 Einleitung

Eines der Gebiete der neueren Wachstumstheorie mit der höchsten Forschungsintensität ist die Frage nach der Konvergenz von Produktivitätsniveaus (z.B. Bernard und Jones 1996, Benhabib und Spiegel 1994), um nur eine kurze Auswahl der vielen aktuellen Forschungsbeiträge zu nennen). Der Hauptstrang der Wirtschaftstheorie (unter die ich sowohl die Modelle in der alten Solow-Tradition als auch der neuen Wachstumstheorie einordnen werde) schreibt Konvergenz gewöhnlich den Übergangsdynamiken zu, d. h. der Tatsache, daß diese Länder noch nicht den langfristigen Wachstumspfad erreicht haben, der von der Theorie prognostiziert wird. Investitionen in Kapitalgüter sind in diesem Fall der Hauptvehikel für eine Konvergenz, da Länder mit einem geringen Kapital-Arbeitsverhältnis hohe marginale *returns of investment* haben und daher schnell wachsen. Bei einer anderen Gruppe von Theorien, die als Theorien der „technologischen Lücke" bekannt sind (Fagerberg 1994), wird Konvergenz durch die internationale Diffusion von technischem Wissen verursacht.[1]

Konvergenz ist jedoch nicht nur ein Konzept mit rein theoretischer Bedeutsamkeit, sondern hat offenkundig auch wichtige Politikimplikationen. Wirtschaftswachstum wird zumeist als Lösung für soziale Probleme wie Armut oder Arbeitslosigkeit angesehen (es mag zugegebener Maßen andere politische Ziele wie den Umweltschutz behindern). Somit genießt das Erreichen von hohem Wirtschaftswachstum eine große Priorität auf politischen Agenden. Was genau als hohes Wachstum eingestuft werden kann, läßt sich jedoch nur im Vergleich mit anderen Ländern bestimmen, d. h. durch einen Blick auf die Konvergenz oder Divergenz der Produktivitäten oder der Pro-Kopf Volkseinkommen.

Für die OECD-Länder konnte festgestellt werden, daß eine Konvergenz in diesem Sinne insbesondere in der Nachkriegsphase sehr stark ausgeprägt war (Verspagen 1993). Frühere Zeiträume und/oder größere Ländergruppen weisen hingegen eine viel geringere Konvergenz als die OECD Staaten während der 1950er und 1960er Jahre auf. In den siebziger bzw. achtziger Jahren (je nachdem, welche exakte Ländergruppe man betrachtet) verlangsamten sich zudem auch in den OECD-Ländern die schnellen Konvergenzraten im Zuge einer allgemeinen Verringerung des Wirtschaftswachstums. Die Frage nach den Gründen dieser Wachs-

[1] Einige der Beiträge innerhalb des Hauptstrangs der Wachstumstheorie scheinen mittlerweile diesen Aspekt aufgegriffen zu haben, z. B. (Benhabib und Spiegel 1994)

tums- und Konvergenzverlangsamung beschäftigt seither die ökonomischen Wachstumstheoretiker.

Dieser Beitrag versucht, einen anderen Blick auf das genannte Phänomen zu werfen. Er wird auf eine Reihe Neo-Schumpeterscher Theorien zurückgreifen, um eine Erklärung für die verlangsamte Konvergenz zu liefern. Diese Theorie basiert hauptsächlich auf der Analyse von Strukturwandel und technischem Fortschritt. Der Beitrag untersucht die Hypothese, daß hinter den beobachteten Konvergenzverläufen in den 1970er und 1980er Jahren große technologische Umbrüche stehen. Diese technologischen Umbrüche stehen in Verbindung mit der Einführung einer Reihe von Basisinnovationen, die zusammengenommen als Informations- und Kommunikationstechnologien (IKT) bezeichnet werden. In der Neo-Schumpeterschen Sicht werden Basisinnovationen als eine Hauptquelle für erneuertes Wirtschaftswachstum angesehen, das Hand in Hand mit großen Strukturbrüchen geht („schöpferische Zerstörung").

Ich werde im folgenden Abschnitt die Neo-Schumpetersche Perspektive kurz umreißen. Dieser Teil wird außerdem eine spezifische Anwendung dieses Theorierahmens von Perez und Soete (1988) in bezug auf Aufholprozesse und Konvergenz diskutieren. Ziel des Beitrags ist es, diesen Ansatz zur Interpretation der Konvergenzprozesse der Nachkriegszeit zu nutzen und über zukünftige Konvergenztrends zu spekulieren. Die wesentlichen empirischen Trends des Strukturwandels werden im 3. Abschnitt präsentiert. Der 4. Abschnitt liefert eine detaillierte Übersicht über die Konvergenz während der betrachteten Periode und stellt die Methodik vor, auf deren Grundlage die empirischen Analysen des 5. Abschnitts durchgeführt werden. Im 6. Abschnitt erfolgt eine Zusammenfassung und der Versuch, einige Lehren für zukünftige politische Entscheidungen zu ziehen.

2 Technologie, Strukturwandel und Wirtschaftswachstum: Eine Schumpetersche Perspektive

Den theoretischen Ausgangspunkt der Analyse bildet Schumpeters Theorie des ökonomischen Einflusses technischer Revolutionen (Schumpeter 1939, vgl. auch Freeman und Soete 1997). Diese Theorie ist grundsätzlich eine historische Erklärung des Kapitalismus seit der Industriellen Revolution. Sie besagt, daß wesentliche langfristige Fluktuationen durch die Bündelung von sogenannten Basisinnovationen während Depressionsperioden entstehen. Als Basisinnovationen gelten dabei große technologische Durchbrüche wie beispielsweise die Dampfmaschine, der Dynamo, der Verbrennungsmotor oder in jüngerer Zeit der Computer, der Halbleiter oder die Gentechnik.

Eine wesentliche Rolle in Schumpeters Theorie spielt der Unternehmer (ein besonders visionärer Geschäftsmann), der Basisinnovationen zur Erreichung von Profiten in den Markt einführt (man denke an Boulton und Watt, George und Robert Stephenson, oder, aktueller, Bill Gates als Prototypen des Schumpeterschen Unternehmers). Nach ihrer Einführung ziehen diese Basisinnovationen eine ganze Schar von Imitationen nach sich, die jede aus zunehmend verbesserten Versionen des ursprünglichen Grunddesigns besteht. Genau durch diese Imitationsprozesse diffundiert die neue Technologie in den Markt – ein Vorgang, der sich über Jahrzehnte hinziehen kann. Aufgrund der großen Möglichkeiten für Verbesserungen der Produktivität und der Produktqualität, die mit der neuen Technologie verbunden sind, wächst die Wirtschaft in dieser Diffusionsperiode mit hoher Geschwindigkeit.

Mit der Zeit verringern sich die Möglichkeiten für eine weitere Verbesserung der Basisinnovationen, und die Boomphase kommt zu einem Ende. An ihre Stelle tritt zunächst eine Rezession, später sogar eine Depression, und die Wirtschaft wird langsam wieder bereit für den nächste Welle von Basisinnovationen. Die zeitliche Abfolge von Boom, Rezession und Depression erfolgt periodisch in einem Abstand von 50–60 Jahren. Schumpeter bezog sich dabei auf die Arbeiten des russischen Wirtschaftswissenschaftlers Kondratiev, der einen solch langen Zyklus (hauptsächlich in den Preisen) für die zwanziger Jahre feststellte, und nach dem das Phänomen der *langen Wellen* im nachhinein benannt wurde.

Schumpeters Theorie wirft eine Reihe von Problemen auf. Eines ist sicherlich das Fehlen einer Erklärung, warum Basisinnovationen sich exakt in den langen Depressionsphasen der *langen Wellen* häufen würden (Kuznets 1940 war der erste, der diesen Aspekt hervorhob). Eine Reihe von Arbeiten zu dieser Thematik haben seit den siebziger Jahren (z. B. Mensch 1979, Kleinknecht 1981, Freeman, Clark et al. 1982, van Duijn 1983) Schumpeters Hypothese weiterentwickelt *und* kritisiert. Ich werde mich nicht genauer mit dieser Debatte beschäftigen, sondern verwende das Schumpetersche Argument über die Wirkung von großen technologischen Durchbrüchen, ohne dabei strikt an dem Begriff dieser (strikt periodischen) Wachstumswellen zu haften. Ich werde das Schumpetersche Argument (wie von vielen Autoren vor mir praktiziert) extrapolieren, indem ich die Hypothese aufstelle, daß moderne Informations- und Kommunikationstechnologien (IKT) technologische Durchbrüche sind, die zu einer ausgedehnten Wachstumsphase in den OECD Ländern beigetragen haben bzw. beitragen werden (z.B. Freeman und Soete 1990, Freeman 1994).

Mit dieser Hypothese werde ich zwei Sachverhalte untersuchen. Der erste ist die Rolle von Strukturwandel im Wachstumsprozeß, der durch Basisinnovationen getrieben wird. Der zweite ist der gemeinsame Einfluß von Strukturwandel und technologischem Wandel auf die Niveauunterschiede der Arbeitsproduktivität während der verschiedenen Phasen des Wachstumsprozesses (lange Welle). Der übrige Teil dieses Abschnitts wird sich diesen Themen von einem theoretischen Standpunkt mit dem Ziel nähern, eine Hypothese über die mittelfristigen Tendenzen bei den Unterschieden der Produktivitätsniveaus in den größten OECD Volkswirtschaften zu formulieren.

In Schumpeters Theorie führt die Einführung von Basisinnovationen zu einem Prozeß der „schöpferischen Zerstörung“, in dem Sektoren mit vermeintlich „alten“ Technologien schrumpfen und neue Sektoren entstehen und wachsen. Freeman und Soete (1997) liefern einen historischen Überblick dieses Prozesses, der u. a. die Rolle „führender Sektoren“ diskutiert. Natürlich ist „schöpferische Zerstörung“ nur ein etwas bildlicherer Ausdruck für Strukturwandel, d. h. von einem Wandel, der letztlich anhand der Veränderungen der Anteile der ‚Sektoren’ am gesamten Output oder an der gesamten Beschäftigung gemessen wird.

Der Überblick von Freeman und Soete (1997) zeigt, wie technologischer Wandel und schöpferische Zerstörung seit der Ersten Industriellen Revolution hauptsächlich im produzierenden Gewerbe stattgefunden und lediglich das Transportgewerbe als einzigen Dienstleistungsbereich nachhaltig beeinflußt haben. Angefangen mit Textilien und Bekleidung, haben uns die (grob gesagt) zwei Jahrhunderte, die seither verstrichen sind, neue Branchen wie die Eisen- und Stahlindustrie, die Chemie, den Fahrzeugbau, den Maschinenbau und die Elektronik gebracht. Diese Feststellung hat Autoren wie Kaldor (1970) und Cornwall (1977) zur Formulierung der Hypothese veranlaßt, daß vor allem das Verarbeitende Gewerbe besonderes Gewicht für das Wirtschaftswachstum im weiteren Sinn besitzt.

In Kaldor (1966) wird die Expansion des Verarbeitenden Gewerbes als die Triebfeder des Wirtschaftswachstums erachtet. Diese Expansion wird wesentlich von der Nachfrageseite getrieben und durch eine Umschichtung der Arbeitskraft vom Agrarsektor (wo versteckte Arbeitslosigkeit besteht) zum produzierenden Gewerbe ermöglicht. Kaldor (1970) entwickelt des weiteren die Faktoren, die zu diesem starken Wachstum im Verarbeitenden Gewerbe beitragen. Dort betont er die Wirkungen von Nachfragesteigerungen, die zu einer erhöhten Produktivität führten (via Verdoorns Gesetz), die wiederum zu einer erhöhten Nachfrage beitrüge, wodurch ein Prozeß der „kumulativen Verursachung" in Gang gesetzt würde. Dixon und Thirlwall (1975) haben diese Argumentation für einen regionalen Kontext formalisiert.

Die Rolle von Produktivitätssteigerungen im Verarbeitenden Gewerbe für das gesamtwirtschaftliche Wachstum wird des weiteren in Cornwall (1976; 1977) betont. Cornwall entwickelt Kaldors Idee vom Verarbeitenden Gewerbe als einem führenden Sektor weiter, indem er explizit den technologischen Wandel in ausgewählten Bereichen des Verarbeitenden Gewerbes als eine Triebfeder für Verbesserungen der Produktivität in einer ganzen Reihe von Sektoren ansieht. Dieses Phänomen würde durch technologische Interdependenz als auch durch Input-Output Verknüpfungen ermöglicht. In einer Kaldor-Cornwall Perspektive wird das produzierende Gewerbe folglich als der primäre Sektor zum Erreichen von Wirtschaftswachstum angesehen.

Die technologische Revolution, die hinter der gegenwärtigen Aufwärtsbewegung des Wirtschaftswachstums steckt (allgemein als „Informations- und Kommunikationstechnologien" (IKT) bezeichnet), wird, obwohl sie ursprünglich im Verarbeitenden Gewerbe (Mikroelektronik) angesiedelt war, heute insbesondere mit der Ausdehnung von Dienstleistungssektoren in Verbindung gebracht, wie z.B. den Unternehmensdienstleistungen und der Softwareentwicklung (als dem Hauptmotor des IKT-Bereichs) (Castells 1996, Petit, 2000 S 375). Dieses Phänomen kann sowohl als das Resultat von Angebotsfaktoren (die Eigenschaft einer Basisinnovation in der IKT) als auch der Nachfrageseite interpretiert werden. Auf der Angebotsseite ist „Information" als wichtigste Zutat für IKT wesensbedingt ein „immaterielles" Gut, was natürlich zu einer großen Bedeutung von immateriellen Gütern (Dienstleistungen) neben der Hardwareproduktion (Verarbeitendes Gewerbe) für den mit den IKT verbundenen Wandel führt.

Auf der Nachfrageseite baut das Argument grundsätzlich auf Pasinettis (1981) Interpretation des Wirtschaftswachstums auf. Seine Theorie unterstreicht die Rolle der Nachfrage für den Strukturwandel. Die Grundlage für Pasinettis Argumentation ist die Engelsche Kurve, die besagt, daß die Nachfrage nach jeglichem Gut im Endeffekt bei hohem Einkommen gesättigt wird. In Pasinetti (1981) liegt die Betonung auf den Implikationen dieser Sättigung für strukturelle Arbeitslosigkeit, wohingegen sein späterer Beitrag (1993) auch die Auswirkungen auf das Wirtschaftswachstum eingehender analysiert. Die Sättigung der Nachfrage eines Gutes (abnehmende Einkommenselastizitäten) führt zu einer Verlangsamung des Wirtschaftswachstums, genauso wie die Abnahme der technologischen Möglichkeiten zu einer Verlangsamung in Schumpeters ursprünglicher Theorie führte.

Die Schlußfolgerung ist dann, daß die Nachfrage nach Gütern des Verarbeitenden Gewerbes eine Phase abnehmender Einkommenselastizität erreicht hat, was mithin zu einem verlangsamten Wachstum in Ländern führt, die sich auf Güter des Verarbeitenden Gewerbes spezialisiert haben, und auf IKT (die, wie bereits angeführt wurde, einen wichtigen Dienstleistungsinhalt besitzt) basierende Wachstumsmöglichkeiten eröffnet. Solch eine Argumentation unterstützt die Feststellung, daß IKT-basiertes Wachstum nur dann sein volles Potential entfalten kann, nachdem die Entwicklungen des Dienstleistungsanteils der IKT (z.B. des Internet) eine kritische Masse erreicht haben.

Dieser Argumentationslinie folgend formulierten und testeten Fagerberg und Verspagen (1999) die Hypothese, daß die Kaldor-Cornwall Perspektive, die die Wichtigkeit des produzierenden Gewerbes betont, lediglich für den spezifischen Zeitrahmen gelte, in dem sie hervor gebracht wurde (die sechziger und frühen siebziger Jahre). Diese Phase war, nach der Neo-Schumpeterschen Interpretation von Freeman und Soete (1997), die Hochblüte der auf Innovationen basierenden Massenproduktion. Diese Art der Produktion, die durch so grundlegende Innovationen wie Fließband, Automobil und Kunststoff in der ersten Hälfte des 20sten Jahrhunderts initiiert wurde, wird von diesen Neo-Schumpeterschen Autoren (z.B. Freeman und Soete 1997) als die letzte, streng auf dem Verarbeitenden Gewerbe basierende, lange Welle angesehen.

Tatsächlich fanden Fagerberg und Verspagen (1999) heraus, daß die Korrelation zwischen dem Wachstum des Verarbeitenden Gewerbes und dem allgemeinen Wirtschaftswachstum in den achtziger und neunziger Jahren wesentlich schwächer ausgeprägt war als in der Zeit davor, zumindest in der Stichprobe der entwickelten (OECD) Ländern. In den (südostasiatischen) NICs („newly industrialized countries") spielt das Verarbeitende Gewerbe noch immer eine gewichtige Rolle, was zu der Annahme führt, daß sich der im Verarbeitenden Gewerbe angesiedelte Teil der Produktion von IKT in diese Länder verlagert hat. In der Tat spiegelt sich hierin eine populäre Sichtweise wider (vgl. Castells 1996), die durch die Zahlen aus der Handelsstatistik bestätigt wird.

Was bedeutet diese veränderte Rolle des Verarbeitenden Gewerbes im Angesicht technologischer Revolutionen und ihrer Wachstumswirkungen für das komparative Wachstum zwischen den höchst entwickelten Ländern der OECD und Europas? Ich werde versuchen, diesen Sachverhalt unter Bezug auf das Konzept des technologischen Aufholens anzugehen. Diese Theorie basiert maßgeblich auf der zuerst von Gerschenkron (1962) entwickelten Idee, die später von Gomulka (1971) formalisiert wurde. Die Hypothese schreibt Ländern, die anfänglich im technologischen Sinne „zurückliegen", ein großes Potential zu, das Wissen von höher entwickelten Ländern zu imitieren. Da Imitation generell billiger als Innovation ist (aber nicht kostenlos), eröffnet dieser Umstand den „zurückliegenden“ Ländern ein großes Wachstumspotential. Man könnte sagen, daß diese Theorie Schumpeters Idee der nachfolgenden inkrementalen Innovationen und Imitationen auf die internationale Ebene überträgt.

Ob dieses Potential für ein auf einem Aufholprozeß basierendes Wachstum verwirklicht wird, hängt von der Fähigkeit jedes Landes ab, ausländisches Wissen zu assimilieren. Solch Assimilation verlangt zweifelsohne Fähigkeiten die u. a. vom Humankapital, der Qualität der Infrastruktur und den Institutionen im politischen Bereich sowie im Bankensektor abhängen. Abramovitz (1979) hat den Begriff „soziale Fähigkeit“ verwendet, um auf die Liste der Faktoren zu verweisen, die die Assimilation von ausländischem Wissen unterstützen.

Die Relevanz, die Abramovitz und andere (Fagerberg, 1994) der „sozialen Fähigkeit“ zuschreiben, reiht sich nahtlos in die von anderen Autoren wie Freeman (1986) und Perez (1983) angeführte Relevanz von Institutionen in einer Neo-Schumpeterschen Sicht der Basisinnovationen sowie der langen Wellen ein. Diese Autoren argumentieren, daß jede neue Gruppe von Basisinnovationen, die den Ausgangspunkt einer langen Welle bildet, neue institutionelle Anforderungen stellt. Ganz offensichtlich ist die Ausbildungsnachfrage an neue Fähigkeiten geknüpft, die für neue Technologien erforderlich sind, aber man kann auch an andere Faktoren denken. Ein Beispiel ist die Einführung der standardisierten Zeit als Resultat der Eisenbahn, oder der Rolle des Risikokapitals, der Universitäten und der ‚Kultur‘ bei der Unterstützung wesentlicher technologischer Durchbrüche bei den IKT in Silicon Valley (Saxenian, 1994).

Die Rolle von institutionellen Faktoren sowohl für das Auftreten von neuem Wachstum durch die Einführung von Basisinnovationen als auch für aufholbedingtes Wachstum verbindend, argumentieren Perez und Soete (1988), daß aufholbedingtes Wachstum sich in einigen Phasen der langen Welle einfacher realisieren läßt als in anderen. Ihr wichtigstes theoretisches Konzept ist der technologische Lebenszyklus, der sich in vier Phasen unterteilen läßt: Einführung, frühes Wachstum, spätes Wachstum und Reife. Perez und Soete argumentieren, daß der Einstieg in technologische Systeme für Länder entweder innerhalb der Einführungs- oder der Ausreifungsphase am einfachsten sei. Mein besonderes Interesse gilt dem Einstieg während der Einführungsphase, so daß ich den Einstieg in der Ausreifungsphase unerklärt lasse.

In der Einführungsphase existiert wenig spezifisches Wissen, das für das neue technologische System verfügbar oder notwendig ist. Allgemeines (universitäres) Wissen bringt die Länder bei der Erschließung des neuen Felds schon relativ weit. Angenommen, ein Land verfügt über ein halbwegs gut entwickeltes öffentliches Wissensgenerierungssystem, so gestaltet sich der Einstieg innerhalb der Einführungsphase einer Basisinnovation relativ einfach. Während der Wachstumsphasen wird dieser Einstieg wesentlich schwieriger, da dann das technologische System ein Stadium erreicht hat, in dem nichtkodifiziertes Wissen („tacit knowledge“) durch Erfahrungen und ein Prozeß des „learning-by-doing“ eine viel größere Rolle spielen. Daher würde man erwarten, daß das Fundament für ein aufholbedingtes Wachstum innerhalb der Einführungsphase neuer Technologien gelegt wird, bevor sich später das „Opportunitätsfenster“ für eine lange Zeit wieder schließt.

Wie später noch genauer dargestellt wird, kann die derzeitige Situation der Weltwirtschaft als die Einführungsphase einer neuen Gruppe von Basisinnovationen angesehen werden, wodurch sich ein „Opportunitätsfenster“ für eine weitere Konvergenz öffnet. Somit will ich versuchen, die Argumente von Perez und Soete auf die derzeitige Situation mit Bezug auf die Unterschiede der Produktivitätsniveaus anzuwenden und Schlußfolgerungen für die Konvergenz in mittelfristiger Sicht zu ziehen.

Jedoch sprechen Perez und Soete über Möglichkeiten, und sie erkennen an, daß nicht alle Möglichkeiten auch wahrgenommen werden. Deshalb kann man zuweilen beobachten, daß diese Möglichkeiten nicht wahrgenommen werden, obwohl das Potential für ein Aufholen während der Einführung eines neuen technologischen Systems hoch sein kann. Der ‚alte Führer' kann auch das Land sein, das die neue Technologie am ehesten implementiert, und dann kann sich eine weitere Divergenz anstelle einer Konvergenz einstellen.

Im übrigen Teil der Arbeit werde ich die jüngere Konvergenzgeschichte der am weitesten entwickelten OECD-Länder im Lichte der oben genannten zwei Faktoren interpretieren. Diese zwei Faktoren lassen sich zusammenfassend wie folgt darstellen:

1. Strukturwandel ist ein Hauptbestandteil technologischer Revolutionen und des sich daraus ergebenden Wirtschaftswachstum. Die aktuellste technologische Revolution (IKT) führte zu einer abnehmenden Rolle des Verarbeitenden Gewerbe in den am weitesten entwickelten OECD Staaten.
2. Die Konvergenzraten der Arbeitsproduktivität (bzw. aufholbedingtes Wachstum) differieren wahrscheinlich innerhalb unterschiedlicher Perioden. Die IKT-Revolution kann daher sowohl Divergenz als auch Konvergenz mit sich bringen, jeweils abhängig davon, wie gut andere Volkswirtschaften als die der Vereinigten Staaten (des ‚alten Führers') sich neuen technologischen Durchbrüchen anpassen können.

3 Strukturwandel und Wachstum: Empirische Trends

In diesem Abschnitt wird zur Analyse von Strukturwandel und Wirtschaftswachstum eine Datenbasis verwendet, die von Forschern am *Groningen Growth and Development Centre* (GGDC)[2] (vgl. z.B. Van Ark, 1996) entwickelt wurde. Die verwendeten Daten beinhalten die Wertschöpfung zu konstanten Preisen und die Beschäftigung für sechs Länder: Deutschland, Frankreich, Italien, Vereinigtes Königreich, Vereinigte Staaten und Japan. In der Datenbasis werden zehn Sektoren unterschieden, die weiter unten erklärt werden. Die GGDC Datenbasis enthält keine sektoralen Kaufkraftparitäten oder ähnliche Variablen, die man zum internationalen Vergleich von Produktivitäts- und Outputniveaus verwenden kann. Ich werde daher die von der OECD bereitgestellten gesamtwirtschaftlichen Kaufkraftparitäten benutzen, um die nationalen Währungen in US KKP $ zu konvertieren. Dort, wo die konstanten Preise in der GGDC Datenbasis sich nicht auf das Jahr

[2] GGDC Sektorale Datenbasis, Universität Groningen (4. Quartal 1999) (unveröffentlicht).

1990 beziehen (das als Basisjahr für die meisten Länder verwendet wurde), werde ich den US BIP Preisindex verwenden, um diese Werte in 1990 KKP $ umzuwandeln. Dieser Ansatz birgt natürlich Fehlerquellen, aber bis ein konsistenter Datensatz mit sektoralen KKPs verfügbar ist, scheint er der bestmögliche zu sein.

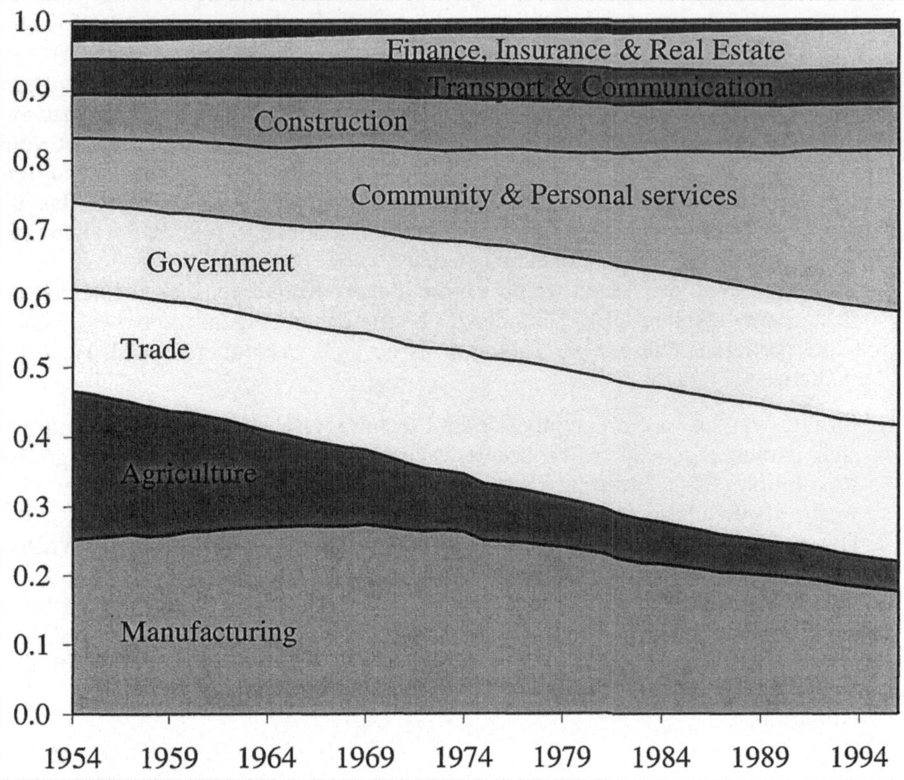

Abb. B1. Beschäftigungsstruktur in sechs Ländern, 1954–1996

Abbildung B1 zeigt die Aufteilung der Beschäftigung auf die zehn Sektoren der Datenbasis. Die Anteile sind gewichtete Durchschnitte der sechs Länder. Es gibt zwei Primärsektoren: Landwirtschaft und Bergbau. Der Bereich des Verarbeitenden Gewerbes ist nicht weiter unterteilt. Die anderen Bereiche sind die Bauwirtschaft, öffentliche Versorgungsunternehmen, Groß- und Einzelhandel, Finanzen, Versicherungen, Immobilien und andere Unternehmensdienstleistungen, öffentliche und private Dienstleistungen, Transport und Kommunikation sowie Regierungsdienstleistungen.

In den fünfziger Jahren war das Verarbeitende Gewerbe der größte dieser zehn Bereiche mit ungefähr einem Viertel aller Beschäftigten (die Bereiche sind entsprechend ihrer Beschäftigungsgröße im Jahre 1954 angeordnet, größere Bereiche befinden sich weiter unten in der Abbildung). Die beiden kleinsten Sektoren an der Spitze der Abbildung sind Bergbau (am zweithöchsten) und öffentliche Versorgungsunternehmen (am höchsten).

Tabelle B1. Sektorale Dynamiken (Beschäftigungsanteil und Wachstum der Arbeitsproduktivität), Sechs-Länder-Durchschnitt, 1965-1996

	Anteil 1954	Anteil 1996	%-Anstieg des Anteils	%-Wachstum von Y
Verarbeitendes Gewerbe	0,25	0,18	-30,0	3,3
Landwirtschaft	0,21	0,04	-79,7	4,3
Handel	0,15	0,20	34,8	2,2
Öffentliche Hand	0,13	0,16	28,6	0,4
Gemeinschaftliche und private Dienstleistungen	0,09	0,23	151,2	0,9
Baugewerbe	0,06	0,07	6,9	0,9
Transport und Kommunikation	0,05	0,05	-0,3	3,1
Finanzen, Versicherungen und Immobilien	0,03	0,06	121,6	1,3
Bergbau	0,02	0,00	-76,9	3,7
Versorger	0,01	0,01	-16,8	3,9

Bis zum Jahr 1970 vergrößert das Verarbeitende Gewerbe seinen Anteil leicht, doch seitdem verkleinert sich der Bereich bezogen auf die relative Beschäftigtenzahl. Der Anteil der Landwirtschaft fällt während der gesamten betrachteten Periode erheblich. Zusammen mit dem Bergbau zeigt dieser Sektor den größten prozentualen Rückgang des Beschäftigtenanteils. Transport und Kommunikation (leicht) sowie die Versorgungsunternehmen (und das Verarbeitende Gewerbe) sind die beiden anderen Sektoren, die einen Rückgang ihrer Beschäftigtenanteile erfahren. Die Bereiche mit den größten Zuwächsen an Beschäftigten sind zwei Dienstleistungsbereichen: öffentliche und private Dienstleistungen, die von einem ziemlich hohen Niveau im Jahre 1954 ausgehend wachsen, sowie Finanzen, Versicherungen und Immobilien, die ein viel kleinerer Sektor sind (vgl. auch Petit 2000 S 375).

Tabelle B1 zeigt ebenfalls die durchschnittlichen jährlichen zusammengesetzten Wachstumsraten der Arbeitsproduktivität in den zehn Sektoren (gewichteter Durchschnitt der sechs Länder). Während des gesamten Beitrags wird die Arbeitsproduktivität als Wertschöpfung in 1990 KKP $ pro Beschäftigtem definiert (pro Arbeitsstunde wäre ein besserer Indikator, doch sind die Arbeitsstunden nur für eine Untergruppe der sechs Länder verfügbar). Die Ergebnisse für die Arbeitsproduktivität zeigen allgemein die Tendenz, daß das Produktivitätswachstum in den Sektoren am höchsten ist, die materielle Güter herstellen. Die Landwirtschaft weist die höchste Wachstumsrate auf, gefolgt von den beiden Energiebereichen (Versorgungsunternehmen, Bergbau) und dem Verarbeitenden Gewerbe. Die Dienstleistungsbereiche zeigen alle signifikant niedrigere Produktivitätswachstumsraten, insbesondere im Bereich der Regierungsdienstleistungen, der öffentlichen und privaten Dienstleistungen sowie der Finanzen, Versicherungen und Immobilien.

Nimmt man diese Produktivitätswachstumsraten und kombiniert sie mit dem erhöhten Beschäftigungsanteil dieser Sektoren, so weist dies auf die Bedeutung der Analyse in Baumol (1967, S 376) hin. In dieser Arbeit, durch die der Begriff ‚Baumolsche Krankheit' aufkam, wird die Ansicht vertreten, daß ein Nachfragemuster, das Sektoren mit niedrigem Produktivitätswachstum begünstigt, im Endeffekt die gesamte Volkswirtschaft in einen Zustand langsamen Produktivitätswachstums führt. Vergegenwärtigt man sich die sogenannte Produktivitätsverlangsamung, die die OECD Länder in den siebziger Jahren traf, so scheint dies eine überzeugende Erklärung für die damaligen Ereignisse sein.

Andererseits ist es ebenfalls augenscheinlich, daß die Dienstleistungssektoren mit dem in Tabelle B1 dargestellten langsamen Produktivitätswachstum auch die Bereiche mit großen Schwierigkeiten bei der Outputmessung sind (Ark, Monnikhof et al, 1999). Dies führt zu dem Verdacht, daß die niedrigen Wachstumsraten der Produktivität hochgradig auf Meßfehler zurückzuführen sind. Sicherlich legt der anekdotische Eindruck, den man z.B. vom Finanzsektor bekommt, nahe, daß technologischer Wandel und Produktivitätswachstum dort eine viel wichtigere Rolle spielen als die Werte in Tabelle B1 wiedergeben.

Jedoch sind weder die ‚Baumolsche Krankheit' noch das Problem der richtigen Messung von Produktivität und Output im Dienstleistungssektor das Hauptthema dieser Arbeit. Wie schon in der Einleitung erwähnt wurde, wird die Analyse vielmehr auf die Betrachtung der Rolle spezifischer Sektoren im Konvergenzprozeß der Arbeitsproduktivität zielen. Falls die Schlußfolgerungen darauf deuten sollten, daß die oben erwähnten Dienstleistungsindustrien wichtig für diesen (Konvergenz-) Prozeß seien, mag dies in großem Maße in Beziehung zur Frage der richtigen Messung stehen.

In welchem Maße unterscheiden sich die Produktionsstrukturen in den Ländern unserer Stichprobe? Abbildung B2 gibt eine Antwort auf diese Frage. Die Abbildung gibt sogenannte Revealed Comparative Advantage Indizes für jeden der zehn Sektoren. Zur Bildung dieses Indexes wird zunächst der Anteil jedes Landes an der gesamten Beschäftigung (über die sechs Länder) eines Sektors berechnet. Dieser Anteil wird dann durch den Anteil jedes Landes an der Gesamtbeschäftigung geteilt. Da der sich ergebende Indikator nicht symmetrisch um seinen (gewichteten) Durchschnitt, d.h. eins, ist, wird eine Korrektur angewendet. Der tatsächlich verwendete Indikator wird errechnet als $(X-1)/(X+1)$, wobei X das Verhältnis des Sektoranteils am Gesamtanteil ist. Dieser Indikator liegt zwischen –1 und 1. Ein Wert von Null entspricht einem neutralen Wert, positive (negative) Werte entsprechen einer (De-)Spezialisierung im jeweiligen Sektor.

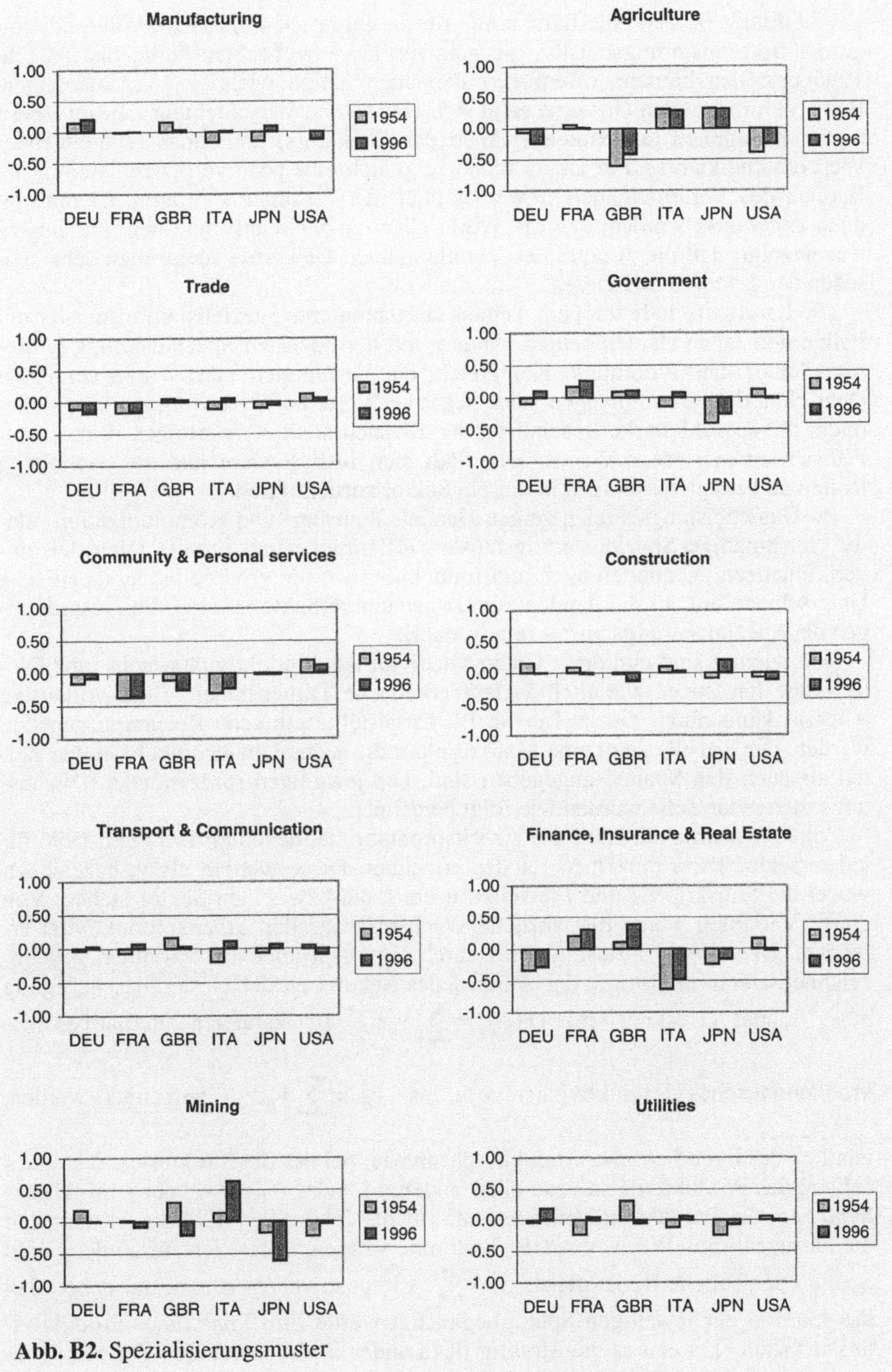

Abb. B2. Spezialisierungsmuster

Abbildung B2 zeigt die Indikatoren für die Jahre 1954 bis 1996. Während einige der Spezialisierungsmuster, die man für 1954 beobachten kann, bis ins Jahr 1996 bestehen bleiben, offenbaren sich auch einige wichtige Verschiebungen. Beim Verarbeitenden Gewerbe zeigt sich eine solche Verschiebung z.B. im Vereinigten Königreich (abnehmender Wert des Indikators) und Japan (zunehmender Wert des Indikators). Für Deutschland zeigt sich eine positive Spezialisierung im Bereich des Verarbeitenden Gewerbes über den gesamten Zeitraum. Es muß jedoch angemerkt werden, daß die Werte aller Länder relativ nah bei Null liegen, was anzeigt, daß die Anteile des Verarbeitenden Gewerbes nicht allzu sehr zwischen den Ländern differieren.

Die Landwirtschaft zeigt ein weitaus ausgeprägteres Spezialisierungsmuster mit Italien und Japan als den beiden Ländern mit der höchsten Spezialisierung in diesem Sektor. Das Vereinigte Königreich, die Vereinigten Staaten und (in 1996) Deutschland weisen hingegen stark negative Werte auf. Der Bergbau ist ein Bereich, der sowohl starke Spezialisierung als auch starke Änderungen in den Spezialisierungsmustern realisiert. Dies läßt sich insbesondere auf die gewichtige Rolle von Energieressourcen in diesem Sektor zurückführen.

Im Dienstleistungsbereich zeigen Handel, Transport und Kommunikation relativ gleichmäßige Spezialisierungsmuster. Öffentliche und private Dienstleistungen, Finanzen, Versicherungen und Immobilien weisen größere landesspezifische Unterschiede auf. In den beiden zuletzt genannten Sektoren sind die Ausprägungen der Spezialisierungsmuster relativ stabil.

Wie wichtig sind nun diese Unterschiede für das Produktivitätswachstum? Diese Frage hat augenscheinlich viele theoretische Dimensionen. Eine vorläufige Antwort kann durch die in Tabelle B2 dargestellte einfache Rechnung gegeben werden. Die Tabelle zeigt eine Matrix, in der die sechs Länder sowohl in den Zeilen als auch den Spalten angegeben sind. Die jeweiligen (prozentualen) Wachstumsraten jeder Zelle wurden wie folgt berechnet.

Zunächst wurde die Höhe der Arbeitsproduktivität der Jahre 1954 und 1996 für jeden Sektor jedes einzelnen Landes errechnet. Diese werden als y_{ij} bezeichnet, wobei die Subskripte *i* und *j* jeweils für ein Land bzw. einen Sektor stehen. Von dieser Variablen wurde die jährliche Wachstumsrate der Arbeitsproduktivität errechnet. Diese Wachstumsrate wird durch ein Dach über der Variablen gekennzeichnet. Daraufhin wurde der Anteil jedes Sektors an der Gesamtbeschäftigung eines Landes errechnet (σ_{ij}). Da $y_i = \sum_j y_{ij}\sigma_{ij}$. ist, kann ein alternatives makroökonomisches Produktivitätsniveau als $y_{ik}^* = \sum_j y_{ij}\sigma_{kj}$ berechnet werden, nämlich das hypothetische Produktivitätsniveau, bei der die Struktur eines Landes (*k*) und das Produktivitätsniveau eines anderen Landes (*i*) verwendet wird. Dieses hypothetische Produktivitätsniveau kann für die Jahre 1954-1996 konstruiert und die dazugehörige Wachstumsrate bestimmt werden. Der Wert in Zeile *k* und Spalte *i* der Tabelle B2 ist gleich $\hat{y}_i - \hat{y}_{ik}^*$. Ein positiver Wert bedeutet daher, daß das Land in der jeweiligen Spalte begünstigt würde (im Sinne eines Produktivitätswachstums), wenn es die Struktur des Landes in der jeweiligen Zeile adaptieren würde.

Tabelle B2. Auswirkung der Struktur auf das Wachstum

		Wachstum					
		DEU	FRA	GBR	ITA	JPN	USA
Struktur	DEU		0,2	1,3	-0,1	-1,0	1,4
	FRA	0,1		1,1	0,0	-1,0	1,4
	GBR	-0,8	-1,0		-0,3	-2,0	0,5
	ITA	0,1	-0,1	1,3		-1,1	1,0
	JPN	1,1	1,0	2,5	0,8		2,3
	USA	-1,7	-1,6	-0,5	-1,8	-2,8	

Japan ist das Land mit der Produktionsstruktur, die am vorteilhaftesten für ein hohes Produktivitätswachstum ist. Dies zeigt sich an den durchweg negativen Werten in der Spalte für Japan. Anders ausgedrückt würde die Übernahme jeder anderen Produktionsstruktur als der eigenen einen negativen Effekt auf das Produktivitätswachstum dieses Landes haben. Die Vereinigten Staaten sind das Land mit der „schlechtesten" Produktionsstruktur, was durch die ausnahmslos positiven Werte in ihrer Spalte angezeigt wird. Innerhalb Europas hat das Vereinigte Königreich eine relativ „schlechte" Struktur, während Frankreich, Deutschland und Italien gemischte Resultate aufweisen.

Das Ergebnis, daß die Vereinigten Staaten und das Vereinigte Königreich relativ „schlechte" ökonomische Strukturen haben, steht natürlich in Beziehung zu ihrer starken Spezialisierung im Dienstleistungsbereich, wie sie in Abbildung B2 dargestellt wurde. Deshalb sollte das oben angeführte Problem der Messung des Produktivitätswachstums im Dienstleistungsbereich nicht außer Acht gelassen werden, da dadurch die Resultate in Tabelle B2 gegenüber diesen beiden Ländern verzerrt sein könnten.

4 Konvergenz der Arbeitsproduktivitätsniveaus

Die Zeit nach dem Zweiten Weltkrieg war durch eine starke Konvergenz der Produktivitätsniveaus der OECD Länder gekennzeichnet (Maddison, 1995). In der letzten Zeit scheint sich dieser Prozeß jedoch merklich verlangsamt zu haben. Für die sechs Länder unserer Stichprobe wird dies in Abbildung B3 dargestellt. Die Abbildung zeigt den Variationskoeffizienten (Standardabweichung geteilt durch den ungewichteten Durchschnitt) der Arbeitsproduktivitätsniveaus. Ein fallender Variationskoeffizient deutet auf Konvergenz hin.

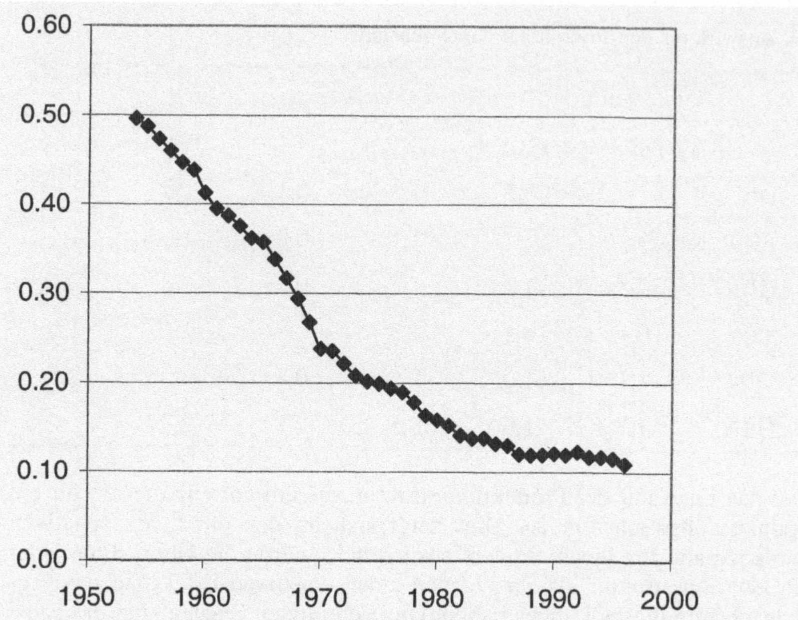

Abb. B3. Variationskoeffizient der Arbeitsproduktivität in sechs Ländern

Tatsächlich zeigt die Abbildung stark abnehmende Werte für den Variationskoeffizienten, zumindest bis Mitte der 1980er Jahre. Bis 1970 scheint der Indikator nahezu linear in einer ziemlich steilen (absoluten) Abnahme zu fallen. Die Periode zwischen 1970 und der Mitte der achtziger Jahre zeigt ebenfalls eine lineare Abnahme, anscheinend allerdings in einem etwas flacheren (absoluten) Verlauf. Ab Mitte der 1980er Jahre gibt es hingegen kaum bzw. keine Veränderungen bei den Variationskoeffizienten.

Was hat diesen Rückgang der Konvergenzgeschwindigkeit verursacht? Die vorliegende Analyse wird versuchen, diese Frage aus dem Blickwinkel der Wirtschaftsstruktur zu beantworten. Somit ist es ein sinnvoller Anfangspunkt, die Konvergenztrends auf sektoraler Ebene zu betrachten, indem die Variationskoeffizienten der Arbeitsproduktivitätsniveaus auf sektoraler Ebene berechnet werden. Diese sind in Abbildung B4 wiedergegeben.

Die Abbildung zeigt, daß (starke) Konvergenz weit davon entfernt ist, ein generelles Phänomen auf sektoraler Ebene zu sein. Substantielle Konvergenz über einen langen Zeitraum kann im Baugewerbe, dem Verarbeitenden Gewerbe, bei den Versorgungsunternehmen, im Handel sowie in der Landwirtschaft beobachtet werden. Transport und Kommunikation weisen Konvergenzen innerhalb eines begrenzten Zeitraums in den sechziger Jahren auf, jedoch nicht viel vor bzw. nach dieser Zeit. Der Staatssektor, der von sehr geringen Niveauunterschieden in den fünfziger Jahren startet, zeigt eine Konvergenz lediglich um das Jahr 1960. Finanzen, Versicherungen und Immobilien zeigen eine Konvergenz innerhalb einer begrenzten Periode in den siebziger Jahren, ähnliches (aber viel stärker) gilt für den Bergbau. Öffentliche und private Dienstleistungen zeigen im Grunde überhaupt keine Konvergenz.

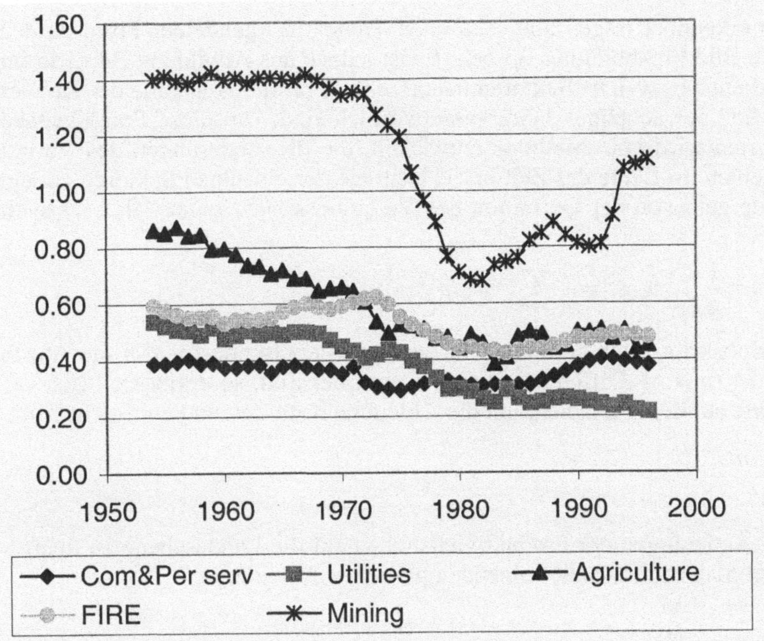

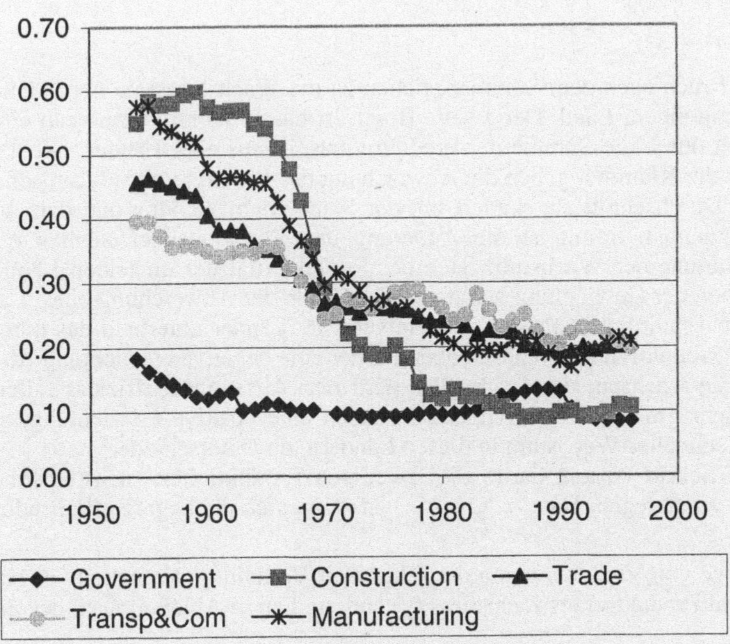

Abb. B4. Variationskoeffizienten der sektoralen Arbeitsproduktivitäten in sechs Ländern

Deutlich erkennbar tragen alle sektoralen Trends in irgendeiner Form zu dem aggregierten Bild in Abbildung B3 bei. Es ist jedoch aus Abbildung B4 nicht unmittelbar erkennbar, welche Sektoren hauptsächlich für die Abnahme der Konvergenz seit Mitte der achtziger Jahre verantwortlich sind. Um diese Frage genauer zu beantworten wird eine Methode entwickelt, die die Änderungen des Variationskoeffizienten im Laufe der Zeit in die Beiträge der einzelnen Sektoren zerlegt. Die Methode geht von der Definition des Variationskoeffizienten (als c bezeichnet) aus:

$$c = \frac{s}{m}, m = \frac{1}{n}\sum_i y_i, s^2 = \frac{1}{n}\sum_i (y_i - m)^2,$$

wobei das Subskript i wie bereits zuvor das Land repräsentiert und n die Anzahl der Länder ist (n = 6). Differenziert man c nach der Zeit, so ergibt sich (ich verwende Punkte auf den Variablen, um die Ableitung nach Zeit zu kennzeichnen)

$$\dot{c} = \frac{\dot{s}m - \dot{m}s}{m^2}.$$

Um auf die Änderungen der Produktivitätshöhen auf die Landesebene zu übertragen, benötigt man ebenfalls die folgenden partiellen Ableitungen:

$$\frac{\partial s}{\partial y_i} = \frac{y_i - m}{ns}, \quad \frac{\partial m}{\partial y_i} = \frac{1}{n}.$$

Setzt man diese in den Ausdruck für $\dot{c}$ ein, so ergibt sich

$$\dot{c} = \sum_i \frac{\dot{y}_i}{y_i}\frac{y_i}{mn}\left(\frac{y_i - m}{s} - c\right).$$

Der erste Bruch nach dem Summenzeichen ist die Wachstumsrate der Arbeitsproduktivität in einem Land. Der zweite Bruch ist das Produktivitätsniveau eines Landes geteilt durch die Summe der Produktivitätsniveaus aller Länder. Die Terme innerhalb der Klammer geben die Abweichung des Produktivitätsniveaus eines Landes vom Durchschnitt an, skaliert mit der Standardabweichung und dem Variationskoeffizienten. Somit ist die Änderung des Variationskoeffizienten eine gewichtete Summe der Wachstumsraten der Produktivität der einzelnen Länder. Das Vorzeichen der Gewichtung hängt von der Größe der Abweichung eines Landes vom durchschnittlichen Produktivitätsniveau ab. Länder unterhalb des durchschnittlichen Produktivitätsniveause haben immer eine negative Gewichtung (d. h. je schneller sie wachsen, desto schneller wird der Variationskoeffizient fallen). Länder mit sehr großer Produktivitätshöhe haben eine positive Gewichtung, dadurch erhöht schnelles Wachstum in diesen Ländern die Unterschiede.[3]

Der letzte Schritt besteht darin, die jeweiligen Produktivitätswachstumsraten eines Landes zu zerlegen. Da $y = \sum_j \sigma_j y_j$ ist, kann sich die aggregierte Produktivität als Folge von Veränderungen der sektoralen Verteilung der Arbeit (σ) oder des sektoralem Produktivitätswachstums (y) ändern. Durch Ableiten nach der Zeit

[3] Natürlich ist es leicht, die Grenzlinie zwischen negativer und positiver Gewichtung formal abzuleiten: $y_i = cs + m$.

erhält man

$$\dot{y}=\sum_j(\dot{\sigma}_j y_j+\sigma_j\dot{y}_j)\Rightarrow\frac{\dot{y}}{y}=\sum_j\frac{q_j}{q}\left(\frac{\dot{\sigma}_j}{\sigma_j}+\frac{\dot{y}_j}{y_j}\right),$$

wobei q das Produktionsvolumen ist.

Setzt man dies in den obigen Ausdruck ein, ergibt sich:

$$\dot{c}=\sum_i\frac{y_i}{mn}\left(\frac{y_i-m}{s}-c\right)\sum_j\frac{q_j}{q}\frac{\dot{y}_j}{y_j}+\sum_i\frac{y_i}{mn}\left(\frac{y_i-m}{s}-c\right)\sum_j\frac{q_j}{q}\frac{\dot{\sigma}_j}{\sigma_j}.$$

Der erste Term auf der rechten Seite ist der auf dem (sektoralen) Produktivitätswachstum beruhende Effekt, den ich als „technischen Fortschritt" bezeichnen werde. Der zweite Term bezieht sich auf die Veränderungen in der sektoralen Aufteilung der Arbeit, die ich als „Strukturwandel" bezeichnen werde. Innerhalb jedes dieser Terme kann man einfach alle Terme eines Sektors j gruppieren und sie aufsummieren, um die Veränderung des Variationskoeffizienten zu erhalten, die sowohl mit dem technischen Fortschritt als auch mit dem Strukturwandel innerhalb dieses Sektors in Verbindung gebracht werden können. Dies läßt sich wie folgt formalisieren:

$$\dot{c}_j^{TP}=\sum_i F_i\frac{q_j}{q}\frac{\dot{y}_j}{y_j},\quad \dot{c}_j^{SC}=\sum_i F_i\frac{q_j}{q}\frac{\dot{\sigma}_j}{\sigma_j},\ \text{mit } F_i=\frac{y_i}{mn}\left(\frac{y_i-m}{s}-c\right).$$

In dieser Formel kennzeichnet das Superskript *TP* den technischen Fortschritt und das Superskript *SC* den Strukturwandel.

Die Herleitung der Dekomposition wurde für eine stetige Zeitbetrachtung durchgeführt. Wollte man sie auf diskrete Daten anwenden, benötigte man eine Reihe von Verbundtermen, die die Formel ziemlich kompliziert werden ließen. Man kann annehmen, daß die Wirkung dieser Verbundterme (generell: Veränderungen multipliziert mit Veränderungen) relativ gering ausfällt im Vergleich zu den Nicht-Verbundtermen. Ob diese Annahme zutrifft, läßt sich einschätzen, indem man die tatsächliche Veränderung des Variationskoeffizienten näherungsweise mit obiger Gleichung (angewendet auf diskrete Daten) ermittelt, und die Differenz zwischen den tatsächlichen Veränderungen und der Approximation errechnet. Dies wurde getan, und in allen Fällen war die Approximation sehr nahe an den tatsächlichen Werten. Somit wird sich diese Analyse nicht länger mit den Verbundtermen beschäftigen, sondern die Ergebnisse der obigen Gleichung angewendet auf diskrete Daten präsentieren.

5 Empirische Ergebnisse und Interpretation

Ein möglicher Grund für die Verlangsamung der Konvergenz könnte darin liegen, daß der makroökonomische Spielraum für eine Konvergenz durch die Konvergenz selbst niedrig wurde. In diesem Fall wären die makroökonomischen Unterschiede bei den Produktivitätsniveaus so klein, daß eine weitere Konvergenz schwer zu erreichen wäre. Bezogen auf obige Dekompositionsmethode würde sich dies in den

Ländergewichten *F* widerspiegeln. Abbildung B5 zeigt die Werte dieser Gewichten im Zeitverlauf.

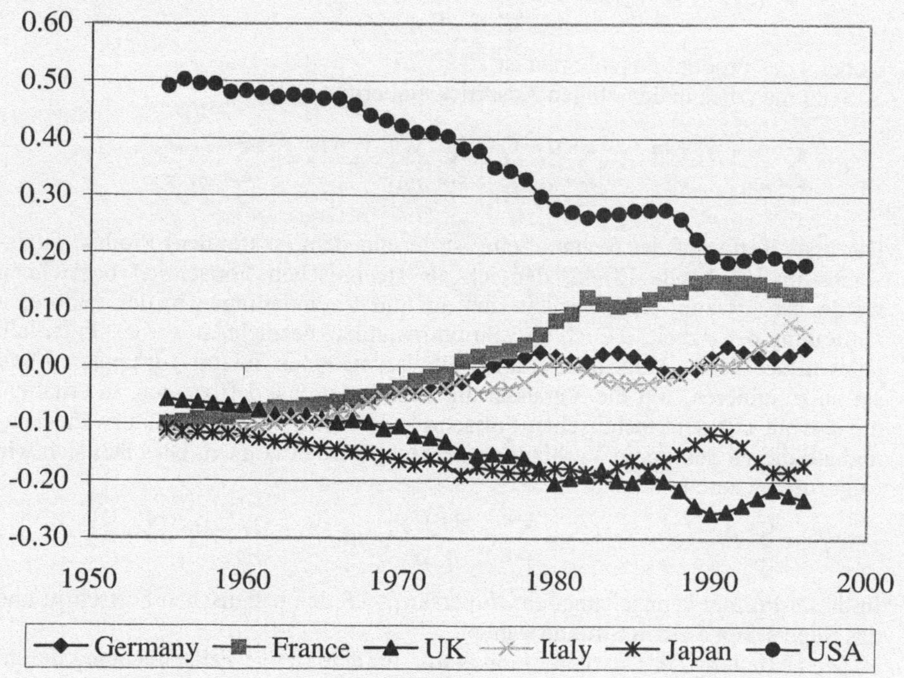

Abb. B5. Ländergewichte in der Konvergenzdekomposition

Die Abbildung zeigt ein bemerkenswertes Muster, daß sich von einer beinahe vollständig bipolaren zu einer der Gleichverteilung stark angenäherten Verteilung entwickelt. In den fünfziger Jahren hatten die Vereinigten Staaten einen hohen positiven Wert für das Gewicht und alle anderen Länder einen negativen Wert. Die fünf Länder mit negativer Gewichtung sind mit geringer Streuung um die vertikale Achse gruppiert. Das bedeutet, daß unter normalen Umständen eines positiven makroökonomischen Produktivitätswachstums allein die Vereinigten Staaten während dieser Periode für einen Aufwärtsdruck auf den Variationskoeffizienten „verantwortlich" wären.

Diese Ausgangssituation verändert sich langsam. Das Gewichtung der Vereinigten Staaten verringert sich, die für Frankreich, Italien und Deutschland erhöht sich. Am Ende des Zeitraums besitzen alle vier Länder positive Gewichte. Die Gewichte für Japan und das Vereinigte Königreich nehmen ebenfalls ab, so daß diese beiden Länder am Ende der Periode die einzigen mit negativer Gewichtung sind.

Die Abbildung liefert keine Hinweise dafür, was dies für die Konvergenz impliziert. Hier nicht dokumentierte Berechnungen (auf Anfrage erhältlich) zeigen, daß die Nettowirkung der Veränderungen in Abbildung B5 sehr klein ist. Dies wurde an einem Experiment gezeigt, in dem die Gewichte der Dekomposition hypothetisch auf ihre Werte in 1960 fixiert wurden. In diesem Fall war der Trendverlauf der Variationskoeffizienten den tatsächlich beobachteten sehr ähnlich. Im Jahre 1996 ist der hypothetische Variationskoeffizient, der sich aus diesen Berechnungen ergibt, 0,10 anstelle des tatsächlich beobachteten Wertes von 0,11. Der einzige Zeitraum, in dem die Differenzen zwischen den Gewichtungen von 1960 und den tatsächlichen jeweiligen Werten halbwegs erkennbar ist, ist die Rezessionsperiode von 1989-1992, die am meisten das Vereinigte Königreich und Japan in Abbildung B5 berührte.

Total

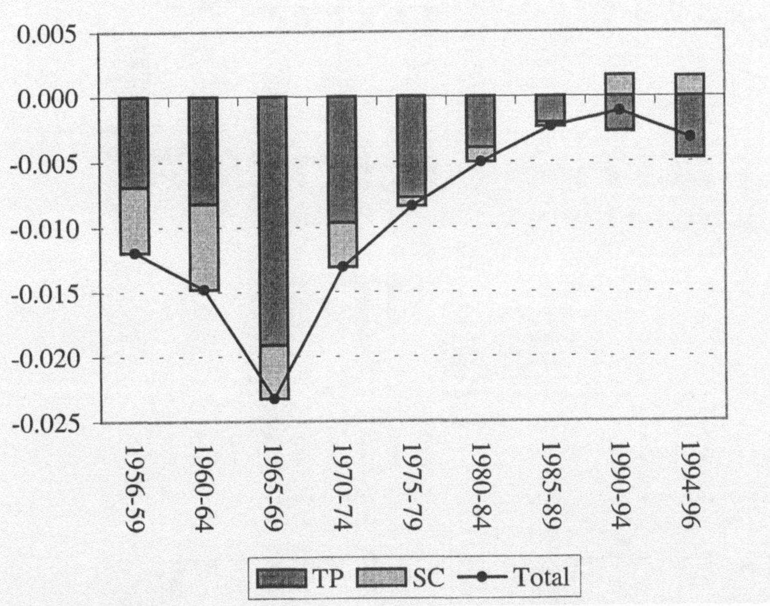

Abb. B6. Der Beitrag von Strukturwandel und technischem Fortschritt zur Verlangsamung der Konvergenz

Im Kern zeigt dieses Ergebnis, daß es keine überzeugende allgemeine makroökonomische Erklärung für der Verlangsamung der Konvergenz in der Mitte der achtziger Jahre gibt. Die Analyse wird sich deshalb der sektoralen Ebene zuwenden und die oben vorgestellte Dekompositionsmethode anwenden. Die Technik liefert Berechnungen der jährlichen Veränderungen des Variationskoeffizienten. Um kurzfristige Fluktuationen zu eliminieren, wurde der Durchschnitt der ursprünglichen (jährlichen) Ergebnisse über einen Zeitraum von fünf Jahren gebildet, mit Ausnahme des Anfangs und Endes des gesamten Beobachtungszeitraums, wo kürzere Zeitintervalle verwendet wurden. In Abbildung B6 sind alle Ergebnisse zusammengefaßt über alle zehn Sektoren, aber differenziert nach den Kategorien „Strukturwandel" und „technischer Fortschritt" dargestellt.

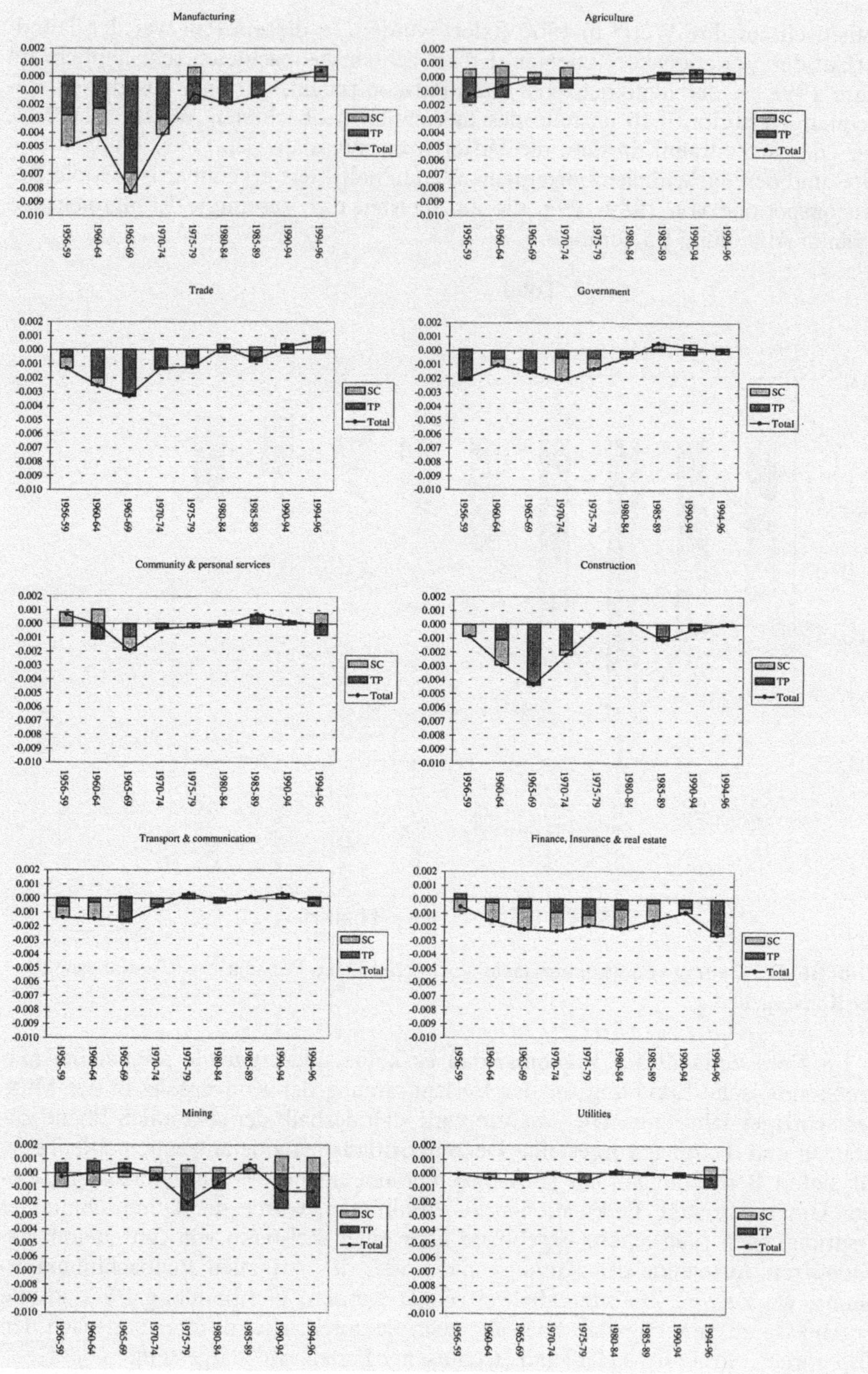

Abb. B7. Beiträge zur Verlangsamung der Konvergenz, Sektoren

Die Verlangsamung der Konvergenz ist daran ersichtlich, daß der absolute Wert der durchschnittlichen jährlichen Abnahme des Variationskoeffizienten seit den frühen siebziger Jahren fällt. Von 1985 bis 1994 wird die Veränderung nahezu Null. Man beachte, daß sich die letzte Periode in der Abbildung mit der vorherigen überschneidet. In dieser jüngsten Periode deutet die Tendenz für den Variationskoeffizienten ebenfalls einen Rückgang an (wie es schon in Abbildung B3 erkennbar war).

Vergleicht man die beiden Kategorien „Strukturwandel" und „technischer Fortschritt", so hat letzterer den größeren Einfluß, mit Ausnahme der Periode von 1956 bis 1964, als die absoluten Werte der beiden Faktoren vergleichbar waren.[4] Die absoluten Werte der beiden Kategorien fallen jedoch im Laufe der Zeit, so daß man sagen kann, daß beide Kategorien zur Verlangsamung der Konvergenz beitragen. Für die jüngste Periode hat der „Strukturwandel" sogar einen divergenzförderlichen Nettoeinfluß, der durch die positiven Werte für diesen Faktor in den neunziger Jahren angezeigt wird.

Abbildung B7 zeigt die sektorale Dekomposition der Trendverläufe in Abbildung B6. Daraus ergibt sich eine Vielzahl von Schlußfolgerungen. Erstens zeigt jeder dieser Sektoren (mit Ausnahme der kleinen Sektoren wie Bergbau und Versorgungsunternehmen sowie öffentliche und private Dienstleistungen) deutlich ein Muster, bei dem der absolute Wert des Beitrags zur Verlangsamung der Konvergenz im Laufe der Zeit kleiner wird, insbesondere in den siebziger Jahren. Der plausibelste Faktor hinter dieser generellen Tendenz ist die allgemeine Verlangsamung des technischen Fortschritts, die mit der langsamen Ausreifung der dominanten technologischen Systeme während dieser Zeit in Verbindung gebracht werden kann.

Zum zweiten war das Verarbeitende Gewerbes mit Abstand der größte Faktor hinter der starken Konvergenz in den sechziger und fünfziger Jahren. Der plötzliche Rückgang des Impulses vom Verarbeitenden Gewerbes für einen fallenden Variationskoeffizienten ist ebenfalls ein gewichtiger Faktor hinter der Verlangsamung der Konvergenz in den siebziger Jahren und später. Dieses Ergebnis steht in allgemeiner Übereinstimmung mit der Kaldor-Cornwall Idee vom Verarbeitenden Gewerbe als der Hauptantriebskraft des Wirtschaftswachstums während dieser Periode bis in die siebziger Jahre sowie den oben diskutierten Ergebnissen von Fagerberg und Verspagen (1999).

Meine Erklärung für dieses Ergebnis sieht wie folgt aus. Die fünfziger und sechziger Jahre waren ein Zeitraum, in dem alle zurückliegenden Länder unserer Stichprobe (alle Länder außer den Vereinigten Staaten, vgl. Abbildung B5) in der Lage waren, das Verarbeitende Gewerbes als Möglichkeit zum Aufholen gegenüber den Vereinigten Staaten zu nutzen. Dies wurde dadurch ermöglicht, daß sie zu diesem Zeitpunkt günstige Vorraussetzungen für den Einstieg in das neu ent-

[4] Es muß jedoch festgestellt werden, daß die kürzere Periode (ein Jahr), auf deren Basis die Berechnungen angestellt wurden, dazu neigt, den Wert für die Komponente des Strukturwandels niedrig zu halten. Die jährlichen Änderungen in den Beschäftigungsanteilen sind im Vergleich zu den jährlichen Wachstumsraten der Produktivität klein. Ein ähnlicher Effekt, allerdings in einem anderen Zusammenhang, wird durch (Timmer 1999 S 378) und (Fagerberg 2000 S 379) festgestellt.

stehende technologische System hatten. Dieses neue technologische System bestand aus der industriellen Massenproduktion, die auf Innovationen basierte, die in den Vereinigten Staaten in der ersten Hälfte des zwanzigsten Jahrhunderts eingeführt wurden. Exogene Ereignisse wie der Zweite Weltkrieg und die Protektionismusperiode während der Großen Depression der 1930er Jahre verschoben diese Aufholphase bis in die fünfziger Jahre (Abramovitz und David 1996).

Die günstigen Voraussetzungen, die den zurückliegenden Ländern den Einstieg in das neu entstehende technologische System ermöglichten, schließen institutionelle Faktoren wie das Bretton-Woods System, den Marshall Plan sowie die ersten Phasen des wirtschaftlichen und politischen europäischen Integrationsprozesses ein. Alle diese Faktoren trugen zu der hohen Bedeutung von Skalenerträgen durch den angestiegenen Welthandel und die starke Expansion der Inlandsnachfrage bei (Nelson 1992 S 380; Fagerberg, Guerrieri et. al. 1999).

Nach Eintritt in das neue technologische System in der kritischen Einführungsphase (Perez und Soete, 1988) setzte ein Kaldor-Cornwall Mechanismus des industriegetriebenen Wachstum den schnellen Aufholprozeß dieser Länder in Bewegung. Durch den gemeinsamen Effekt der Nachfragesättigung (Pasinetti 1981) und der Abnahme der technologischen Möglichkeiten, die mit dem System der Massenproduktion verbunden sind, begann der Umfang des Aufholens jedoch nach einer Weile abzunehmen. Dies geschieht, wenn der starke Einfluß des Verarbeitenden Gewerbes auf die Konvergenz sowie der Beitrag anderer Sektoren zu diesem (in Abbildung B7 dokumentierten) Prozeß nachzulassen beginnt.

Eine Phase der langsamen (bzw. verschwindender) Konvergenz begann in den frühen achtziger Jahren. Was die verschiedenen Beiträge zur Konvergenz in Abbildung B7 betrifft, passierte in dieser Periode nicht viel. Unter der Oberfläche der Statistik begann sich jedoch ein neues technologisches System in Form der IKT abzuzeichnen. Die Mitte der neunziger Jahre (unglücklicherweise der Zeitpunkt, an dem die Verfügbarkeit der Daten endet) scheint die entscheidende Phase für den Einstieg in das neue technologische System geworden zu sein. Falls die Länder in der Stichprobe in der Lage sind, in das neue System ähnlich erfolgreich wie zuvor in den fünfziger Jahren einzutreten, kann man für die Zukunft ein neue Phase des Aufholens erwarten. Was sind die Anzeichen für ein derartiges Ereignis, die schon in den Graphiken ersichtlich sind?

Ein Sektor, der eine Verbindung zum neuen IKT Produktionssystem aufweist, ist der Bereich Finanzen, Versicherungen, Immobilien und andere Unternehmensdienstleistungen. Es ist bemerkenswert, daß dieser Sektor in Abbildung B7 im Zeitverlauf das beständigste Verhalten zeigt. Der gesamte Beitrag des Sektors zur Konvergenz ist nicht extrem groß, aber bei der gegebenen Größe des Sektors noch bedeutend. Wichtig ist zudem, daß der Strukturwandel einen großen Teil des sektoralen Beitrags ausmacht. Jedoch läßt sich in den neunziger Jahren ein ziemlicher Rückgang der Konvergenztendenz dieses Sektors feststellen. Die wesentliche Frage ist, wie sich dieser Trend weiterentwickeln wird. Das Ergebnis für die Zeit zwischen 1994 und 1996 läßt vermuten, daß sich dieser Effekt umdreht und der Sektor einen starken Impuls für eine Konvergenz liefert. Falls sich dieser Trend durchsetzen sollte, könnte der Sektor eine Quelle für eine erneute Konvergenz im IKT System werden.

Als ein anderer Sektor, der in hohem Maße durch die Entwicklungen im IKT Bereich berührt wird, zeigt der Handel in der jüngsten Zeit eine entgegengesetzte Tendenz. Das gleiche gilt für das Verarbeitende Gewerbe, dem immer noch ein großer Teil der Investitionen in IKT (Hardware) zugrunde liegt. Zusammengenommen könnten diese drei Sektoren den Schlüssel für eine zukünftige Konvergenz bzw. Divergenz in Händen halten.

6 Schlußfolgerungen[5]

Ich habe den Konvergenztrend (der Arbeitsproduktivität) in einer Stichprobe der vier größten EU Länder sowie den Vereinigten Staaten und Japan über einen Zeitraum von 1955 bis 1996 als ein Resultat der Fähigkeit von Europa und Japan interpretiert, in den fünfziger Jahren eine Reihe von Technologien zu übernehmen, die hauptsächlich in den Vereinigten Staaten entwickelt wurden und als "Massenproduktionssystem" bekannt sind. Dies führte zu einem Konvergenzprozeß, der hauptsächlich durch das Verarbeitende Gewerbe getrieben wurde. Als die technologischen Möglichkeiten (im Verarbeitenden Gewerbe) abnahmen und eine Nachfragesättigung eintrat, verlangsamte sich die Konvergenz – hauptsächlich seit der Mitte der achtziger Jahre.

In der Mitte der neunziger Jahre scheint die Weltwirtschaft die Einführungsphase eines neuen technologischen Systems (in Form der IKT) zu erleben. Obwohl das System eine Grundlage im Verarbeitenden Gewerbe hat (Hardware), spielen Dienstleistungen (Software als technologieerzeugende sowie Unternehmensdienstleistungen als technologienutzende Dienstleitungen) eine wichtigere Rolle als je zuvor. Ob die Konvergenz in der betrachteten Stichprobe wieder an Fahrt gewinnen kann, wird davon abhängen, ob die zurückliegenden Länder (die Vereinigten Staaten werden gemeinhin als der Anführer sowohl des alten als auch des neuen technologischen Systems angesehen) in der Lage sein werden, in das neue technologische System angemessen einzutreten. Falls sie dies nicht können, könnte sich ein momentan offenes Möglichkeitsfenster schon bald aufgrund kumulativer Lerneffekte in der neuen Technologie verschließen (Perez und Soete, 1988).

Sowohl die nationalen Regierungen als auch die Europäische Kommission scheinen entschlossen zu sein, die Übernahme und Erzeugung von IKT in Europa zu stimulieren, was sich z. B. jüngst auf dem .com-Gipfel in Lissabon zeigte. Um IKT zu realisieren, wird jedoch eine große Bandbreite von Politikmaßnahmen benötigt. Bildung ist eine davon, aber die Angelegenheit scheint schwieriger zu sein, als 'das Internet in jedes Klassenzimmer in Europa zu bringen'. Der Prozeß verlangt unter Umständen ebenfalls die Verwendung von Industriepolitik in Kombination mit F&E-Politik, um beispielsweise die traditionelle europäische Festung bei der Mobilkommunikation zu erhalten. UMTS (der Nachfolger von GSM) mag

[5] Dieser Abschnitt greift stark auf gemeinsame Arbeiten mit Jan Fagerberg und Paolo Guerrieri zurück (Fagerberg, Guerrieri et al. 1999). Ich bin jedoch für die Formulierungen allein verantwortlich.

in dieser Hinsicht eine entscheidende Initiative sein, und europäische Firmen sollten stimuliert werden, den technologischen Vorsprung auf diesem Gebiet einzunehmen bzw. beizubehalten. Software scheint jedoch ein Bereich zu sein, in dem die europäische Leistungsfähigkeit gering ist (Dalum Freeman et al 1999). Strategische Überlegungen der EU mögen vonnöten sein, wie die jüngsten Entwicklungen (beispielsweise der gewachsene Gebrauch des Konzepts der offenen Ressourcen) in einen europäischen Vorteil umgewandelt werden können.

Die Europäische Kommission und nationale, regionale und lokale Regierungen könnten ebenfalls eine aktive Rolle als Anbieter digitaler Dienstleistungen spielen. In fast allen Bereichen, in denen Bürger mit öffentlichen Verwaltungen in Kontakt treten, kann man sich Netzwerkanwendungen vorstellen. Die umfassende Entwicklung dieser Anwendungen wird sowohl die Nachfrage nach technisch geschulten (europäischen) Firmen erhöhen, die diese Dienstleistungen implementieren können, als auch einen Zusatznutzen für die Bürger kreieren. Man kann sich vorstellen, wie durch die öffentliche Nachfrage nach bzw. das öffentliche Angebot von digitalen Dienstleistungen ein nach oben gerichteter Kreislauf in Bewegung gesetzt werden könnte. Schließlich sind auch unterstützende Politikmaßnahmen wichtig, die z.B. Risikokapital leichter zugänglich machen.

Zusammengenommen bedeuten diese (sowie möglicherweise andere, die Liste ist bei weitem nicht umfassend) Initiativen einen Bruch mit einer in den fünfziger Jahren eingeführten Tradition europäischer Integration, die auf Skalenerträge abzielte. Der Abbau von Handelsbarrieren sowie die Vergrößerung des Binnenmarktes sind bisher eine Erfolgsgeschichte, die sicherlich zu dem schnellen Wachstum und der Konvergenz bis Mitte der achtziger Jahre beigetragen haben. Im neuen technologischen Zeitalter kann jedoch das Konzept der Skalenerträge nicht länger das vereinende Prinzip europäischer Politik und weiterer Integration sein. Netzwerkerträge (im weitesten Sinne) mögen eine angemessenere Devise sein, jedoch gehört zu einem Netzwerk mehr als nur .coms.

Literatur

Abramovitz MA (1979) Rapid Growth Potential and its Realisation : The Experience of Capitalist Economies in the Postwar Period. In: Malinvaud E (ed) Economic Growth and Resources, vol. 1 The major Issues, Proceedings of the fifth World Congress of the International Economic Association. London, Macmillan. pp 1–51

Abramovitz MA, David PA (1996) Convergence and deferred catch-up: productivity leadership and the waning of American exceptionalism. In: Landau R, Taylor T, Wright G (eds) The Mosaic of Economic Growth. Stanford University Press, Stanford, pp 21–62

Ark Bv (1996) Sectoral Growth Accounting and Structural Change in Post-War Europe. In: Ark Bv, Crafts N (eds) Quantitative Aspects of Post-War European Economic Growth. Cambridge University Press, Cambridge, pp 84–164

Ark Bv, Monnikhof E, Mulder N (1999) Productivity in Services: An International Comparative Perspective. Canadian Journal of Economics 32: 471–499

Baumol W (1967) Macroeconomics of unbalanced growth. American Economic Review 53: 941–973

Benhabib J, Spiegel MM (1994) The role of human capital in economic development: Evidence from aggregate cross-country data. Journal of Monetary Economics 34: 143–173

Bernard AB, Jones CI (1996) Comparing Apples to Oranges: Productivity Convergence and Measurement Across Industries and Countries. American Economic Review 86: 1216–1238

Castells M (1996) The rise of the network society. Blackwell, Oxford

Cornwall J (1976) Diffusion, Convergence and Kaldor's Laws. Economic Journal 86: 307–314

Cornwall J (1977) Modern Capitalism. Its Growth and Transformation. Martin Robertson, London

Dalum B, Freeman C, Simonetti R, et al (1999) Europe and the Information and Communications Technologies Revolution. In: Fagerberg J, Guerrieri P, Verspagen B (eds) The Economic Challenge to Europe. Adapting to Innovation Based Growth. Edward Elgar, Aldershot, pp 106–129

Dixon RJ, Thirlwall AP (1975) A Model of Regional Growth-Rate Differences on Kaldorian Lines. Oxford Economic Papers 11: 201–214

Fagerberg J (1994) Technology and international differences in growth rates. Journal of Economic Literature 32: 1147–1175

Fagerberg J (2000) Technological progress, structural change and productivity growth: a comparative study. Structural Change and Economic Dynamics (forthcoming)

Fagerberg J, Guerrieri P, Verspagen B (1999) Europe – A Long View. In: Fagerberg J, Guerrieri P, Verspagen B (eds) The Economic Challenge to Europe. Adapting to Innovation Based Growth. Edward Elgar, Aldershot, S 1-20

Freeman C (1986) Technology Policy and Economic Performance: Lessons from Japan. London, Pinter.

Freeman, C. (1994). Technological Revolutions and Catching-Up: ICT and the NICs. The Dynamics of Trade, Technology and Growth. J. Fagerberg, B. Verspagen and N. Von Tunzelmann. Aldershot, Edward Elgar: 198-221.

Freeman, C., J. Clark and L. Soete (1982). Unemployment and Technical Innovation. Pinter, London

Freeman C, Soete L (1990) Fast Structural Change and Slow Productivity Change: Some Paradoxes in the Economics of Information Technology. Structural Change and Economic Dynamics 1: 225–242

Freeman C, Soete L (1997) The Economics of Industrial Innovation. 3rd Edition. Pinter, London and Washington

Gerschenkron A (1962) Economic Backwardness in Historical Perspective. Harvard University Press, Cambridge MA

Gomulka S (1971) Inventive Activity, Diffusion and the Stages of Economic Growth. Aarhus

Kaldor N (1966) Causes of the Slow Rate of Growth of the United Kingdom. Cambridge University Press, Cambridge

Kaldor N (1970) The Case for Regional Policies. Scottish Journal of Political Economy XVII: 337–348

Kleinknecht A (1981) Observations on the Schumpeterian Swarming of Innovations. Futures 13

Kuznets S (1940) Schumpeter's Business Cycles. American Economic Review 30

Maddison A (1995) Monitoring the World Economy 1820-1992. OECD Development Centre, Paris

Mensch G (1979) Stalemate in Technology. Innovations Overcome Depression. Ballinger, Cambridge

Nelson RR, Wright G (1992) The rise and fall of American technological leadership: the postwar era in an historical perspective. Journal of Economic Literature 30: 1931–1964

Pasinetti LL (1981) Structural Change and Economic Growth. A Theoretical Essay on the Dynamics of the Wealth of Nations. Cambridge University Press, Cambridge

Perez C (1983) Structural change and the assimilation of new technologies in the economic and social systems. Futures 15: 357–75

Perez C, Soete L (1988) Catching Up in Technology: Entry Barriers and Windows of Opportunity. In: Dosi G, Freeman C, Nelson RR, Silverberg G Soete L(eds) Technical Change and Economic Theory. Pinter, London

Petit P, Soete L (2000) Technical change and employment growth in services: analytical and policy challenges. In: Petit P, Soete L (eds) Technology and the future of European employment. Edward Elgar, Aldershot

Saxenian A (1994) Regional Advantage. Culture and Competition in Silicon Valley and Route 128. Harvard University Press, Cambridge MA and London

Schumpeter JA (1939) Business Cycles: A theoretical, historical and statistical analysis of the capitalist process. McGraw-Hill, New York

Timmer M, Szirmai AE (2000) Productivity Growth in Asian Manufacturing: The Structural Bonus Hypothesis Examined. Structural Change and Economic Dynamics (11) 4: 371–392

van Duijn JJ (1983) The Long Wave in Economic Life. Allen & Unwin, London

Verspagen B (1993) Uneven Growth Between Interdependent Economies. The Evolutionary Dynamics of Growth and Technology. Avebury, Aldershot

Korreferat zu Bart Verspagen: Wachstum und Strukturwandel: Trends, Muster und Politikoptionen

Michael Fritsch

Hauptaussagen

Bart Verspagen analysiert in seinem Beitrag die Entwicklung einer Gruppe wesentlicher Industrieländer bis zur Mitte der 1990er Jahre. Seine Hauptthese besagt, daß die bis zum Beginn der 80er Jahre zu beobachtende starke Konvergenz der Arbeitsproduktivität innerhalb dieser Ländergruppe auf der Absorption des technischen Vorsprungs beruht, über den die USA am Ende des Zweiten Weltkrieges auf dem Gebiet der industriellen Massenproduktion verfügten. Dabei wird eine wesentliche Ursache für den technologischen Nachholbedarf der europäischen Staaten darin gesehen, das die Verhältnisse während und kurz nach dem Zweiten Weltkrieg eine Übernahme des in den Vereinigten Staaten vorhandenen technologischen Wissens stark behindert haben. Nach Einschätzung Verspagens wurde der technologisch Aufholprozeß der in die Betrachtung einbezogenen westeuropäischen Staaten wesentlich durch die Aufbauhilfe des Marshall-Plans unterstützt. Förderlich wirkten sich auch das nach dem Zweiten Weltkriege implementierte System fester Wechselkurse (Abkommen von Bretton Woods) sowie der Prozeß der Europäischen Integration aus, vor allem indem durch die damit verbundene Marktausweitung die Massenproduktion begünstigt wurde.

Bart Verspagen zeigt in seinem Beitrag, daß sich dieser Konvergenzprozeß mit Beginn der 80er Jahre wesentlich abgeschwächt hat. Er bietet drei Erklärungen hierfür an. Zum einen war zu Beginn der 80er Jahre bereits ein hohes Maß an Konvergenz erreicht, so daß der Anreiz bzw. die Notwendigkeit zur weiteren Angleichung nicht mehr so stark ausgeprägt war. Zum zweiten war auch der technologische Vorsprung der USA zu diesem Zeitpunkt nur noch gering ausgeprägt. Und drittens schließlich verlor während der 80er Jahre das „technologische System“ der Massenproduktion an ökonomischer Bedeutung, so daß ein Vorsprung oder Rückstand auf diesem Technologiegebiet seitdem einen immer geringer werdenden Einfluß auf die Arbeitsproduktivität der gesamten Volkswirtschaft hat.

Mitte der 90er Jahre begann dann die kritische Phase für ein anderes „technologisches System“, nämlich das der Informations- und Kommunikationstechnologie. Auch auf diesem Technologiegebiet sind die USA wiederum weltweit führend und es fragt sich, ob Europa dazu in der Lage sein wird, hier den Anschluß zu halten oder sogar aufzuholen. Am Ende seines Beitrages nennt Verspagen dann eine ganze Reihe von möglichen Maßnahmen, die auf europäischer Ebene oder in den einzelnen Mitgliedsländern ergriffen werden könnten, um die Diffusion des Wissens bzw. die Adoption neuer Techniken sicher zu stellen.

Dies alles klingt recht schlüssig, wobei insbesondere der empirische Apparat, der zur Untermauerung der Hypothesen herangezogen wird, sehr beeindruckt. Ich möchte mich in meinen Anmerkungen auf den Zusammenhang zwischen Technik und Arbeitsproduktivität konzentrieren. Hierzu werde ich zunächst zwei Fragen aufwerfen, die sich direkt aus der Analyse ergeben und die – entsprechend meiner Rolle als Korreferent – natürlich nicht zuletzt auch einen Versuch darstellen, ein „Haar in der Suppe“ zu finden (Abschnitt 2). Schließlich will ich die Ausführungen bzw. die implizit gemachten Annahmen zum Stellenwert der Adoption neuer Techniken für die Arbeitsproduktivität etwas ausführlicher kommentieren, da dies von sehr wesentlicher Bedeutung für die daraus folgenden wirtschaftspolitischen Implikationen ist (Abschnitt 3).

Zwei Fragen

Zunächst also zwei Fragen, die sich direkt auf die Analyse beziehen.

Die erste Frage betrifft den unterstellten zeitlichen Rahmen. Kann man – wie der Autor dies versucht – die Konvergenz während der 70er Jahre tatsächlich mit der Produktivitätsentwicklung im Bereich der industriellen Massenproduktion erklären? War die Ära der Massenproduktion in Ländern wie Deutschland und den USA nicht bereits gegen Ende der 60er Jahre mit dem Zusammenbruch des Systems fester Wechselkurse abgelaufen? Und waren die Informations- und Kommunikationstechniken nicht bereits vor Mitte der 90er Jahre relevant? Wenn wir das Ende der Massenproduktion auf Ende der 60er Jahre terminieren und die Ära der Informations- und Kommunikationstechnologie erst gegen Mitte der 90er Jahre beginnt, klafft zwischen beiden Ereignissen eine Lücke von 25 Jahren. Wie erklärt sich dann die Konvergenz, die zumindest für einen Teil dieser Periode zu verzeichnen ist? Aber wieso wird die kritische Phase des technologischen Systems der Informations- und Kommunikationstechnologie erst so spät angesetzt?

Zweitens frage ich mich, welches Bild sich hinsichtlich der Konvergenz der Arbeitsproduktivität während der fraglichen Periode ergibt, wenn man die Analyse nicht auf die relativ weit entwickelten Industriestaaten beschränkt, sondern weitere Länder einbezieht? Wir wissen ja aus diversen empirischen Untersuchungen (etwa Baumol, 1986, De Long, 1988), daß zwischen den westlichen Industriestaaten und einer Reihe von Entwicklungsländern nicht Konvergenz, sondern Divergenz zu diagnostizieren ist. Kann die technologische Entwicklung auch zur Erklärung solcher Divergenz herangezogen werden? Ist die abweichende Entwicklung solcher Länder zwischen 1950 und 1970 etwa auf einen dort nur relativ geringen Anteil der Industrieproduktion zurückzuführen, so daß Innovationen im Bereich der industriellen Massenproduktion nicht einen derart starken Effekt haben konnten wie in den europäischen Industriestaaten? Falls die technologische Entwicklung einen Beitrag zur Erklärung von Konvergenz oder Divergenz leisten kann, so wäre zu erwarten, daß wesentlich mehr Länder von der Einführung der Informations- und Kommunikationstechnologie profitieren können als im Falle der industriellen Massenproduktion. Hintergrund dieser Vermutung ist die Hypothese, daß die Informations- und Kommunikationstechnik wesentlich breiter einsetzbar ist als die Technologie der industriellen Massenproduktion. Wird also die zukünftig wahrscheinlich zunehmende Bedeutung der Informations- und Kommunikationstechnologie zu einer Vergrößerung der „Konvergenz-Clubs" führen? Da man andererseits aber auch nicht ohne weiteres annehmen kann, das sämtliche Länder in vollkommen gleicher Weise von der Entwicklung der Informations- und Kommunikationstechnologie profitieren werden, stellt sich die Frage, wieso die Wirkungen eventuell unterschiedlich ausfallen werden?

Die Bedeutung der Übernahme neuer Techniken für die Arbeitsproduktivität und ihrer Förderung

Es ist in der wissenschaftlichen Literatur als auch in der Förderungspolitik weitgehend üblich, die Qualität der Sachkapitalausstattung, insbesondere deren Modernität, als eine wesentliche Determinante für die Arbeitsproduktivität eines Betriebes, einer Region oder eines Landes anzusehen. Dies führt dann dazu, daß man häufig meint, mit der Übernahme neuer Techniken oder moderner Anlagen sei ein ganz wesentlicher Teil des Aufholprozesses bereits bewältigt. Ein Beispiel hierfür stellt die sogenannte „Schrott"-Hypothese dar, die behauptet hat, daß die geringe Arbeitsproduktivität der DDR-Betriebe nach der Grenzöffnung der Jahre 1989/90 vor allem auf die geringe Qualität des Kapitalstocks zurückzuführen sei. Die Empirie bietet zahlreiche Belege dafür, daß diese Hypothese in der Form nicht zutrifft: Beispielsweise ist der Anlagenbestand der ostdeutschen Wirtschaft infolge massiver staatlicher Investitionsförderung seit einigen Jahren moderner als der in Westdeutschland, während sich der Ost-West-Unterschied der Arbeitsproduktivität seit Mitte der 1990 Jahre kaum wesentlich verringert hat. Von entscheidender Bedeutung für die (Produktivitäts-)Wirkung von Technik ist offenbar ihre Implementation, insbesondere die „Intelligenz" der Einsatzweise (Mallok, 1996, Mallok und Fritsch, 1997). Es gibt Unternehmen, die mit relativ moderner Technik ein geringeres Produktivitätsniveau realisieren als mit alten Anlagen. Die Schulen an das Internet anzuschließen ist sicherlich nicht falsch, stellt aber lediglich einen ersten Schritt dar: Entscheidend ist, was die Schulen mit ihren Internet-Anschlüssen tun, wie sie die Verbindung mit dem Internet für die Erfüllung ihrer Aufgaben nutzen.

Ist es vor diesem Hintergrund sinnvoll, die Adoption moderner Techniken zu fördern? Ich bin in dieser Hinsicht sehr skeptisch, zudem sich ja auch kaum eine Rechtfertigung für entsprechende staatliche Maßnahmen über ein „Marktversagen" erkennen läßt. Auf jeden Fall führt die Übernahme neuer Technik nicht notwendig auch zu höherer Produktivität. Und: Wenn die Einsatzweise von Technik den wesentlichen Engpaß für ihre Wirkung darstellt, dann bedeutet dies zudem, daß sich die Produktivität vielfach auch ohne wesentliche Investitionen in Sachkapital steigern läßt. Es könnte also wesentlich effizienter sein, nicht die Übernahme neuer Technik sondern die Einsatzweise der bereits in den Betriebe vorhandenen Technik zu fördern.

Aber wie kann man die „Intelligenz" der Einsatzweise von Technik auf breiter Front stimulieren? Im Kern geht es hierbei vor allem um den Transfer und die Umsetzung von nicht-kodifizierbarem, sogenanntem „tacidem" Wissen; und die wesentliche Frage besteht darin, wie solches tacide Wissen kommuniziert werden kann? Wie kommen Spillover von tacidem Wissen in der Realität hauptsächlich zustande? Was sind die wesentlichen Medien für solche Spillover? Sind es vorwiegend Handelsströme, Direktinvestitionen, F&E-Kooperationen oder ist es der

Transfer „über Köpfe“, also Personaltransfer zwischen Unternehmen und die Personalfluktuation über den Arbeitsmarkt? Wie kann die Politik die Verbreitung und die Anwendung solch taciden Wissens fördern? Wenn das von Bart Verspagen in seinem Referat vorgeschlagene Erklärungsmuster zutrifft, dann sind dies die wesentlichen Fragen für die Politik. Dann entscheidet die Diffusion solch taciden Wissens über Konvergenz oder Divergenz der Arbeitsproduktivität. Auf jeden Fall dürfte die Förderung der Übernahmen moderner Technik häufig nicht den Engpaß treffen und daher kein besonders effektives Mittel der Politik darstellen.

Alles in allem hat Bart Verspagen hier einen sehr interessanten und ergiebigen Beitrag geleistet, der, wie ich denke, auch an der richtigen Stelle ansetzt, nämlich bei Innovationen und dem technischem Fortschritt. Dies ist wohl der am meisten Erfolg versprechende Ansatzpunkt für die Erklärung wirtschaftlicher Entwicklung und für die Wachstumspolitik, auch wenn es beim gegenwärtigen Stand des Wissens noch schwer ist, geeignete Ansatzpunkte für entsprechende wirtschaftspolitische Maßnahmen zu identifizieren.

Literatur

Baumol WJ (1986) Productivity Growth, Convergence, and Welfare: What the Long-run Data Show. American Economic Review 76: 1072–1085

De Long JB (1988) Productivity Growth, Convergence and Welfare: Comment. American Economic Review 87: 1138–1054

Mallok J (1996) Engpässe in ostdeutschen Fabriken – Technikausstattung, Technikeinsatz und Produktivität im Ost-West-Vergleich. Edition Sigma, Berlin

Mallok J, Fritsch M (1997) Die 'Intelligenz' der Techniknutzung – Zur Bedeutung des Maschinenparks und seiner Einsatzweise für die betriebliche Leistungsfähigkeit. Zeitschrift für betriebswirtschaftliche Forschung 49: 141–159

C. Wachstum und Beschäftigung in Deutschland: Probleme und Politikoptionen

Georg Erber

1 Einführung

In den letzten zwei Dekaden veränderte sich das weltwirtschaftliche Umfeld für die Wirtschaft in Deutschland rasant. Die drei großen dominierenden Wirtschaftsräume der Weltwirtschaft (USA, EU, Japan) stehen zueinander in einem wachsenden Standortwettbewerb um Kapital und Beschäftigungsmöglichkeiten. Zugleich sehen sie sich dabei einer wachsenden Konkurrenz aus anderen Regionen der Erde, den NIEs (newly industrializing economies) Asiens sowie Lateinamerikas, gegenüber, die sich intensiv bemühen zu den führenden OECD-Ländern aufzuschließen. Durch eine Kombination aus niedrigen Löhnen und Steuern und geringer Regelungsdichte bieten sie insbesondere auch ausländischen Investoren attraktive Anreizsysteme diese komparativen Vorteile für sich zu nutzen. Dabei spielen sowohl die Möglichkeiten zum Export der dort zu niedrigen Kosten hergestellten Produkte in die OECD-Länder als auch die durch die aufholende Entwicklung sich rasch entwickelnde Binnennachfrage dieser Länder (z.B. VR China, Asean-Region, Indien, Mercusur, etc.) ein Umfeld, das hohe Gewinnerwartungen schafft und damit Investoren aus den entwickelten OECD-Ländern anlockt. Auf Güter-, Arbeits- und insbesondere Kapitalmärkten findet eine rasch weiter zunehmende Integration durch vielfältige wechselseitige Verflechtungen mit den Wirtschaftsräumen der OECD-Länder statt.

Durch die Entwicklung der Informations- und Kommunikationstechnologien (IKT) sowie der Liberalisierung der internationalen Wirtschaftsbeziehungen sind neue Gestaltungsmöglichkeiten in der weltwirtschaftlichen Arbeitsteilung erreichbar, die hohe Effizienzsteigerungen bereits gebracht haben und für die Zukunft weitere erwarten lassen. Diese Effizienzgewinne einer sich global vorrangig nach einzelwirtschaftlichen Effizienzgesichtspunkten strukturierenden Weltwirtschaft führen jedoch aufgrund der sich damit rasch vollziehenden Veränderungen der Wettbewerbsfähigkeit zahlreicher bisher nur einer lokalen Konkurrenz ausgesetzten Unternehmen zu einem Prozeß der gesellschaftlichen Spaltung. Gewinner stehen Verlierer der Globalisierung gegenüber, wobei letztere trotz des insgesamt wachsenden Wohlstands für sich Wohlstandsverluste hinnehmen müssen. Damit wachsen gesellschaftliche Widerstände den Prozeß der Globalisierung in der bisherigen Form sich fortsetzen zu lassen.

Die multilateralen Organisationen wie die WTO oder der IWF und die Weltbank geraten als Repräsentanten der derzeitigen Weltwirtschaftsordnung daher ins Kreuzfeuer der Kritik. In Seattle beim Treffen der WTO eine neue Runde der Handelsliberalisierung unter dem Mitgliedsländern zu beginnen, wie beim World

Economic Forum in Davos sowie der Frühjahrstagung des IWF/Weltbank des Jahres 2000 artikuliert sich ein heterogenes Spektrum von Interessengruppen, die sich als unmittelbar negativ Betroffene oder als Interessenvertreter der Verlierer dieses Globalisierungsprozesses verstehen. Sie fordern Mitspracherechte für sich bei der Gestaltung der Rahmenbedingungen für den sich vollziehenden Globalisierungsprozeß.

Neben dieser außerinstitutionellen Kritik wächst auch die Kritik von *insidern*, die grundlegende Reformen an den bestehenden multilateralen Institutionen fordern und die Schaffung eines den neuen Erfordernissen entsprechenden Ordnungsrahmens anstreben (vgl. hier z.B. Stiglitz, 2000). Zugleich wird die Besetzung von Spitzenpositionen dieser Organisationen heftig zwischen den verschiedenen Regierungen der Mitgliedsländer diskutiert und droht deren Funktionsfähigkeit als Moderatoren zwischen den gegensätzlichen Interessengruppen zu schwächen.

Infolge der Öffnung vieler Länder, die sich bisher unabhängig von den führenden OECD-Ländern entwickeln wollten, besonders seit deren Abkehr vom als Alternative angesehenen sozialistischen Wirtschaftsmodell, wurde dieser Prozeß meist von einem erheblichen Anstieg von Direktinvestitionen aus den OECD-Ländern dorthin begleitet. Durch die Verlagerung von Produktionsstätten aus dem OECD-Raum einschließlich des damit verbundenen Technologietransfers in andere Teile der Welt wurde eine rasche Integration der Weltwirtschaft vorangetrieben.

Traditionell deutsche Großunternehmen nutzen dieses neue weltwirtschaftliche Umfeld, um sich als *global player* eine günstige Stellung weltweit zu verschaffen.[1] Ausländische Unternehmen sind umgekehrt um einen verbesserten Marktzugang auch auf dem deutschen Markt bemüht (ein aktuelles Beispiel war die feindliche Übernahme von Mannesmann durch Vodafone-Airtouch). Dies geschieht deshalb zu einem erheblichen Teil auch durch Fusionen zwischen Firmen die ihren Ursprung in verschiedenen Ländern haben, aber auch nationale Fusionen werden oftmals als Maßnahme gegen den internationalen Druck vor feindlichen Übernahmen legitimiert. Mit internationalen Fusionen vermeiden Unternehmen einen langwierigeren Aufbau durch die Errichtung eigener neuer Produktionsstätten und Vertriebsnetzwerke im jeweiligen Ausland. Besondere Beachtung findet diese Entwicklung, weil die dabei miteinander fusionierenden Unternehmen immer größer werden und deren Bilanzsummen manchmal bereits das Bruttosozialprodukt mittlerer Volkswirtschaften übertreffen. Megafusionen können aufgrund der von ihnen ausgehenden umfangreichen Restrukturierungen, der durch sie gebildeten Konglomerate über Ländergrenzen hinweg deutliche Auswirkungen auf die jeweiligen Wachstums- und Beschäftigungsperspektiven der einzelnen Länder wie Deutschland ausüben.

Durch die Modernisierung der Produktionsanlagen und Verknüpfung von Vertriebsnetzwerken mittels des in den OECD-Länder vorhandenen technologischen und organisatorischen *know how's* lassen sich die anderswo vorhandenen Standortpotentiale in weniger entwickelten Ländern besonders effektiv nutzen. Zugleich können Kapazitäten so geplant werden, daß sie unabhängig von nationalen Gren-

---

[1] Aktuelle Beispiele sind die Fusionen zwischen Daimler-Benz mit Chrysler zum Konzern DaimlerChrysler, zwischen der Deutschen Bank und Bankers Trust, der Deutschen Telekom mit Voicestream oder Hoechst mit Rhône-Poulenc zu Aventis.

zen betriebswirtschaftlichen Optimalitätskriterien eines globalen Marktes genügen. Die im Zuge von Unternehmensfusionen entstehenden Einsparpotentiale führen oftmals zu erheblichen Freisetzungseffekten bei den Beschäftigten über Ländergrenzen hinweg. Aufgrund des bestehenden Marktzugangs zu den Märkten der OECD-Länder können deren multinationale Unternehmen besonders rasch die Vorteile eines weltweit ungehinderten Marktzugangs für sich internalisieren. Zusammenschlüsse wie der Global Business Dialogue zeigen, daß sie vorwiegend von Vertretern der Interessen großer multinationaler Unternehmen gebildet werden. Weniger international orientierte kleine und mittelständische Unternehmen sind für diese Entwicklungen weniger gut vorbereitet und leiden daher stärker an dem dadurch geschaffenen Anpassungsdruck. Es gelingt letzteren auch weitaus weniger Effektvoll ihre spezifischen Interessen in den internationalen politischen Gestaltungsprozeß einzubringen. Das gleiche gilt für Arbeitnehmer deren Qualifikationen international nicht mehr den durch nationale Lohnbildung gegebenen globalen Knappheitspreisen entsprechen. Neben *global playern* seien sie Manager von multinationalen Konzernen, Medienpersönlichkeiten wie Künstler oder Sportler oder Vertreter internationaler politischer Organisationen oder hochspezialisierte Arbeitskräfte mit Spitzenqualifikationen wie Wissenschaftler oder Wertpapierhändler an den internationalen Finanzmärkten sind die meisten normalen Arbeitskräfte auf diese Entwicklung bisher nicht oder unvollkommen vorbereitet.

Kritisch wird es für Arbeitnehmer deren Qualifikationen international nicht mehr den durch deren nationale Lohnbildung sonst gegebenen internationalen Knappheitspreisen entsprechen. Bisher ist zwar eine deutliche Anpassung des nach dem Faktorproportionentheorem von Stolper-Samuelson erwartbaren Ausgleichs auch der Faktorpreise bei flexiblen Märkten an den Arbeitsmärkten statistisch nicht als besonders wichtiger Einflußfaktor meßbar, aber mit einer zunehmenden Öffnung der nationalen Arbeitsmärkte sei es durch direkte Konkurrenz oder Untertunnelung im Zuge durch Standortverlagerung von entsprechenden Tätigkeiten in Billiglohnländer spüren viele Arbeitnehmer diesen wachsenden Konkurrenzdruck. Mithin können auch in Deutschland gering qualifizierte Arbeitnehmer nur dort Arbeit zu international vergleichsweise hohen Löhnen finden, die sich nicht unmittelbar einem internationalen Wettbewerb mit Konkurrenten aus dem Ausland stellen müssen.

Durch einen Migrationsdruck aus den ärmeren Ländern insbesondere, wenn dort politische und soziale Krisen ausbrechen, die bis zu bürgerkriegsähnlichen Verhältnissen führen, treten jedoch auch durch eine starke Zuwanderung gering qualifizierter Arbeitskräfte aus diesen Regionen Arbeitsmarktprobleme im Niedriglohnsegment des Arbeitsmarktes in Deutschland auf. Insbesondere aus Mittel- und Osteuropa hat in den 1990er Jahren eine starke Zuwanderung von Arbeitskräften nach Deutschland stattgefunden, die nur mühsam in den deutschen Arbeitsmarkt und teilweise zu Lasten entsprechender deutscher Arbeitnehmer integriert werden können.[2] Dies hat auch zu einer Zunahme der Xenophobie in Deutschland insbesondere unter den sozial schwachen Arbeitnehmern und deren

---

[2] Ein besonders schwieriger Bereich ist die Bauindustrie, die durch die Zuwanderung von legalen und illegalen Arbeitskräften aus dem Ausland die Arbeitslosigkeit unter deutschen Bauarbeitern in die Höhe getrieben hat.

Familienangehörigen beigetragen, die diese Zuwanderung als direkte Arbeitsplatzkonkurrenz erleben.

Bei industriellen Arbeitsprozessen, die einen geringen Einsatz hochqualifizierter Arbeit jedoch in erheblichen Umfang einfache Arbeiten von geringqualifizierten Arbeitern erfordern, können Produktionen ebenso leicht in Niedriglohnländer ausgelagert werden, wenn logistische oder sonstige Probleme dem nicht mehr entgegenstehen. Durch eine weltweite Handelsliberalisierung wird diese Entwicklung beschleunigt vorangetrieben, da bestehende institutionelle Barrieren wie Zollschranken aber auch nicht-tarifäre Handelshemmnisse abgebaut werden. Dies trägt zur Aushöhlung (*hollowing out*) ganzer industrieller Wirtschaftszweige in den OECD-Ländern bei, die sich durch den Prozeß des *global sourcing* die Vorteile einer kostengünstigeren internationalen Arbeitsteilung zu Nutze machen.

Traditionelle Industrien sind deshalb bereits seit längerer Zeit in den OECD-Ländern nicht mehr die Schlüsselbereiche für einen nachhaltigen Wachstumsprozeß, der dort zusätzliche Arbeitsplätze in ausreichendem Maße schafft. Dies hat in den zurückliegenden zwei Jahrzehnten insbesondere zuerst in den USA in den 1980er Jahren, in Europa etwas später aber lang andauernder bis zum Ende der 1990er Jahre und in Japan seit Beginn der 1990er Jahre bis zur Gegenwart zu einem deutlichen Anstieg der Arbeitslosigkeit geführt. Diese Entwicklung wurde auch unter dem Stichwort *jobless growth* diskutiert. Dabei sind die gering qualifizierteren Arbeitskräfte diejenigen, die ein besonders hohes Arbeitsmarktrisiko tragen.

Nachhaltiges gesamtwirtschaftlich bedeutsames Beschäftigungswachstum ist in den OECD-Ländern wie auch in Deutschland vornehmlich nur in Dienstleistungsbereichen insbesondere im bisher statistisch nur unzureichend erfaßten Segment der sonstigen Dienstleistungen festzustellen (Kremer, H., 1998). Dort ist der internationale Wettbewerbsdruck aufgrund einer nicht vorhandenen oder nur geringen Handelbarkeit von Dienstleistungen weniger ausgeprägt.

Mit der wachsenden Bedeutung elektronischer Dienstleistungen werden sich jedoch die Gewichte innerhalb der Dienstleistungsproduktion hinsichtlich des internationalen Wettbewerbsdruckes zu einer zunehmenden Wettbewerbsintenstität für elektronische Dienste und immaterielle Güter und damit die Arbeitsmarktlage derartiger Dienstleistungsberufe verschieben. Durch die Schaffung eines globalen *Electronic Commerce* ist mit nachhaltigen deutlichen Veränderungen im gesamten weltwirtschaftlichen Transaktionssystem zu rechnen.

Die Deregulierung von Dienstleistungsbereichen, die aufgrund einer bisher hohen Regulierungsdichte bei Dienstleistungstätigkeiten hohe Marktzutrittbarrieren am nationalen Arbeitsmarkt in der Vergangenheit errichteten, wird in den kommenden Jahren auch in Deutschland wie anderen OECD-Ländern voranschreiten, so daß bisherige institutionelle Grenzziehungen hinsichtlich eines verstärkten Marktzutrittswettbewerbs auch in Deutschland an Einfluß verlieren werden. Zugleich führt die Privatisierung oder Öffnung bisher ausschließlich unter staatlicher Kontrolle stehender Infrastrukturdienstleistungen einschließlich von *outsourcing* von Teilen staatlicher Verwaltungsdienstleistungen zu einem deutlichen Rückgang der Beschäftigung im öffentlichen Dienst. Durch die Nutzung moderner IKT im öffentlichen Dienst wird diese Entwicklung noch weitere Einsparpotentiale und damit einen Beschäftigungsabbau im öffentlichen Dienst zur Folge haben. Die kräftige Expansion der Staatsschulden im Zuge der Finanzierung der Transferleistungen für Ostdeutschland üben darüber hinaus einen starken Druck auf die öffentlichen Haushalte aus, diesen Schuldenberg abzutragen und nicht aufgrund hoher Zinsbelastungen in zunehmendem Maße in der Erfüllung seiner öffentlichen Dienstleistungen eingeschränkt zu sein. Der vom Bundesfinanzminister mühsam durchgesetzte Konsolidierungskurs bei den Staatsausgaben muß noch längere Zeit durchgehalten werden, um zu nachhaltigen soliden Staatsfinanzen zurückzukehren. Daran ändern auch die hohen einmaligen Erlöse aus der UMTS-Auktion wenig.

Durch die Harmonisierung des Binnenmarktes in der EU auch im Bereich der gegenseitigen Anerkennung von Qualifikationen von Arbeitnehmern aus den Mitgliedsstaaten, durch die Zulassung einer Zuwanderung von hochqualifizierten Arbeitskräften aus Ländern außerhalb der EU, durch die Erteilung von Arbeitsgenehmigungen wie dies insbesondere in der vom Bundeskanzler ausgelösten öffentlichen Debatte um die Erteilung von Green-Cards für ausländische IT-Spezialisten geschehen ist, findet wohl auch in den kommenden Jahren eine sukzessive Globalisierung auf dem Arbeitsmarkt in den kommenden Jahren statt.

Das starke Beschäftigungswachstum in den USA in den 1990er Jahren ist vorwiegend von einer starken Expansion des Dienstleistungssektors gegenüber den traditionellen Industriebereichen getragen worden. Nur durch die Nutzung der dort bestehenden Potentiale konnte gemeinsam mit einem außergewöhnlich starken Wirtschaftswachstum die Arbeitslosenquote (nach ILO-Standard gemessen) auf einen seit über dreißig Jahren nicht mehr beobachten Stand von knapp über 4% sinken.

Bemerkenswert ist hinsichtlich dieser Entwicklung auch, daß diese Entwicklung sich dort zusammen mit einem deutlichen Anstieg der Arbeitsproduktivität vollzogen hat. Nach Revisionen der VGR in den USA hat sich das Produktivitätswachstum in den USA seit Mitte der 1990er Jahre verdoppelt ohne zugleich dort negative Beschäftigungsentwicklungen hervorzurufen. Das sogenannte Solow-Paradox nachdem die Informations- und Komunikationstechnologien (IKT) keinen gesamtwirtschaftlich meßbaren Beitrag zur Produktivitätsentwicklung beigetragen haben wird daher zunehmend in Zweifel gezogen (Jorgenson, 2001, Jorgenson, Stiroh, 2000). Mit dieser Entwicklung, die auch gering qualifizierte Arbeitnehmern in den USA neue Beschäftigung gebracht hat, vollzog sich jedoch ein Prozeß der Lohnspreizung zwischen qualifizierten und unqualifizierten Arbeitnehmern. Letztere stehen oftmals gemessen an ihrem realen Lohneinkommen kaum besser oder sogar schlechter da als Mitte der 1970er Jahre als der Einbruch dem Produktivitätswachstum in den OECD-Ländern insbesondere auch den USA einsetzte. Paul Krugman hat daher im Vergleich zwischen den Entwicklungen in den USA und Deutschland eine Trade-off-Hypothese aufgestellt, daß hohe Beschäftigung bei niedrigen Löhnen und niedrige Beschäftigung bei hohen Löhnen nur zwei Seiten der gleichen Medaille seien. Insbesondere führe die geringere Lohnspreizung in Deutschland als in den USA zu einem hohen Sockel an gering qualifizierten Arbeitslosen in Deutschland, der unter den derzeitigen Arbeitsmarktverhältnissen kaum eine Chance auf eine neue Einstellung hat.

Für Deutschland fand in den 1990er Jahre ein historisch einzigartiges einschneidendes Ereignis mit der deutschen Wiedervereinigung statt. Deshalb darf auch die relativ ungünstige deutsche wirtschaftliche Entwicklung aufgrund dieses besonderen Ereignisses im internationalen Vergleich nicht zu negativ bewertet werden. Andere Mitgliedsländer der EU haben in den zurückliegenden Jahren nicht entsprechende Anpassungslasten wie Deutschland zu tragen gehabt und konnten daher mehr Ressourcen in zukunftsorientierte Bereiche wie Forschung und Entwicklung, die Bildungs- und Ausbildungssysteme oder den Ausbau der Infrastruktur insbesondere im Bereich der IKT lenken.

Die durch die Vereinigung seit 1990 und für die kommenden Dekaden noch zu erwarteten Anpassungslasten bei der wirtschaftlichen Entwicklung der neuen Bundesländer erreicht Größenordnungen von bisher rund 2 Bill. DM und voraussichtlich weiteren 500 Mrd. DM, die weit über denen sonst durch andere Länder im Rahmen der Entwicklungshilfe erbrachten Transferleistungen ohne eine vorrangige Beziehung zu wirtschaftlichen Effizienzgesichtspunkten entsprechen. Deshalb wurde die deutsche Vereinigung nicht wie häufig geglaubt nach vorrangig marktwirtschaftlichen Prinzipien umgesetzt, sondern es wurden bewußt erhebliche Verzerrungen bezüglich der wirtschaftlichen Effizienz in Kauf genommen, um zu einer rascheren Angleichung der Lebensverhältnisse zwischen Ost- und Westdeutschland zu kommen, als dies aus der Perspektive der wirtschaftlichen Leistungsfähigkeit sonst hätte erfolgen können.

Die vorauseilende Einkommensanpassung insbesondere der Lohneinkommen an das Niveau Westdeutschlands entsprach dabei oftmals nicht den Möglichkeiten der Unternehmen in Ostdeutschland, diese auch ohne erhebliche Subventionen des Staates vorwiegend oder ausschließlich am Markt zu erwirtschaften. Damit ist eine zügige umfassende Anpassung der ostdeutschen Betriebe an vorwiegend vom Marktgeschehen bestimmte Kostenstrukturen noch für längere Zeit unter den gegebenen gesellschaftspolitischen Verhältnissen schwer erreichbar. Durch eine rasche Rückführung der Staatshilfen für die ostdeutschen Betriebe würden ansonsten eine große Zahl dieser Betriebe ganz vom Markt verschwinden oder zu noch drastischeren Rationalisierungsmaßnahmen angetrieben, die weitere Freisetzungen von Arbeitskräften zur Folge hätten. So ist auch noch nach zehn Jahren des wirtschaftlichen Aufbaus in Ostdeutschland noch kein selbsttragender wirtschaftlicher Aufschwung erreicht worden. Ein Teil der Probleme sind sicherlich in gravierenden Fehlentscheidungen beim Aufbau in den 1990er Jahren zu sehen, aber wie auch empirische Ergebnisse aus der Literatur zum *catching-up*, d.h. der aufholenden wirtschaftlichen Entwicklung, in vielfältiger Weise gezeigt haben, beträgt im Durchschnitt die von Barrow ermittelte Rate mit der die Lücke zwischen Volkswirtschaften und Regionen mit unterschiedlichem Produktivitätsniveau geschlossen werden kann nur rund 3% pro Jahr. Mithin wäre ein Anpassungsprozeß der Produktivität gemäß dieser Barro-Regel von etwa dreißig Jahren für Ostdeutschland zu erwarten. Derzeit liegt das Niveau der Produktvitätsanpassung Ostdeutschland zu dem des Westens bei rund 60%, so daß aufgrund der erheblichen Transferleistungen und Hilfen der Anpassungsprozeß in Ostdeutschland wesentlich rascher verlief.

Durch den Beitritt Ostdeutschlands zur Bundesrepublik Deutschland entstand aufgrund der international und im vereinigten Deutschland zunächst kaum wettbewerbsfähigen ehemaligen Unternehmen der sozialistischen Planwirtschaft in den neuen Bundesländer ein besonders schwieriger Prozeß der Strukturanpassungen in Deutschland. Eine weitgehend mit obsolet gewordenen Ausrüstungen produzierende ostdeutsche Wirtschaft, die darüber hinaus einen äußerst komplizierten Prozeß der Privatisierung der ehemaligen Staatsbetriebe und Kombinate über sich ergehen lassen mußte, konnte vorrangig nur durch radikale Rationalisierungsstrategien an ein international wettbewerbsfähiges Kostenniveau heran geführt werden. Dieser kategorische Imperativ einer Rationalisierung der Produktion auch um den Preis drastischen Abbaus von Arbeitsplätzen ließ der Wirtschaft dort kaum andere Handlungsspielräume. Besonders anschaulich wird dies am Beispiel des Verdoorn-Zusammenhangs (auch Verdoorn's Gesetz genannt), der die Beziehung zwischen der Veränderungsrate der Arbeitsproduktivität und der Wachstumsrate der Wirtschaft darstellt.

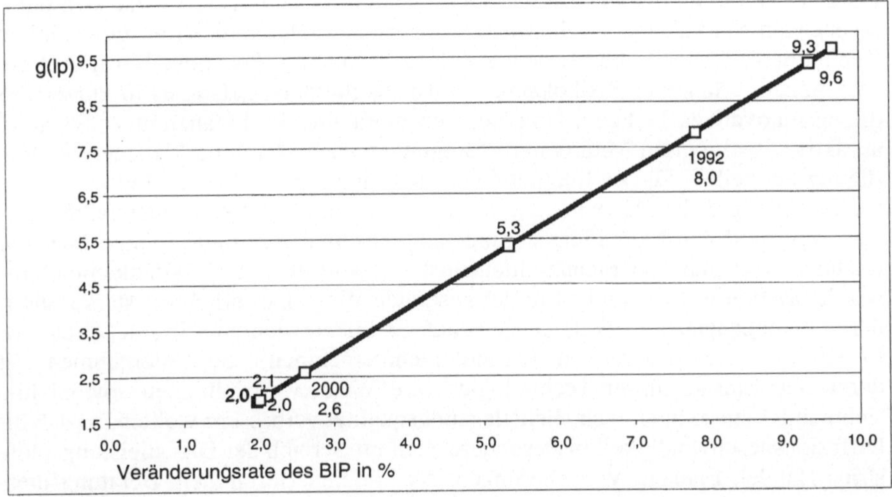

1) 1999 und 2000

Quellen: Statistisches Bundesamt

Abb. C1. Verdoorn's Gesetz für Ostdeutschland

Durch den Transformationsprozeß in Mittel- und Osteuropa ist seit Beginn der 1990er Jahre ein großes Arbeitskräftepotential verfügbar geworden, das insbesondere für Deutschland als Anrainerstaat aufgrund seiner räumlichen Nähe und traditioneller kultureller Verbindungen aus der Zeit vor dem 2. Weltkrieg genutzt werden kann. Mit der sich abzeichnenden schrittweisen Osterweiterung der EU in diesen Wirtschaftsraum ergeben sich zukünftig zusätzliche Möglichkeiten insbesondere auch durch die Migration von Arbeitskräften in die EU und insbesondere nach Deutschland, die das Angebot an Arbeitskräften aufgrund bestehender deutlicher Lohndifferentiale dort verbreitern wird.

Die IKT werden bereits seit Beginn der 1980er Jahre weltweit als *key driver* der technologischen Entwicklung für die Zukunft angesehen. Ihre Herstellung und ihr Einsatz verlangen zum einen von den Arbeitskräften neue Qualifikationsmuster, zum anderen bieten sie die Chance zu großen Produktivitätsfortschritten. Dies hat dazu geführt, daß insbesondere in den USA aufgrund der wiedererlangten wirtschaftlichen Stärke in den 1990er Jahren und einem rapiden Abbau der Arbeitslosigkeit dort von einer *New Economy* gesprochen wird. Die Schaffung von Informationsgütern selbst ist durch eine zunehmende Bedeutung des Produktionsfaktors Wissen im Vergleich zu den materiellen Inputs Sachkapital und Arbeit gekennzeichnet.

Durch die rasche Ausbreitung des Internets als einer weltweit standardisierten Kommunikationsplattform hat der Bereich der IKT einen starken Wachstums- und technologischen Entwicklungsimpuls erhalten. Durch diese *general purpose technology* (GPT) ergeben sich außerordentlich vielfältige neuartige Nutzungsmöglichkeiten, die auch zu wirtschaftlich verwertbaren neuen Produkten und Diensten geführt hat und noch in zunehmendem Maße führen wird. Insbesondere in den USA als Mutterland des Internets haben kleine innovative KMU diese sich damit ergebenden Marktchancen schon frühzeitig erkannt. Durch einen leistungsfähigen Kapitalmarkt für technologieorientierte Unternehmen in Form des NASDAQ und eine Anzahl erfahrener Risikokapital Finanzinstitutionen gelang es in kurzer Zeit diesen innovativen Dot.com-Unternehmen umfangreiche Finanzmittel und durch attraktive stock-option Mitarbeiterbeteiligungen auch erfahrene Manager zur Verfügung zu stellen. Dieser Internet-Boom hat einen wesentlichen Beitrag zur besonders erfolgreichen Entwicklung in den USA seit Mitte der 1990er Jahre geleistet. Aufgrund günstiger Finanzierungsmöglichkeiten von Investitionen über den reichlichen Zufluß von Finanzmitteln insbesondere über den Aktienkapitalmarkt wurde die Investitionstätigkeit in der gesamten Wirtschaft erheblich stärker als in der vorangegangenen Periode ausgeweitet. Es bildete sich ein virtuous circle von Investitionen der innovativen Technologieunternehmen, von Unternehmen, die durch den Einsatz dieser Technologien ihre Wettbewerbsfähigkeit sowohl hinsichtlich Effizienz aber auch Dienstleistungsqualität verbessern wollten, so daß die Diffusionsgeschwindigkeit insbesondere auch im Bereich der Dienstleistungsindustrien Handel, Banken, Versicherungen, Ausbildung, Gesundheit, Beratungsdiensten, Informations- und Kommunikationsdienstleistungen, Medien und Verwaltungs- und administrativen Dienstleistungen sich ausbreitete. Dies führte zu einem kumulativen Prozeß einer Wachstumsbeschleunigung der amerikanischen Wirtschaft, die aufgrund keiner fundamentalen Angebotsengpässe bisher nicht zu einer inflationären Preissteigerung überging. Damit veränderte sich auch die Einschätzung über das derzeitige Wachstumspotential der amerikanischen Wirtschaft. Allerdings zeichneten sich bereits in den letzten Jahren Übertreibungen am Aktienmarkt ab, die dessen Allokationseffizienz in Frage stellen (vgl. hierzu z.B.: Shiller, 2000). Der Seit dem Frühjahr weltweit statt gefundene Einbruch der Börsenkurse insbesondere an den Technologiebörsen, hat die allzu optimistischen Erwartungen an einem langen Boom der Weltwirtschaft nachhaltig korrigiert. Es bleibt daher derzeit abzuwarten, was nach dem Wachstumsschub insbesondere in den USA an nachhaltiger struktureller Wachstumsbeschleunigung erhalten bleibt, oder, ob diese sich als doch überwiegend transitorische Entwicklung aufgrund einmaliger Sondereffekte erweist (siehe hierzu Jorgenson, Stiroh, 2000 sowie Gordon, 1998, 2000).

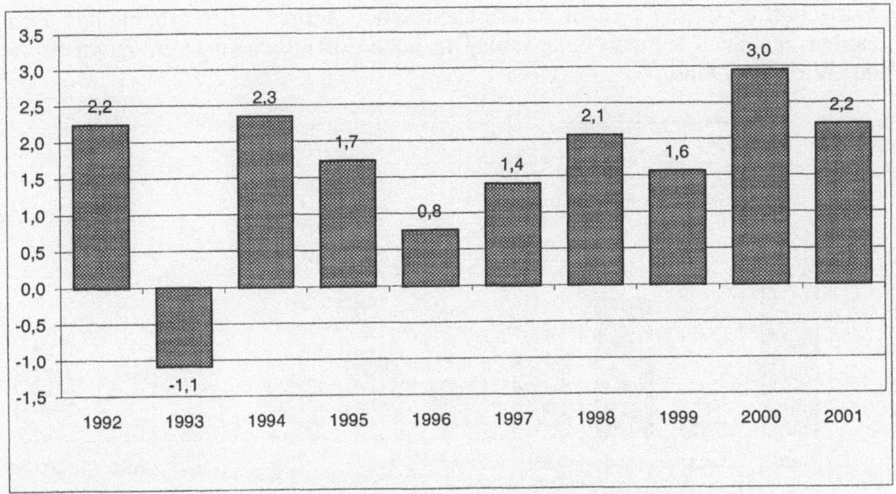

1) 2001 Prognose.

Quellen: Statistisches Bundesamt und eigene Berechnungen

Abb. C2. Wachstum des Bruttoinlandsprodukts in Deutschland, 1992-2001

Im Vergleich hierzu hat Deutschland in den 1990er Jahren sich als im internationalen Vergleich der OECD-Länder als ungewöhnlich wachstumsschwache Wirtschaft erwiesen (siehe auch Abbildung C2). Die zu Beginn der 1990er Jahre noch erwartete Wachstumsrate für das reale Bruttoinlandsprodukt von rund 2,2% wurde in den 1990er Jahren nicht erreicht. Nach dem Vereinigungboom zu Beginn der 1990er Jahre, der durch massive staatliche Ausgabendefizite finanziert wurde, verlangsamte sich dieser Wachstumsprozeß als die Deutsche Bundesbank einen aufkommenden Inflationsschub durch eine restriktive Geld- bzw. Zinspolitik stoppte. Aufgrund danach auch weltwirtschaftlich ungünstiger Rahmenbedingungen einschließlich eines rasch steigenden Wechselkurses der DM zum US Dollar war die deutsche Wirtschaft in ihrer traditionellen Rolle als Exportwirtschaft nicht mehr in der Lage einen exportgetriebenen hohen Wachstumspfad fortzusetzen.

Die im Zuge des Maastricht-Vertrages zwischen den EU-Ländern vereinbarten Konvergenzziele hinsichtlich Inflation, Wechselkursstabilität zum Ecu und der Staatsschulden und Defizitquoten dämpften aufgrund der damals noch recht ausgeprägten Differenzen zwischen den potentiellen Mitgliedsländern das Wirtschaftswachstum zusätzlich im gesamten EU-Raum. Darüber hinaus führten die Turbulenzen des Transformationsprozesses in Osteuropa nach dem Zusammenbruch der Sowjetunion sowie ab 1997 mit dem Beginn der Asienkrise und weiterer wichtiger Entwicklungsländer in Lateinamerika sowie Rußlands zu weltwirtschaftlichen Turbulenzen, die insbesondere Deutschland als besonders exportorientiertes Land schwerer als andere OECD-Länder mit Ausnahme Japans trafen. Während daher die USA weitgehend einen von binnenwirtschaftlicher Nachfragexpansion getriebenen Boom erlebten und aufgrund ihrer weltweiten Führungsrolle des US Dollars auch auf den Weltfinanzmärkten mit kumulativ wachsenden Handels- und Zahlungsbilanzdefiziten leben konnten, mußte die deutsche

Wirtschaft all diesen weltwirtschaftlichen Schocks ihren einen erheblichen Tribut zahlen, der auch seinen Niederschlag in außerordentlich mageren Zuwachsraten der Wirtschaft fand.

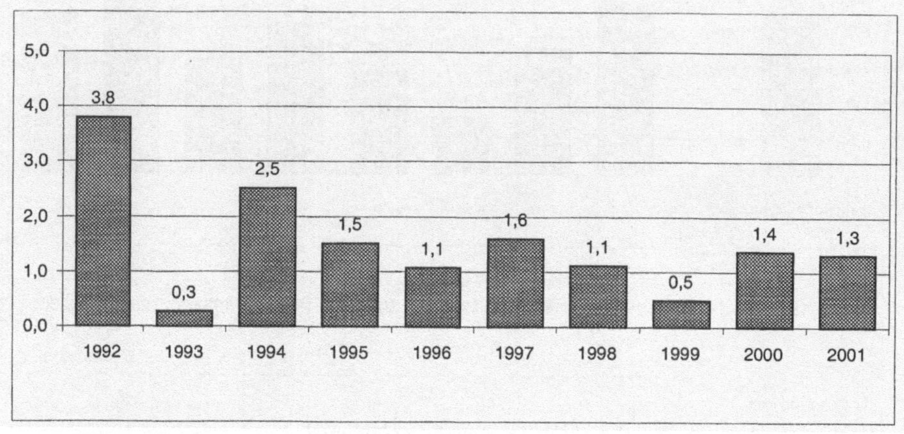

1) zu Preisen von 1995.
2) 2001 Prognose.

Quellen: Statistisches Bundesamt und eigene Berechnungen

Abb. C3. Wachstum der Arbeitsproduktivität in Deutschland, 1992–2001

Trotz dieser ungünstigen Wachstumsdynamik wurde aufgrund des Kostendrucks nicht nur in Ostdeutschland ein weiterhin recht hoher Zuwachs bei der Arbeitsproduktivität realisiert. Wie aus der Abbildung C3 ersichtlich konnte im Mittel ein Wert von rund 2% pro Jahr beibehalten werden. Damit entfiel die Last eines geringen Wirtschaftswachstums auf die Beschäftigungsentwicklung. Bis zum Jahr 1997 sank die Zahl der Erwerbstätigen in Deutschland kontinuierlich. Dabei war Ostdeutschland aufgrund seiner erheblichen Defizite bei der Wettbewerbsfähigkeit seiner Wirtschaft die am stärksten von dieser Entwicklung gebeutelte Region.

Trotz eines zeitweiligen Rückgangs seiner nach dem Vereinigungsschock 1990 rasch auf 15,5% im Jahr 1992 gestiegenen Arbeitslosenquote konnte eine vorübergehender Rückgang bis zum Jahr 1995 auf 13,8% nicht fortgeführt werden (siehe Abbildung C4). Mit der Abschwächung der Konjunktur auch in Westdeutschland im Jahr 1996 stieg die Arbeitslosenquote in Ostdeutschland auf neue Rekordhöhen von 18,5% im Jahr 1998 und sank nur um einen Prozentpunkt im darauffolgenden Jahr 1999. Damit verringert sich derzeit nicht mehr der Abstand zwischen den Arbeitslosenquoten, da zahlreiche strukturelle Probleme insbesondere auch ein überdimensionierter Bausektor die seit einigen Jahren durchaus positive Entwicklung in der ostdeutschen Industrie hinsichtlich der gesamtwirtschaftlichen Beschäftigungs- bzw. Arbeitslosenentwicklung zunichte macht.

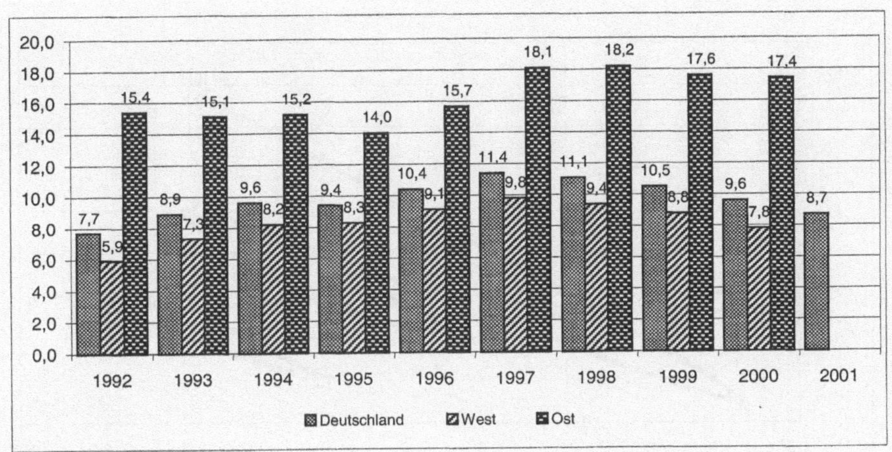

1) Nationale Definition.
2) 2001 Prognose.

Quelle: Bundesanstalt für Arbeit

Abb. C4. Entwicklung der Arbeitslosenquoten in Deutschland, 1992–2001.

Erst mit dem weitgehenden Abbau noch bestehender vereinigungsbedingter Strukturdefizite ist mit einer deutlichen Annäherung der Arbeitslosenquoten in Ost- und Westdeutschland zu rechnen.

War für Ostdeutschland wie bereits aus der Abbildung C1 ersichtlich der Zusammenhang zwischen Produktivitätswachstum und Wirtschaftswachstum die einzige Möglichkeit sich innerhalb der gegebenen wirtschaftlichen Rahmenbedingungen zu behaupten, so stellt sich der Verdoorn Zusammenhang für Deutschland insgesamt völlig anders dar. Statt eines stabilen linearen Zusammenhangs wie in Ostdeutschland verläuft hier die Entwicklung, die aufgrund des außerordentlich starken Gewichts der westdeutschen Wirtschaft von dieser dominiert wird, weitgehend regellos. Im Zuge der verschiedenen Konjunkturzyklen der 1990er Jahre verschieben sich die Beobachtungspunkte nach rechts. Dies deutet auf eine vergleichsweise stabiles Wachstums der Arbeitsproduktivität bei einem gleichzeitig im Laufe der 1990er Jahre wieder zunehmendem Wirtschaftswachstum hin. Sollte sich diese Entwicklung auch nach dem Jahrtausendwechsel entsprechend fortsetzten, dann könnte in den kommenden Jahren mit Wachstumsraten des Bruttoinlandsprodukts in Deutschland von mindestens 3% gerechnet werden.

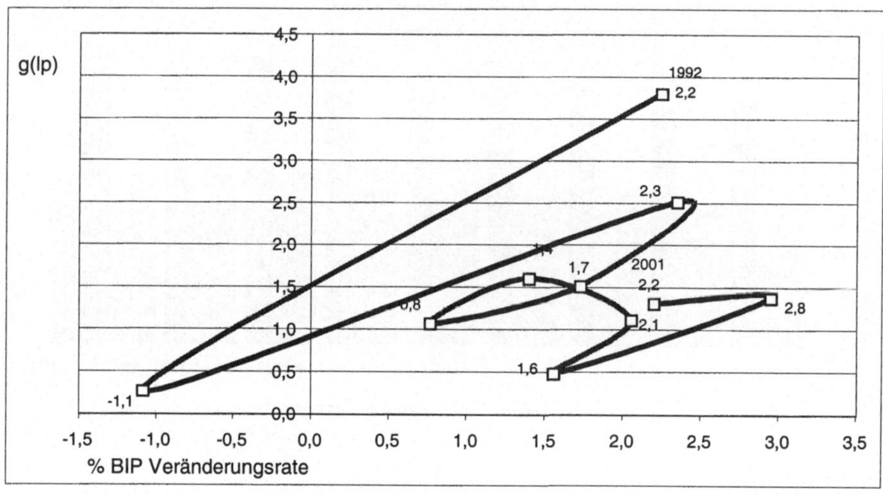

1) 2001 Prognose.

Quellen: Statistisches Bundesamt und eigene Berechnungen

Abb. C5. Verdoorn's Gesetz für Deutschland, 1992–2001.

Ein relativ eng mit dem Verdoorn Gesetz zusammenhängende makroökonomische Beziehung, die von Okun als besonders stabile Beziehung für den Zusammenhang zwischen der Veränderung der Rate der Arbeitslosenquote und der Wachstumsrate der Wirtschaft für die USA in den 1960er Jahren bis Mitte der 1980er identifiziert wurde, ist das nach ihm so genannte Okun'sche Gesetz. Auch hier zeigt sich, wenn man sich der Grenzen der Interpretationsmöglichkeiten anhand der wenigen Beobachtungen bewußt bleibt, eine Art von Traversebewegung. Ein Abbau der Arbeitslosigkeit zu Beginn der 1990er Jahre wurde durch die Wachstumsschwäche einerseits und einen hohen Produktivitätsanstieg verhindert, der auch nur mäßig selbst bei durchaus beachtlichen positiven Wachstumsraten der Wirtschaft im Jahr 1994 von 2,3% nicht abgebremst werden konnte. Erst nach im Jahr 1998 stabilisiert sich möglicherweise der Okun-Zusammenhang auf einem neuen Niveau. Seitdem erscheint ein sukzessiver Abbau der Arbeitslosenquote möglich, wenn ein nachhaltiges Wirtschaftswachstum von rund 2% beibehalten wird. Sicherlich sind diese Überlegungen anhand der vorliegenden Daten vorläufiger Natur und sind aufgrund weiterer Beobachtungswerte in den kommenden Jahren auf ihre nachhaltige Evidenz hin zu kontrollieren. Neben Veränderungen im Produktionssystem der Wirtschaft findet dabei auch aufgrund der Einflüsse über die Arbeitsangebotsseite die Rolle einer rückläufigen Entwicklung des Arbeitsangebots möglicherweise im Okun-Zusammenhang für Deutschland seinen aktuellen Niederschlag. Aufgrund demographischer Effekte einer sinkenden Erwerbsbevölkerung aufgrund zunehmenden Anteile von im Rentenalter lebender Personen sowie eines niedrigen Zugangs bei den Jahrgängen, die jetzt erst ins erwerbsfähige Alte kommen entspannt sich die Lage am Arbeitsmarkt derzeit erheblich aufgrund dieser demographischen Effekte in der Bevölkerung. Hinzu kommt ein deutliches Nachlassen ja sogar eine Umkehr der Migrationsbewegungen nach Deutschland. Die starke Zuwanderung von Ausländern aus Ost- und Mitteleuropa seit Beginn der 1990er Jahre ist zum Ende der Dekade zum Stillstand gekommen. Derzeit findet sogar eine geringfügige Nettorückwanderung dorthin statt, nachdem der Krieg im ehemaligen Jugoslawien beendet wurde und sich die wirtschaftlichen Verhältnisse in den Anrainerstaaten in Ost- und Mitteleuropa im Vergleich zu Beginn der 1990er Jahre wieder stärker normalisiert haben.

Die hier kurz dargestellten Überlegungen zu den bis zum Ende der 1980er Jahre als besonders stabile makroökonomische Relationen angesehen Zusammenhänge sind aufgrund dramatischer Strukturveränderungen in den 1990er Jahren in Deutschland weitgehend außer Kraft gesetzt worden. Erst mit dem Abklingen dieser raschen und zugleich oftmals durch höhere Volatilität gekennzeichneten geprägten Entwicklung könnte sich nun möglicherweise eine etwas ruhigere Phase der wirtschaftlichen Entwicklung in Deutschland einstellen. Dies würde auch in einer Herausbildung neuer stabiler makroökonomischer Beziehungen ihren empirischen Ausdruck finden. Letzteres setzt jedoch voraus, daß größere Schocks in der Weltwirtschaft, die insbesondere die deutsche Wirtschaft maßgeblich treffen, nicht stattfinden.

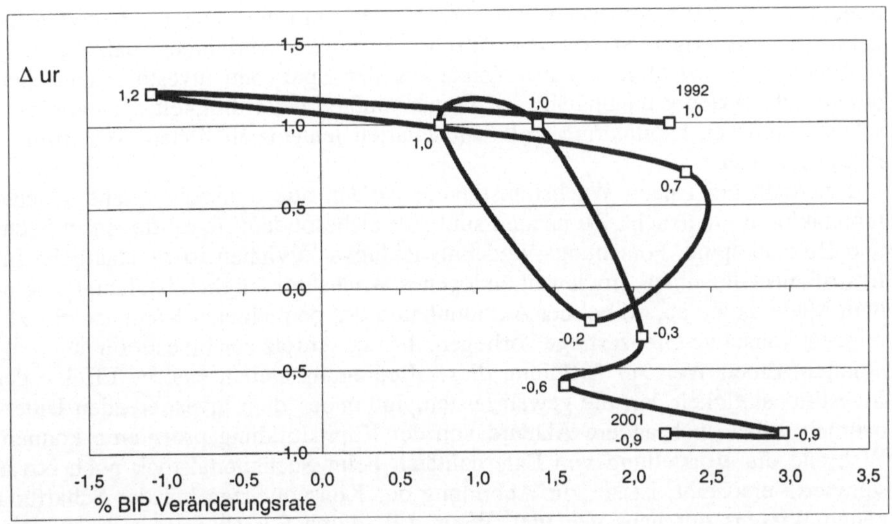

Quellen: Statistisches Bundesamt und eigene Berechnungen

Abb. C6. Okun's Gesetz für Deutschland, 1992–2001.

2 Neue Wachstumstheorien zur theoretischen Fundierung von Wachstumspolitik

Die *Neue Wachstumstheorie*, die seit Mitte der 1980er Jahre in der akademischen Welt, insbesondere in den USA, größere Beachtung gefunden hat (vgl. Grossman, Helpman 1991, Barro, Sala-i-Martin 1995 und Aghion, Howitt 1998), liefert eine Reihe neuer Begründungszusammenhänge für den Einsatz industriepolitischer Instrumente. Die aktuell diskutierten Modelle zeigen auf, welche Wirkungen staatliche Eingriffe auf der Angebotsseite haben können. Zentrale Punkte sind dabei externe Effekte von Investitionen in materielles und immaterielles Kapital, die Bildung von Humankapital, Infrastrukturmaßnahmen sowie Anreize für Forschung und Entwicklung. Trotz ihres sehr hohen Abstraktionsgrades verdeutlichen die neueren Ansätze der Wachstumstheorie einige wichtige Aspekte, die für hohe Wachstumsraten verantwortlich sein können.

Die traditionellen neoklassischen Modelle Solowscher Prägung konnten die Erklärung langfristigen gleichgewichtigen Pro-Kopf-Wachstums nur durch Rückgriff auf exogenen technischen Fortschritt leisten. Die Neue Wachstumstheorie versucht nun eine endogene Begründung von Produktivitätsfortschritten. Die Endogenisierung des technischen Fortschritts ist eng mit dem unbefriedigenden Ergebnis der bisherigen Steady-State-Wachstumsmodelle verbunden, daß die langfristige gleichgewichtige Wachstumsrate von den Spar- und Investitionsentscheidungen der Akteure unabhängig ist. Ferner mußten bei Gültigkeit der neoklassischen Prämissen kapitalarme Volkswirtschaften tendenziell höhere Wachstumsraten aufweisen.

Innerhalb der Neuen Wachstumstheorie werden nun unterschiedliche Wachstumsfaktoren untersucht. Zu nennen sind hier insbesondere Investitionen in Sach- und Humankapital, Forschungs- und Entwicklungsaktivitäten sowie staatliche Infrastrukturmaßnahmen. Inwieweit endogenes Wachstum möglich ist, hängt in großem Maße davon ab, ob bei der Akkumulation des betrachteten Kapitalstocks zumindest konstante Grenzerträge vorliegen, die den Anreiz zur Investition aufrechterhalten. Einen Weg zur Erfüllung dieser Bedingung stellen externe Effekte der Investitionstätigkeit dar, die gewährleisten, daß neben dem investierenden Unternehmen selbst auch andere Akteure von der Kapitalbildung profitieren können. Während die Vorstellung von Externalitäten beim Sachkapitalstock noch etwas schwierig erscheint, ist sie zur Abbildung der Konsequenzen bei der Schaffung neuen Wissens durchaus geeignet. Wenn z.B. durch Forschungs- und Entwicklungsanstrengungen Know-how entsteht, so kann dieses früher oder später von anderen Unternehmen genutzt werden. Die Erzeugung endogenen Wachstums des Pro-Kopf-Einkommens durch die Einführung von Externalitäten bei der Akkumulation von Sach- und Humankapital basiert weitgehend auf dem erstmals von Kenneth Arrow (1962) entwickelten Learning by doing-Konzept.

Bereits der bahnbrechende Artikel von Romer (1986) setzte an den Investitionen als einer der treibenden Kräfte für wirtschaftliches Wachstum an. Die Investitionen erhöhen die Produktionskapazitäten der Unternehmen und schaffen bei ihrer Erstellung Einkommen. Jede individuelle Investitionsentscheidung betrifft aber nicht nur das investierende Unternehmen allein, sondern hat auch Folgen für die

Konkurrenten. Nimmt das unternehmensspezifische Know-how zu, erhöht sich auch das gesamtwirtschaftliche Wissen. Die Externalitäten können steigende Grenzerträge des Wissens bei der gesamtwirtschaftlichen Produktion zur Folge haben. Die Effekte der abnehmenden Grenzerträge des Kapitals, die im neoklassischen Grundmodell vorlagen, werden durch diesen „Trick„ vermieden. Positive Wachstumsraten sind auch ohne exogenen technischen Fortschritt möglich. Sehr deutlich werden diese externen Effekte bei Forschungs- und Entwicklungsanstrengungen. Setzt z.B. ein Unternehmen umfangreiche Mittel zur Entwicklung eines neuen Produktes ein und ist es dabei erfolgreich, d.h. entsteht ein neues marktfähiges Produkt, so erhöht sich das Know-how des betreffenden Unternehmens. Im Normalfall wird es aber nicht gelingen, sämtliche neuen Erkenntnisse vor anderen Anbietern geheimzuhalten. Spätestens in dem Moment, in dem das neue Gut auf den Markt kommt, können die Konkurrenten aus diesem Gut lernen und Rückschlüsse für eigene Entwicklungen ziehen. Sie können bis zu einem gewissen Grad kostenlos an den Früchten des innovativen Unternehmens teilhaben. Die viel zitierte Imitations- und Verbesserungsstrategie der japanischen Unternehmen ist ein Beispiel für die Relevanz solcher Überlegungen. Ähnliches gilt für die individuelle Entscheidung, das Humankapital zu erhöhen. Ein besserer Ausbildungsstand erhöht die persönlichen Chancen auf einen Arbeitsplatz mit besserer Entlohnung, gleichzeitig profitiert das komplette Team von dieser Investition. Sind solche sozialen, externen Effekte feststellbar, bietet sich Raum für staatliches Handeln. Der einzelne Investor wird diese Externalitäten in seinem Entscheidungskalkül nicht berücksichtigen, was zu einem gesamtwirtschaftlich suboptimalen Investitionsniveau führen wird. Entsprechende Anreize staatlicherseits könnten hier die Situation verbessern.

Im Rahmen der Neuen Wachstumstheorie wird darüber hinaus die Rolle des Bildungssystems für das Entwicklungspotential von Volkswirtschaften diskutiert. In einem zentralen Modell von Robert E. Lucas jr. (1988, 1993), erweist sich die Effizienz von Bildungsmaßnahmen als eine der entscheidenden Variablen in der Bestimmung der Wachstumsrate des Konsums. Eine Verbesserung der Ausbildung der Arbeitskräfte bietet somit die Möglichkeit mehr Wachstum zu erreichen. Gerade in diesem Bereich liegen in vielen Volkswirtschaften große Mängel vor. Erinnert sei nur an das schlechte öffentliche Bildungswesen der USA oder die überfüllten Hörsäle deutscher Universitäten, die noch vor kurzem zu Studentenprotesten geführt haben. Die Effizienz des Bildungssystems ist für die Wachstumsrate relevant, da auch die Humankapitalbildung interne und externe Effekte aufweist; *intern*, da die Aus- und Weiterbildung das individuelle Humankapital und somit die individuelle Produktivität erhöht, *extern*, da die Erhöhung individueller Humankapitale auch den durchschnittlichen Humankapitalstock erhöht. Volkswirtschaften, die sich auf Sektoren mit hohen Lerneffekten konzentrieren, werden höhere Wachstumsraten erzielen. Da Lerneffekte in ihrem Ausmaß abnehmen können, ist zur Erzielung fortlaufender Produktivitäts- und Wachstumseffekte ein ständiger struktureller Wandel erforderlich.

Sehr interessante Ergebnisse liefert ein anderer Zweig der Neuen Wachstumstheorie, der in der Tradition von Joseph A. Schumpeters Überlegungen zum innovativen Unternehmer steht und sich zentral mit den Konsequenzen von Forschungs- und Entwicklungsinvestitionen befaßt (vgl. z.B. Grossman, Helpman

1991 und Aghion, Howitt 1992, 1998). Innovative Unternehmen können, wenn sie eine Neuerung auf dem Markt einführen, zumindest temporär Monopolgewinne erwirtschaften, da potentielle Konkurrenten noch nicht ihren Wissensstand erreicht haben. Die durch Extraprofite induzierten Forschungsanstrengungen der Unternehmen haben für die Konsumenten eine Vergrößerung ihrer Konsummöglichkeiten zur Folge, wodurch sie ein höheres Nutzenniveau erreichen können. Gleichzeitig aber greift jedes neue oder verbesserte Produkt die Gewinne der bisherigen Anbieter an. Den schöpferischen Wirkungen der FuE-Anstrengungen aufgrund eines erweiterten bzw. verbesserten Güterangebots stehen somit die zerstörerischen Effekte bezüglich der Unternehmensgewinne der Konkurrenten gegenüber. Zusätzlich zu diesen Folgen wird in den entsprechenden Modellen der Neuen Wachstumstheorie eine weitere Eigenschaft von erfolgreichen FuE-Investitionen betont. Durch die Arbeit heutiger Forschungsgenerationen wird das Know-how morgiger Forscher erhöht, d.h. es liegen intertemporale externe Effekte vor. Unternehmen werden diese jedoch bei ihrer Entscheidung über die Höhe ihrer Forschungsausgaben nicht berücksichtigen. Staatliche Maßnahmen können möglicherweise effizienzsteigernd wirken, indem sie den Unternehmen alle Folgen ihres Handelns verdeutlichen.

Aus diesen Überlegungen lassen sich mögliche Ansatzpunkte wirtschaftspolitischer Maßnahmen ableiten. Zum einen liegt die Internalisierung der angesprochenen externen Effekte nahe, um den einzelnen Wirtschaftssubjekten sämtliche Konsequenzen ihrer Investitionsentscheidung zu verdeutlichen. Dies würde eine spezielle Förderung der Sektoren bedeuten, die sehr hohe externe Effekte aufweisen. Ob eine solche Maßnahme letztendlich erfolgreich sein kann, wird auch von der Lösung des damit verbundenen Informationsproblems bzw. der Beantwortung der Frage abhängen, ob technologische oder pekuniäre Externalitäten vorliegen. Zum anderen läßt sich aus der zentralen Rolle, die der Produktionsfaktor Wissen in den Modellen der Neuen Wachstumstheorie spielt, eine breit angelegte Forschungsförderung und Bildungspolitik ableiten. Eine solche Wirtschaftspolitik würde mit den Erfordernissen der IKT und der Globalisierung einhergehen.

Trotz der Rechtfertigung industriepolitischer Maßnahmen, die sich aus den Ergebnissen der Neuen Wachstumstheorie ableiten lassen, muß beachtet werden, daß es sich um Modelle mit einem hohen Abstraktionsgrad handelt. Auch die empirische Überprüfung der diskutierten Zusammenhänge steht noch am Anfang. Dies ist mit ein Grund für die teilweise Zurückhaltung der Vertreter der Neuen Wachstumstheorie, konkrete industriepolitische Empfehlungen abzuleiten. Es lassen sich somit nur Tendenzaussagen über die Wirkungsweise staatlicher Eingriffe gewinnen, genau quantifizierbare wirtschaftspolitische Empfehlungen sind dagegen nicht ableitbar. Trotzdem weisen sie auf wichtige Bereiche einer erfolgreichen Industriepolitik hin: die Förderung von Forschungs- und Entwicklungsinvestitionen, die Stärkung der Investitionsbereitschaft, die Errichtung eines leistungsfähigen Patentschutzes, die Unterstützung von Aus- und Weiterbildungsmaßnahmen, die Errichtung einer adäquaten Infrastruktur incl. von Telekommunikationseinrichtungen. Der große Vorteil der Neuen Wachstumstheorie liegt dabei insbesondere in der Betonung von Marktunvollkommenheiten, aufgrund derer staatliche Investitionen erst Einfluß auf den langfristigen Wachstumspfad einer Volkswirtschaft nehmen können. Die neuen Ansätze verleiten jedoch nicht dazu, sich ausschließlich auf den Staat zu verlassen, wenn höhere Wachstumsraten erreicht werden sollen. Vielmehr spielen marktliche Prozesse weiterhin eine vorrangige Rolle.

Neben diesen neueren wirtschaftstheoretischen Begründungen für eine aktive Rolle des Staates geben z.B. auch Studien wie die Arbeit von Michael Porter (1990) einen Hinweis auf bestimmte industriepolitische Vorgehensweisen. Porter untersuchte im Rahmen einer international angelegten Studie, ob sich allgemeingültige Erfolgsfaktoren identifizieren lassen, die für die internationale Wettbewerbsfähigkeit von Unternehmen bzw. Branchen verantwortlich sind. Die Untersuchung zeigte, daß insbesondere die Fähigkeit zur Innovation und Entwicklung eine der wichtigsten Eigenschaften ist, die eine erfolgreiche Volkswirtschaft aufweisen muß. Die Schaffung von neuem Wissen und dessen Anwendung tragen entscheidend zum Erfolg von Unternehmen und somit zum Erfolg einer Ökonomie auf dem Weltmarkt bei. Porter betont neben der Relevanz der Produktionsfaktoren, der Nachfragebedingungen und der Branchenstrukturen in einem Land auch die große Bedeutung des Wettbewerbs für die Entwicklungschancen einer Volkswirtschaft. Nicht die Vermeidung von Konkurrenz, sondern die Schaffung von Wettbewerb innerhalb eines Landes sorgt für flexible, anpassungsfähige Unternehmen. Dauerhafte, durch potentielle Konkurrenten nicht bedrohte Monopole bzw. Oligopole neigen dazu, die Suche nach neuen Produkten und Märkten zu vernachlässigen. Das dynamische Element des Wettbewerbs ist für den internationalen Erfolg heimischer Industrien eine nicht zu vernachlässigende Vorbedingung. Als Beispiel hierfür verweist Porter auf die Situation auf den japanischen Märkten, wo bei der Vermarktung von Produktideen sehr intensiver Wettbewerb vorliegt. Aufgrund dieser Beobachtung wird dem Staat die Aufgabe zugewiesen, für ausreichenden Wettbewerb zu sorgen. Staatliche Entscheidungen und Maßnahmen müssen die Unternehmen ständigem Konkurrenzdruck aussetzen. Dies beinhaltet eine konsequente Wettbewerbskontrolle und geringe Schutzmaßnahmen für heimische Unternehmen vor ausländischen Konkurrenten. Jeglichen protektionistischen Maßnahmen werden deshalb nur kurzfristige Erfolgschancen eingeräumt. Führen sie nicht zu wettbewerbsfähigen Unternehmen, werden diese bei Wegfall der Schutzmaßnahmen dem internationalen Druck nicht standhalten.

Weitere Unterstützung findet die Neue Industriepolitik auch in den Überlegungen von Robert Reich (1991). Durch die zunehmende internationale Flexibilität der Unternehmen wird die Bindung an einen Standort immer mehr an Bedeutung verlieren. Der Gleichklang von Unternehmenserfolg und nationalem Erfolg löst sich auf. Nach Reich wird deshalb der Aspekt immer wichtiger, welchen Beitrag die Bevölkerung, d.h. das Arbeitskräftepotential eines Landes zur Weltproduktion leisten kann. Die Nationalität eines Unternehmens wird nicht mehr entscheidend sein. Relevant ist, wo Investitionen stattfinden, die hohe Beschäftigung und hohe Einkommen für die Beschäftigten ermöglichen. M.a.W., der Produktionsfaktor Humankapital wird in seiner Bedeutung stetig zunehmen. Die Wirtschaftspolitik eines Landes oder einer Organisation wie die EU muß über die Schaffung eines qualifizierten, zu Innovationen befähigtem Arbeitskräftepotential und adäquater Infrastruktureinrichtungen attraktiv für Investitionen werden. Volkswirtschaften wie diejenige der USA, Japans und der Europäischen Union können langfristig nicht mit Billiglohnländern konkurrieren, die bei Tätigkeiten der Routineproduktion komparative Kostenvorteile haben werden. Ziel muß es nach Reich vielmehr sein, die Voraussetzungen für eine zunehmende Qualifikation der Beschäftigten zu schaffen. Selbstverständlich wird es weiterhin in allen Ländern nicht nur High-Tech-Arbeitsplätze geben, sondern vor allem der Dienstleistungsbereich wird bei sog. kundenbezogenen Dienstleistungen auch für geringer qualifizierte Arbeitsplätze bereithalten.

3 Soziale Konflikte, Einkommensverteilung und Wachstum

Neben den rein wirtschaftlichen Faktoren des Wachstumsprozesses haben die Vertreter der modernen Wachstumstheorie zunehmend damit begonnen, auch allgemeinere institutionelle und soziale Faktoren in ihre Analysen mit einzubeziehen. Wie die Beiträge von Barro (1996a, 1996b) oder Benhabib und Rustichini (1996) zeigen, sind soziopolitische Rahmenbedingungen wie institutionelle Stabilität und Kohäsion entscheidende Faktoren wirtschaftlichen Wachstums. Von historischen Untersuchungen ist ebenfalls bekannt, daß soziale Konflikte meist auftreten, wenn sich die gesamtwirtschaftliche Lage entscheidend verschlechtert. In Phasen sozialer Krisen, die mit Instabilität bestehender Institutionen verbunden ist, gerät der Wachstumsprozeß häufig ins Stocken (Mauro 1995).

Wie die Kontroverse zwischen Kapstein (1996), dem früheren Studiendirektor des Council on Foreign Relations der amerikanischen Regierung, und Krugman (1996) gezeigt hat, können größere Unterschiede bei der Verteilung der Früchte wirtschaftlichen Wachstums in erhebliche soziale Konflikte münden, die letztendlich auch zu negativen Rückwirkungen auf den gesamtwirtschaftlichen Wachstumsprozeß führen können. Die erheblichen Verteilungsdifferenzen des ansonsten so beeindruckenden Wachstumsprozesses in den USA der späten 1990er Jahre bilden deshalb ein mögliches künftiges Konfliktpotential.

Globalisierung und ein im Hinblick auf die Qualifikationen der Arbeitskräfte unterschiedlich wirkender technischer Fortschritt werden von vielen Ökonomen auf beiden Seiten des Atlantiks als Faktoren angesehen, die unerwünschte Wirkungen auf die soziale Stabilität haben können (vgl. z.B. Wood 1994, Krugman 1995, Fishlow, Parker 1999 und Aghion, Caroli, Garcia-Penãlosa 1999). Die Unruhen im Zusammenhang mit der gescheiterten WTO-Konferenz in Seattle Ende 1999 und beim anschließenden World Economic Forum in Davos Anfang dieses Jahres sind ein erstes Indiz dafür. In einer kürzlich erschienenen Studie fassen Blanchflower und Slaughter (1999, S. 84) den gegenwärtigen Stand der Forschung zur Lohnungleichheit in den USA wie folgt zusammen:

> "Research to date does not allow the precise allocation of the relative contribution of demand, supply, and institutional forces to rising U.S. wage inequality. However, at this time most economists agree that trade has not been a major factor in the shift of labor demand away from less-skilled and toward more skilled workers. Other factors playing an important role seem to be demand shifts from skill-biased technological change, a deceleration in the growth of the skilled-labor supply, and institutional factors such as declining unionization and falling real minimum wages."

Die Autoren präsentieren ebenfalls ähnliche empirische Ergebnisse für andere OECD-Länder einschließlich Deutschlands. Dabei wird deutlich, daß es einen weiteren Forschungsbedarf zum besseren Verständnis vergangener Entwicklungen und zur Identifizierung der Hauptantriebskräfte und möglicher Politikoptionen zur Überwindung unerwünschter Lohndisparitäten gibt.

Wenn dauerhafte Rigiditäten auf Güter- und Faktormärkten, die auf Versagen der institutionellen und regulatorischen Rahmenbedingungen zurückzuführen sind, zu ernsthaften Friktionen im volkswirtschaftlichen (Re-)Allokationsprozeß von Ressourcen und in der rechtzeitigen Anpassung der Industriesektoren führen, hat dies meist steigende Arbeitslosigkeit sowie eine größere Ungleichheit bei Einkommen und Vermögen zur Folge, die langfristig durch das Transfersystem moderner Wohlfahrtsstaaten nicht effizient reguliert werden kann. Wenn letztere einer Budgetbeschränkung unterworfen sind, die die Aufrechterhaltung des bestehenden Redistributionssystems nicht erlaubt, kann dies soziale Konflikte zur Folge haben, die die Volkswirtschaft auf eine schlechtere langfristige Trajektorie wirtschaftlicher Entwicklung zurückwerfen.

Wie empirische Untersuchungen von Alesina et al. zeigen, hat die Neigung einer Regierung zusammenzubrechen – als Indikator politischer Instabilität -, signifikante Wirkungen auf die Wachstumsleistung von Volkswirtschaften. Die Asienkrise von 1997/98 und die anschließende Rußlandkrise haben erneut die Korrelation zwischen politischer Instabilität und dem wirtschaftlichen Wachstumsprozeß demonstriert. Es ist jedoch nicht ganz klar, in welche Richtung die Kausalität verläuft. Verursacht eine Wirtschaftspolitik, die versucht, den Wachstumsprozeß über das langfristig mögliche Maß hinaus durch Eingriffe zu beschleunigen, eine Wachstumskrise, oder ist es die Unfähigkeit der im Amt befindlichen Regierung endogenes Marktversagen in einer Weise zu regulieren, daß die nachhaltige Wachstumstrajektorie erreichbar ist? Die Ergebnisse von Durham (1999) sowie Saint Paul und Verdier (1997) weisen in die Richtung, daß andere Faktoren wie das allgemeine Niveau sozioökonomischer Entwicklung eine wichtige Rolle dabei spielen, wie bedeutsam der Einfluß einer starken oder schwachen Regierung auf den Wachstumsprozeß ist.

Seit Mitte der neunziger Jahre ist zu beobachten, daß die Ergebnisse der Neuen Politischen Ökonomie und der Institutionenökonomie von Wachstumsforschern verstärkt in die Rahmenbedingungen ihrer Analyse einbezogen werden. Redistributive Politiken haben ebenfalls die Aufmerksamkeit der modernen Wachstumstheorie erregt. Dies gilt sowohl für Versuche, die Humankapitalbildung zu studieren (vgl. Drazen, Tesfatsion 1997, Cooper 1998), wie für die Analyse der Wirkungen sozialer Sicherungssysteme auf wirtschaftliches Wachstum (Sala-i-Martin 1996b). Die theoretischen Untersuchungen wie die empirischen Tests demonstrieren, daß die Gestaltung der sozialpolitischen Rahmenbedingungen erhebliche Rückwirkungen auf die künftigen Wachstumsperspektiven von Volkswirtschaften haben kann. Das Problem hinsichtlich dieser neuen Vielfalt erklärender Ansätze zum Studium der Wirkungen institutioneller Faktoren auf den Wachstumsprozeß besteht in dem Mangel eines gemeinsamen Rahmens von Standardindikatoren und methodologischer Analytik, so daß die Ergebnisse der verschiedenen Studien hochsensitiv gegenüber den jeweiligen Annahmen sind. Ohne die Herausbildung eines breiteren Konsens innerhalb der Gemeinschaft der Wachstumsforscher hängen die aus den theoretischen Ansätzen abgeleiteten wirtschaftspolitischen Schlußfolgerungen oft zu sehr von einigen normativen Annahmen ab, die explizit oder implizit in den meisten Modellansätzen gemacht werden. Dabei dürfte der Versuch, im Bereich der redistributiven Politiken zur Formulierung einer konsensfähigen positiven ökonomischen Theorie gelangen, eine der schwierigsten Aufgabe darstellen.

4 Marktgetriebene Restrukturierung von Unternehmen im Zuge der Globalisierung der Märkte

Mit der gegenwärtigen Welle technologischen Wandels, insbesondere der rapiden Entwicklung und Diffusion von Informations- und Kommunikationstechnologien, ist das Problem aufgetaucht, daß das traditionelle Konzept einer sektoralen Analyse des strukturellen Wandels nicht mehr voll greift. Aufgrund der technologischen Konvergenz zuvor getrennter Industrien und Unternehmen wird einer Betrachtungsweise, die von einer gegebenen Klassifikation von Sektoren ausgeht, ihre Grenzen aufgezeigt. Ein spezieller Sektor, die Telekommunikation, der traditionell aus öffentlichen Unternehmen bestand, die Telefon- und Postdienste anbieten, ist einer besonders schnellen Transformation einer nahezu vollständigen Restrukturierung unterworfen, nunmehr elektronische Dienstleistungen via digitalisierter Breitbandnetzwerke anbietend. Während dieser Prozeß voranschreitet, hängt das Ausmaß horizontaler und vertikaler Integration über nationale Grenzen hinweg von der Möglichkeit technologischer und institutioneller Optionen ab, die ein verändertes Umfeld für Unternehmen konstituieren, die ihre zukünftigen Geschäftsstrategien planen.

Der Versuch, die künftige Entwicklung des Kommunikationssektors auf der Basis vergangener Trends bezüglich der Brutto- oder Nettowertschöpfung dieses Sektors in den letzten Jahrzehnten abzuleiten, wird nicht zu brauchbaren Ergebnissen führen. Durch Megafusionen wie sie in den letzten Jahren auch von ehemals weitgehend auf Deutschland aus produzierenden und exportierenden Unternehmen insbesondere in den Bereichen des Automobilbaus, der Chemie- und Pharmazeutischen Industrie, der Elektrotechnik sowie bei Banken und Versicherungen zu beobachten waren, entwickeln sich neue weltweite Produktionsstrukturen (*global sourcing*), die die traditionellen Wertschöpfungsketten innerhalb des deutschen Wirtschaftsraumes zerbrechen und in neue Produktionsverbünde überführt, die sich an globalen Standortvorteilen zur Befriedigung regionaler Wirtschaftsräume orientieren.

Globalisierung und technologische Konvergenz bzw. Fusion zuvor getrennter Märkte stellen die überkommenen Markt- und Industriestrukturen in vielen Bereichen der deutschen Wirtschaft nachhaltig in Frage. Frühere Zusammenstellungen struktureller Daten, die vorwiegend von der Dominanz inländischer Wirtschaftsverflechtungen z.B. einer nationalen VGR ausgehen, oder wie sie die nationale Input-Output-Rechnungen erfassen, sind daher in zunehmendem Maße unzulänglich, um die Antriebskräfte der gegenwärtigen strukturellen Veränderungen zu identifizieren. Globale Produktionsnetzwerke entstehen, die den insbesondere in

Deutschland mit dem Begriff Volkswirtschaft umrissenen nationalökonomischen Rahmen als nicht mehr zeitgemäße Beschreibung der fundamentalen Wirtschaftskreisläufe aus Produktion, Distribution und Endverbrauch darstellen sollen. Ausfuhren und Einfuhren von Waren und Dienstleistungen sind zunehmend nicht mehr nur als Handel vorwiegend rechtlich und wirtschaftlich unabhängiger Unternehmen zu betrachten, sondern durch die wachsende Bedeutung der Intrahandels zwischen multinationalen Unternehmen ergeben sich Handelsbeziehungen, die aufgrund ihrer Zuliefererketten zwischen dem In- und Ausland nicht mehr den Regeln der traditionellen Handelstheorie folgen.

Neben der raschen räumlichen Neustrukturierung der Produktionsverflechtungen über Ländergrenzen hinweg findet aufgrund technologischer Entwicklungen insbesondere der Konvergenz von Informations- und Kommunikationsgütern sowie Dienstleistungen durch eine Digitalisierung von Text, Audio- und Videoinhalten und deren weltweiter Übertragbarkeit mittels der globalen Internets auch völlig neuartige Vernetzungen der Informations- und Kommunikationswege zwischen den Wirtschaftssubjekten statt. Durch die wachsenden Zugangsmöglichkeiten zu einem globalen Informations- und Wissenspool lassen sich Wirtschaftsprozesse von der Forschung und Entwicklung bis zur Produktion und Vertrieb mittels *E-Commerce* in einer Weise gestalten, die den traditionellen Organisationsformen, die ein hohes Maß an räumlicher Nähe erforderten und damit quasi-natürliche räumliche Marktschranken schuf, auflöst.

Da diese Restrukturierungen sich jedoch in einer marktwirtschaftlichen Umfeld vollziehen ist der damit wachsende globale Wettbewerb ein *key driver*, der Unternehmen dazu veranlaßt sich an diese Entwicklung möglichst rasch anzupassen.

Die nationale Statistik ist für diese Entwicklung in ihrer traditionellen Form wie sie insbesondere sich seit dem Ende des 2. Weltkriegs durch die nationalen statistischen Ämter wie dem Statistischen Bundesamt entwickelten oftmals ungeeignet. Da Unternehmensentscheidungen über die Produktionsorganisation nicht an nationalen Ländergrenzen halt machen und sich auch nicht mehr vorrangig an nationalen Märkten orientieren, liefern derartige Daten keine angemessene Informationsgrundlage zur Analyse und empirischen Überprüfung des Verhaltens multinationaler Unternehmen oder auch vorrangig nationaler Unternehmen, die sich jedoch in einen internationalen Produktions- und Marktumfeld als Wettbewerber positionieren müssen.

Der einzige Weg aus diesem Dilemma scheint in der Entwicklung eines Satzes von Mikrodaten – von Unternehmen bzw. Produktionsstätten – zu bestehen, der hinreichende Informationen enthält, um die intra- und interindustrielle Entwicklung zu verfolgen. Mit den neu entstehenden Märkten integrierter Güter und Dienstleistungen, die Bereiche traditioneller Industrien abdecken, indem sie sie zu einer Einheit verschmelzen, geht dieser marktgetriebene Strukturwandel über die traditionellen sektoralen Abgrenzungen hinaus. Unternehmen verschiedener Industrien haben damit begonnen, sich von ihren Ursprüngen abzusetzen, um in neu entstehenden Märkten tätig zu werden und zu bestehen. Die sich entwickelnde neue Arbeitsteilung führt nicht nur zu einer verzweigten Differenzierung traditioneller Sektoren in stärker spezialisierte Subsektoren, sondern kombiniert auch Teile aus verschiedenen überkommenen Sektoren in neue Industrien. Diese industrielle Restrukturierung kann nicht durch die Anwendung eines tradierten sektoralen Rahmens befriedigend erfaßt werden.

Outsourcing, einschließlich globaler Verlagerungen und einer Größenkorrektur der Unternehmen bzw. ihrer Teile, hat die traditionelle Zuordnung von Unternehmen zu bestimmten Industrien entsprechend des Schwerpunktprinzips in erheblichem Maße erschwert. Die Verschiebung von industriellen Aktivitäten zur Produktion von Dienstleistungen mit einem bedeutenden Anteil unternehmensbezogener Dienstleistungen, die jedoch künftig nicht einer einzelnen Industrie zugeordnet werden können, behindert selbst ein deskriptives Verständnis gegenwärtiger struktureller Entwicklungen in der deutschen Volkswirtschaft, die sich zudem zunehmend in die globale Wirtschaft und insbesondere den gemeinsamen europäischen Markt integriert.

Mit der Generierung von Mikrodatensätzen von Unternehmen und ihrer auf bestimmten Märkten tätigen Teileinheiten kann die Aggregation dieser Mikrodaten entsprechend der jeweiligen Fragestellungen und Themen spezifischer Studien zu wesentlich besseren Ergebnissen führen, wenn sich die Märkte verstärkt von traditionellen in neue Bereiche verändern. Die Flexibilität der wirtschaftlichen Entwicklung hinsichtlich der Unternehmen und ihres Verhaltens kann in empirischen Untersuchungen nur analysiert werden, wenn die gesammelten Datensätze diese offensichtlichen Trends verfolgen.

Die Entwicklung der modernen Informations- und Kommunikationstechnologien liefert Mittel, derartig große Informationsmengen sehr viel effizienter zu nutzen, als es noch vor einem Jahrzehnt der Fall war. Mit dem immer noch geltenden Mooreschen Gesetz (Verdoppelung der Rechnergeschwindigkeiten innerhalb von jeweils 18 Monaten) wird die Handhabung dieser komplexen Datensätze für eine viel größere Gruppe interessierter Wissenschaftler möglich. Die Erleichterung des Zugangs ohnehin an öffentlichen Institutionen wie den statistischen Ämtern vorhandener Mikrodaten, bei gleichzeitigem Schutz der Privatsphäre und Datensicherheit, könnte eine neue Informationsbasis von Mikrodaten dazu genutzt werden, die hochspezifischen Fragestellungen zu analysieren, die im Prozeß der Politikberatung aufgeworfen werden. Da strukturelle Veränderungen als eine Reallokation von Mikroeinheiten in einem zunehmend komplexer werdenden wirtschaftlichen Umfeld stattfinden, ist die Fähigkeit, die Entwicklungspfade dieser Mikroeinheiten nachverfolgen zu können, entscheidend für ein besseres Verständnis der neuen Dynamik der modernen Volkswirtschaften.

Der gegenwärtige Strukturwandel fügt sich immer weniger in das traditionelle Sektorenkonzept statistischer Analysen mit dauerhaft unterschiedlichen Industrien wie der Wirtschaftszweigsystematik WZ93 oder NACE (Nomenclature des Activites des Industries etablies dans Communautes Europennes), der statistischen Klassifikation in der Europäischen Union, bei der Wandel auf einem klar separierbaren Niveau vordefinierter bestimmter Industrien stattfindet. Die Fähigkeit mittels traditioneller analytischer Mittel, modernen Strukturwandel abzubilden und nachzuverfolgen, geht rapide zurück. Mit der Restrukturierung vertikaler und horizontaler Integration von Produktionsaktivitäten im Wachstumsprozeß der Unternehmen wird die Analyse auf der Basis ein für allemal klar definierter Industriesektoren zunehmend problematisch. Die Antriebskräfte des Strukturwandels wirken auf der Unternehmensebene, und Unternehmen fühlen sich immer weniger daran gebunden, ihre Aktivitäten gemäß ihrer jeweiligen industriellen Ursprünge zu beschränken.

Neben den Prozeßinnovationen, die sich auch als Teil einer Reorganisation der Produktionszusammenhänge aufgrund der weltweit existierenden Güter- und Faktormärkte ergeben, führt der beschleunigte Produktinnovationsprozeß auch zu wachsenden Problemen diese qualitativen Veränderungen im Produktangebot im Rahmen der klassischen Preis-Mengen-Analyse zu erfassen. Bei einem raschen Wandel der Produktqualität aufgrund nicht nur evolutorischer Produktverbesserungen sondern völlig neuartiger Produktinnovationen ergeben sich bereits über den Zeitraum weniger Jahre grundlegende Brüche hinsichtlich der Märkte und Branchen, denen diese und damit befaßte Unternehmen zugeordnet werden können. Zwar lassen sich nach dem Schwerpunktprinzip immer noch Unternehmen in die traditionelle Wirtschaftszweigsystematik zwingen, aber der Anteil von Unternehmen die Produkte und Dienstleistungen erbringen, die diesem Schemata nicht mehr entsprechen wächst und damit die Heterogenität von traditionellen Branchenstrukturen insbesondere wenn diese als *catch-all* Bereiche unter dem Titel sonstige geschieht. Wachsende und rasch wechselnde Produktdifferenzierungen unterhalb der Ebene einzelner Wirtschaftszweige oder die Fusion von Marktsegmenten durch neue Produktinnovationen über deren Grenzziehungen hinweg haben in den zurückliegenden Jahren zunehmend an Gewicht gewonnen. Damit schwindet auch die Aussagekraft solcher Aggregate, die ja nur sinnvoll sein können, wenn deren Entwicklung die wesentliche Entwicklungsrichtung der darin enthalten Unternehmen und Märkte erfaßt. Einige Beispiele machen diese Veränderungen anschaulich wie beispielsweise:

Stahlproduzenten wie Mannesmann haben sich grundlegend zu einem Hauptanbieter von Dienstleistungen im Telekommunikationsbereich umstrukturiert. Die finnische Firma Nokia, einstmals vorwiegend in der Papierherstellung tätig, hat sich in einen der großen globalen Produzenten von Mobiltelephonen und der Telekommunikationsausstattung umgewandelt. Banken haben mit stärkeren Aktivitäten in der Entwicklung von Grundbesitz und Gebäuden begonnen, wie z.B. die Deutsche Bank/Bankers Trust. Innerhalb weniger Jahre entstehen neue Konglomerate, die ebenso schnell verschwinden oder sich umstrukturieren, dabei einen Großteil der Unternehmensorganisation verändernd. Hierbei entstehen ebenso neue Industriezweige wie alte schrumpfen oder gar gänzlich aufhören zu existieren. Diese neue Unternehmensdynamik über Industriezweige und klassische Abgrenzungen hinweg stellt den Nutzen eines rigiden sektoralen Rahmens für die Analyse strukureller Entwicklung einer Volkswirtschaft immer stärker in Frage.

Ein zunehmender Anteil der gesamtwirtschaftlichen Wertschöpfung wird auch in Deutschland durch immaterielle Dienstleistungsaktivitäten generiert. Es besteht daher ein dringender Bedarf neue Meßkonzepte zu entwickeln, die immaterielle Aktiva, wie Eigentumsrechte an Markennamen, Patente, Nutzungsrechte, Wissen oder den Wert einer hoch qualifizierten Belegschaft erfassen. Ohne adäquate Meßkonzepte für derartiges immaterielles Vermögen, das den Wert von Unternehmen entscheidend konstituiert, müssen die rapiden Umbewertungen auf den Aktienmärkten ein Rätsel bleiben. Da die intellektuellen Kapazitäten, die Produktions-, Verteilungs-, und Vermarktungsprozesse in einem zunehmend komplexen Umfeld effizient zu (re-)strukturieren, Schlüsselfaktoren für den Erfolg von Unternehmen darstellen, verlagern sich die realen Antriebskräfte wirtschaftlicher Entwicklung immer mehr von Eigentumsrechten an Realkapital zu Eigentumsrechten an Humankapital und immateriellem Kapital. Innerhalb der Literatur zur modernen Wachstumstheorie haben einige Ökonomen damit begonnen, die Wirkungen endogener Regimeshifts privater oder öffentlicher Eigentumsrechte auf den Wachstumsprozeß zu analysieren (vgl. z.B. Tornell 1997). Diese Art von Modellen stellt eine relevante Verbindung zwischen der wirtschaftspolitischen Analyse von Eigentumsrechten und Wachstum dar, die intensivere theoretische und empirische Untersuchungen sowie eine Debatte darüber erfordert, wie unterschiedliche Politikregime derartige Fragen regeln (vgl. z.B. Claque, Keefer, Knack, Olson 1996, 1999).

Eigentumsrechte an Prozeßverfahren, innovativen Produkten und Markennamen stellen die traditionelle Dominanz von Vermögen, das auf Eigentum von physischem Kapital beruht, zunehmend in Frage (vgl. Thurow 1997). Ohne überlegenes Wissen an der Entwicklung flexibler Strategien, den Herausforderungen des globalen Wettbewerbs gewachsen zu sein, hat die Gefahr für die Unternehmen, daß ihre physischen Kapitalgüter aufgrund des schnellen technologischen Wandels bzw. Präferenzveränderungen auf Konsumentenseite obsolet werden, dramatisch zugenommen. Diese Ambivalenz schließt selbst einen Bill Gates als gegenwärtig reichste Person der Welt nicht aus. Einerseits ist seine aktuelle Position innerhalb von nur fünfzehn Jahren mit Blick auf das Ausgangsvermögen gleichsam aus dem Nichts entstanden. Andererseits besteht selbst für Microsoft die Gefahr einer Erosion der bedeutsamen Marktposition durch das Verschlafen eines neuen technologischen Trends. Das Versäumnis, das Internet als einen überragenden neuen Wachstumsmarkt im Bereich der Kommunikations- und Informationsindustrie rechtzeitig erkannt zu haben, mag dafür als erstes Indiz erscheinen.

Ohne die Schaffung geeigneter Meßkonzepte zur Beurteilung des immateriellen Vermögens und seiner Veränderungen wird das gegenwärtige System der Volkswirtschaftlichen Gesamtrechnung mehr und mehr an Relevanz verlieren. Wenn die modernen Antriebskräfte wirtschaftlicher Entwicklung nicht adäquat erfaßt werden, kann die verbleibende Information zum Wert physischer Ströme von Gütern und Dienstleistungen kein aussagekräftiges Bild über die entscheidende Dynamik liefern. In seiner Präsidentschaftsadresse gegenüber der American Economic Association hat Fogel (1999) sich diesem Problem gewidmet und mit dem Titel *Catching up with the Economy* versehen. Darin umreißt er die Problematik, daß die aktuelle Wirtschaftstheorie aufgrund konzeptioneller Defizite in der Sammlung und Analyse relevanter Informationen über die fundamentalen langfristigen Veränderungen bezüglich der Konsequenzen einer zunehmend alternden Bevölkerung und eines Gesundheitssystems, das seine Leistungen an den steigenden Bedarf zur medizinischen Versorgung dieser Bevölkerung anzupassen und sich effizient zu restrukturieren hat, der realen wirtschaftlichen Entwicklung in immer größerem Maße hinterherhinkt.

5 Wachstums- und Beschäftigungswirkungen der neuen Informations- und Kommunikationstechnologien

Die modernen Volkswirtschaften befinden sich gegenwärtig im Übergang von der Industrie- bzw. Dienstleistungsgesellschaft zur Informationsgesellschaft, die durch eine rasch wachsende Bedeutung der Informations- und Kommunikationstechnologien (IKT) gekennzeichnet ist. Ein zentrales Charakteristikum dieser Informationsgesellschaft ist die Existenz von Netzwerkstrukturen (siehe Modul Netzwerkökonomie). Innerhalb der Informationsgesellschaft gehören die effiziente Nutzung verfügbaren Wissens und die Koordination der Kommunikationsprozesse zwischen den einzelnen Mitgliedern der jeweiligen Netzwerke sowie zwischen den verschiedenen Netzwerken zu den wichtigsten Aufgaben. Unter der Voraussetzung einer erfolgreichen Bewältigung dieser Aufgaben können höhere Effizienzgewinne erzielt werden als mit traditionellen Produktionsmethoden, die auf material- und energieverbrauchenden Prozessen basieren. Eine verbesserte Allokation der Ressourcen ist jedoch mit einer verstärkten Abhängigkeit der Produktionsverfahren gegenüber diesen neuen Technologien verbunden. Die führende Rolle der USA wird bei einem internationalen Vergleich wichtiger Indikatoren der Informationsgesellschaft deutlich. Die Bundesrepublik Deutschland rangiert dabei hinter den USA, Großbritannien, Japan und Frankreich (siehe European Information Technology Observatory EITO 1999 und Erber, Hagemann, Seiter 1999, Kap. 2). Die Interpretation derartiger *Benchmark*-Prozeduren ist jedoch aufgrund der weitgehend unbefriedigenden statistischen Erfassung des IKT-Bereichs schwierig und problematisch.

Die Schaffung einer globalen Infrastrukturbasis im Rahmen der *Global Information Infrastructure Initiative* der G7-Länder kann dabei als ein bedeutsamer Schritt in Richtung auf eine weltweite Informationsgesellschaft angesehen werden. Daraus resultieren neue Möglichkeiten für eine schnelle Substitution traditioneller durch elektronische Dienstleistungen. Darüber hinaus existiert ein weiter Bereich für Innovationsaktivitäten bei elektronischen Serviceangeboten (Electronic Commerce). Aufgrund der hohen Flexibilität in der Standortwahl zwischen dem Angebot elektronischer Dienstleistungen und der realisierten Nachfrage innerhalb des globalen Netzwerks gewinnen die immobilen Standortfaktoren in der Informationsgesellschaft zunehmend an Gewicht.

Potentielle Wohlfahrtsgewinne bei adäquater Nutzung der IKT hängen entscheidend von der Diffusionsgeschwindigkeit und der Adoption dieser neuen Technologien ab. Die ökonomische Analyse von Netzwerkexternalitäten, die mit diesen Technologien verbunden sind, zeigt, daß mögliche Engpässe in der Qualifikationsstruktur des Arbeitsangebots, der Innovationskapazitäten der Unternehmen, in einer mangelhaften Infrastruktur sowie zu kleiner Absatzmärkte auftreten können. Darüber hinaus müssen die Konsequenzen für die Wettbewerbssituation betrachtet werden, da das Auftreten steigender Skalenerträge ein wesentliches Merkmal der IKT ist. Bei Abwesenheit regulativer Eingriffe kann dies aufgrund der hohen technologischen Dynamik relativ schnell zur Herausbildung monopolistischer Strukturen auf der Angebotsseite führen. Die Reduktion der Wettbewerbsintensität kann des weiteren kontraproduktive Wirkungen auf die Innovationsfähigkeit von Unternehmen haben. Die Diffusion der IKT impliziert jedoch nicht nur externe Effekte auf den Wettbewerb innerhalb einzelner Volkswirtschaften, sondern auch externe Wirkungen auf den internationalen Handel. Die Einführung und verstärkte Durchsetzung der modernen IKT führt zu einer wachsenden internationalen Integration der Finanz-, Güter,- und Arbeitsmärkte. Dies impliziert einen steigenden Wettbewerbsdruck und einen arbeitsparenden technischen Fortschritt, der mit einer Verschlechterung der relativen Position von Lohneinkommensbeziehern in der Produktion handelbarer Güter verbunden ist. Als ein weiteres Ergebnis der neuen IKT ist auch ein steigender Anteil von Dienstleistungen betroffen, die international verlagert werden können.

Um mögliche Aussagen über die zu erwartende Entwicklung innerhalb der Bundesrepublik Deutschland zu treffen, bietet sich in diesem Zusammenhang ein Vergleich mit den USA an. Im allgemeinen wird die US-amerikanische Ökonomie als Vorreiter auf dem Weg zur Informationsgesellschaft gesehen, während die Bundesrepublik Deutschland noch am Anfang dieses Prozesses zu stehen scheint (vgl. Erber, Hagemann, Seiter 1999, Kap. 4). Darüber hinaus weisen die USA im Gegensatz zu den europäischen Volkswirtschaften in den beiden letzten Jahrzehnten ein sehr hohes Beschäftigungswachstum auf, was den Schluß nahelegt, daß die voranschreitende Informatisierung der Ökonomie von einer zunehmenden Beschäftigungsmenge begleitet wird. Diese kurzfristig gesehen positive Entwicklung kann mittel- bis langfristig Probleme aufwerfen, wenn sie sich über einen längeren Zeitraum verfestigt. Die Wettbewerbsfähigkeit und damit die Wachstumschancen einer Volkswirtschaft werden von den realisierten Produktivitätszuwächsen bestimmt. Auch hier unterscheiden sich Deutschland und die Vereinigten Staaten sehr stark. So liegt in den USA das durchschnittliche Produktivitätswachstum trotz der großen Ausgaben für Informations- und Kommunikationstechnologien deutlich unterhalb des bundesdeutschen Niveaus, weshalb auch vom sog. *Produktivitäts-* bzw. *Solow-Paradoxon* gesprochen wird (vgl. Sichel 1997 und Jorgenson, Stiroh 1999).

Dieses empirische Ergebnis widerspricht der *normalen* wirtschaftstheoretischen Sichtweise des Zusammenhangs zwischen Produkt- und Prozeßinnovationen sowie Investitionsanstrengungen einerseits und Produktivitätswachstum andererseits. Eine systematische Analyse der für das Produktivitätsparadoxon angeführten Argumente zeigt, daß es keine einfache Antwort, sondern ein ganzes Bündel verschiedener Aspekte auf Unternehmens- , Industrie- und gesamtwirtschaftlicher Ebene gibt, die in ihrem Zusammenwirken das geringe Produktivitätswachstum erklären können (vgl. z.B. Brynjolfsson, Young 1996). Mögliche Ursachen für das Ausbleiben der produktivitätsfördernden Effekte der Informations- und Kommunikationstechnologien können u.a. in einer falschen Ressourcenallokation, negativen Externalitäten von Innovationen auf zuvor dominierende Produzenten ("business-stealing-effect"), dem zeitlichen Auseinanderfallen von Einführung und Wirkung neuer Technologien, dem höheren Abschreibungsbedarf, dem noch sehr geringen Anteil der Computertechnologien am gesamtwirtschaftlichen Kapitalstock oder in statistischen Meßproblemen liegen.

Die Prognose über mögliche Beschäftigungseffekte der Informationsgesellschaft hängen weitgehend von den investitionsinduzierten Produktivitätswirkungen ab. Ein drastischer Effizienzanstieg kann kurzfristig größere Freisetzungseffekte implizieren. Kommt es dagegen zu großen zeitlichen Verzögerungen bei der Realisierung der Effizienzsteigerungen, können anfänglich höhere Arbeitsplatzzahlen erwartet werden. Obwohl der Diffusionsprozeß der IKT einen positiven Nettoeffekt auf die Beschäftigung haben dürfte, sind frühere sehr optimistische Erwartungen hinsichtlich der arbeitsplatzpolitischen Effekte in letzter Zeit vielfach revidiert worden. Der Beitrag der IKT zur Lösung der gesamtwirtschaftlichen Beschäftigungsproblematik wird begrenzt sein, da IKT nicht nur neue Arbeitsplätze schaffen, sondern auch alte Arbeitsplätze vernichten. Sie stellen daher keine Ausnahme bezüglich des allgemeinen Problems dar, daß die genaue Quantifizierung der gesamtwirtschaftlichen Beschäftigungswirkungen für eine dynamische offene Volkswirtschaft, die einen permanenten Prozeß von Freisetzungs- und gleichzeitig Kompensationsprozessen unterworfen ist, ausgesprochen schwierig, wenn nicht unmöglich ist. Kurzfristige Beschäftigungseffekte sind ebenso von langfristigen zu unterscheiden wie Effekte auf der Mikroebene von jenen auf der Meso- bzw. Makroebene oder direkte von indirekten Beschäftigungswirkungen. Im Gegensatz zu direkten Effekten, die, insbesondere auf der Mikroebene, beobachtet werden können, ist es extrem schwierig und methodisch komplex, die indirekten Wirkungen für die gesamte Volkswirtschaft zu quantifizieren (vgl. auch Kap. 4, "Technological Change and Innovation" der OECD Jobs Study 1994). Es sind genau diese indirekten Wirkungen der Einführung neuer Technologien, die so bedeutsam sind und seit Ricardos früher Analyse des Maschinerieproblems im Zentrum der Kontroversen über Freisetzungs- und Kompensationseffekte gestanden haben.

Im Oktober 1999 sind die Volkseinkommensdaten der USA erheblich revidiert worden, gefolgt von einer grundsätzlichen Revision der Produktivitätsdaten durch das Bureau of Labor Statistics am 12. November. Die Softwareproduktion z.B., die zuvor nur als Unternehmensausgaben behandelt worden ist, ist erstmals auch als Output und Investition erfaßt worden. Die neuen Produktivitätszahlen für die USA beinhalten eine größere Aufwertung, einschließlich des Tatbestandes, daß die Abschwächung des Produktivitätswachstums in den 1970er und frühen 1980er Jahren deutlich weniger ausgeprägt war als zuvor allgemein angenommen. Darüber hinaus lassen die starken Aufwertungen des Produktivitätswachstums seit Mitte der 1980er und für die gesamten 1990er Jahre die Abschwächung des Produktivitätswachstums eher als ein temporäres Phänomen denn als eine Veränderung des langfristigen Wachstumstrends erscheinen. Damit wird Anwälten der sogenannten *New Economy*, in der IKT zu einem langfristigen Anstieg des Wirtschaftswachstums und einer Beschleunigung des Produktivitätswachstums führen, Beweismaterial geliefert (vgl. z.B. den Artikel "How fast can this hod-rod go? New productivity data raise the speed limit in growth" in der Business Week vom 29. November 1999, S. 40-42). Aber implizieren die neuen Produktivitätsdaten, die zeigen, daß das Produktivitätswachstum sich bereits auf einem leichten Aufwärtstrend befand, als es Mitte der 1990er Jahre "loslegte", wirklich, daß das Solow-Paradoxon nur ein grandioser Irrtum war und wir unsere Vorstellung eines vergleichsweise langsamen Produktivitätstrends, der Anfang der 1970er Jahre begann, grundsätzlich zu revidieren haben?

Obwohl die kürzlich vorgenommene starke Aufwärtsrevision des Produktivitätswachstums anzuzeigen scheint, daß das Technologie-Paradox nicht länger existiert, ist hinsichtlich einer endgültigen "Lösung des Produktivitätsrätsels" Vorsicht geboten. Es ist eine empirisch erhärtete Tatsache, daß Veränderungen des Produktivitätswachstums eine stark prozyklische Natur aufweisen, wie sie z.B. dem *Okunschen Gesetz* zugrundeliegt, das die kurzfristigen Produktivitätsgewinne(verluste) umfaßt, die mit einem Produktionswachstum(rückgang) verbunden sind, welches die Vorteile (Nachteile) einer höheren (geringeren) Auslastung der Produktionskapazitäten reflektiert. Es gibt kaum einen Zweifel daran, daß ein erheblicher Anteil des Anstiegs im Produktivitätswachstum in den USA der späten 1990er Jahre auf zyklische Faktoren zurückzuführen ist. Das Phänomen einer prozyklischen Variation der Wachstumsrate der Arbeitsproduktivität überlappt sich mit dem *Verdoornschen Gesetz,* das langfristig einen engen linearen Zusammenhang zwischen dem Produktions- und dem Produktivitätswachstum konstatiert, mit steigenden Skalenerträgen als einer wichtigen Determinante (vgl. Hagemann, Seiter 1999). Ein Anstieg im langfristigen Wachstumstrend ist somit mit einem starken Produktivitätswachstum untrennbar verbunden.

Ein zentrales Element möglicher wirtschaftspolitischer Maßnahmen ist das "Lebenslange Lernen". Die Wachstumsmodelle bezüglich der Implikationen von Netzwerkexternalitäten erlauben eine Fundierung und erhebliche Ausweitung dieses Konzepts. Lernen besteht aus vielen Facetten: learning by doing, learning by using, komplementärem Lernen, Feedback-Effekten der Lerneffekte der Nutzer von IKT an die Unternehmen, etc. Lernen transzendiert die intendierte Adoption von Wissen und stellt z.T. einen Nebeneffekt dar. Die Nutzung dieser Effekte ermöglicht jedoch weitere Produktivitätssteigerungen. Die Förderinstrumente der Regierung in der Informationsgesellschaft können weitere Maßnahmen beinhalten. Zentrale Anknüpfungspunkte sind Eintrittsbarrieren, monopolistische Tendenzen und die Aufrechterhaltung bzw. Intensivierung des Wettbewerbs, die z.B. im Bereich der IKT diskutiert werden. Darüber hinaus sind die Beschleunigung der Diffusionsgeschwindigkeit neuer Technologien, die Einführung von Standardisierungen und öffentliche Nachfrageprogramme (z.B. bei der Computerausstattung von Schulen) von besonderer Bedeutung. Die Diskussion über die theoretischen Ansätze zu Netzwerkeffekten und Pfadabhängigkeiten liefert eine konsistente Fundierung eines entsprechenden Instrumentenmix.

Die Durchdringung mit IKT verändert auch die Organisationsstrukturen von Unternehmen und die Standortdistribution von Arbeit (Stichworte: Telearbeit und Job Sharing) sowie die Arbeitsinhalte und Unternehmenshierarchien. Daraus ergeben sich Konsequenzen für das Verhältnis von Arbeit und Kapital, insbesondere hinsichtlich der Mitbestimmungsmöglichkeiten. Die gestiegene räumliche Distanz zwischen Ort der Arbeit und Unternehmen gibt dem einzelnen mehr Freiheit, über seine Arbeitszeit zu entscheiden. Gleichzeitig besteht die Gefahr der Scheinselbständigkeit. Für Unternehmen besteht z.B. aus Kostenüberlegungen heraus der Anreiz Mitarbeiterstellen durch "freie" Kleinunternehmen zu ersetzen. Insbesondere die soziale Absicherung der Betroffenen wird dabei meist geringer. Auch zwischen den Unternehmen werden sich Veränderungen der Beziehungen ergeben. Die geringen Transportkosten für Informationen und die damit verbundenen Dienstleistungen ermöglichen das Outsourcing von Unternehmensaufgaben. Spezialisierte Unternehmen übernehmen z.B. die Buchhaltung, die Datenverarbeitung oder die Entwicklungstätigkeiten, so daß an die Stelle eines großen integrierten

Unternehmens ein Netzwerk von kleineren Einheiten tritt. Kleineren und mittleren Unternehmen bieten sich hier Chancen für schnelles Wachstum, aber auch die Gefahr der Abhängigkeit von dominierenden Unternehmen.

Diese Veränderungen machen auch eine Diskussion über alternative Entlohnungssysteme erforderlich. Insbesondere denken wir dabei an Formen des Investivlohns, die Elemente einer Beteiligungswirtschaft mit Verbesserungen der Qualifikationsstruktur des Humankapitals kombiniert. Von diesem Ausgangspunkt können Beschäftigungsfragen mit der für eine Informationsgesellschaft essentiellen Ausbildung und Wissenserweiterung verbunden werden. In gleichem Sinne sollten weitere Arbeitszeitverkürzungen für die zuvor angesprochenen lebenslangen Lernprozesse genutzt werden.

6 Wachstums- und industriepolitische Konzepte zur Schaffung nachhaltiger Wachstumspotentiale

Die Diskussionen über industriepolitische Maßnahmen sind durch ein breites Spektrum an Meinungen geprägt. Innerhalb der EU finden sich auf der einen Seite die Positionen von Ländern, die traditionell staatlichen Eingriffen positiv gegenüberstehen, wie Frankreich oder Italien, und auf der anderen Seite Länder, die industriepolitische Instrumente kritisch betrachten, wie Großbritannien oder die Bundesrepublik Deutschland. Gerade aber in Deutschland findet Industriepolitik in einem Spannungsfeld zwischen ordnungspolitischen Grundsätzen, die der Freiburger Schule verpflichtet sind, und vielfältig gewachsenen industriepolitischen Traditionen der praktischen Wirtschaftspolitik statt.

Industriepolitik kann eine aktive Förderung einzelner Industrien oder eine schützende Zielsetzung für einzelne Wirtschaftszweige verfolgen, weshalb sie gesamtwirtschaftlich strukturgestaltenden Charakter hat. Ersteres fand in Deutschland in der Vergangenheit besonders ausgeprägt in den Bereichen der Luft- und Raumfahrtindustrie, der Nuklearindustrie, der Mikroelektronik und der Herstellung von elektronischen Datenverarbeitungsanlagen sowie der damit verbundenen Informations- und Telekommunikationsindustrie statt. Erhaltungs- und Strukturanpassungssubventionen wurden vor allem in Wirtschaftszweigen wie z.B. Kohle, Stahl und Schiffbau durchgeführt. Neben einer auf einzelne Sektoren ausgerichteten Förderpolitik haben jedoch alle anderen wirtschaftsunterstützenden Maßnahmen industriepolitische Implikationen, insbesondere wenn diese zu einer Verbesserung der Standortqualität des jeweiligen Landes oder der jeweiligen Region gegenüber ausländischen Standorten beitragen. Industriepolitik wird deshalb auch als Strukturpolitik, regionale Wirtschaftsförderung, FuE- bzw. Technologiepolitik sowie als Förderung von kleineren und mittleren Unternehmen (KMU) betrieben. Auch in Ostdeutschland hat der Staat, besonders ausgeprägt durch die Treuhandanstalt und den umfangreichen Katalog von Wirtschaftsförderungsmaßnahmen, eine strukturprägende Rolle übernommen.

Ein großes Problem dieser Auseinandersetzung ist das Fehlen einer Gesamtschau aller industriepolitisch relevanten Maßnahmen und deren Wirkungen, die auf Bundes- bzw. Landesebene und zunehmend durch die EU wahrgenommen werden. Dies ist teilweise eine Konsequenz der föderalen Struktur der Bundesrepublik Deutschland. Darüber hinaus sind industriepolitische Kompetenzen auf beiden Regierungsebenen unter verschiedenen Fachministerien aufgeteilt. Das pluralistische Fördersystem führt damit einerseits zur Konkurrenz aber auch zu einem unkoordinierten Nebeneinander der unterschiedlichen Akteure. Dies macht es schwierig, das Ausmaß des industriepolitischen Engagements des Staates zu bestimmen und hat oftmals die Ineffizienz der Mittelverwendung zur Konsequenz (vgl. z.B. Buigues, Jacquemin, Sapir 1995). Ein Indiz für diesen Sachverhalt ist z.B. das Vorliegen von Mehrfachförderungen. Aufgrund der Aufsplitterung der wirtschaftspolitischen Maßnahmen auf eine Vielzahl von Trägern fehlt es diesen häufig an der Bereitschaft, den volkswirtschaftlichen Nutzen des industriepolitischen Eingriffs mit dessen gesamtwirtschaftlichen Kosten zu vergleichen und ökonomische Optimalitätskriterien anzuwenden. Oftmals findet eine ausreichende Erfolgskontrolle aufgrund unklarer Zielsetzungen nicht statt bzw. führt nur zu geringfügigen Korrekturen der industriepolitischen Praxis. Darüber hinaus begünstigt der Mangel an Transparenz *rent-seeking*-Verhalten der geförderten Unternehmen, Regionen und Institutionen. Zusätzlich schafft das undurchsichtige Fördersystem günstige Bedingungen für die Verschleierung des Umfangs staatlichen Engagements. Andererseits bietet der Wettbewerb der Akteure aber die Möglichkeit, alternative Unterstützungssysteme zu testen.

Auf europäischer Ebene hat sich aufgrund der oben angesprochenen Entwicklungen der Weltmärkte durch die Initiative der EU-Kommission in den letzten Jahren zunehmend die Vorstellung einer Industriepolitik der Gemeinschaft herausgebildet. In ihrer Mitteilung zur *Industriepolitik in einem offenen und wettbewerbsorientierten Umfeld* an den Rat und an das Europäische Parlament im November 1990 stellte die Kommission erste Ansätze für ein industriepolitisches Gemeinschaftskonzept vor (vgl. EU-Kommission 1990). Als Kernelemente einer solchen Wirtschaftspolitik wurde die Schaffung und Erhaltung günstiger Rahmenbedingungen für die Unternehmen, ein positives Konzept der industriellen Anpassung, die Beibehaltung offener Märkte sowie die Beschleunigung des industriellen Anpassungsprozesses gesehen. Die Erhaltung der Wettbewerbsfähigkeit der europäischen Industrie ist somit nur durch die Bereitschaft zum stetigen Wandel und die Anpassung an neue Wettbewerbsbedingungen möglich. Die Unternehmen müssen sich auf den Weltmarkt einstellen und dürfen nicht durch wettbewerbshemmende Maßnahmen geschützt werden. Als notwendige Voraussetzungen für die Realisierung des als notwendig angesehenen Anpassungsprozesses sind mehrere Aufgaben durch die Organe der EU zu erfüllen. Primär ist die Erhaltung eines wettbewerbsorientierten Umfelds zu gewährleisten, da nur so Unternehmen entstehen können, die auch auf den Weltmärkten ausreichend konkurrenzfähig sein können. Vor allem die Schaffung des gemeinsamen Binnenmarktes wird hierbei als eine Art Training für die Unternehmen gesehen. Zusätzlich sind nach Meinung der Kommission stabile Rahmenbedingungen, die vor allem die Steuer- und Finanzpolitik betreffen, die Sicherstellung eines hohen Bildungsniveaus sowie die Förderung des wirtschaftlichen und sozialen Zusammenhalts bei gleichzeitiger Verwirklichung eines hohen Umweltschutzniveaus zu erreichen.

Eine Industriepolitik, die diese Ziele realisieren soll, kann keine Laissez-faire-Politik sein. Sie muß vielmehr auf einem gemeinsamen, gesellschaftlichen Konsens beruhen. Dies beinhaltet eine richtige Mischung aus europäischer, nationaler und lokaler Wirtschaftspolitik, wobei insbesondere das *Subsidiaritätsprinzip* zur Anwendung kommen soll. In diesem Zusammenhang sind Instrumente mit katalytischen Wirkungen geplant. Die Kommission setzt auf die Realisierung des Binnenmarktes und das Festhalten am freien Außenhandel. Nur wenn die Unternehmen sich entsprechender Konkurrenz gegenübersehen, werden sie sich auch auf dem Weltmarkt bewähren können. Die Kommission lehnt in diesem Zusammenhang eine sektorale Wirtschaftspolitik aufgrund der Erfahrungen der siebziger und achtziger Jahre ab. Es wird vielmehr eine horizontal ausgerichtete Strategie bevorzugt.

Die Vorstellungen der EU-Kommission wurden 1993 im Weißbuch *Wachstum, Wettbewerbsfähigkeit, Beschäftigung* weiter konkretisiert. Ein damit gleichzeitig assoziiertes Ziel der zukünftigen europäischen Industriepolitik ist es, durch die Schaffung bzw. Erhaltung der Wettbewerbsfähigkeit der europäischen Unternehmen die Sicherung und Erhöhung der Beschäftigung innerhalb der Union zu erreichen. Bis zum Ende des Jahrhunderts sollten 15 Millionen neue Arbeitsplätze errichtet werden. Ein großes Gewicht wird hierbei den Investitionen zugemessen. Ein weiteres Absinken der Investitionsquoten soll durch die Ausgestaltung besserer Rahmenbedingungen vermieden werden. Zu diesem Zweck ist die EU-Kommission bestrebt, die Vorteile der europäischen Volkswirtschaften beim Arbeitskräftepotential und der Infrastruktur auszubauen.

Ein Hauptproblem der europäischen Unternehmen wird in der teilweise schlechten Positionierung auf wichtigen Märkten mit hohen Renditen und Wachstumschancen gesehen. Zu nennen sind insbesondere die Bereiche Elektronik, Informatik und medizinische Ausrüstungen. Dies resultiert in einer im Vergleich zu den USA und Japan geringen Arbeitsproduktivität insbesondere in diesen Sektoren. Dieses Dilemma wird durch relativ geringe FuE-Investitionsquoten, die sogar rückläufige Wachstumsraten aufweisen, verstärkt. Aufgrund der oben angesprochenen, ständig größer werdenden Bedeutung von immateriellen Produktionsfaktoren, legt die Kommission großes Gewicht auf die Entwicklung und Nutzung von allgemeinen und spezifischen (Fach)Kenntnissen. Gleichzeitig wird die Kostenstruktur der Unternehmen immer weniger von den direkten Kosten für die Produktionsfaktoren beeinflußt. Konsequenterweise wird der Senkung der Arbeitskosten langfristig kein ausreichender Beitrag zur Erhaltung der Wettbewerbsfähigkeit zugestanden (vgl. EU 1993, S. 81). Forschung und Entwicklung, Aus- und Weiterbildung, Infrastrukturinvestitionen sowie die industrielle Organisation bilden die Grundlage künftiger Erfolge auf dem Weltmarkt.

Übersicht C1: Kernpunkte einer Politik der weltweiten Wettbewerbsfähigkeit

Ziele	Mittel
1. Bessere Einfügung der europäischen Unternehmen in ein Umfeld der weltweiten Wettbewerbsfähigkeit und gegenseitigen Abhängigkeit	Erschließung der industriellen Stärken der Gemeinschaft Entwicklung einer aktiven Politik der industriellen Zusammenarbeit Einführung eines abgestimmten Vorgehens gegenüber der Ausbreitung strategischer Allianzen Durchführung gezielter Maßnahmen, um den Wettbewerb auf den Märkten zu sichern.
2. Nutzung der Wettbewerbsvorteile bei der Entmaterialisierung der Volkswirtschaft	Neuausrichtung der Steuerpolitik zur Förderung von Beschäftigung und der rationellen Nutzung knapper Ressourcen Entwicklung einer Politik, die "immaterielle" Investitionen begünstigt (Ausbildung, Forschung, technische Hilfe) Stärkung der Bemühungen zur Erleichterung und Rationalisierung von Vorschriften und Normen Anpassung der Kriterien für den Einsatz der industriepolitischen Fördermittel, um deren Auswirkungen auf die Wertschöpfung und die Beschäftigung zu verbessern Einleitung einer europäischen Politik zur Qualitätsförderung
3. Förderung einer stetigen Fortentwicklung der Industrie	Spürbare Steigerung und Koordinierung der FuE-Anstrengungen im Bereich der umweltfreundlichen Techniken Entwicklung wirtschaftlicher Anreize, um die Umsetzung der FuE-Ergebnisse in Produkte und Verfahren zu fördern
4. Verringerung des Zeitverzugs bei den Entwicklungsrhythmen von Angebot und Nachfrage	Auf der Nachfrageseite: Fortsetzung der Maßnahmen zur Förderung einer weltweiten abgestimmten Belebung des Verbrauchs Erleichterung des Entstehens neuer Märkte Auf der Angebotsseite: Förderung der Maßnahmen zur Strukturanpassung durch vermehrte Privatisierungen Unterstützung der Dynamik von kleinen und mittelständischen Unternehmen Maßnahmen zur Verbesserung des Verhältnisses zwischen Angebot und Nachfrage: Einführung partnerschaftlicher Beziehungen zwischen Großunternehmen und Zulieferern Verbesserung der Schnittstellen zwischen Herstellern und Verbrauchern Aufbau eines Abstimmungsgefüges zur Entwicklung von Schwerpunkten wettbewerbsfähiger Tätigkeitsfelder

Quelle: EU 1993a, S. 87

Zu den wichtigen Aktionsfeldern der gemeinsamen europäischen Industriepolitik gehören die sog. Transeuropäischen Netze, womit Verkehrs-, Energietransport- und Telekommunikationsnetzwerke gemeint sind. Diese Infrastruktureinrichtungen sollen zum einen produktivitätssteigernde Effekte aufweisen und zum anderen bei ihrem Aufbau und ihrer späteren Nutzung Arbeitsplätze schaffen. Auch auf dem Gebiet der Forschungsförderung und -koordination sieht die Kommission innerhalb der Union Probleme, die gelöst werden müssen. Insbesondere die Mängel bei der kommerziellen Nutzung von Forschungsergebnissen bzw. bei der Diffusion neuer Technologien sind zu beheben. Forschung und Entwicklung müssen sich mehr an den Erfordernissen des Marktes orientieren. Trotz der oben angesprochenen Vorbehalte gegenüber sektorspezifischen, industriepolitischen Maßnahmen beabsichtigt die Kommission die Förderung sog. *Zukunftsindustrien*, welche die Bereiche Informationstechnologien, Biotechnologien und den audiovisuellen Sektor umfassen. Man verspricht sich von der Förderung dieser Industrien einerseits positive externe Effekte für andere Sektoren und andererseits die Schaffung neuer Märkte. Erfolge auf dem Gebiet der Informationstechnologien können z.B. von vielen anderen Branchen produktivitätssteigernd genutzt werden. Die Errichtung eines transeuropäischen Informationssystems bietet die Möglichkeit für neue Dienstleistungen mit den entsprechenden Arbeitsplätzen.

In den neunziger Jahren wurden erste Schritte zur Realisierung dieser Ziele unternommen. Der Binnenmarkt wurde 1993 eingeführt, die anstehenden GATT-Verhandlungen wurden zu einem Abschluß gebracht; auf dem Gebiet der Forschungspolitik wurde im vierten Rahmenprogramm der Gemeinschaft für Forschung und technologische Entwicklung (1994-1998) eine stärkere Orientierung am Markt zugrundegelegt. Mit dem Abschluß des Vertrages von Maastricht wurde aufgrund von Art. 130 der Kommission die vertragliche Grundlage für eine gemeinschaftliche Industriepolitik erteilt. Trotz dieser (Teil)Erfolge sieht die Kommission vor dem Hintergrund gestiegener Arbeitslosigkeit seit Anfang der 90er Jahre weiteren Handlungsbedarf. Im Herbst 1994 wurden in einer ergänzenden Mitteilung zum Thema *Eine Politik der industriellen Wettbewerbsfähigkeit für die Europäische Union* (vgl. EU 1994). zusätzliche industriepolitische Aktionsfelder dargestellt. Vier Bereichen gilt besondere Aufmerksamkeit: Förderung immaterieller Investitionen, Entwicklung der industriellen Zusammenarbeit, Gewährleistung eines fairen Wettbewerbs und die Modernisierung der öffentlichen Hand.

Der vorgeschlagene Maßnahmenkatalog ist dabei sehr umfangreich. Auf dem Gebiet der immateriellen Investitionen werden vor allem die Ausbildung und die Verbesserung der Qualifikationen bei neuen Technologien als förderungswürdig angesehen. Die Kommission regt z.B. eine steuerliche Berücksichtigung von immateriellen Vermögenswerten und Weiterbildungsmaßnahmen an. Großer Wert wird auch auf die Gewährleistung eines gleichberechtigten Wettbewerbs gelegt. Da in vielen Drittländern andere Umweltschutzbedingungen und soziale Systeme vorliegen, müssen die europäischen Unternehmen häufig mit höheren Kostenbelastungen kalkulieren, als es ihre ausländischen Konkurrenten tun. Die EU muß deshalb international auf die Vermeidung eines Sozial- und Umweltdumpings drängen. Auch die öffentliche Hand soll ihren Beitrag zur Steigerung der Wettbewerbsfähigkeit leisten. Hierbei wird eine Entbürokratisierung und steigende Flexibilität der Verwaltungsstrukturen angemahnt und eine weitergehende Deregulierung angestrebt.

Während die Erreichung dieser Ziele befürwortet werden kann, ist die Frage der Förderung der industriellen Zusammenarbeit mit Skepsis zu betrachten. Mit

Sicherheit ist ein umfassender Informationsaustausch zwischen Unternehmen auf nationaler, europäischer und internationaler Ebene zu befürworten. Know-how aus anderen Wirtschaftsregionen könnte z.B. besser von europäischen Firmen genutzt und der Zutritt zu neuen Märkten erleichtert werden. Es muß jedoch gewährleistet werden, daß ausreichender Wettbewerb bestehen bleibt und die Zusammenarbeit nicht zu Absprachen und marktbeherrschenden Positionen führt.

Tatsächlich kann in den letzten Jahren eine Reihe von strategischen Allianzen im Bereich der Luftfahrtgesellschaften (z.B. Lufthansa - United Airlines – Air Canada – Varig - Thai Airways - SAS), der Mikroelektronik und der Telekommunikation festgestellt werden, die zumeist länderübergreifend erfolgten. Dafür gibt es gute ökonomische Gründe, da sich durch transnationale Unternehmenszusammenschlüsse oder durch die Akquisition ausländischer Unternehmen aufgrund von Komplementaritäten komparative Vorteile im globalen Wettbewerb eher als im Inland erzielen lassen. Empirische Fallstudien über die Folgen von solchen Zusammenschlüssen zeigen jedoch, daß es häufiger zu Mißerfolgen als Erfolgen kommt. Damit stellt sich die bisher nicht abschließend geklärte Frage, weshalb sie von Unternehmen so häufig eingegangen werden. Die Erfahrungen in Deutschland mit der Mega-Fusion von Daimler-Benz mit der AEG oder der DASA einschließlich der Beteiligung an Fokker sowie der Zusammenschluß von Siemens mit Nixdorf oder BMW's Erfahrungen mit Rover sind jedenfalls nicht als besonders erfolgreiche Beispiele anzusehen. Ob dies bei Daimler-Chrysler oder Deutsche Bank-Bankers Trust anders sein wird, bleibt abzuwarten.

Während der 1990er Jahre hat eine Umorientierung der deutschen Industriepolitik weg von traditionellen Formen und Bereichen stattgefunden. Dabei sind neue Instrumente der Beeinflussung industrieller Entwicklung durch staatliche Aktivitäten entwickelt worden. Der Deregulierungsprozeß in weiten Teilen des Transportwesens, der (Tele-)Kommunikation und öffentlicher Dienstleistungsbereiche, wie Elektrizität und Wasserwesen, hat mit der (Teil-)Privatisierung zuvor öffentlicher Betriebe die industrielle Landschaft in Deutschland entscheidend zu verändern begonnen. Mit dem Aufbrechen des Monopols der deutschen Bundespost in drei getrennte Unternehmen (Telekom AG, Post AG und Postbank AG) und dem Prozeß sukzessiver Veräußerung der staatlichen Anteile ist die Anreizstruktur zur Integration in den Globalisierungsprozeß und zur Annahme des Wettbewerbs mit internationalen und neuen heimischen Konkurrenten gestärkt worden. Ohne solche vergleichsweise späte Entscheidungen hätte Deutschland die Gelegenheit zum Aufbau bzw. Beibehalt einer starken Position in diesem strategisch bedeutsamen Bereich fast völlig verschlafen. Darüber hinaus hatte die Regierung das regulative Umfeld von früheren nationalen und regionalen Monopolrechten durch Gewährung von Lizenzen bzw. Nutzungsrechten an eine größere Zahl von Anbietern in Richtung auf eine stärker kompetitive Struktur zu verändern (vgl. hierzu auch das Modul *Netzwerkökonomie*). Diese Art wettbewerbsverstärkender Industriepolitik hat entscheidende wohlfahrtssteigernde Wirkungen für die Konsumenten durch eine verstärkte Dienstleistungsorientierung, eine neue Produktvielfalt und stark fallende Preise.

Während von den traditionellen Formen der Industriepolitik hauptsächlich Großunternehmen durch die Finanzierung technologischer Großprojekte (Atomkraftwerke, Zivilflugzeuge, Halbleiterindustrie, Transrapid) profitiert haben, läßt sich gegenwärtig eine Verschiebung der Industriepolitik in Richtung auf eine grundsätzlich stärkere Unterstützung von kleinen und mittleren Unternehmen (KMU) beobachten. Durch die Betonung der wichtigen Rolle innovativer KMU und ihrer Unterstützung wird eine verstärkte Schaffung hochwertiger Arbeitsplätze erwartet, wie es bei multinationalen Unternehmen der Fall ist, die ihren Hauptsitz in Deutschland haben. Während jedoch die letzteren im Rahmen der Globalisierung einen Teil ihrer Aktivitäten in andere Länder verlagern und dabei die Beschäftigung in ihren deutschen Standorten, auch unter dem Druck des Shareholder-Value, abbauen, haben die KMU höhere inländische Beschäftigungselastizitäten. Dies gilt selbst dann, wenn sie ihre internationalen Aktivitäten ausbauen. Da sie ihre komparativen Vorteile wesentlich stärker als die großen multinationalen Unternehmen in einem größeren Spezialisierungsgrad suchen, hängt ihr Erfolg weniger von der Nutzung steigender Skalenerträge ab. Mit dem höheren Niveau der Kundenanpassung ihrer Produkte sind sie fähig, auf Märkten aktiv zu sein, die für Großunternehmen unattraktiv sind. Jedoch haben KMU, die in der Vergangenheit in vermutlich geringerem Umfang am internationalen Handel teilgenommen haben, ebenfalls zu lernen, wie die Möglichkeiten eines liberalisierten globalen Markts zu nutzen sind. Die Bundesregierung und einzelne Länderregierungen haben daher damit begonnen, regionale Zentren, vor allem in Ost- und Südostasien (Seoul, Singapur) einzurichten, um den Beginn bzw. die Intensivierung von Aktivitäten der KMU auf diesen Märkten durch Gewährung rechtlicher, institutioneller und sonstiger Hilfen zu unterstützen.

Die Bundesregierung hat auch die Entwicklung des *Neuen Marktes* an der Frankfurter Börse gefördert, um innovativen KMU den Marktzugang bzw. die Aufnahme von Risikokapital zu erleichtern. Obwohl die Regierung nicht die Hauptquelle finanzieller Unterstützung ist, hat sie über die Einrichtung von zinsbegünstigten Programmen durch die Kreditanstalt für Wiederaufbau Einflußmöglichkeiten, um z.B. Umwelt oder Biotechnologien verstärkt zu fördern. Ebenso können Bund und Länder durch die Gewährung von Steuererleichterungen und Abschreibungsbegünstigungen Unternehmen unterstützen, die in Hochtechnologiebereichen tätig sind. In den 1990er Jahren hat die Bundesregierung auch die Bemühungen intensiviert, die bestehenden Programme zu evaluieren, um ihre industriepolitischen Initiativen besser zu kalibrieren. Obwohl der gegenwärtige Zustand weit davon entfernt ist perfekt zu sein, bedeutet dieser Wandel hin zu einer allgemeineren Orientierung des industriepolitischen Designs mit einem integrierten Evaluierungssystem eine deutliche Verbesserung der industriepolitischen Aktivitäten. Es besteht jedoch weiterhin ein Mangel an Verständnis darüber, wie diese verschiedenen Aktivitäten insgesamt die industrielle Entwicklung beeinflussen. Selbst wenn die Industriepolitik der zuvor skizzierten allgemeineren Orientierung folgt, gibt es eine eher unzureichende quantitative Erfassung ihrer Wirkungen, die eine rationale Entscheidungsbildung erleichtert und von dem häufig durch eine kurzfristige Sichtweise bestimmten Druck industriepolitischer Interessengruppen befreit, die im allgemeinen *Rentseeking* betreiben. Wenn staatliche Institutionen die in letzter Zeit sich stark fortentwickelnde Literatur zur (De-)Regulierung, Marktzugängen und Anreizproblematik mehr beachten würden, könnte die Effizienz industriepolitischer Maßnahmen erheblich gesteigert werden.

Das Versäumnis Deutschlands, aufgrund eines ausschließlichen Vertrauens in die bestehenden Industrien, rechtzeitig eine große Zahl international herausragender Kompetenzzentren in den neuen Hochtechnologiebereichen entwickelt zu haben, hat einige Aktivitäten hervorgerufen, um diesen Mangel zu überwinden. Insbesondere in den Bereichen der Biotechnologie und des Electronic Commerce unterstützt die Bundesregierung den Aufbau von Kompetenzzentren, um innovative KMU in Deutschland international wettbewerbsfähiger zu machen, indem sie ihre Kapazitäten in bestimmten Regionen bündeln. Durch diese Kooperation soll zugleich ein verstärkter Wissensaustausch herbeigeführt werden. Studien zur Relevanz lokaler Nähe von den im Forschungs- und Entwicklungsprozeß Beteiligten haben gezeigt, daß informelle Beziehungen über die einzelnen Unternehmen hinaus entscheidend dazu beitragen, innovative Aktivitäten anzustoßen und zu beschleunigen (vgl. Brandenburger, Nalebuff 1996). Es gibt einen Forschungsbedarf, genauer zu untersuchen, wie dieses "kooperative Konkurrieren" in der Praxis wirkt, und ob es möglicherweise zu einigen unerwünschten Nebeneffekten führen kann, wenn das Ziel der Wirtschaftspolitik darin besteht, den Rahmen für einen offenen Wettbewerb zu schaffen, der den Marktzugang erleichtert, so daß die soziale Wohlfahrt nicht durch kompetitives Verhalten beeinträchtigt wird.

Ein anderer Aspekt mikroorientierter Industriepolitiken bezieht sich auf die Frage, ob sie dem vielschichtigen Charakter neu aufkommender Märkte mit hoher Technologieintensität Rechnung tragen soll. Neue Technologien wie die Nanotechnologien entstehen entlang einer Technologiekette, bei der verschiedene Natur- und Ingenieurwissenschaften (Biologie, Chemie, Physik, Mechanik. Elektrotechnik) mit dem Wissen über Produktionsprozesse einschließlich Organisation, Logistik und Marketing auf z.T. sehr unübliche Weise kombiniert werden müssen, um die besten praktischen Lösungen hervorzubringen. Trotz des Aufbaus lokaler und regionaler Kompetenzzentren befindet sich Deutschland in vielen Bereichen fortgeschrittener Technologien die Einsicht in diese vielschichtige Natur der modernen Prozesse erst in relativ bescheidenen Anfängen. Jedoch entsteht häufig ein komparativer Vorteil daraus, daß einige regionale Kompetenzzentren dieses größere Potential der erforderlichen komplexen technologischen Lösungen besitzen, während alte Technologiezentren, die sich auf eine oder wenige Kompetenzen beschränken, dazu nicht imstande sind. Kompetenzzentren in Deutschland sollten daher die Erfahrungen, die anderswo auf der Welt gemacht wurden, sorgfältig studieren und dadurch aktives Lernen kalibrieren, um langfristige Lösungspotentiale zu entwickeln, wie sie z.B. in den USA im Silicon Valley sowie in den Großzentren Seattle und Boston und z.T. in den Wissenschaftsparks in Japan gelungen sind (vgl. Boekholt, Clark, Sowden 1998).

Da die kurzfristige wirtschaftliche Entwicklung Deutschlands entscheidend von der weiteren Integration innerhalb der Europäischen Union und in die globale Ökonomie geprägt sein wird, sollten Anstrengungen, die in Deutschland unternommen werden, insbesondere die europäischen Nachbarstaaten einbeziehen. Die Offenheit der Entwicklung ist entscheidend, um unnötige und kontraproduktive Rivalitäten zwischen Nationen zu vermeiden. Durch die weltweite Kooperation mit anderen Kompetenzzentren kann Deutschland ein Positivsummenspiel mit denjenigen Ländern implementieren, die ihrerseits Partnerschaften bei der Entwicklung hochtechnologieintensiver Produkte und der beschleunigten Entwicklung damit verbundener neuer Märkte anstreben. Durch die Nutzung von Komplementaritäten in der gegenwärtigen Allokation weltweiter Kapazitäten und Fähigkeiten kann Deutschland durch die Verstärkung der Kooperation mit kompetenten Partnern in größerem Maße profitieren.

In den letzten zehn Jahren hat die Bundesregierung bereits bedeutsame Anstrengungen unternommen, um die Fähigkeit künftige technologische Trends einzuschätzen zu verstärken. Durch die Gewährung finanzieller Unterstützung zu Beginn der Delphi-Studien für Deutschland (BMFT 1993) und dem Vergleich ihrer Ergebnisse mit jenen für Japan strebt die Bundesregierung die Identifikation derjenigen Technologiebereiche an, die für die künftige wirtschaftliche Entwicklung bedeutsam sind. Durch die Anregung regelmäßiger Berichterstattung zu technologischen Leistungsfähigkeit Deutschlands (BMBF 1999), der Organisation internationaler Benchmark-Studien zu bestimmten Technologiebereichen (BMWi 1998) und der Veröffentlichung der Ergebnisse trägt die Bundesregierung dazu bei, die Unsicherheiten zu reduzieren, denen insbesondere KMU in einem sich rapide verändernden, technologiegetriebenen wirtschaftlichen Umfeld ausgesetzt sind. Die nichtdiskriminierende Verbesserung der Informationsbasis hilft bei der Anregung der Investitionstätigkeit in technologieintensiven Bereichen, die andererseits höhere Risikoprämien beinhalten würde. Ohne eine weitere Verbesserung der Informationssysteme muß der Multiplikator aus der Erhöhung des gewaltig voranschreitenden öffentlich zugänglichen Wissens unzureichend bleiben. Da die Regierung erhebliche finanzielle Mittel zur Generierung und Veröffentlichung dieser Informationen aufwendet, ist die Verbesserung der Wissensverteilung in Deutschland zu einem wichtigen Element einer erfolgreichen Industriepolitik geworden. Das Auftauchen des Internets als eines universellen Informations- und Kommunikationssystems, das jedem Einzelnen leichten Zugang zu gewaltigen Mengen gesammelten Wissens ermöglicht, stellt für die Bundesregierung eine große Herausforderung dar, den Wissensmultiplikator durch Zurverfügungstellung des von öffentlichen Institutionen erhobenen Datenmaterials (bei gleichzeitiger Verstärkung des Schutzes persönlicher Daten) zu erhöhen. Dadurch können größere positive Wissensexternalitäten für die deutsche Volkswirtschaft hervorgerufen werden. Da wohlinformierte Bürgerinnen und Bürger sowie Unternehmen in einer globalen Ökonomie besser bestehen können, werden durch eine derartig aktive staatliche Politik die internationale Wettbewerbsfähigkeit gestärkt und die Beschäftigungsmöglichkeiten verbessert.

Die oben kurz vorgestellten Veröffentlichungen der EU-Kommission sowie die Ratifizierung des Vertrags von Maastricht mit seinem für die europäische Industriepolitik so wichtigen Art. 130 erhielten nicht nur Zustimmung. Vielfach wurde insbesondere den Regelungen in Art. 130 ein zu hoher Allgemeinheitsgrad attestiert, was die Möglichkeit einer interventionistischen, in das Marktgeschehen direkt eingreifenden Industriepolitik schaffe. So bestehe insbesondere das Problem einer nicht wettbewerbsgerechten Fusionskontrolle, da industriepolitischen Zielsetzungen Vorrang vor wettbewerblichen Kriterien eingeräumt werden kann (vgl. z.B. das Gutachten der Monopolkommission von 1992 und Schmidt 1992). Vor allem aus deutscher Sicht wird die Gefahr der Aufgabe von wirtschaftspolitischen Prinzipien gesehen, wie sie von der ordoliberalen Schule vertreten werden. Ein Hauptargument gegen ein größeres Engagement von EU-Organen auf dem Gebiet der Industriepolitik ist der Mangel an adäquaten Anreizsystemen für die verantwortlichen Beamten und das Fehlen der für eine erfolgreiche Industriepolitik notwendigen Informationen. Interessant ist andererseits, daß Ökonomen (wie z.B. Otto Schlecht), die nicht im Verdacht einer interventionistischen Überzeugung stehen, die Regelungen des Vertrags von Maastricht auch aus wettbewerbspolitischen Gründen positiv beurteilen. Durch Art. 130 sei das Bekenntnis zum offenen Wettbewerb rechtlich verankert worden.

Die angestrebte und teilweise durchgeführte Industriepolitik der EU kann somit durch folgende Punkte gekennzeichnet werden:

- Vorrangiges Ziel ist die Stärkung der Wettbewerbsfähigkeit der europäischen Unternehmen.
- Industriepolitische Maßnahmen dürfen den Wettbewerb nicht auf Dauer verzerren.
- Strukturkonservierende und protektionistische Instrumente sollen zurückgedrängt werden.
- Forschung und Entwicklung sowie immaterielle Investitionen sind vorrangig zu behandeln.
- Die Umorientierung zu mehr marktorientierter Forschung soll erfolgen.
- Die Förderung der Diffusion von FuE-Ergebnissen ist zu intensivieren.
- Unterstützung von kleineren und mittleren Unternehmen wird weiter ausgebaut.
- Die Intensivierung des Dialogs Staat-Wissenschaft-Wirtschaft ist geplant.
- Die Transeuropäischen Netze werden ausgebaut.
- Die EU-Bürokratie soll als Koordinator und Katalysator wirken.

7 Wachstumspolitische Zielsetzungen der EU-Länder am Beginn des 21. Jahrhunderts

Die Europäische Kommission hat Anfang des Jahres 2000 eine Mitteilung veröffentlicht (EU-Kommission, 2000), die vom neuen Präsidenten der EU-Kommission, Romano Prodi (Prodi, 2000), Mitte Februar in einer Rede vor dem Europäischen Parlament vorstellt wurde. Unter dem Titel, *Shaping a New Europe*, wird dort eine mittelfristige Perspektive für den Zeitraum 2000-2005 entworfen.

Gleichzeitig wird darin für den Anfang des Jahres 2001 die Vorlage eines Weißbuches angekündigt, das als Nachfolger des Delors-Weißbuches vom Anfang der 1990er Jahre angesehen werden könnte. Im Zentrum steht die Neugestaltung der Institutionen der EU, um diese bei einer Erweiterung insbesondere um weitere Mitgliedsländer aus Mittel- und Osteuropa leistungsfähig zu erhalten bzw. sogar deren Effizienz zu steigern.

Es werden aber auch die Themen der Globalisierung und der digitalen Revolution (EU-Kommission, 2000, 7) als zentrale Herausforderungen genannt, der sich die EU in den kommenden Jahren noch intensiver als bisher stellen muß. Hierfür wird ein kollektives Handeln der EU-Mitgliedsländer gefordert. Als Zielvorstellung wird für die EU eine genuine Führerschaft auf der Weltbühne angestrebt.

Diese Vorstellungen fanden dann beim Treffen der EU-Regierungschefs am 23. und 24. 3. 2000 in Lissabon eine offizielle Unterstützung, die sich in einer Abschlußdeklaration über zentrale Ziele für die kommende Dekade von 2001–2010 ein Wachstumsziel von 3% und eine Untergrenze von mindestens 20 Millionen neuen Arbeitsplätzen in der EU setzten (vgl. FT, 2000a). Als eine der zentralen Leitlinien wurde auf dem Gipfel in Lissabon vereinbart, daß die EU „die wettbewerbsfähigste und dynamischste wissensbasierte Wirtschaft in der Welt werden soll, die ein nachhaltiges Wirtschaftswachstum mit mehr und besseren Arbeitsplätzen und einer größeren sozialen Kohäsion gewährleistet."

Als weitere wichtige damit im Zusammenhang stehende Ziele wurden gemeinsam von den Regierungschefs und der EU-Kommission insbesondere die Schaffung eines Rechtsrahmens für den E-Commerce bis Ende des Jahres 2000, die vollständige Liberalisierung der EU-Telekommunikationsmärkte bis 2002, der Internet-Zugang in sämtlichen EU-Schulen bis 2001 und ein europäischer E-Aktionsplan zur Schaffung eines europaweiten Hochgeschwindigkeits-Internet- bzw. Telekommunikationsnetzwerkes zu niedrigen Kosten genannt.[3] Dies wird durch eine erhebliche öffentlich-private Form des Technologiesponsoring, d.h. einer zeitliche begrenzten Subventionierung der Nutzungskosten, kaum verwirklichen lassen.

Neben diesen Zielen wurden auch als weitere Aufgabenfelder die Modernisierung des Wohlfahrtsstaates, die Verstärkung der Bildungsinvestitionen und Maßnahmen zum Abbau sozialer Ausgrenzungen in den Zielkatalog aufgenommen.

Es bleibt nun abzuwarten inwieweit dieser Aufgabenkatalog in den dafür von den Regierungschefs gesetzten Zeitrahmen umgesetzt werden kann. Der teilweise sogenannte Internet-Gipfel der EU-Regierungschefs in Lissabon hat sich ambitionierte Ziele gesetzt, die jedoch auch den Einsatz weiterer finanzieller staatlicher Mittel dieser Ländern für diese Aufgaben erforderlich machen wird. Hier sind jedoch die weiterhin erforderlichen Konsolidierungsmaßnahmen zur Wahrung bzw. Erfüllung der Maastricht-Kriterien insbesondere auch in Deutschland als mögliche Hemmnisse in Betracht zu ziehen.[4] Des weiteren sind politische und gesellschaft-

---

[3] Schweden plant bereits innerhalb von zwei Jahren der Bevölkerung in Schweden insgesamt einen breitbandingen Internet-Zugang durch den Ausbau der entsprechenden Infrastruktur zur Verfügung zu stellen. Damit hat die schwedische Regierung die breitbandige USP (universal service provision) des Internets als kurzfristiges Ziel der Wirtschaftspolitik in Schweden akzeptiert. Die Leistung der Netzzugänge soll dabei mindestens 2 Mbit pro Sekunde betragen, so daß Videoübertragungen in Fernsehqualität über das Internet möglich werden (FT, 2000b).

[4] Bisher hat Deutschland wie auch Länder wie Italien oder Belgien nicht das Schuldenkriterium von einer Quote von 60% zum Bruttoinlandsprodukt erreicht. Da aufgrund konjunktureller Schwankungen ein nachhaltiges Unterschreiten der Schuldenquote von 60% dieses Unterschreiten nicht nur bei einer guten Konjukturlage voraussetzt, um gegebenenfalls bei Eintritt eines Konjukturrückschlages nicht sofort wieder über diese Grenze hinaus zu gelangen, wäre eine konsistente Fiskalpolitik im Rahmen der Maastricht-Kriterien darauf angewiesen in erheblichen Umfang Umschichtungen im Haushalt anderer Haushaltstitel zugunsten der Technologieförderung der IKT und Bildungssysteme vorzunehmen, ohne die nachhaltige Haushaltskonsolidierung zu gefährden. Diese Mittel

liche Widerstände bei der Umsetzung der einzelner Maßnahmen zu erwarten, da wie immer der Teufel im Detail stecken wird, wenn es um die Formulierung der entsprechenden Gesetze und Verordnungen und zur Umsetzung der genannten Aufgaben kommt.

Grundsätzlich haben jedoch die politischen Entscheidungsträger die Herausforderungen der Informationsgesellschaft als zentrale politische Aufgabe der EU-Kommission sowie der Regierungen der EU-Mitgliedsländer für die kommende Dekade akzeptiert. Wie der Premierminister Großbritanniens, Tony Blair, in Lissabon in einem Interview mitteilte, waren die Zielsetzungen, die einen Auf- bzw. Ausbau einer sozialverträglichen Informationsgesellschaft innerhalb der EU-Mitgliedsländer eines der am wenigsten kontroversen Ziele innerhalb eines Treffens der EU-Regierungschefs seit seinem Amtsantritt.

Problematisch erscheint vor dem bisherigen Hintergrund der historischen Wachstumsdynamik der EU-Mitgliedsländer ein hohes Wachstumsziel für die EU von 3% bis 2010 vorzugeben. Dies setzt implizit voraus, daß die EU-Mitgliedsländer analog zu den USA ab der zweiten Hälfte der 1990er Jahre in eine Phase eintreten, in der die Gesetzmäßigkeiten der *New Economy*, die nach Auffassung zahlreicher Vertreter eines lang anhaltenden Booms der Weltwirtschaft gelten (Schwartz, Leyden, Hyatt, 2000), auch weitgehend ohne staatliche Einflußnahme durch die endogenen Kräfte der Wirtschaft zu einer Wachstumsbeschleunigung führen werden. Damit basiert eine solche Wachstumspolitik auf Erwartungen für Europa, die kein Fundament in der zurückliegenden wirtschaftlichen Entwicklung zumindest der europäischen Länder haben. Allein das Erfolgsmodell der USA in den 1990er Jahren wird als Paradigma für die Festlegung der zukünftigen Wachstumsperspektiven der EU-Länder herangezogen.

Die von den EU-Regierungschefs verkündeten Maßnahmen können ja keineswegs für sich beanspruchen, daß sie über die Instrumente und Mittel verfügen, um diesen Wachstumsschub allein aufgrund der staatlich verfolgten wachstumsorientierten Wirtschaftspolitik herbeiführen zu können. Der Maßnahmenkatalog ist statt dessen eher als sinnvolle Ergänzung und Begleitung dieses beschleunigten endogenen Wachstumsprozesses der privaten Wirtschaft anzusehen.

Sollten sich daher die optimistischen Wachstumsannahmen für die EU nicht zu einem erheblichen Teil von allein aufgrund endogener Marktkräfte der privaten Wirtschaft realisieren, dann werden auch die bisher angekündigten Maßnahmen hierfür keineswegs ausreichen, um ein nachhaltiges Wachstum von mindestens 3% bis zum Jahr 2010 zu erzielen. Es bleibt daher abzuwarten, ob die Vermutung einer sich abzeichnenden langen Wachstumsphase innerhalb der EU-Länder in den kommenden Jahren eintritt. Kurzfristig findet aufgrund aktueller Wachstumsprognosen in der EU für das laufende und das kommende Jahr eine solche Wachstumsprognose die Zustimmung der Mehrzahl der nationalen und internationalen Prognostiker.

Bisher sind jedoch in der Vergangenheit die Wachstumsperspektiven insbesondere auch für Deutschland als der gewichtigsten Volkswirtschaft innerhalb der EU

für IKT und Bildung müßten vermutlich auch zu einem erheblichen Teil dann aus den Sozialetats herausgenommen werden sofern nicht eine Selbstfinanzierung durch das erhöhte Wachstum der Wirtschaft erfolgte.

für die 1990er Jahre nicht realisiert worden, wie dies zunächst am Anfang der 1990er Jahre noch von der Bundesregierung und der Mehrzahl der Prognostiker erwartet worden war. Es bestehen daher berechtigte Zweifel, ob die positiven Einschätzungen diesmal zutreffen.

Es bleibt somit abzuwarten, ob insbesondere die Europäische Zentralbank (EZB) als ein weiterer *key player* in Europa zu einer ähnlich optimistischen Einschätzung der mittel- bis langfristigen Wachstumsperspektiven der Euroländer wie die EU-Regierungschefs und die EU-Kommission gelangt (vgl. hierzu z.B. EZB, 1999).

Da die EZB durch ihre geldpolitische Strategie erheblichen Einfluß auf eine solche Entwicklung nehmen kann, könnte sich bei einer weniger optimistischen Prognose des Wachstumspotentials der Euroländer durch die EZB diese in einen Konflikt mit den Regierungschefs und der EU-Kommission über die Bereitstellung eines angemessenen monetären Rahmens für ein solches höheres Wirtschaftswachstum als in der Vergangenheit der 1990er Jahre geraten. Des weiteren schaffen Budget-Überschüsse der EU-Staaten neuartige Probleme hinsichtlich der geldpolitischen Steuerung, wenn diese zur Tilgung von Staatsschulden verwendet werden, da sie eine zusätzliche Quelle von Liquidität in der privaten Wirtschaft darstellen und damit die Geldpolitik mit einen neuen Umfeld konfrontieren, das den bisherigen historischen Erfahrungen und damit Verhaltensweisen der letzten Jahrzehnte widerspricht (vgl. hierzu Lightfood, 2000). Die Geldpolitik der EZB steht derzeit ja auch deshalb vor großen Herausforderungen, weil es keine vergleichsweise verläßlichen Informationen über die Reaktionen der Wirtschaftssubjekte innerhalb der Euroländer gibt, wie dies vorher im Rahmen der nationalen Grenzen und Politikgestaltung der Fall war. Zugleich fehlt der Geldpolitik der EZB die Reputation wie sie die Deutsche Bundesbank sich über Jahrzehnte insbesondere auch während inflationärer Krisen erworben hat, um einer lockeren Geldpolitik ohne Gefahr für die Glaubwürdigkeit als Wahrer der Preisstabilität folgen zu können (Vgl. hierzu Greenspan, 2000).

In den USA wurde in den zurückliegenden Jahren immer wieder die besonderen Verdienste des amerikanischen Zentralbankpräsidenten, Alan Greenspan, für die äußerst positive Entwicklung der 1990er Jahre hervorgehoben, da er bisher bereit war das Wachstumspotential der amerikanischen Wirtschaft zu testen solange aktuelle inflationäre Preissteigerungen nicht auftraten. Aber auch er weiß um die Gratwanderung, die eine solche experimentelle Geldpolitik miteinschließt.

Ohne eine entsprechende geldpolitische Alimentierung einer solchen Wachstumsstrategie der EU-Länder wie sie in Lissabon skizziert wurde durch die EZB wären den in Lissabon verabschiedeten Wachstumszielen ansonsten enge geldpolitische Grenzen durch die EZB gesetzt.[5]

---

[5] Aktuelle Forschungsergebnisse für den langfristigen Zusammenhang zwischen Preisstabilität und Wirtschaftswachstum zeigen, daß eine moderate Beschleunigung der Inflation durchaus positive Effekte auf das Wirtschaftswachstum in den zurückliegenden 100 Jahren in den USA hatte (vgl. hierzu Ahmed, Rogers, 2000). Allerdings sind diese ermittelten positiven Effekte von einer moderaten Zunahme der Inflationsrate auf das Wirtschaftswachstum ebenfalls nur moderat. Sie verweisen mehr auf den Umstand, daß eine zu restriktive Geldpolitik der Zentralbank die Ausschöpfung des Wachstumspotentials

Die EU und die Regierungschefs der EU-Länder haben mithin in Lissabon sich zu einem Politikwechsel bekannt, der Chancen und Risiken in sich birgt. Gelingt es die ambitionierten Ziele durch ein umfassendes Maßnahmenbündel umzusetzen und erfüllen sich die hochgesteckten Erwartungen an die Wachstumskräfte der Privatwirtschaft auf der Grundlage der Vorstellungen über die Wirkungsweise der *New Economy*, dann könnte Europa ähnlich positive Erfahrungen wie die USA in der zweiten Hälfte der 1990er Jahre in den kommenden Jahren erhoffen. Sind jedoch diese Voraussetzung nicht gegeben und die Zielsetzungen zu einem erheblichen Teil aufgrund politischer und sozialer Widerstände nicht umsetzbar, dann wird mittelfristig mit einer Krise dieser politischen Vision von Lissabon zu rechnen sein. Das optimistische Szenario, das von der EU-Kommission und den EU-Regierungschefs in Lissabon entworfen wurde, wird daher in naher Zukunft dem Realitätstest unterzogen werden.

8 Das internationale industriepolitische Umfeld

Das industriepolitische Vorgehen der EU kann nicht losgelöst von den Entwicklungen bei ihren wichtigen Handelspartnern gesehen werden. Insbesondere Japan und den USA sind potentielle Konkurrenten, wenn es um Fragen der internationalen Wettbewerbsfähigkeit geht. *Japan* erlebt seit dem Zusammenbruch seiner *bubble economy* zum Ende der 1980er Jahre eine schwere innenpolitische Krise und befindet sich in einer grundlegenden Debatte über die notwendigen Veränderungen seiner Wirtschaftspolitik. Die Industriepolitik alter Prägung spielt hierbei eine immer untergeordnetere Rolle. Durch den raschen Aufholprozeß, den die japanische Volkswirtschaft gegenüber den westlichen Industrienationen erfahren hat, steht die Regierung vor ganz neuen industriepolitischen Herausforderungen. Japan muß selbst neue Märkte entdecken und neue wachstumsintensive Industrien identifizieren, was die Gefahr von Mißerfolgen aufgrund zunehmender Unsicherheit erhöht. Mehr als zuvor konzentriert sich die japanische Industriepolitik auf die Bereiche Wissenschafts-, Forschungs- und Innovationsförderung. Vor allem die als Schlüsselbranchen bzw. als Basistechnologien angesehenen Sektoren (z.B. Supraleiter, neue Werkstoffe, Biotechnologien, Software, Umwelttechnologien und Medizintechnologien) stehen im Mittelpunkt des Interesses. Man erwartet, daß diese Industrien einerseits die vorhandene Branchenstruktur ergänzen und andererseits Kristallisationskerne für neue Wirtschaftszweige bilden können. Darüber hinaus wird Aus- und Weiterbildungsmaßnahmen sowie Infrastrukturinvestitionen ein hoher Stellenwert zugemessen.

---

einer Wirtschaft wie der USA zu gewissen Zeiten gehemmt hat. Mithin stützen die Ergebnisse keineswegs eine lockere Geldpolitik als per se wachstumsförderlich, sondern sie stützten nur eine nicht zu restriktive, d.h. moderat expansive, Geldpolitik als angemessener, um Wachstumsspielräume einer Wirtschaft besser nutzen zu können. Damit stehen diese Ergebnisse im Einklang mit der bisher von der FED in den USA seit Mitte der 1990er Jahre praktizierten Strategie.

Ein weiteres Kennzeichen der aktuellen Entwicklung in Japan ist die veränderte Stellung des Ministeriums für internationalen Handel und Industrie (MITI). Vom ehemaligen, scheinbar allmächtigen Planungs- und Steuerungsministerium hat es sich zu einer Informations- und Koordinationsstelle gewandelt, die im Rahmen von sog. *Visionen* breit angelegte Zielvorstellungen und mögliche Entwicklungschancen sowie potentielle Märkte für japanische Unternehmen darlegt. Dies ist ein weiteres Indiz für die Tatsache, daß der Prozeß der Erosion des staatlichen Einflusses auf die japanischen Unternehmen aufgrund der zunehmenden Globalisierung und der damit einhergehenden Inkongruenz von Unternehmens- und nationalen Interessen irreversibel scheint. Durch die handelspolitischen Konflikte mit den USA und der EU wird der Handlungsspielraum für industriepolitische Aktivitäten Japans zusätzlich eingeengt, da der Druck zu kompensatorischen Maßnahmen in den USA und der EU den wirtschaftlichen Erfolg im Handel mit diesen Ländern nicht mehr gewährleistet. Das Scheitern bei der HDTV-Technologie MUSE ist nur ein Beispiel hierfür. Die Abhängigkeit wichtiger japanischer Industriezweige (z.B. Straßenfahrzeugbau, Konsumelektronik) von den Absatzmärkten in den USA und Westeuropa aufgrund des Mangels an entsprechenden Alternativen zwingt die japanische Administration zu äußerster Zurückhaltung hier massiv industriepolitisch einzugreifen. Der handelspolitische Druck der Vereinigten Staaten und der EU würde sich ansonsten verstärken. Das wirtschaftliche Interesse Japans verlagert sich daher zunehmend dahin, mittels einer allmählichen Öffnung des japanischen Marktes durch den Abbau nichttarifärer Handelshemmnisse die Bereitschaft der USA und der EU zu erhalten, einen langsamen Abbau der hohen Außenhandelsüberschüsse mit diesen Ländern zu gewährleisten. Im Rahmen dieser Entwicklung ist z.B. geplant, daß die JETRO (Japan External Trade Organisation) ausländischen Unternehmen notwendige Informationen über den japanischen Markt bereitstellt. Darüber hinaus sollen Partnerschaften zwischen einheimischen und fremden Unternehmen mit Hilfe eines Business Support Center gefördert werden. Die japanische Regierung verspricht sich von diesen Maßnahmen ähnlich wie die EU-Kommission einen internationalen Wissenstransfer.

Diese Entwicklung in Japan wird durch den stattfindenden Wertewandel in der Bevölkerung begleitet und unterstützt. Die Verbraucher sind nicht mehr gewillt, die hohen Kosten der Protektion des heimischen Marktes vor ausländischer Konkurrenz zu akzeptieren, da diese vor allem auf die Verbraucherpreise und die kleineren und mittleren Unternehmen abgewälzt werden. In diesem Zusammenhang hat das Thema einer intensiveren wettbewerbspolitischen Kontrolle und einer Deregulierung inländischer Märkte an Bedeutung gewonnen. Die duale Struktur der japanischen Volkswirtschaft, bei der einige technologieintensive Wirtschaftszweige international führend sind, während andere wichtige Sektoren, insbesondere die Dienstleistungen (z.B. Einzelhandel, Versicherungen, Banken) und die Landwirtschaft, hinter dem Leistungsvermögen anderer Industrieländer zurückstehen, wird als kritisch für die zukünftige Position Japans im internationalen Wettbewerb gesehen. Da der internationale Handel mit Dienstleistungen seit geraumer Zeit rascher expandiert als der Warenhandel, würde sich die derzeitige duale Struktur der japanischen Wirtschaft langfristig als Nachteil erweisen. Entsprechende Umstrukturierungsmaßnahmen werden auch den gesellschaftlichen Konsens über wirtschaftspolitische Maßnahmen, der lange Zeit ein zentrales Element der japanischen Politik war, auf den Prüfstand stellen. Nicht länger gilt, daß das, was gut für die japanischen Großunternehmen ist, auch gut für Japan ist.

Beim zweiten wichtigen Handelspartner der EU, den *USA*, wurde und wird Industriepolitik skeptisch betrachtet. Trotz des Bekenntnisses zu freien Märkten wurde jedoch in den Vereinigten Staaten mit Hilfe der Rüstungspolitik massiv sektorale Industriepolitik betrieben (vgl. Graham 1995). Mit dem Wechsel von Bush zu Clinton im Präsidentenamt schien sich eine Veränderung der industriepolitischen Konzeption anzubahnen. Insbesondere der frühere Arbeitsminister und enge Berater Clintons, Robert Reich, vertrat die Forderung nach einer aktiveren Rolle des Staates im wirtschaftlichen Geschehen. Basierend auf einem gesellschaftlichen Konsens soll eine Wirtschaftspolitik zur Überwindung der Schwächen der US-amerikanischen Wirtschaft durchgeführt werden. Hier sind vor allem die großen Defizite im öffentlichen Bildungswesen und die Bewältigung des Konversionsprozesses in der Rüstungsbranche zu nennen. Mit Hilfe von umfangreichen Bildungsinvestitionen plant die Bundesregierung die Voraussetzungen für die Bereitstellung des für die neuen Technologien als wichtig betrachteten Produktionsfaktors Humankapital zu gewährleisten. Zusätzlich zu diesen Maßnahmen ist die Unterstützung von Schlüsseltechnologien beabsichtigt. Auch in den USA wird davon ausgegangen, daß diese Technologien *Multiple-Use* Charakter aufweisen, d.h. daß sie in vielen Branchen eingesetzt werden können und dort maßgeblich die Produktivität der anderen Produktionsfaktoren steigern werden (was durch die neuen Produktivitätsdaten eine Bestätigung erfahren hatte. Im Mittelpunkt stehen dabei die Schaffung von leistungsfähigen Computer- und Kommunikationsstrukturen, die mit dem Stichwort *information superhighways* belegt werden. Aus diesem Grund wurde ein Programm für fortschrittliche Technologien erlassen sowie eine *Task Force on Information Infrastructure* ins Leben gerufen. Die Clinton-Administration ist desweiteren bestrebt gewesen, den Dialog zwischen Industrie und Staat zu fördern und den Wissensaustausch durch gemeinsame Forschungsprogramme zu intensivieren. Die gesamte Forschungsförderung ist dabei mehr an kommerziellen Erfordernissen orientiert worden.

Seit Mitte der 1990er Jahre haben die USA den Schwerpunkt ihrer Industriepolitik in den Bereich der Informations- und Kommunikationstechnologien verlagert. Durch die Gewährung universellen Zugangs zu dem zuvor geschlossenen und von der Regierung kontrollierten Internet, die Aufgabe der damit verbundenen Eigentumsrechte und die Vergabe von Lizenzen hat die amerikanische Bundesregierung einen frei zugänglichen, globalen Informations- und Kommunikationsnetzwerkstandard geschaffen. Dadurch sind weltweit starke Wachstumsimpulse entstanden. Da nicht nur von Seiten der Regierung, sondern auch von Forschungsinstituten und den international führenden Universitäten große Teile ihres Wissensbestandes via Internet zur Verfügung gestellt wurden, ist für diejenigen, die Zugang zum Internet haben, eine Art 'free lunch' angeboten worden. Durch die Entwicklung von Web-Browsern, die die Navigation im Internet selbst für die Nicht-Spezialisten stark vereinfacht haben, und durch die Einführung von HTML (Hypertext Markup Language) ist ein universelles Instrument zur Darstellung von Texten, Graphiken und Bildern sowie von Ton- und Bildmaterial in kurzen Videosequenzen geschaffen worden, was die Attraktivität der neuen Medien erheblich gesteigert hat. Die Entwicklung von Internet-Cafés, selbst in zuvor so abgeschlossenen Ländern wie der Volksrepublik China, hat völlig neuen Gruppen den Zugang zu den modernen IKT eröffnet. Diese dramatische Senkung der Eintrittsbarriere zu einer anscheinend unkontrollierten Wissensbasis hat hochfliegende Erwartungen hervorgerufen.

Das *Internet* ist durch diese Schaffung eines globalen universellen Netzwerkes zu vergleichsweise geringen Kosten eine sogenannte *general purpose technology* (GPT, vgl. Bresnahan, Traitenberg 1995, Helpman 1998) geworden, die große Auswirkungen auf die Organisationsstrukturen der in die globale Ökonomie integrierten Volkswirtschaften hat. Selbst wenn sich manch übertriebene Erwartungen und Vorhersagen nicht erfüllen werden, mag es das langfristige Potential der IKT rechtfertigen, von einer sog. *New Economy* zu sprechen. Da diese Entwicklung im Vergleich zu anderen bedeutsamen GPT, wie Druckwesen, Elektrizität, Telefon, Funk und Fernsehen, in einer sehr kurzen Zeit stattgefunden hat, gibt es auf Regierungsseite einen Bedarf zur Entwicklung geeigneter Beobachtungs- und Regulierungssysteme. Traditionell sind öffentliche Instanzen aufgrund institutioneller Trägheit langsam in der Annahme und Bewältigung derartiger Herausforderungen. Dies kann unter den gegenwärtigen Umständen zu unerwünschten Konsequenzen führen, da die aktuellen technologischen Entwicklungen effiziente institutionelle und rechtliche Rahmenbedingungen erfordern, die das mit derartigen revolutionären Veränderungen erhöhte Maß an Unsicherheit und Risiko reduzieren (vgl. Erber, Bach 1999). Da der gegenwärtig existierende regulative Rahmen weit von einer befriedigenden Lösung entfernt ist, sollte diesem Aspekt auf der industriepolitischen Tagungsordnung eine höhere Priorität eingeräumt werden.

Im Nachhinein müssen die industriepolitischen Maßnahmen der US-Regierung und die starke Unterstützung durch die internationale wissenschaftliche Gemeinschaft sowie Teile des privaten Sektors bei der Schaffung eines globalen Informations- und Kommunikationssystems als Antriebsmotor für das Wirtschaftswachstum in der zweiten Hälfte der 1990er Jahre angesehen werden. Die jüngere Entwicklung verdeutlicht vor allem auch, daß eine erfolgreiche Industriepolitik eine engere Kooperation zwischen öffentlichen und privaten Institutionen in Form einer *public-private partnership* erfordert. Industriepolitik dieser Art ist in dem Sinne weniger protektionistisch geworden, daß sie anderen Ländern nicht länger den Zugang verweigert und von jenen durch die Vergabe einer Vielzahl von Lizenzen sowie Gebührenerhebung Schumpeter-Renten abverlangt.

Entgegen der üblichen schumpeterianischen Sichtweise ist das Internet so schnell aufgetaucht, weil es eine Vielzahl von Möglichkeiten eines Technologie-Sponsorings durch den öffentlichen und privaten Sektor beinhaltete. Durch die Nutzung positiver Netzwerkexternalitäten ist die gesamte Entwicklung erheblich beschleunigt worden. Da die USA nicht versucht haben, fremde Unternehmen, Institutionen oder Personen von der Entwicklung des Internets auszuschließen, und diese Anderen wiederum bereit waren, die US-Standards zu übernehmen, wurde das Internet zu einer internationalen Erfolgsgeschichte. Gleichwohl hat diese Art Politik die amerikanische Wirtschaft am stärksten begünstigt, da hauptsächlich ihre Unternehmen über das Wissen verfügten und die Produkte entwickeln konnten, die notwendig sind, um an der Internet-Ökonomie zu partizipieren. Die internationale Nachfrage nach den Produkten und Dienstleistungen hat ihnen zusätzliche Erträge ermöglicht, die ihnen ansonsten nicht zugeflossen wären. Da das Internet in Verbindung mit dem World Wide Web sich zu einem neuen globalen Standard herausgebildet hat, haben diejenigen, die diesen Standard frühzeitig in ihren Produkten und Dienstleistungen implementiert haben, ihre Wettbewerbsfähigkeit entscheidend gestärkt. Durch die Schaffung offener Standards via internationaler Standardisierungskommissionen, bei Zustimmung oder sogar aktiver Unterstützung durch amerikanische Behörden, hat die US-Regierung die Rivalitäten vermieden, die in vergangenen Initiativen inhärent waren, bei denen industriepolitische Maßnahmen dazu benutzt wurden, lediglich die nationale Industriebasis zu stärken, ausländische Unternehmen dagegen auszuschließen (vgl. z.B. Sematech sowie Forschungsprogramme zur künstlichen Intelligenz). Da die US-Regierung bisher zurecht davon ausgehen konnte, daß US-Unternehmen und Forschungsinstitute aufgrund ihrer komparativen Vorteile bei Forschung und Entwicklung ihre Führungsposition im Bereich der modernen IKT behaupten würden, sind die Spillover-Effekte durch die Weitergabe von Wissen und Technologie an andere Teile der Welt, durch die Schaffung positiver Netzwerkexternalitäten infolge der Entwicklung globaler Standards für die US-Wirtschaft überkompensiert worden. Es mag daher angemessen erscheinen, diese Art von Industriepolitik als eine *netzwerkbasierte Industriepolitik* zu bezeichnen.

Im Gegensatz zur früher praktizierten *merkantilistischen* Industriepolitik, die ausschließlich auf die Stärkung der nationalen Industriebasis ausgerichtet war und die Eintrittsbarrieren für ausländische Unternehmen und Personen zu erhöhen versuchte, ist das gegenwärtige industriepolitische Design anreizkompatibel mit einer internationalen Zusammenarbeit. Diese Strategie ist unter internationalen Wohlfahrtgesichtspunkten der früheren, mit Rivalität verbundenen Industriepolitik überlegen. Ansätze internationaler Kooperation sind auch im Bereich digitalen Fernsehens zu beobachten. Das Angebot eines offenen internationalen Standards (basierend auf einer Entscheidung der Federal Communication Commission) und der damit verbundene Verzicht auf die Extrahierung von Schumpeter-Renten hat die in diesen Bereichen tätigen multinationalen Unternehmen davon überzeugt, daß diese Politik den national geprägten Ansätzen der japanischen Regierung bzw. der EU-Kommission vorzuziehen ist. Da die Hauptakteure in der New Economy sich bereits weitgehend von ihren heimischen Stammsitzen gelöst haben, muß eine Industriepolitik, die diesen Entwicklungen Rechnung trägt, effizienter sein als die traditionell nationalistisch geprägten Politiken. Dies garantiert jedoch nicht, daß eine international orientierte Industriepolitik, wie sie in den bei den Hochtechnologien führenden USA entwickelt worden ist, weltweit für alle Unternehmen und Standorte gleiche Bedingungen schafft und symmetrische Ergebnisse hervorruft.

Da eine führende Nation per definitionem einen weltweit starken komparativen Vorteil beim Angebot der entsprechenden Güter und Dienstleistungen hat, erhöht sich, wenn die Regierungen anderer Nationen darauf verzichten, künstliche Handelshemmnisse zu errichten, die Möglichkeit für die führenden Unternehmen sich vorwärtszuarbeiten, ohne technologischen Wettbewerb fürchten zu müssen, der auf unterschiedlichen Technologiestandards beruht. Durch die Schaffung eines kontrollierten *lock-in* verstärkt diese Art Industriepolitik eine dauerhafte Dominanz in den entsprechenden Technologiebereichen. Während die übrige Welt noch mit der Implementierung des Internet beschäftigt ist, hat die US-Regierung bereits Internet II und die Next Generation Internet Initiative (NGI 1998) in Gang gesetzt.

Da dieselben Hauptakteure wie in der letzten Runde bei dieser Entwicklung involviert sind, scheint es sehr wahrscheinlich, daß sich die Erfolgsgeschichte in etwa wiederholt. Ohne eine wahrnehmbare Herausforderung durch andere Akteure in diesem Bereich, erscheint ein technologischer Wettbewerb zwischen konkurrierenden Standards, die durch Unternehmen anderer Länder errichtet werden, kaum vorstellbar. Diese Art Entwicklung kann selbst in dem Sinne Pareto-optimal sein, daß alle anderen Länder sich besser stellen im Vergleich zu einer unabhängigen nationalen Industriepolitik. Jedoch würde es ein rationales Ziel für diejenigen Länder sein, die in der gegenwärtigen Konzipierung einer internationalen Industriepolitik durch die US-Regierung keine Stimme haben, ihre spezifischen Interessen auf die Tagesordnung internationaler Politik zu setzen, um unerwünschte Effekte für ihre heimischen Industrien zu vermeiden bzw. zu korrigieren. Im Zeitalter der Globalisierung muß auch die Industriepolitik eine globale werden. Der traditionelle Weg einer nationalen Industriepolitik, die den merkantilistischen Interessen nationaler Champions zu dienen versucht, hat sein Ende gefunden, da er gegenüber der sich herausgebildeten Produktions- und Allokationsstruktur inferior ist. Dieser Ansatz steht auch in starkem Gegensatz zu den industriepolitischen Implikationen, die aus der neuen Theorie des internationalen Handels, die auf unvollkommenen Wettbewerb beruht, abgeleitet werden kann.

Betrachtet man die industriepolitischen Konzeptionen der EU, Japans und der USA im Überblick, fällt die vorhandene Konvergenz der Zielsetzungen und Maßnahmen auf. In allen drei Regionen legen die Regierungen Wert auf die Förderung des Humankapitals, die Unterstützung der sog. Schlüsseltechnologien, die Nutzung der damit verbundenen externen Effekte, die kommerzielle Ausrichtung der FuE-Investitionen und einen besseren Dialog Staat-Wissenschaft-Wirtschaft. Diese Übereinstimmung resultiert aus der weitgehend identischen Einschätzung der Tendenzen auf den Weltmärkten sowie den Erfordernissen der neuen Technologien, die den volkswirtschaftlichen Produktionsprozeß entscheidend verändert haben. Die zukünftige Entwicklung wird zeigen, inwieweit diese Ähnlichkeit der Vorgehensweisen für alle Beteiligten Erfolg bringen wird. Problematisch ist z.B. die Schaffung von Überkapazitäten auf dem Gebiet der Schlüsseltechnologien. Kritiker sehen hier ähnliche Probleme entstehen wie beim Schiffsbau oder der Kohleförderung. Dem wird entgegengehalten, daß diese Branchen strategisch so bedeutend sind, daß es sich eine führende Industrienation nicht leisten kann, in diesen Sektoren nicht vertreten zu sein (vgl. z.B. Seitz 1994).

In der Bundesrepublik Deutschland hat sich durch die weltweite Rezession Anfang der 1990er Jahre und die Transformation Ostdeutschlands zu einem international wettbewerbsfähigen Wirtschaftsraum die Diskussion um eine *Neue Industriepolitik* ebenfalls intensiviert. Die Öffentlichkeit scheint die Notwendigkeit der Schaffung einer besser fundierten industriepolitischen Konzeption, die auf einem breiten Konsens der betroffenen Gruppen basieren soll, erkannt zu haben. Allerdings bleibt abzuwarten, ob die Suche nach Übereinstimmung zwischen den Gruppen nicht bei Nachlassen des Handlungszwangs infolge eines erneuten wirtschaftlichen Aufschwungs sowie der Überwindung der größten Anpassungsschwierigkeiten in Ostdeutschland nachlassen wird. Sofern letzteres eintreffen sollte, wäre dies ein Indiz für die mangelhafte langfristige Orientierung der industriepolitischen Debatte, die in Phasen der Rezession wirtschaftspolitische Akzeptanz findet und sich dann häufig in ad-hoc-Maßnahmen erschöpft, wie z.B. der vor kurzem aufgegebenen Transrapidförderung, der Unterstützung der Errichtung eines Halbleiterwerks in Dresden der Firma Siemens, etc. Ein Mangel an Marktförderung der traditionell in Deutschland verfolgten technologiepolitischen Konzepte hat oft die unglückliche Wirkung gehabt, daß die Entwicklungen nicht bis zur endgültigen Marktreife geführt haben, nachdem der Prototyp komplettiert war und die öffentliche Finanzierung beendet wurde.

Die Bundesregierung hat kürzlich ein Aktionsprogramm zur Stimulierung von Innovationen und Beschäftigung in der Informationsgesellschaft des 21. Jahrhunderts verabschiedet (BMWT, BMBF 1999). Dabei hat die Regierung Ziele gesetzt, die bis zum Jahr 2005 erreicht werden sollen. Dieses Programm illustriert eine Vielzahl von Aspekten, die jeweils zur Gesamtentwicklung beitragen. Was jedoch erneut in dieser Zusammenfassung von Aktivitäten offensichtlich wird, ist die Schwierigkeit genau zu ermitteln, wieviel jede einzelne Initiative zum Gesamtergebnis beiträgt.

Wenn aber anderenorts die geplanten, horizontalen Maßnahmen umgesetzt werden, innerhalb Deutschlands jedoch die entsprechenden Faktoren vernachlässigt werden, besteht durchaus die Möglichkeit weiterer Verluste an internationaler Wettbewerbsfähigkeit und somit an Arbeitsplätzen. Lenken die Regierungen der USA und Japans sowie anderer Volkswirtschaften ihre investiven Mittel verstärkt in FuE-Anstrengungen, während hierzulande eine eher konsumtive Verwendung der Gelder geschieht, kann der technologische Abstand zwischen der deutschen Volkswirtschaft und denjenigen der USA bzw. Japans zunehmen. Die Wettbewerbsfähigkeit würde sinken, die wichtigen Exportmärkte u.U. deutlich schrumpfen.

Die gegenwärtige Wirtschaftsforschung liefert wichtige Anstöße für Bund und Länder ihre industriepolitischen Ziele zu redefinieren und ihr System der Förderung wirtschaftlicher Entwicklung gründlich zu reformieren, um den Herausforderungen der globalen Ökonomie zu Beginn des 21. Jahrhunderts zu begegnen. Der gegenwärtige Zustand der Theorien wirtschaftlichen Wachstums, des Strukturwandels und der Beschäftigung erfordert weitere Anstrengungen zur Entwicklung einer fundierten empirischen Wissensbasis, um industriepolitische Entscheidungen effizienter zu gestalten, wenn es darum geht, mögliche Erträge und Kosten gegeneinander abzuwägen statt lediglich die spezifischen Faktoren besser zu identifizieren, die zur gesamtwirtschaftlichen Entwicklung beitragen. Die moderne Wirtschaftsforschung liefert wichtige Orientierungen dafür, was Regierungen, die ihre industriepolitischen Strategien redefinieren, hauptsächlich zu beachten haben, aber sie bietet keine einfache Patentlösungen für die praktische Wirtschaftspolitik an. Die komplexen Interdependenzen in der heutigen Weltwirtschaft sollten Wirtschaftspolitiker zur Vorsicht raten bezüglich der Wirkungen einzelner, zudem diskretionärer, wirtschaftspolitischer Maßnahmen. Da viele Faktoren im wechselseitigen Zusammenspiel zum Gesamtergebnis beitragen, gibt es keine einfachen Lösungen für die meisten wirtschaftspolitischen Probleme. Eine sorgfältige Kalibrierung der oftmals konfligierenden Aspekte muß vorgenommen werden, um die Industriepolitik zu einem effizienten Instrument der Förderung wirtschaftlichen Wachstums, des Strukturwandels und der Beschäftigung zu machen.

Literatur

Abramovitz M (1986) Catching up, Forging Ahead, and Falling Behind. Journal of Economic History 46: 385 – 406

Ahmend S, Rogers JH (2000) Inflation and the Great Ratios: Long term Evidence from the U.S.. Journal of Monetary Economics 45: 3–35

Adis A, Chua HB (1997) Thy Neighbor's Curse: Regional Instability and Growth. Journal of Economic Growth 2: 279–304

Aghion P, Caroli E, García-Peñalosa C (1999) Inequality and Economic Growth: The Perspective of the New Growth Theories. Journal of Economic Literature 37: 1615–1660

Aghion P, Howitt P. (1992) A Model of Growth through Creative Destruction. Econometrica 60: 323–351

Aghion P, Howitt P (1998) Endogenous Growth Theory. Cambridge, Mass.

Alesina A, Perotti R (1996) Income Distribution, Political Instability and Investment. European Economic Review 81: 1170–1189

Alesina A, Rodrik D (1994) Distribution Policies and Economic Growth. Quarterly Journal of Economics 109: 465--490

Alesina A, Ötzler S, Roubini N, Swagel P (1996) Political Instability and Economic Growth. Journal of Economic Growth 1: 189–211

Arrow KJ (1962) The Economic Implications of Learning by Doing. Review of Economic Studies 29: 155–173

Bach S, Erber G (1999) Electronic Commerce: A Need for Regulation? In: Deutsch KG, Speyer B (Hrsg) Freer Trade in the Next Decade. The Millenium Round in the World Trade Organization.

Baranzini M, Scazzieri R (Hrsg) (1990) The Economic Theory of Structure and Change. Cambridge.

Barro RJ (1996a) Getting it Right.Markets and Choices in a Free Society. Cambridge, Mass.

Barro RJ (1996b) Democracy and Growth. Journal of Economic Growth 1: 1–28

Barro RJ (1996c) Institutions and Growth. An Introductory Essay 1: 145–148

Barro, RJ (1999) Inequality, Growth, and Investment. NBER Working Paper 7038, Cambridge, Mass.

Barro RJ, Sala-i-Martin X (1995) *Economic Growth.* New York et al.

Benabou R (1996) Inequality and Growth. NBER Macroeconomics Annual, S 11–73

Benhabib J, Rustichin A (1996) Social Conflict and Growth. Journal of Economic Growth 1: 125–142

Bertola G. (1993) Factor Shares and Savings in Endogenous Growth. American Economic Review 83: 1184–1198

Blanchflower DG, Slaugther MJ (1999) The Causes and Consequences of Changing Income Inequality. In: Fishlow and Parker (eds) Growing Apart, The Causes and Consequences of Global Wage Inequality, New York, S 67–94

Boekholt PJ, Clark P, Sowden (1998) An International Comparative Study on Inititatives to Build, Develop and Support. In: Kompetenzzentren, in Zusab. mit J. Niehoff, Bericht für das BMBF, Bonn

BMBF (1999) Zur technologischen Leistungsfähigkeit Deutschlands. Zusammenfassender Endbericht, Bonn.

BMFT (1993) Deutscher Delphibericht zur Entwicklung von Wissenschaft und Technik, Bonn.

BMWT, BMBF (1999), Innovation und Arbeitsplätze in der Informationsgesellschaft des 21. Jahrhunderts. Aktionsprogramm der Bundesregierung, Berlin-Bonn.

BMWi (1998) Benchmarking - Zum Entwicklungsstand der Informationsgesellschaft und zur Wettbewerbsfähigkeit der informations- und kommunikationstechnischen Industrie am Standort Deutschland. Bericcht der Prognos AG, Basel-Bonn

Brandenburger A, Nalebuff B (1996) Coopetition, kooperatives Konkurrieren. Frankfurt/Main - New York

Bresnahan T, Traitenberg M (1995), General purpose technologies: „Engines of Growth". Journal of Econometrics 65: 83–108

Brezis ES, Krugman PR (1997) Technology and the Life Cycle of Cities. Journal of Economic Growth 2: 369–383

Brynjolfsson E, Yang S (1996), Information Technology and Productivity: A Review of the Literature. Advances in Computers 43: 179–214

Buigues P, Jacquemin A, Sapir A (Hrsg.) (1995) European Policies on Competition, Trade and Industry: Conflict and Complementarities. Aldershot

Clague C, Keefer, Knack S, Olson M (1996) Property and Contract Rights in Autocracies and Democracies. Journal of Economic Growth 1: 243–276

Clague C, Keefer, Knack S, Olson M (1999) Contract Intensive Money: Contract Enforcement, Property Rights, and Economic Performance. Journal of Economic Growth 4: 185–211

Cooper SJ. (1998) A Positive Theory of Income Redistribution. Journal of Economic Growth 3: 171–195

Durham JB (1999) Economic Growth and Political Regimes. Journal of Economic Growth 4: 81–111

EITO (1999) European Information Technology Observatory. Mainz

Erber G, Hagemann H, Seiter S (1998) Zukunftsperspektiven Deutschlands im internationalen Wettbewerb. Industriepolitische Implikationen der Neuen Wachstumstheorie. Würzburg

Erber G, Hagemann H, Seiter S (1999) Wachstums- und beschäftigungspolitische Implikationen des Informations- und Kommunikationssektors. Berlin Stuttgart

EU-Kommission (1990) Industriepolitik in einem offenen und wettbewerbsorientierten Umfeld. Ansätze für ein Gemeinschaftskonzept, Brüssel

EU-Kommission (1993) Wachstum, Wettbewerbsfähigkeit, Beschäftigung. Herausforderungen der Gegenwart und Wege ins 21. Jahrhundert. Weißbuch, Luxemburg

EU-Kommission (1994) Eine Politik der industriellen Wettbewerbsfähigkeit für die Europäischen Union. Brüssel

EU-Kommission (2000) Shaping the New Europe, Strategic Objectives 2000-2005, Communication from the Commission to the European parliament, The Council, The Economic and Social Committee and the Committee of the Regions, COM(2000) 154 final, Brüssel, 9.2.2000

EZB (1999) Auf Preisstabilität ausgerichtete Politik und die Entwicklung der langfristigen Realzinsen in den neunziger Jahren. Monatsbericht der Europäischen Zentralbank, November 1999: 37–47

Fagerberg J (1999) The Need for Innovation-Based growth in Europe. Challenge 42 Sept.-Okt.: 63–79

Fischer DH (1996) The Great Wave, Price Revolutions and the Rhythm of History. Oxford – New York

Fishlow A, Parker K (1999) Growing Apart, The Causes and Consequences of Global Wage Inequality. New York

Fogel R (1999) Catching Up with the economy. American Economic Review 89: 1–21

FT (2000a) EU-leaders agree sweeping reforms to create jobs. Financial Times 25./26. 3. 2000, 1

FT (2000b) Broadband internet access for all Swedes in two years. Financial Times 30. 2. 2000, 1.

Gordon RJ (1998) Foundations of the Goldilocks Economy: Supply Shocks and the Time-Varying NAIRU. Brookings Papers on Economic Activity 2: 297–346

Gordon RJ (2000) Does the New Economy Meaure Up to the Great Inventions of the Past?, Journal of Economic Perspectives 14(4) (Fall 2000): 49–74

Graham OL jr (1995) Loosing Time: The Industrial Policy Debate. Cambridge

Greenspan A (2000) Economic challenges in the new economy, Remarks by Chaiman Alan Greenspan before the Annual Conference of the National Community Reinvestment Coalition Washington D. C. , 22. 3. 2000, http://www.federalreserve.gov/ BoardDocs/ Speeches/2000/20000322.html

Grossman GM, Helpman E (1991) Innovation and Growth in the Global Economy. Cambridge, Massachusetts

Gupta D (1990) The Economics of Political Violence. New York

Hagemann H, Seiter St (1999) 'Okun's Law' und 'Verdoorn's Law'. In: O'Hara P (Hrsg) Encyclopedia of Political Economy, London, Bd. II, S 819–821 und S 1228–1231

Hibbs D (1973) Mass Political Violence: A Cross-sectional Analysis. New York

Hicks J (1973) Capital and Time. A neo – Austrian Theory. Oxford

Helpman E (Hrsg) (1998) General Purpose Technologies and Economic Growth. Cambridge, Massachusetts

Hoffmann W (1931) Stadien und Typen der Industrialisierung. Jena

Jorgenson DW (1998) Investment and Growth. In Strom S (Hrsg) Econometrics and Economic Theory in the 20th Century. Cambridge, S 204–237

Jorgenson DW (2001) Information Technology and the U.S. Economy. The American Economic Review 91: 1–32

Jorgenson DW, Stiroh KJ (1999) Information Technology and Growth. Harvard University (mimeographed)

Jorgenson DW, Stiroh KJ (2000) Raising the Speed Limit, U.S. Economic Growth in the Information Age. Brookings Papers on Economic Activity 1: 125–211

Kaldor N (1966) Causes of the Slow Rate of Economic Growth in the United Kingdom. Cambridge

Kapstein EB (1996) Workers and the World Economy. Foreign Affairs 75: May/June 16–37

Krämer H (1998) Zur Tertiarisierung der deutschen Volkswirtschaft, In: Mangold K (Hrsg) Die Zukunft der Dienstleistungen. Gabler-Verlag, Franfurt am Main, S 171–216

Kremer M, Thomson J (1998) Why Isn't Convergence Instantaneous? Young Workers, Old Workers, and gradual Adjustment. Journal of Economic Growth 3: 5–28

Krugman PR (1994) Peddling Prosperity. Economic Sense and Nonsense in the Age of Diminished Expectations. New York

Krugman PR (1995) Growing World Trade: Causes and Consequences. Brookings Papers on Economic Activity: 327–377

Krugman PR (1996) First, Do No Harm. Foreign Affairs 75: July/August 164–170

Kuznets S (1955) Economic Growth and Income Inequality. American Economic Review 45: 1–28

Landesmann M, Scazzieri R (Hrsg) (1996) Production and Economic Dynamics. Cambridge

Lightfood W (2000) The Bane of Budget Surpluses. The Wall Street Journal Europe 2.2. 2000: 12

Lindlar L (1997) Das mißverstandene Wirtschaftswunder, Westdeutschland und die westeuropäischen Nachkriegsprosperität. Tübingen

Loury D (1981) Intergenerational Transfer and the Distribution of Earning. Econometrica 49: 843–867

Lowe A (1976) The Path of Economic Growth. Cambridge

Lucas RE jr (1988) On the Mechanics of Economic Development. Journal of Monetary Economics 22: 3–42

Lucas RE jr (1993) Making a Miracle. Econometrica 2: 251–272

Mauro P (1995) Corruption and Growth. Quarterly Journal of Economics 110: 681–712

Monopolkommission (1992) Wettbewerbspolitik oder Industriepolitik, Hauptbericht 1990/91. Baden-Baden

Morand OF (1999) Endogenous Fertility, Income Distribution, and Growth. Journal of Economic Growth 4: 331–349

Motohashi K (1998) Institutional Arrangement for Access to Confidential Micro-Level Data in OECD Countries. STI-Working Paper 1998/3, OECD, Paris

Neef D (Hrsg) (1998) The Knowledge Economy. Boston et al.

NGI (1998) NGI Implementation Plan. National Coordination Office for Computing, Information, and Communications, Washington DC

OECD (1994) The OECD Jobs Study, Evidence and Explanations. Part I: Labor Market Trends and Underlying Forces of Change, Paris

OECD (1999) Growth Project. DSTI/IND/STP/ICCP (99) 1, Paris

Orazem P, Tesfatsion L (1997) Macrodynamic Implications of Income-Transfer Policies for Human Capital Investment and School Effort. Journal of Economic Growth 2: S. 305–329

Pasinetti LL (1981) Structural Change and Economic Dynamics. A Theoretical Essay on the Dynamics of the Wealth of Nations. Cambridge

Pasinetti LL (1993) Structural Economic Dynamics. Cambridge

Perotti R (1993) Political Equilibrium, Income Distribution and Growth. Review of Economic Studies 60: 755–776

Persson T, Tabellini G (1994) Is Inequality Harmful for Growth; Theory and Evidence. American Economic Review 84: 600–621

Piketty T (1997) The Dynamics of the Wealth Distribution and Interest Rates with Credit Rationing. Review of Economic Studies 64

Porter ME (1990) The Competitive Advantage of Nations. London

Prodi R (2000) 2000-2005: Shaping the New Europe. Rede vor dem Europäischen Parlament, Straßburg, 15.2.2000

Quah DT (1997) Empirics of Growth and Distribution: Stratification, Polarization and Convergence Clubs. Journal of Economic Growth 2: 27–59

Reich RE (1991) The Work of Nations - Preparing Ourselves for the 21st Century-Capitalism. London

Romer PM (1986) Increasing Returns and Long-Run Growth. Journal of Political Economy 94: 1002–1037

Romer PM (1994) The Origins of Endogenous Growth. Journal of Economic Perspectives 8: 3–22

Sala-i-Martin X (1996a) The Classical Approach to Convergence Analysis. Economic Journal 106: 1019–1036

Sala-i-Martin X (1996b) A Positive Theory of Social Security. Journal of Economic Growth 1: 277–304

Schmidt I (1992) EG-Integration: Industrie- versus Wettbewerbspolitik. Wirtschaftsdienst 12: 628–633

Schwartz P, Leyden P, Hyatt J (1999) The Long Boom, A vision for the coming age of prosperity. Perseus Books, Reading, August 1999.

Seitz K (1994) Die japanisch-amerikanische Herausforderung - Deutschlands Hochtechnologie-Industrien kämpfen ums Überleben. 2. Auflage, München

Shiller RJ (2000) Irrational Exhuberance. Broadway Books, New York

Sichel DE (1997) The Computer Revolution. An Economic Perspective. Washington, DC

Solow RM (1984) Mr. Hicks and the Classics. In: Collard DA et al (Hrsg) Economic Theory and Hicksian Themes. Oxford, S 13–25

Solow RM (1994) Perspectives on Growth Theory. Journal of Economic Perspectives 8: 45–54

Saint Paul G, Verdier T (1997) Power, Distributive Conflicts, and Multiple Growth Paths. Journal of Economic Growth 2: 155–168

Stiglitz J (2000) The Insider, What I learned at the world economic crisis. The New Republic 17. 4. 2000, http.//thenewrepublic.com/041700/stiglitz041700.html

Tornell A (1996) Economic Growth and Decline with Endogenous Property Rights. Journal of Economic Growth 2: 219–250

Thurow LC (1997) Needed: A New System of Intellectual Property Rights. Harvard Business Review: Sep.-Oct., 95–103

Veneris Y, Gupta D (1986) Income Distribution and Sociopolitical Instability as Determinants of Savings: A Cross Sectional Model. Journal of Political Economy 94: 873–883

Wood A (1994) North-South Trade, Employment and Inequality: Changing Futures in a Skill-driven World. New York

Kommentar zu Georg Erber: Wachstum und Beschäftigung in Deutschland: Probleme und Politikoptionen

Jürgen Jerger

Der Beitrag von Georg Erber ist ein höchst detailreicher und informativer Überblick über den aktuellen Stand der wachstumstheoretischen und -politischen Diskussion. Besondere Aufmerksamkeit wird dabei dem sektoralen Strukturwandel im Zuge des Wachstumsprozesses und den Konsequenzen der fortschreitenden Globalisierung gewidmet. Die folgenden Bemerkungen haben eher ergänzenden Charakter hinsichtlich der Beziehung zwischen Wachstum und Beschäftigung sowie der Beurteilung der Politikoptionen. Sie beziehen sich – und auch das unterscheidet sie von vielen Ausführungen im zu kommentierenden Papier – vor allem auf die makroökonomische Ebene. Im Einzelnen möchte ich jeweils kurz auf die fünf folgenden Fragen eingehen:

- Wie robust ist die Diagnose der Wachstumsschwäche und welche theoretische Basis steht für deren Interpretation zur Verfügung?
- Resultiert aus der „Neuen Wachstumstheorie" auch eine „Neue Wachstumspolitik"?
- Welche Rückwirkungen sind von der Globalisierung auf Wachstum und Beschäftigung zu erwarten?
- Bringt die in den USA ausgerufene „New Economy" die wirtschaftswissenschaftlichen Grundpfeiler ins Wanken?
- Inwiefern braucht es Wirtschaftswachstum, um das Beschäftigungsproblem in Deutschland und anderen Ländern Europas in den Griff zu bekommen?

Wachstum und Beschäftigung: Empirie und theoretische Interpretation

Der Rückgang des Wirtschaftswachstums in Deutschland und auch anderen Ländern erscheint zumindest auf den ersten Blick dramatisch. In Deutschland war von 1960 bis zur ersten Ölkrise 1973 ein durchschnittlicher Anstieg des realen Sozialprodukts um jährlich 4,4% zu verzeichnen. Die entsprechenden Zahlen für die Zeiträume von 1973-1990 und von 1990-1998 lauten 2,2% bzw. knapp 1,2%. Spiegelbildlich dazu ging ab Beginn der 70er Jahre die Zahl der Arbeitslosen von einer Situation faktischer Vollbeschäftigung in drei Schüben Mitte der 70er Jahre und jeweils zu Beginn der 80er und 90er Jahre steil nach oben. Von daher liegt es nahe, hier einen Zusammenhang zu vermuten und nach einer Wachstumspolitik zu rufen, die auch dabei hilft, das Beschäftigungsproblem wieder in den Griff zu bekommen.

Bevor man jedoch ein (zunehmendes?) Versagen der Wachstumspolitik ableitet, sollte man zum einen die empirische Zuverlässigkeit dieses Befunds hinterfragen und zum anderen eine theoretische Interpretation dieser Entwicklung anbieten. Bezüglich des empirischen Befundes kann man mindestens die drei folgenden Fragezeichen benennen, die alle in die gleiche Richtung weisen, nämlich auf eine tendenziell gravierender werdende Unterschätzung des wirtschaftlichen Aktivität.

Zum einen zu nennen sind hier im Zeitablauf gravierender gewordene Probleme der Messung der Inflation und damit der *realen* Wertschöpfung. Für die USA kam hier die Boskin-Kommission (vgl. Boskin et al. 1997) auf eine Größenordnung der Überschätzung der jährlichen Inflationsrate – und damit eine Unterschätzung des realen Wachstums – von ca. 1½ Prozentpunkte, während für Deutschland eine analoge Untersuchung diesen Fehler auf etwa einen dreiviertel Prozentpunkt bezifferte (Hoffmann 1997). Da hier vor allem schwer zu erfassende Qualitätsänderungen und die Berücksichtigung neuer Produktkategorien ins Gewicht fallen, kann man davon ausgehen, daß sich dieses Problem langfristig verstärkt hat.

Der nächste große Posten, der eine nach unten verzerrte Schätzung der wirtschaftlichen Aktivität durch die VGR nahelegt, ist die zunehmende Bedeutung der Schattenwirtschaft. In Schneider/Enste (2000, p. 81) wird der Anteil dieses „Sektors" am offiziellen Sozialprodukt für Deutschland auf nur 2% in 1960 und auf mehr als 13% in 1995 geschätzt. Damit hat sich ein im Zeitablauf sehr viel größer werdender Teil der wirtschaftlichen Aktivität einfach der offiziellen Messung entzogen.

Schließlich sei noch darauf hingewiesen, daß in dem über die letzten drei Jahrzehnte deutlich gewachsenen staatlichen Sektor eine eigentliche Messung des Output gar nicht stattfindet, sondern die Wertschöpfung einfach anhand der Kosten erfaßt wird. Die Statistik sorgt also dafür, daß moderate Lohnabschlüsse und Einsparungen in diesem Sektor ein niedrigeres Wachstum ausweisen.

Obgleich diese Überlegungen die Größenordnung des Problems etwas relativieren, bieten sie keine Basis dafür, das Wachstumsproblem vollständig als statistisches Artefakt abzutun. Daher ist es von großer Bedeutung, für das Phänomen einen konzeptionellen Rahmen zu haben, der eine schlüssige Interpretation ermöglicht. Einen solchen Rahmen bietet das traditionelle neoklassische Solow-Swan-Wachstumsmodell, das eine Trennung vornimmt zwischen langfristigem Wachstum „im Gleichgewicht", und ein dieses überlagerndes Aufholwachstum. Letzteres findet statt bei einer wie auch immer begründeten Unterkapitalisierung relativ zum Gleichgewicht. Genau diese Situation kennzeichnete jedoch praktisch alle europäischen Länder nach dem Zweiten Weltkrieg. Deshalb kann die Verlangsamung des Wachstums etwa ein Vierteljahrhundert nach Kriegsende auch als eine Rückkehr zur Normalität interpretiert werden. Die in Crafts/Toniolo (1996) zusammengefassten empirischen Untersuchungen deuten darauf hin, daß diese Interpretation für die europäischen Länder zutreffend ist. Dieser Befund ist natürlich von großer Bedeutung, impliziert er doch, daß der Wachstumsrückgang keineswegs einfach einer zunehmend schlechteren Politik zugerechnet werden kann, sondern das unvermeidbare Auslaufen des Aufholwachstums darstellte.

Wachstumspolitische Implikationen der Neuen Wachstumstheorie

In dem Beitrag von Georg Erber wird darauf hingewiesen, daß die von der Neuen Wachstumstheorie in den Mittelpunkt gerückten Externalitäten in der Produktion dazu geeignet sind, eine aktivere Rolle des Staates zu begründen. Nun ist es natürlich unbestritten, daß wohlidentifizierte Externalitäten mir wohldosierten Maßnahmen im Prinzip internalisiert werden können. Insbesondere eine ohne staatlichen Eingriff suboptimal niedrige (Human-) Kapitalbildung kann durch gezielte Subventionen gestützt werden. Auch ist es unabhängig vom theoretischen Hintergrund auch empirisch völlig eindeutig, daß der Staat gut daran tut, zumindest die basale Schulbildung als öffentliches Gut zur Verfügung zu stellen und das gleiche kann auch für die Bereitstellung einer Infrastruktur im Verkehrs- und Kommunikationsbereich gesagt werden. Die Schwierigkeit besteht aber darin – und hierbei ist auch die Neue Wachstumstheorie keineswegs besonders hilfreich –, zu identifizieren, was genau, wann und in welchem Umfang staatlicherseits unterstützt werden sollte.

Dabei sollte man auch im Auge behalten, daß trotz der unbestreitbaren Verdienste der Neuen Wachstumstheorie durch die Berücksichtigung von unvollkommener Konkurrenz, Produktionsexternalitäten, einer differenzierten Struktur von Güter- und Wissensproduktion etc., die qualitativen Folgerungen sich nicht wesentlich von denen der traditionellen Wachstumstheorie unterscheiden. Kurz gesagt – und auf die Gefahr hin, die Dinge zu stark zu vereinfachen: Alles, was in einem Solow-Swan-Wachstumsmodell zu einer Niveauverschiebung des Wachstumsgleichgewichts führt, kann in einem Modell endogenen Wachstums eine Veränderung der Wachstumsrate bewirken.[6] Dieser Unterschied mag nicht nur für die meisten Politiker von eher untergeordneter Bedeutung sein, sondern ist auch empirisch nicht einfach identifizierbar. In der folgenden Abbildung sei angenommen, daß in Zeitpunkt t_0 beispielsweise eine Erhöhung der Sparquote (im dynamisch effizienten Bereich) stattfindet. Die daraufhin einsetzende Entwicklung des Outputs Y wird in der traditionellen Wachstumstheorie durch die durchgezogene, in der neuen Wachstumstheorie durch die gestrichelte Linie prognostiziert. Es leuchtet ein, daß hier über eine lange Zeit hinweg die empirische Diskriminierung wenig Aussicht auf Erfolg hat, zumal die Daten uns nicht den Gefallen tun, nach einem klar interpretierbaren Schock mit neuen exogenen Ereignissen bis zum Erreichen des neuen Gleichgewichts zu warten.

[6] Eine wichtige Ausnahme ist hier der Einfluß des Bevölkerungswachstums, das in der traditionellen Wachstumstheorie eine eindeutig negative Wirkung auf den Pro-Kopf-Output im Wachstumsgleichgewicht hat. Je nach Modellspezifikation kann jedoch in der Neuen Wachstumstheorie hier ein (allerdings empirisch für Länderquerschnitte nicht sehr plausibler) *positiver* Skaleneffekt bewirkt werden.

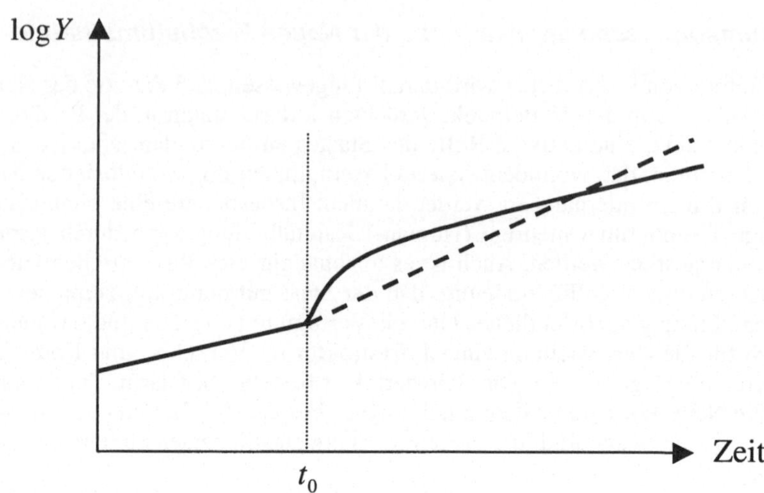

Abb. C7. Entwicklung des Outputs in der Traditionellen und in der Neuen Wachstumstheorie

Die theoretische Modellierung von Sektoren der Wissensproduktion, deren „Output" die Produktivität der anderen Sektoren erhöht, hat auch zur einer Wiederbelebung der Diskussion um eine gezielte industriepolitische Unterstützung von „Schlüsselindustrien" geführt. Zwei caveats sollen hier nur ganz kurz erwähnt werden: Zum einen berücksichtigen diese Modelle in aller Regel nicht die politökonomische Logik, die dazu führt, daß einmal unterstützte Industrien faktisch nicht mehr dem staatlichen Finanztropf entwöhnt werden können, zum anderen gibt es zahlreiche Beispiele für ex post eindeutig ineffiziente Industriepolitiken. Selbst die von vielen als mustergültig erachtete Industriepolitik Japans bildet hier nicht unbedingt eine Ausnahme (vgl. Krugman 1993). Die grundsätzliche Schwierigkeit besteht darin, daß der Staat besser als private Investoren wissen muß (oder im Gegensatz zu den Privaten keine Finanzierungsrestriktionen hat), *welche* Industrien eine Anschubfinanzierung brauchen. Die Wortwahl der EU-Kommission ist hier aufschlußreich: Sie hat sich zum Ziel gesetzt, *Zukunftsindustrien* zu fördern. Wer wollte da nicht mit von der Partie sein?

Globalisierung, Wachstum und Beschäftigung

Es ist in den vergangenen Jahren in die Mode gekommen, je nach Weltanschauung für positive oder negative Entwicklungen jedweder Art die Globalisierung zu preisen oder zu verdammen (vgl. z.B. Rodrik 1997). Der Einfluß auf die Beschäftigungslage steht dabei im Mittelpunkt, aber auch Wachstumswirkungen werden diskutiert. Diese Aufgeregtheit steht in einem ganz bemerkenswerten Kontrast nicht nur zu gängigen außenwirtschaftstheoretischen Modellierungen, sondern auch zu dem empirischen Befund: Arbeitsmarktperformance hat – abgesehen natürlich von exportinduzierten konjunkturellen Schwankungen – nicht erkennbar etwas mit dem Grad der außenwirtschaftlichen Verflechtung zu tun (vgl. hierzu auch Jerger 2002). Ähnlich eindeutig sind die Wachstumswirkungen zu beurteilen.

Die Öffnung der Märkte hat nicht nur eine wachstumsfördernde Zähmung inländischer Monopolmacht zur Folge (vgl. Parente/Prescott 1999), sondern auch den freien Fluß technologischen und anderen know-hows. Hier sollte die Debatte um die relative Vorteilhaftigkeit von Importsubstitution vs. Exportdiversifikation eigentlich zu Gunsten des zweiten Konzepts inzwischen hinreichend klar entschieden sein.

Die Diskussion um die „New Economy“

Der Vormarsch der Informations- und Kommunikationstechnologie ist das wohl auffälligste und im Papier auch stark hervorgehobene Merkmal wirtschaftlichen Wandels in den beiden letzten Jahrzehnten. Es handelt sich dabei sicherlich um einen Bereich, der wie die Erfindung der Dampfmaschine oder der Elektrizität für einen lange anhaltenden Wachstumsschub sorgen wird. Einige Ökonomen haben sich in den letzten Jahren bereits gefragt, wo denn diese Wachstumswirkungen bleiben – dies steht hinter Robert Solow's Beobachtung, daß „Computer überall auftauchen außer in der Produktivitätsstatistik“. Nun ist es aber weder überraschend noch neu, daß es eine geraume Zeit braucht, bis neue Technologien ihre Wirksamkeit entfalten können. Dies ist umso mehr der Fall, als die Produktivitätswirkungen der IKT ja nicht primär in einem neuen, vom Rest der Volkswirtschaft mehr oder weniger isolierten Sektor zum Tragen kommen, sondern vor allem dadurch, daß sie flächendeckend in längst existierenden Sektoren eingesetzt wird. Die Belebung des Wachstums, das bis Mitte 2000 in den USA beobachtbar war, ist wohl ein erstes Indiz dafür, daß die Computer langsam in der Produktivitätsstatistik eben doch auftauchen. Dies sorgte bis zum Beginn des Konjunktureinbruchs in der zweiten Hälfte 2000 dafür, daß ein kräftiges Wachstum und eine gemessen an den letzten drei Jahrzehnten exzellente Beschäftigungssituation einherging mit einer für viele überraschend niedrigen und stabilen Inflationsrate. Hieraus das Entstehen einer „New Economy“, in der ungeahntes Wachstum bei stabilen Preisen möglich wird, abzuleiten, und die Inflation gleich zu Grabe zu tragen (Bootle 1996), ist jedoch in keiner Weise – sei es theoretisch oder empirisch – fundiert. Die Entwicklung seit Ende 2000 hat dies auch wieder weitgehend in den Köpfen der meisten Beobachter etabliert. Überdies muß man in Rechnung stellen, daß die in diesem Ausmaß überraschenden positiven Entwicklungen auf dem amerikanischen Arbeitsmarkt zumindest auch ein Reflex der stark eingeschränkten Lohnersatzleistungen bei Arbeitslosigkeit sind (vgl. hierzu Ellwood 2000).

Wachstum und Beschäftigung

Daß Wachstum eine unabdingbare Voraussetzung für eine auch nur partielle Lösung des Arbeitsmarktproblems sei, wird oft gar nicht mehr hinterfragt, unabhängig davon, ob der Okun-Zusammenhang nun als empirisch einigermaßen verlässlich oder als durch zu viele Störeinflüsse überlagert angesehen wird. Deshalb ist es der Erwähnung wert, daß Wachstum in allen gängigen Modellen zur Erklärung des Beschäftigungsgrades nur ganz am Rande eine Rolle spielt. Die folgende Grafik zeigt die Logik des so genannten Lohnsetzungs-Preissetzungsmodells, das heute als das führende Paradigma zur Analyse der Arbeitsmarktvorgänge jenseits der konjunkturellen Frist angesehen werden kann (vgl. Layard et al. 1991 sowie Landmann/Jerger 1999).

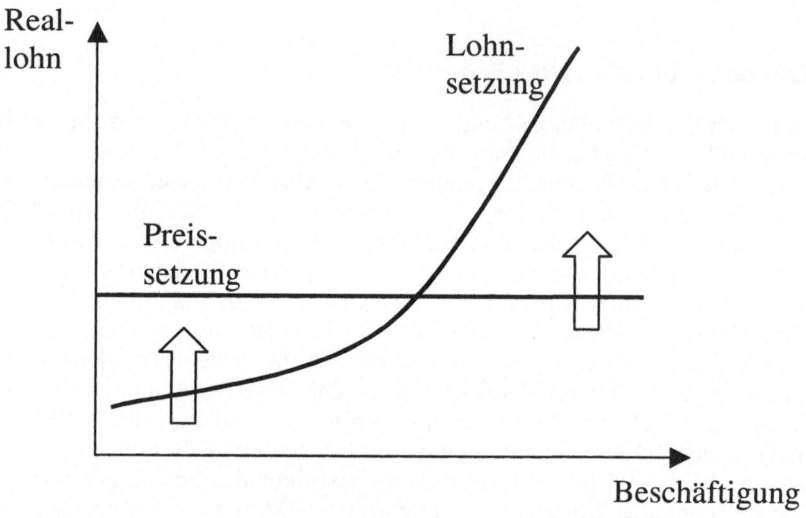

Abb. C8. Lohnsetzungs-Preissetzungsmodell

Die steigende Kurve ist eine Zusammenfassung des Verhaltens der Lohnsetzer, die in praktisch allen denkbaren Lohnsetzungsmodellen einen mit zunehmender Beschäftigung höheren (Real-) Lohnanspruch stellen. Die horizontale Linie bringt die optimale Preissetzung der Unternehmer zum Ausdruck, wenn die Mengen aller Produktionsfaktoren variabel sind.[7] Für die plausible Annahme konstanter Skalenerträge sowie einer konstanten Gütermarktmacht ist der optimale Preis unabhängig von der Beschäftigungsmenge, reagiert aber 1:1 mit dem Nominallohnniveau. Mit anderen Worten: Unter den gemachten Annahmen legt die optimale Preissetzung ein bestimmtes Reallohnniveau fest. Die Preissetzungskurve wird durch technischen Fortschritt nach oben verschoben, da bei steigender Produktivität (für einen gegebenen Nominallohn) der optimale Preis sinkt, der Reallohn also steigt. Der steigende Verteilungsspielraum ermöglicht also eine höhere Beschäftigungsmenge, wenn die Lohnsetzungsfunktion sich nicht in gleichem Umfang verschiebt. Reagieren jedoch die Lohnsetzer ungeachtet der Beschäftigungsmenge mit der Forderung nach einer „Beteiligung am Produktivitätsforschritt", so verschiebt sich die Lohnsetzungskurve durch Wachstum ebenfalls nach oben. Die Beschäftigungswirkungen hängen nun davon ab, ob die Lohnsetzer für jedes Be-

[7] In einer kürzeren Frist, wenn nur die Beschäftigungsmenge variabel ist, würde die Kurve einen fallenden Verlauf haben. An dem nachfolgenden Argument ändert sich hierdurch nichts.

schäftigungsniveau ihre Lohnforderungen um weniger, gleich viel oder mehr als den Produktivitätsfortschritt nach oben schrauben. Eine generelle Aussage über die Beschäftigungswirkungen von Wachstum ist nicht möglich. Fazit: Wachstum ist weder notwendig noch hinreichend für eine Verbesserung der Arbeitsmarktsituation, auch wenn das eigentliche Problem – die Enge des Verteilungsspielraums – durch Wachstum in der Tendenz gelockert wird. Aber nichts verhindert generell, daß Lohnsetzer auch mit einem großen Produktivitätszuwachs unverantwortlich umgehen.

Literatur

Bootle R (1996) The Death of Inflation. Nicholas Brealey, London

Boskin MJ, Jorgenson DW (1997) Implications of Overstating Inflation for Indexing Government Programs and Understanding Economic Progress. American Economic Review Papers and Proceedings 87: 89–93

Crafts NF, Toniolo G (1996) Economic Growth in Europe since 1945. Cambridge University Press

Ellwood DT (2000) Anti Poverty Policy for Families in the Next Century: From Welfare to Work – and Worries. Journal of Economic Perspectives 14: 187–198

Hoffmann J (1998) Probleme der Inflationsmessung in Deutschland. Diskussionspapier 1/98, Volkswirtschaftliche Fortschungsgruppe der Deutschen Bundesbank, Februar 1998

Jerger J (2002) Globalization, Wage Setting, and the Welfare State. Journal of Policy Modeling, forthcoming

Krugman P (1993) The Current Case for Industrial Policy. In: Salvatore D (ed) Protectionism and world welfare

Landmann O, Jerger J (1999) Beschäftigungstheorie. Springer, Heidelberg Berlin

Layard R, Nickell St, Jackman R (1991) Unemployment - Macroeconomic performance and the labour market. Oxford University Press

Parente StL, Prescott EC (1999) Monopoly Rights: A Barrier to Riches. American Economic Review: 1216–1233

Rodrik D (1997) Has globalization gone too far?. Institute for International Economics, Washington DC

Schneider F, Enste DH (2000) Shadow Economies: Size, Causes, and Consequences. In: Journal of Economic Literature 38: 77–114

D. Internationale Innovationsdynamik, Spezialisierungsstruktur und Außenhandel – Empirische Befunde und wirtschaftspolitische Implikationen

Andre Jungmittag

1 Einleitung

Die Frage, warum Länder sich auf die Produktion und den Export bestimmter Güter spezialisieren und andere Güter importieren, beschäftigte bereits Adam Smith und David Ricardo, die Begründer der inzwischen als klassisch geltenden Nationalökonomik. Dieses Interesse hat im Zeitablauf keineswegs an Bedeutung verloren, sondern ist vielmehr heute im Zeitalter der wirtschaftlichen und technologischen Globalisierung einerseits und der Herausbildung von hochgradig wirtschaftlich integrierten Regionen andererseits größer als je zuvor. In der öffentlichen Debatte werden beide Phänomene häufig mit vielfältigen, sich teilweise widersprechenden Ängsten verbunden (Baldwin, 1999, S. 253-254). Befürchtet wird, daß wirtschaftliche Integration und zunehmend freier Handel zu industriellen Standortverschiebungen zwischen den Regionen und Staaten führen werde. In Europa sind reichere Staaten besorgt, daß Verlagerungen in Niedriglohnländer erfolgen, während ärmere Länder umgekehrt Verlagerungen in hochindustrialisierte Staaten erwarten. Kleinere Länder fürchten den Druck der größeren, und Nichtmitgliedsländer sehen ihre Standorte durch EU-Mitgliedsländer gefährdet. Ähnliche Befürchtungen existieren auch in den USA mit Blick auf die Abwanderung qualifizierter Arbeitsplätze in den südlichen Raum der NAFTA.

Ein anderer Strang der politisch orientierten Debatten, der teilweise eng mit den vorgenannten Ängsten verknüpft ist, aber mehr auf den Außenhandel zielt, betrifft die qualitative Ausgestaltung von Spezialisierungen. Hier herrschen – grob skizziert – zwei grundsätzliche Auffassungen vor (Dollar/Wolff, 1993, S. 14-15). Bei der einen Auffassung wird der Außenhandel als Krieg angesehen und bestimmte Märkte als Territorien erachtet, die erobert werden müßten. Dabei haben dann ausgewählte Exportgütergruppen, meistens mit einem hohen Technologiegehalt, eine strategische Bedeutung. Die andere Auffassung beruht hingegen auf der Ansicht, daß Außenhandel grundsätzlich wechselseitig wohlfahrtsstiftend sei und es per se einen Nutzen der Spezialisierung gäbe. Sie mißt den jeweiligen qualitativen Ausrichtungen der Spezialisierung einzelner Länder keine besondere Bedeutung bei.[1]

---

[1] So schlußfolgern Archibugi/Pianta (1992), S. 150: „There seems to be a specific advantage in a higher degree of specialization in technological fields, associated with the eco-

Ähnlich wird in der wirtschaftspolitischen Fachdiskussion – auch abgeleitet aus neueren theoretischen Modellen – des öfteren zwischen Ricardianischer und Smithianischer Spezialisierung unterschieden (Dowrick, 1997; Dalum/Laursen/ Verspagen, 1999). Erstere stellt dann wiederum auf eine Spezialisierung auf spezifische Aktivitäten ab, die z. B. durch voneinander abweichende technologische Möglichkeiten unterschiedliche Wachstumsraten der Produktivität aufweisen. Länder, die sich auf solche Aktivitäten spezialisierten, könnten auch insgesamt ein höheres Wachstum aufweisen. Bei der Smithianischen Spezialisierung steht hingegen die Bedeutung des „learning by doing“ oder steigender Skalenerträge im Mittelpunkt. Die Teilnahme am Außenhandel ermöglicht es dabei den Ländern, sich auf eine kleine Gruppe von Gütern zu spezialisieren und zugleich steigenden Skalenerträge auszunutzen.

Allgemein anerkannt sind hingegen heute die positiven Auswirkungen von technischem Fortschritt und Innovationen auf das Wirtschaftswachstum. Dennoch stellen die Mechanismen, die Innovationen in weitreichende ökonomische Effekte übersetzen, noch ein breites Terrain mit vielen offenen Forschungsfragen dar. In der Realität kann eine enorme Expansion des internationalen Handels mit Waren und Dienstleistungen sowie der Direktinvestitionen und, Weltmärkte antizipierend und sichernd, ein Anstieg der internationalen Patentanmeldungen und -erteilungen beobachtet werden. Wenn jedoch technologische Veränderungen eine treibende Kraft des wirtschaftlichen Wachstums sind, dann kann die Analyse ihrer strukturellen Dynamiken auch Erkenntnisse in bezug auf den ökonomischen Wandel liefern. So ist zu erwarten daß der technische Wandel auf der Ebene des Außenhandels zu Veränderungen der Spezialisierungsmuster, zu Reduktionen der Handelskosten und damit zu höheren Handelsvolumina führt. Basierend auf diesem Umstand stellt dann auch Helpman (1998) fest, daß inzwischen eine mehr technologieorientierte Handelstheorie benötigt werde, die strukturelle Dynamiken betone und auch Rückschlüsse auf den ökonomischen Wandel erlaube.[2] Dabei interessieren insbesondere Veränderungen der technologischen Spezialisierung von Nationen und Regionen, deren Muster sich in den Außenhandelsstrukturen replizieren dürften.

So ist es das Anliegen dieses Beitrages, die Innovationsdynamik in hochentwickelten Volkswirtschaften – mit einem besonderen Fokus auf die EU-Staaten – sowie den status quo und die Veränderungen ihrer Spezialisierungsmuster bei den FuE-intensiven Technologien mittels geeigneter Patentdaten zu analysieren. Ein Schwerpunkt wird dabei auf die Frage gelegt, ob es in Technikfeldern bzw. Produktgruppen, in denen international viele Patentanmeldungen zu verzeichnen sind, zu einer Divergenz oder Konvergenz der technologischen Spezialisierung kommt.

---

nomies of scale and scope made possible at the national level. This advantage emerges regardless of the particular sectors in which individual countries concentrate their efforts; in other words, for advanced countries being specialized appears to be even more important than choosing the 'right' fields."

[2] Ähnlich – wenn auch noch stärker in der traditionellen Außenhandelstheorie verhaftet – wird auch in Krugman/Obstfeld (1991), S. 83 vorgeschlagen, „... to return to the Ricardian idea that trade is largely driven by international differences in technology rather than ressources“.

Dies ist Gegenstand des zweiten Abschnittes. Zudem wird im Rahmen von erweiterten Gravitationsgleichungen im dritten Abschnitt empirisch untersucht, welche Auswirkungen die nationale und sektorale technologische Leistungsfähigkeit auf die bilateralen Exportströme FuE-intensiver Güter zwischen hochentwickelten Volkswirtschaften besitzt. Einige Schlußfolgerungen und eine Zusammenstellung von wirtschaftspolitischen Implikationen beschließen den Beitrag.

2 Innovationsdynamik und technologische Spezialisierung: Einige empirische Befunde

Einen guten Ausgangspunkt für die Beurteilung der längerfristigen Innovationsdynamik in Europa bildet die Entwicklung der Patenterteilungen am US-Patentamt.[3] Die Daten des US-Patentamtes bieten sich hier in zweierlei Hinsicht an. Zum einen sind sie bei einem Vergleich der EU-Staaten anders als die Erteilungen an den jeweiligen nationalen Patentämtern nicht durch Heimvorteile oder andere nationale Besonderheiten verzerrt.[4] Zum anderen erlauben sie eine Beobachtung der Entwicklung der Patenterteilungen – anders als beim Europäische Patentamt, das ebenfalls nur geringe Verzerrungen durch Heimvorteile aufweist, aber erst 1977 gegründet wurde und seit dem Beginn der achtziger Jahre aussagekräftige Patentzahlen liefert – über einen längeren Zeitraum.

Der längerfristige Vergleich zeigt, daß bei den Patenterteilungen pro einer Million Einwohner innerhalb der EU recht deutlich vier Gruppen unterschieden werden können (vgl. Abb. D1). Der ersten Gruppe gehören zunächst einmal Deutschland und Schweden an, die im Jahre 1963 mit 42 bzw. 51 Patenten pro einer Million Einwohner starten und bei einem relativ gleichförmigen Verlauf im Jahre 1997 Werte von 85 bzw. 95 Patenten aufweisen. Zu dieser Gruppe ist inzwischen aber auch Finnland zu rechnen, das spätestens seit dem Ende der siebziger Jahre eine hohe Dynamik bei den Patenterteilungen aufweist und sich seit 1996 etwa auf dem gleichen Niveau wie Deutschland bewegt. Die zweite Gruppe umfaßt sieben EU-Staaten, die 1963 zwischen 9 und 33 US-Patente pro einer Million Einwohner erteilt bekamen. Relativ kontinuierlich bewegen sie sich bis 1997 auf Werte zwischen 45 und 63 Patenten. Nur bei Luxemburg, das nur kleine absolute Zahlen von Patenterteilungen bei einer geringen Bevölkerung besitzt, schwankt die Entwicklung im Zeitablauf relativ stark.

---

3 Ausführliche Diskussionen zur Eignung von Patenten als Innovationsindikatoren finden sich z. B. in Griliches (1990), Patel/Pavitt (1995), Grupp (1997) und Schmoch (1999).

4 Allenfalls die Innovationsdynamik in Irland dürfte seit dem Ende der achtziger Jahre etwas überzeichnet sein, weil durch den hohen Bestand an US-amerikanischen Direktinvestitionen ein indirekter home bias – etwa gegenüber dem Europäischen Patentamt – zu beobachten ist.

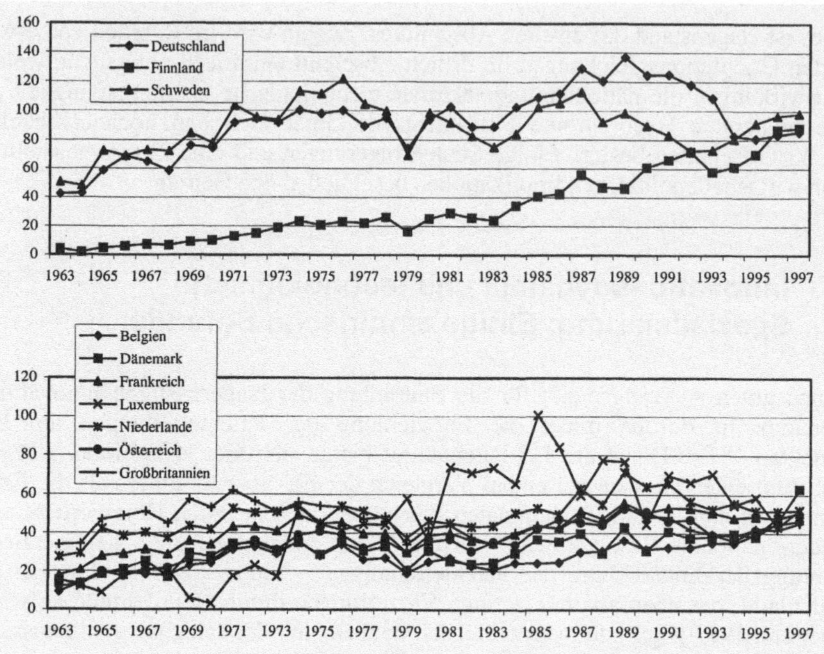

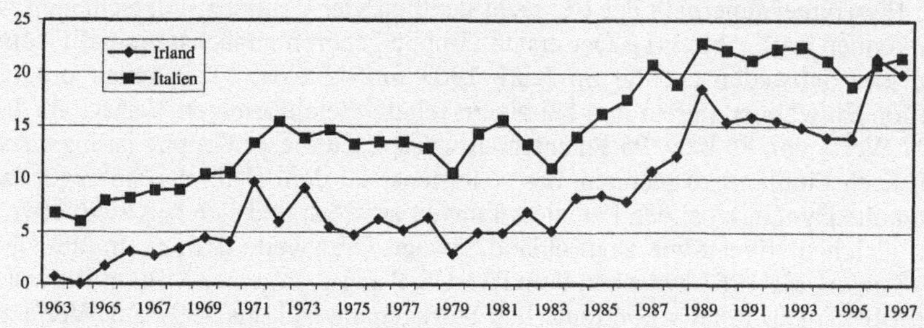

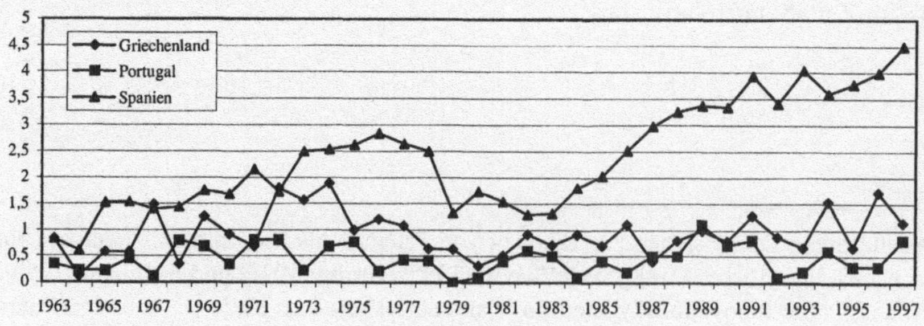

Abb. D1. Erteilte Patente pro 1 Million Einwohner am US-Patentamt

Der dritten Gruppe sind Italien und Irland zugeordnet. Beide Länder starten von einem unterschiedlichen niedrigen Niveau (Irland ein Patent pro einer Million/ Italien sieben Patente pro einer Million Einwohner) und entwickeln sich dann bis 1995 nahezu parallel. Ab 1996 schließt Irland dann zu Italien auf. In der vierten Gruppe befinden sich schließlich die drei südeuropäischen Länder Spanien, Portugal und Griechenland, die nur geringe Absolutzahlen bei den Patenterteilungen aufweisen und deren Patentanmeldungen pro einer Million Einwohner dementsprechend fast vernachlässigbar sind. Zudem zeigen auch zumindest Portugal und Griechenland keine aufwärts gerichtete Dynamik bei ihren Anmeldungen. Im Falle Spanien läßt sich zumindest ab 1984 – wenn auch auf niedrigem Niveau – ein deutlicher Aufwärtstrend erkennen.

Bei einem längerfristigen Vergleich der Innovationsdynamik interessiert insbesondere, ob im Zeitablauf eine Angleichung der nationalen Innovationsfähigkeiten stattgefunden hat. Zur Beantwortung dieser Frage kann die Entwicklung des Variationskoeffizienten der erteilten Patente pro einer Million Einwohner herangezogen werden. Nimmt er im Zeitablauf ab, so ist – in Anlehnung an das entsprechende Konzept aus der Wachstumsforschung – von einer σ-Konvergenz der Innovationsfähigkeit bzw. des entsprechenden Patentindikators auszugehen.

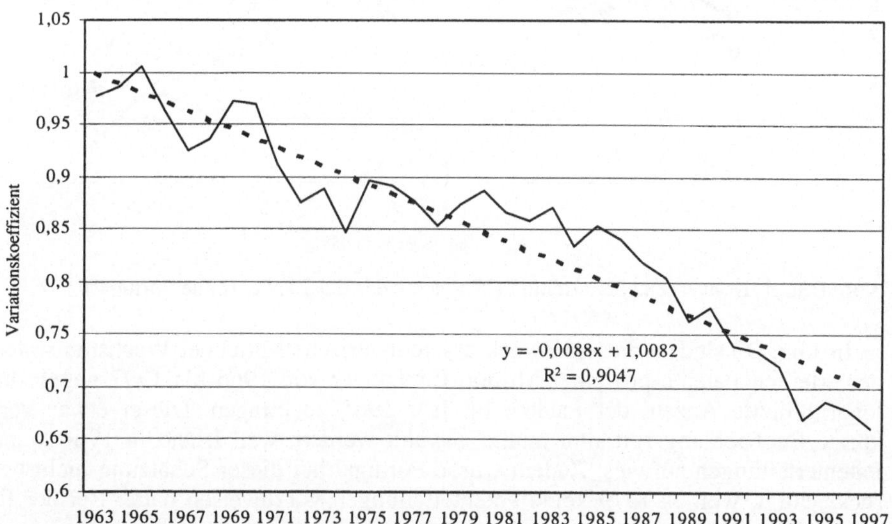

Abb. D2. σ-Konvergenz der erteilten US-Patente der EU-Länder

Abb. D2 zeigt, daß dieser Variationskoeffizient für den gesamten Beobachtungszeitraum von 1963 bis 1997 trendmäßig beständig abnimmt. Das lineare Bestimmtheitsmaß von 0,905 belegt dabei die hohe Signifikanz des negativen Trends. Dieser Befund spricht dafür, daß innerhalb der EU langfristig eine Angleichung der Innovationsfähigkeiten, soweit sie sich in internationalen Patenterteilungen ausdrücken, festzustellen ist. Allerdings gibt die Berechnung der σ-Konvergenz keine Auskunft darüber, ob alle Länder an dieser Annäherung der Innovationsfähigkeit partizipieren. Wenn die Konvergenz nämlich durch einen Aufholprozeß der Länder bedingt ist, die im Ausgangszeitpunkt nur relativ wenige Patente pro einer Million Einwohner aufwiesen, dann müßten diese in den nachfolgenden Jahren deutlich höhere Wachstumsraten bei den Patenterteilungen aufweisen. Also sollte bei der Analyse der Innovationsdynamik auch überprüft werden, ob zusätzlich zur σ - auch eine β -Konvergenz vorliegt. Dann müßte bei einer Querschnittsregression der jährlichen durchschnittlichen Wachstumsraten auf die Patenterteilungen im Ausgangsjahr der Steigungskoeffizient β ein signifikantes negatives Vorzeichen aufweisen.

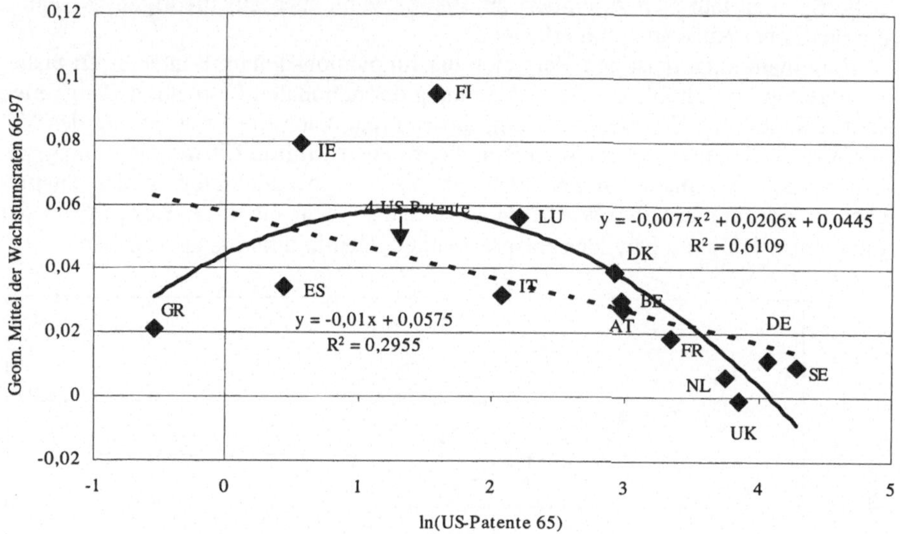

Abb. D3. β -Konvergenz der erteilten US-Patente der EU-Länder (ohne Portugal)

In Abb. D3 sind zu diesem Zweck das geometrische Mittel der Wachstumsraten der erteilten Patente pro einer Million Einwohner von 1966 bis 1997 gegen die logarithmierte Anzahl der Patente im Jahr 1965 abgetragen. Dieser etwas verkürzte Beobachtungszeitraum mußte gewählt werden, weil Irland in 1964 keine Patenterteilungen aufwies. Zudem wurde Portugal bei dieser Schätzung nicht berücksichtigt, weil es 1979 keine Patenterteilungen vorzuweisen hatte. Bei der linearen Regressionsschätzung ist der negative Zusammenhang zwar auf dem üblichen 5 % Niveau signifikant, so daß zwar von einer β -Konvergenz ausgegangen werden kann, aber die beiden Beobachtungspunkte für Spanien und Griechenland verursachen deutlich eine Reduktion der negativen Steigung der Regressionsgeraden. Zudem war ja aus der Darstellung der Entwicklung der erteilten Patente im Zeitverlauf für Griechenland ersichtlich, daß hier kein Aufwärtstrend vorliegt. Deshalb wurde in einer zweiten Schätzung zusätzlich der quadrierte logarithmierte Ausgangswert berücksichtigt, was der Einführung eines Schwellenwertes im Jahre 1965 entspricht, von dem an Länder an dem Konvergenzprozeß bei den Innovationsfähigkeiten teilnehmen. Die Schätzung, die nun eine deutlich bessere Anpassungsgüte aufweist, ergibt, daß dieser Schwellenwert ungefähr bei vier US-

Patenten pro einer Million Einwohner im Jahr 1965 liegt. Dieser Wert wird weder von Griechenland noch von Spanien erreicht. Irland liegt zwar auch unterhalb dieses Schwellenwertes, nimmt aber mit seinen hohen Wachstumsraten bei den Patenterteilungen klar am Konvergenzprozeß teil.

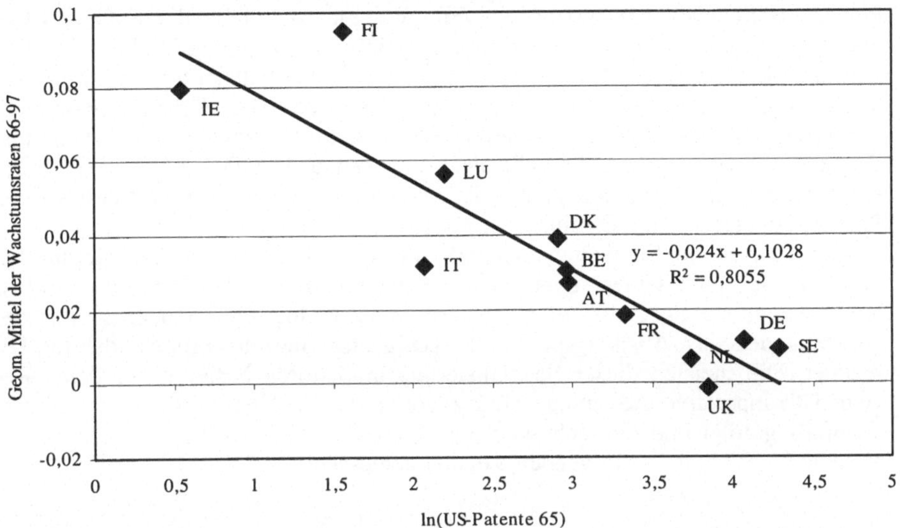

Abb. D4. β -Konvergenz der erteilten US-Patente der EU-Länder (ohne Portugal, Spanien und Griechenland)

Deshalb wurde für diese Fragestellung abschließend eine weitere lineare β - Konvergenzgleichung geschätzt, bei der neben Portugal auch Spanien und Griechenland aus der Stichprobe entfernt wurden. Das Ergebnis spricht nun mit einem linearen Bestimmtheitsmaß von 0,806 sehr deutlich für eine β -Konvergenz, d. h. für ein Aufholen der verbleibenden EU-Länder bei ihren Innovationsfähigkeiten. Dieses für den europäischen Integrationsprozeß an sich positive Ergebnis wird aber dadurch etwas getrübt, daß die südeuropäischen EU-Mitglieder an diesem Prozeß bisher nicht teilnehmen.

Die bisherige Analyse beschränkte sich zum einen allein auf die EU-Staaten und zum anderen wurde als Kriterium für die Innovationsfähigkeit nur die Patenterteilung am US-Patentamt herangezogen. Im folgenden werden deshalb zwei Modifikationen des Blickwinkels vorgenommen. Erstens wird der Fokus nun auf die weltweit zehn patentstärksten Länder gerichtet, d. h. neben sechs EU-Ländern (Deutschland, Großbritannien, Frankreich, Schweden, Italien und die Niederlande) werden vier weitere Länder (USA, Japan, Kanada und die Schweiz) in die Analyse eingezogen. Zweitens werden nur noch solche Patente herangezogen, die nach der Klassifikation des Fraunhofer-Instituts für Systemtechnik und Innovationsforschung einer von 42 Dreisteller-Produktgruppen der internationalen Außenhandelsstatistik SITC III mit einem FuE-Gehalt von mehr als 3,5 % (FuE-Ausgaben/Umsatz) zugeordnet werden können. Verbunden damit ist auch ein

Wechsel der Datenquelle. Weil das US-Patentamt nun einen erheblichen home bias zugunsten der USA, aber auch Japans aufweist, wird nun auf die Patentanmeldungen am Europäischen Patentamt zurückgegriffen, die diesen Nachteil nicht aufweisen und sich in zahlreichen international vergleichenden Analysen – u. a. im Rahmen der jährlichen Berichterstattung zur technologischen Leistungsfähigkeit Deutschlands – bewährt haben.[5] Ein Wermutstropfen für die Analyse ist es allerdings, daß sich nun der Beobachtungszeitraum auf die Jahre 1989 bis 1996 verkürzt. Es kann jedoch heute, im Zeitalter der Globalisierung von FuE und Technologiemärkten, erwartet werden, daß sich strukturelle Veränderungen technologischer Spezialisierungen – bedingt durch weitreichende Netzwerkeffekte und Wissensspillovers – wesentlich schneller vollziehen als in früheren Perioden.[6] Dementsprechend ist davon auszugehen, daß auch die Betrachtung einer relativ kurzen Periode aussagekräftige Ergebnisse liefern kann.

Zur Analyse der Innovationsdynamik und technologischen Spezialisierung bei den FuE-intensiven Gütergruppen wird analog zur Mehrzahl der empirischen Untersuchungen zu Spezialisierungsmustern in technologischer Hinsicht oder des Außenhandels als Ausgangspunkt ein geeigneter Spezialisierungsindikator berechnet. Die meisten dieser Spezialisierungsindikatoren basieren auf dem „Revealed Comparative Advantage“ Index von Balassa.[7] Hier wird diesem Ansatz ebenfalls gefolgt und die technologische Spezialisierung wird als „Relativer Patentanteil“ (*RPA*) in der folgenden Version gemessen:

$$RPA_{ij} = 100 \cdot \tanh \ \ln\left[\left(\frac{P_{ij}}{\sum_{i=1}^{M} P_{ij}}\right) / \left(\frac{\sum_{j=1}^{N} P_{ij}}{\sum_{i=1}^{M}\sum_{j=1}^{N} P_{ij}}\right)\right].$$

Dabei repräsentiert P_{ij} die Anzahl der Patentanmeldungen des Landes j in der Produktgruppe i. Der Logarithmus wird verwendet, um eine symmetrische Version des Indikators zu erhalten und durch den hyperbolischen Tangens sowie die Multiplikation mit 100 wird er auf Werte zwischen –100 und +100 beschränkt.

Nimmt man die 42 FuE-intensiven Gütergruppen als eine Produktgruppe, so ergeben sich für 1989 bis 1996 die in Tab. D1 dargestellten Spezialisierungsmuster. Insgesamt hat sich trotz der am aktuellen Rand z. T. stark gestiegenen Patentanmeldungen die technologische Spezialisierung der betrachteten Länder auf FuE-intensive Gütergruppen kaum verändert. Die Grundpositionen in der internationalen technologischen Arbeitsteilung sind zwischen den hoch entwickelten Volkswirtschaften relativ robust. Insbesondere die USA und Japan melden über-

5 Vgl. Grupp/Schmoch (1999). Dort finden sich auch empirische Tests zur Qualität von Patentdaten unterschiedlichen Ursprungs bei internationalen Vergleichen.

6 Jüngste Trends und Konsequenzen der Globalisierung von FuE und Technologiemärkten werden in Jungmittag/Meyer-Krahmer/ Reger (1999) und Jungmittag (2000) diskutiert. Jüngere Messungen von technologischen Spillovers finden sich in Jaffe/Trajtenberg/ Henderson (1993) und Grupp (1996).

7 Vgl. Balassa (1966). Anwendungen finden sich z. B. in Dosi/Pavitt/Soete (1990), Münt/ Grupp (1996), Jungmittag/Grupp/Hullmann (1998), Dalum/Laursen/ Villumsen (1998) und Grupp/Jungmittag (1999).

durchschnittlich stark Patente, die den FuE-intensiven Gütergruppen zugeordnet werden können, an. Sie setzen damit die Maßstäbe für die Beurteilung der Patentaktivitäten, während Deutschland, wie die meisten anderen EU-Länder auch, nach wie vor einen hohen Anteil an Patenten in den nichtforschungsintensiven Bereichen aufweist. Allerdings zeigt sich für Deutschland in den letzten Jahren ein leichter Trend in Richtung auf die forschungsintensiveren Bereiche, der sich auch aktuell weiter vorsetzt.

Tabelle D1. Technologische Spezialisierung der zehn patentstärksten Länder im FuE-intensiven Bereich*

	89	90	91	92	93	94	95**	96**
USA	3	3	4	5	5	6	5	4
Japan	14	14	13	14	14	11	11	10
Deutschland	-6	-8	-6	-7	-8	-7	-5	-5
Großbritannien	-5	-5	-10	-6	-6	-6	-7	-5
Frankreich	-8	-7	-8	-8	-7	-7	-10	-9
Schweiz	-7	-9	-8	-18	-9	-9	-10	-12
Kanada	-14	-9	0	-2	-4	0	2	2
Schweden	-16	-10	-4	-9	-7	-2	1	1
Italien	-7	-5	-8	-8	-7	-8	-6	-7
Niederlande	-4	0	2	1	-5	-1	-1	-1

* RPA-Index im Bereich von –100 bis +100
** Zahlen für 1995 und 1996 sind hochgerechnet
Quelle: EPAT, PCTPAT, Berechnungen des FhG-ISI.

Entgegen dieser auf den ersten Blick relativ robusten technologischen Spezialisierungsmuster wird in der theoretischen Literatur des öfteren angenommen, daß der Prozeß der Globalisierung mit einer zunehmenden Spezialisierung der einzelnen Volkswirtschaften einhergeht.[8] In dieser Betrachtungsweise führt die ökonomische Integration zum Auftreten von verstärkten nationalen Spezialisierungen in bestimmten Technikfeldern und als Folge in der industriellen Produktion und dem Außenhandel. Gestützt wird diese Ansatz durch Ansätze aus der neuen Außenhandelstheorie (vgl. insb. Grossman/Helpman, 1991, Kap. 9). Danach führt die Integration von zwei Volkswirtschaften mit ähnlichen oder – im theoretischen Fall – gleichen Ausstattungen an traditionellen Produktionsfaktoren entweder zu unveränderten Außenhandelsmustern und Wachstumsraten oder zu einem Anstieg der Spezialisierung und höheren Wachstumsraten in beiden Volkswirtschaften. Sind die Volkswirtschaften bereits in der Ausgangssituation auf vollständig komplementäre Wissensgebiete spezialisiert, so hat die Integration keine Effekte, weder auf die technologische, Produktions- und Außenhandelsspezialisierung noch auf die langfristigen Wachstumsraten. Existiert hingegen eine gewisse Überlappung zwischen den Wissensbeständen in beiden Volkswirtschaften (d. h. haben sie teilweise Wissen in den gleichen Wissenschafts- und Technikfeldern akkumuliert), so wird eine Integration diese „Ineffizienzen" beseitigen. Über eine voll-

[8] Als Überblick vgl. z. B. Porter (1990).

ständige Integration der Märkte wird sich jedes Land auf einen Teil des Wissens, das in beiden Volkswirtschaften verfügbar ist, spezialisieren. Das Wachstum ist dann in beiden Ländern höher als im Zustand der Autarkie.

Die Vertreter der evolutionären Ökonomik kommen hingegen zu einer etwas anderen Ansicht (vgl. z. B. Dosi/Pavitt/Soete, 1990). Die evolutionäre Ökonomik basiert wesentlich auf dem Variations- und Selektionsprinzip. Das Variationsprinzip besagt dabei, daß das langfristige Wachstum um so größer ist, je größer die Anzahl der verschiedenen Produkte und je höher die Rate der Generierung neuer Produkte ist. Nach dem Selektionsprinzip wiederum begünstigen strenge Selektionsmechanismen höheres Wachstum, weil bei der Entwicklung neuer Produkte die Charakteristika der erfolgreichen Varianten adaptiert werden. Mithin besteht eine besondere Stärke von Unternehmen darin, die Adaption zu lernen. Jedoch sind Lernen und Adaption grundsätzlich pfadabhängig, so daß die Wahrscheinlichkeit, etwas nützliches zu lernen, in den Bereichen wesentlich höher ist, in denen bereits in den Vorperioden Wissen akkumuliert wurde. Hinzu kommt, daß akkumuliertes Wissen nicht nur aus wissenschaftlichem und anderweitig kodifiziertem und leicht zugänglichem Wissen besteht, sondern auch aus erworbenen praktischen Fähigkeiten (tacit knowledge). So hat ein großer Teil des weltweiten Wissens einen lokalen Charakter, da die Reichweite seiner Diffusion begrenzt ist, und bei einzelnen industrialisierten Ländern kann eine klare Struktur von technologischer Führerschaft oder technologischem Nachhinken beobachtet werden. Die Öffnung für den Außenhandel führt dann zwar auch zu einer ansteigenden Spezialisierung, Veränderungen der Spezialisierungsmuster erfolgen aber nur langsam, weil die Adaption durch den Außenhandel Zeit braucht.

Diese Fragestellung wurde in zwei neueren Beiträgen mittels dekompositions- und regressionsanalytischer Verfahren empirisch untersucht (Jungmittag/Grupp/Hullmann, 1998; Grupp/Jungmittag, 1999). Dabei wurden in der gleichen sachlichen und regionalen Abgrenzung wie in diesem Beitrag Patentdaten für den Zeitraum von 1989 bis 1995 verwendet. Aus der Dekompositionsanalyse ergab sich, daß das Wachstum oder die Abnahme der Patentanteile der einzelnen Länder im wesentlichen durch Technologieanteilseffekte bestimmt sind. Strukturelle Effekte spielen hingegen nur eine untergeordnete Rolle, m. a. W. folgen die Unternehmen in den meisten Ländern der Masse und unternehmen nur geringe Anstrengungen, um ihre Spezialisierungsmuster aktiv zu verändern. Die meisten Länder bewegen sich nur im geringen Maße in wachsende Technologiemärkte oder verlassen schrumpfende Bereiche. Im Rahmen des regressionsanalytischen Teils der Untersuchungen wurden die Konzepte der β- und σ-Despezialisierung (oder Spezialisierung) – wiederum analog zu den entsprechenden Konzepten aus der empirischen Wachstumsforschung – operationalisiert und angewendet, um zu überprüfen, ob sich die betrachteten Länder in Richtung auf eine Durchschnittsspezialisierung bewegen (β-Despezialisierung) und ob die Streuung der relativen Patentanteile in den einzelnen Ländern im Zeitablauf abgenommen hat (σ-Despezialisierung). Die Regressionsergebnisse zeigen, daß eine β-Despezialisierung in sieben der zehn untersuchten hoch entwickelten Volkswirtschaften auftritt. Die getrennte Analyse von zwei getrennten Teilstichproben für die Spitzentechnik (über 8,5 % FuE-Intensität) und die höherwertige Technik (FuE-Intensität zwischen 3,5 % und 8,5 %) belegt zudem, daß die Bewegung in Richtung einer Durchschnittsspezialisierung im höheren Maße durch Veränderungen der Spezialisierungsmuster im Bereich der höherwertigen Technik, die auf vollkommeneren Märkten mit stärkerer Konkurrenz gehandelt wird, verursacht wird. Obwohl jedoch die β -Despezialisierung die Streuungen der technologischen Spezialisierungen in vielen Fällen verringerte, kompensierten neue Schocks, die durch die Fehlerterme in den Regressionsgleichungen erfaßt wurden, diese Effekte wieder. So konnte in keinem Fall eine signifikante σ -Despezialisierung gemessen werden. Genauso mußte die Hypothese sich umkehrender oder zufälliger Spezialisierungsmuster in den allermeisten Fällen abgelehnt werden, was als Bestätigung der Annahme der Kumulativität und Pfadabhängigkeit zu bewerten ist. Alle Ergebnisse zusammengenommen deuteten darauf hin, daß die Streuungen der Spezialisierungen in den einzelnen Ländern recht stabil sind. Jedoch belegen die Ergebnisse, die eine β -Despezialisierung anzeigen, auch, daß sich die Mehrzahl der patentstärksten Länder in Richtung einer Durchschnittsspezialisierung bewegen. Dies ist wiederum im Einklang mit den Ergebnissen der Dekompositionsanalyse, wo die Technologieanteilseffekte und nicht die strukturellen Effekte dominierten.

Ergänzend zu diesen Untersuchungen ist es aber auch sinnvoll, den Blickwinkel umzukehren und zu fragen, ob sich die Innovations- oder technologische Leistungsfähigkeit der Länder in einzelnen Produktgruppen annähert. Anders als bei den Untersuchungen in Jungmittag/Grupp/Hullmann (1998) und Grupp/ Jungmittag (1999) wird dabei nicht die Änderung der relativen Patentanteile über die 42 Produktgruppen in einem einzelnen Land analysiert, sondern deren Veränderung in einzelnen Produktgruppen oder zusammengefaßten Aggregaten über alle zehn Länder. Da dann aber pro Jahrgang nur zehn Beobachtungen vorliegen, bietet sich nur eine Berechnung der Varianzen an, d. h. eine Überprüfung, ob eine σ -Konvergenz der Innovationsfähigkeiten in bestimmten Produktgruppen stattgefunden hat. So zeigt Abb. D5 die Entwicklung der Varianzen der *RPA* für den gesamten FuE-intensiven Bereich. Es läßt sich dabei zwar ein leichter negativer Trend erkennen, der auf dem 10 % Niveau noch statistisch signifikant ist, die Entwicklung der Varianzen ist aber insgesamt durch relativ starke Schwankungen gekennzeichnet. Mithin liegen auch bei dieser Sichtweise relativ robuste Spezialisierungsmuster vor, die aber auch eine leichte Tendenz zur Angleichung der Innovationsfähigkeiten der zehn patentstärksten Länder im FuE-intensiven Bereich zeigen.

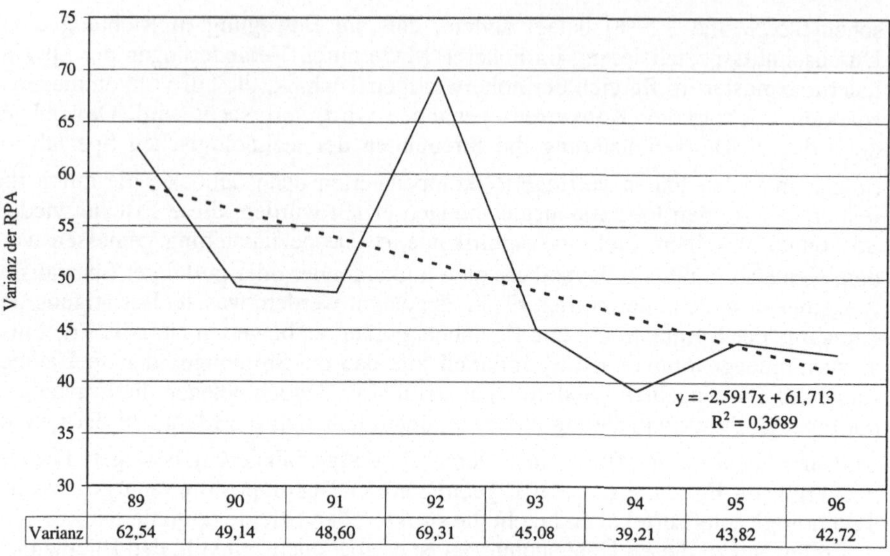

	89	90	91	92	93	94	95	96
Varianz	62,54	49,14	48,60	69,31	45,08	39,21	43,82	42,72

Abb. D5. Entwicklung der Varianzen der RPA im FuE-intensiven Bereich

Allerdings ist zu fragen, ob diese für den gesamten FuE-intensiven Bereich beobachtete Entwicklung nicht stark divergente oder konvergente Entwicklungen in den einzelnen Produktgruppen überlagert. Da die einzelne Analyse aller 42 FuE-intensiven Produktgruppen den Rahmen dieses Beitrages sprengen würde, findet im folgenden eine Beschränkung auf die zehn Produktgruppen mit den meisten Patentanmeldungen in 1996 statt. In Tab. D2 sind die Anzahl der EPA-Patente weltweit im Jahr 1996 sowie die *RPA* 1994 bis 1996 für die zehn betrachteten Länder und Produktgruppen, von denen fünf aus der Spitzentechnik und fünf aus der sog. höherwertigen Technik stammen, dargestellt. Geht man davon aus, daß bei den *RPA* außerhalb des Intervalls ± 15 eine deutliche positive bzw. negative Spezialisierung in einer Produktgruppe vorliegt, so sind Großbritannien, Kanada, Schweden und die Niederlande in der Produktgruppe mit den meisten Patentanmeldungen, der allgemeinen Nachrichtentechnik, hinter der sich wesentlich die Telekommunikation verbirgt, deutlich positiv spezialisiert. Bei einem Vergleich der Länder ist fast jedes der betrachteten Länder – mit Ausnahme Italiens, das in keiner dieser Produktgruppen positiv spezialisiert ist, und der Schweiz, die nur in der heterozyklischen Chemie eine relative Stärke aufweist – in zwei bis vier Produktgruppen positiv spezialisiert. Insgesamt stellen diese Spezialisierungen keine Überraschung dar, sondern sie spiegeln einen Teil der bekannten Stärken der jeweiligen Länder wider. Dabei sind die Stärken der kleineren Länder Kanada, Schweden und die Niederlande zumindest teilweise durch einzelne Unternehmen geprägt.

Tabelle D2. Spezialisierungsmuster in den zehn Produktgruppen nach SITC III Dreisteller mit den meisten Patentanmeldungen am EPA

	Patente	RPA 1994-1996									
	1996	US	JP	DE	UK	FR	CH	CA	SE	IT	NL
Allg. Nachrichtentechnik	5525	13	0	-41	25	-8	-58	57	65	-66	15
Büro-/Rechenmaschinen	4521	32	50	-74	-27	-50	-82	-38	-73	-53	-12
Pharmazeutika	4182	40	-31	-49	21	-36	-8	63	21	4	-50
Unterhaltungselektronik	3380	1	57	-66	-27	-28	-77	-52	-76	-70	66
Kraftwagen	2615	-42	-22	56	-22	35	-83	-76	2	5	-57
Prüfinstrumente u. Zähler	2307	-2	-12	20	5	9	-2	-43	-19	-30	6
Heterozyklische Chemie	1993	14	9	7	39	-7	45	-37	-84	-15	-66
Halbleiter	1728	24	54	-41	-79	-37	-86	-68	-64	-14	-20
Medizinische Instrumente	1707	43	-80	-34	-23	-27	12	-13	45	-21	-21
Elektrizitätsverteilung	1691	-10	3	10	-21	37	-44	-51	-34	-17	-20

Betrachtet man die Varianzen der *RPA* für die einzelnen Produktgruppen, so fällt deren Entwicklung im Zeitablauf recht unterschiedlich aus (Abb. D6). Die größte Dynamik ist im Bereich der allgemeinen Nachrichtentechnik (Telekommunikation) festzustellen. Hier befindet sich die Varianz 1989 zwar noch auf einen recht niedrigem Niveau, sie vervierfacht sich aber beinahe bis 1996. M. a. W. ist in diesem Bereich eine deutliche Auseinanderentwicklung der relativen Stärken zu beobachten. Im einem weiteren großen Spitzentechnikbereich, der Pharmazeutik, ist auch ein moderater Anstieg der Varianzen zu beobachten. Bei dem Bereich der Spitzentechnik, in dem Deutschland eine positive Spezialisierung aufweist, die Prüfinstrumente und Zähler, stagnieren hingegen die Varianzen auf relativ niedrigem Niveau. In zwei Bereichen der Spitzentechnik, in denen die USA und Japan traditionell eine starke Position haben, nämlich die Büro-/Rechenmaschinen und die Halbleiter, sind deutliche Reduktionen der Varianzen festzustellen, d. h. hier gibt es eine Tendenz zur Angleichung der Innovationsfähigkeiten. Im Bereich der höherwertigen Technik ist durchgängig zwischen 1989 und 1996 eine Reduktion der Varianzen zu beobachten. Nur bedingt durch die relativ starken Schwankungen weist die Produktgruppe Elektrizitätsverteilung noch eine jahresdurchschnittliche Wachstumsrate der Varianzen der *RPA* von 3 % auf. Bei der Produktgruppe „Kraftfahrzeuge", in der Deutschland und Frankreich relative Stärken besitzen, beträgt diese Wachstumsrate bedingt durch eine etwas stärkere Differenzierung der Stärken 0 %.

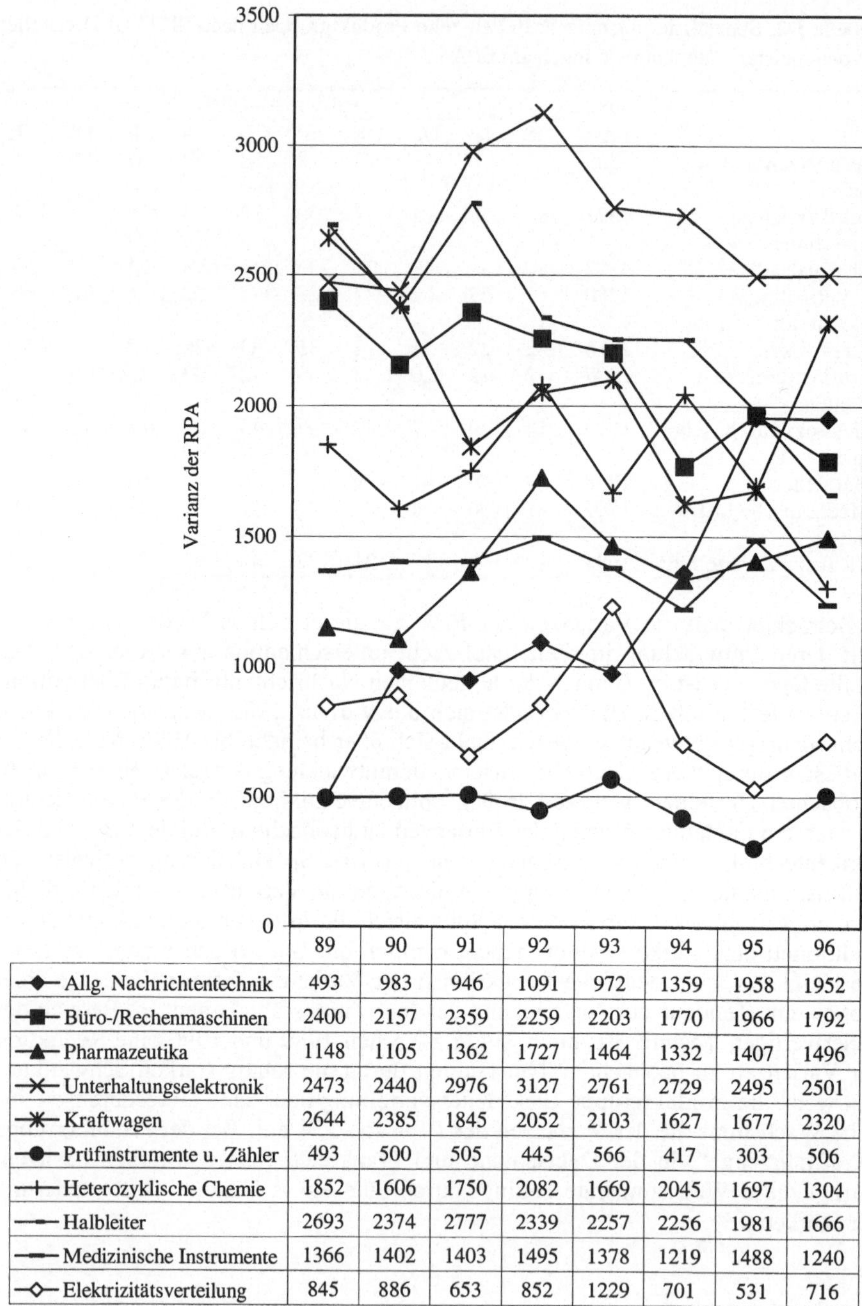

	89	90	91	92	93	94	95	96
Allg. Nachrichtentechnik	493	983	946	1091	972	1359	1958	1952
Büro-/Rechenmaschinen	2400	2157	2359	2259	2203	1770	1966	1792
Pharmazeutika	1148	1105	1362	1727	1464	1332	1407	1496
Unterhaltungselektronik	2473	2440	2976	3127	2761	2729	2495	2501
Kraftwagen	2644	2385	1845	2052	2103	1627	1677	2320
Prüfinstrumente u. Zähler	493	500	505	445	566	417	303	506
Heterozyklische Chemie	1852	1606	1750	2082	1669	2045	1697	1304
Halbleiter	2693	2374	2777	2339	2257	2256	1981	1666
Medizinische Instrumente	1366	1402	1403	1495	1378	1219	1488	1240
Elektrizitätsverteilung	845	886	653	852	1229	701	531	716

Abb. D6. Entwicklung der Varianzen der RPA in den zehn Produktgruppen mit den meisten Patentanmeldungen am EPA

Die jahresdurchschnittlichen Wachstumsraten der Varianzen der *RPA* sind noch einmal zusammenfassend in Abb. D7 dargestellt. Werden diese Wachstumsraten den Stärken der einzelnen Länder gegenübergestellt, so ist das Bild für die USA ambivalent: mit der Pharmazeutik sind sie in einem Bereich spezialisiert, in dem ein Auseinanderdriften der Innovationsfähigkeiten stattfindet, ansonsten aber in Bereichen, in denen eher eine Konvergenz zu beobachten ist. Japan hingegen ist bei diesen zehn großen Produktgruppen nur in den Bereichen relativ stark, in denen sich die Varianzen der RPA verringern, d. h. wo inzwischen andere Länder technologisch aufholen. In den beiden Bereichen, in denen Deutschland hoch spezialisiert ist, ist entweder ein robustes Spezialisierungsmuster (Kraftfahrzeuge) oder eine leichte Divergenz der Innovationsfähigkeiten (Prüfinstrumente und Zähler) zu beobachten. Großbritannien ist technologisch – zumindest innerhalb der zehn betrachteten Produktgruppen – mit seinen Stärken in der allgemeinen Nachrichtentechnik und der Pharmazeutik recht erfolgversprechend positioniert. Für Frankreich gestaltet sich die Situation ähnlich wie für Deutschland, nur daß es in keinem Spitzentechnikbereich positiv spezialisiert ist. Schweden und Kanada weisen ausgeprägte Stärken in den beiden Bereichen Nachrichtentechnik und Pharmazeutik auf, in denen die Divergenz der Innovationsfähigkeit deutlich zugenommen hat.

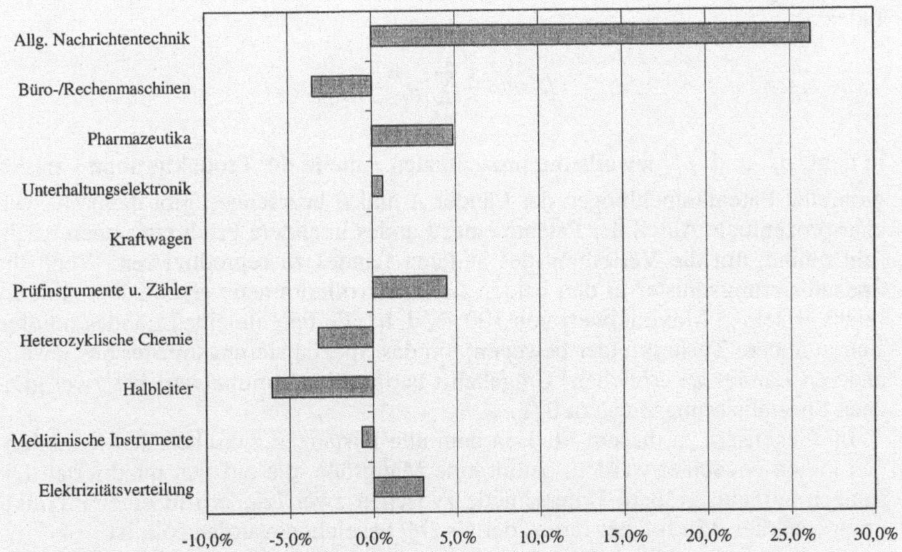

Abb. D7. Durchschnittliche Wachstumsraten der Varianzen der RPA in den zehn Produktgruppen mit den meisten Patentanmeldungen am EPA, 1989–1996

Die naheliegende Annahme, daß die Bereiche mit einer hohen durchschnittlichen Wachstumsrate der Varianzen der *RPA* auch jene Bereiche mit hohen Wachstumsraten bei den gesamten Patentanmeldungen sind, trifft nur für die allgemeine Nachrichtentechnik zu. Diese Produktgruppe weist auch bei den Patentanmeldungen das höchste Wachstum auf. Ansatzweise ist dieser Zusammenhang zwar auch bei der Pharmazeutik und der Elektrizitätsverteilung zu erkennen, eine Korrelationsrechnung zwischen diesen beiden Wachstumsraten, bei der die allgemeine Nachrichtentechnik aus der Stichprobe entfernt wird, weil sie eindeutig einen „Ausreißer" darstellt, ergibt jedoch keinen statistisch signifikanten Zusammenhang für die verbleibenden neun Beobachtungspunkte.

Für eine umfassende Bewertung der Innovationsdynamik und technologischen Spezialisierung ist schließlich noch zu prüfen, ob hier übergeordnete räumliche Muster existieren. So legt ja das bereits angesprochene Modell der neuen Außenhandelstheorie nahe, daß hoch integrierte Volkswirtschaften unter bestimmten Umständen untereinander eine stärkere Spezialisierung aufweisen müßten als gegenüber Drittländern. Zudem wird in der Literatur auch behauptet, daß kleine Länder in der Nachbarschaft von großen Ländern auf eine Teilmenge der Spezialisierungsfelder des großen Nachbarn spezialisiert sein sollten (vgl. Padoan, 1997). Zur Überprüfung auf eventuelle räumliche Muster und gleichzeitig zur Messung der Ähnlichkeit bzw. Unterschiedlichkeit der Spezialisierungen von jeweils zwei Ländern wurden für alle 45 Länderpaare für die Durchschnitte der Patentanmeldungen im Zeitraum von 1994 bis 1996 drei Maßgrößen berechnet.

Die erste verwendete Maßgröße ist das aus der Heterogenitätsmessung bekannte Dissimilaritätsmaß nach Duncan/Duncan (1955; 1955a), das unmittelbar einen Vergleich der absoluten Distanzen zwischen zwei Verteilungen erlaubt. Der Index

$$Diss = \frac{1}{2}\sum_{i=1}^{42}\left|p_i^A - p_i^B\right|,$$

in dem p_i^A und p_i^B jeweils die prozentualen Anteile der Produktgruppe i an den gesamten Patentanmeldungen der Länder A und B bezeichnet, gibt dann an, welcher prozentuale Anteil der Patente eines Landes in andere Produktgruppen wechseln müßte, um die Verteilung des anderen Landes zu reproduzieren. Wenn die Spezialisierungsmuster in den beiden Ländern vollkommen verschieden sind, erreicht es seinen Maximalwert von 100 %, d. h. alle Patente eines Landes müßten sich in andere Technikfelder bewegen, um das Spezialisierungsmuster des jeweils anderen Landes zu erreichen. Umgekehrt beträgt der Minimalwert bei zwei gleichen Spezialisierungsmustern 0 %.

Im Gegensatz zu diesem Maß, in dem alle Distanzen zwischen den Verteilungen gleich gewichtet werden, betont eine Maßgröße, die auf den quadrierten Distanzen aufbaut, größere Unterschiede zwischen zwei Ländern in einer Produktgruppe stärker. Ein solcher Index, der als DQ bezeichnet werden soll, ist

$$DQ = \sum_{i=1}^{42}\left(p_i^A - p_i^B\right)^2.$$

Um die weltweite Verteilung des Patentaufkommens auf verschiedene Technikfelder oder Produktgruppen mit zu berücksichtigen, schlagen Archibugi/Pianta (1992) ergänzend vor, die Differenz der Patentanteile zweier Länder mit dem Anteil dieser Gruppe weltweit am Patentaufkommen p_i^W zu gewichten. Ein solcher Index, der als DQG bezeichnet werden soll, kann als

$$DQG = \sum_{i=1}^{42} \left(\frac{p_i^A - p_i^B}{p_i^W} \right)^2$$

geschrieben werden.

Die Verteilung für das Dissimilaritätsmaß *Diss* ist in Tab. D3 wiedergegeben. Die Nullhypothese des Jarque-Bera Testes auf Normalverteilung kann bei allen üblichen Signifikanzniveaus nicht abgelehnt werden. Zudem konzentrieren sich die Werte des Dissimilaritätsmaßes für die bilateralen Spezialisierungen zwischen den EU-Ländern im Bereich unterhalb des Mittelwertes von 27,6 %. Das gleiche gilt für die Spezialisierungsunterschiede von benachbarten Ländern.

Tabelle D3. Verteilung der Dissimilaritätsmaße für die bilateralen technologischen Spezialisierungsmuster der zehn patentstärksten Länder in den FuE-intensiven Gütergruppen*

15 % - 19,9 %	20 % - 24,9 %	25 % - 29,9 %	30 % - 34,9 %	35 % - 39,9 %	40 % - 44,9 %
		SE-IT			
		CA-NL	IT-NL		
		CA-SE	CA-IT		
		FR-SE	CH-NL		
	FR-NL	FR-CH	CH-SE		
	FR-IT	UK-IT	FR-CA		
	UK-NL	UK-SE	DE-NL		
	UK-CA	UK-CH	DE-SE		
CH-IT	DE-IT	DE-UK	JP-IT	SE-NL	
UK-FR	DE-CH	JP-FR	JP-DE	CH-CA	
DE-FR	JP-NL	JP-UK	US-SE	DE-CA	
US-UK	US-NL	US-IT	US-CH	JP-CA	
US-JP	US-FR	US-CA	US-DE	JP-CH	JP-SE

Mittelwert: 27,6 % Median: 26,5 %

* Kombinationen von EU-Ländern sind grau unterlegt.

Für die Verteilung des quadratischen Spezialisierungsmaßes kann die Nullhypothese einer Normalverteilung auf einem Signifikanzniveau von 5 % ebenfalls nicht abgelehnt (Tab. D4). Auch findet sich die Mehrheit der Werte des Spezialisierungsmaßes für die bilateralen Spezialisierungen der EU-Länder sowie der benachbarten Länder unterhalb des Mittelwertes. Durch die stärkere Betonung von größeren Unterschieden zwischen zwei Ländern in einzelnen Produktgruppen fällt aber die Verteilung der Länderpaare auf die einzelnen Klassen deutlich anders aus. Insbesondere fällt auf, daß nun die USA zu keinem Land eine besonders große Distanz aufweisen. Dies ist u. a. auch einem "große Länder"-Effekt zuzuschreiben, weil ein großes Land im Regelfall keine so akzentuierte Spezialisierung wie ein kleines Land aufweist, das in einigen wenigen Feldern hoch spezialisiert sein wird.

Tabelle D4. Verteilung der quadratischen Spezialisierungsmaße für die zehn patentstärksten Länder in den FuE-intensiven Gütergruppen*

50 – 99,9	100 – 199,9	200 – 299,9	300 – 399,9	400 – 499,9	500 – 514
	CA-SE				
	FR-NL				
	FR-IT				
	FR-CH				
	UK-NL				
	UK-IT				
	UK-SE		IT-NL		
	UK-CA		SE-NL		
	UK-CH		SE-IT		
	DE-CH		CA-NL		
	DE-UK	FR-SE	CA-IT		
	JP-NL	DE-NL	CH-NL		
	JP-FR	JP-IT	CH-SE		
CH-IT	JP-UK	JP-DE	CH-SE		
UK-FR	US-NL	US-IT	CH-CA		
DE-IT	US-CA	US-SE	FR-CA		
DE-FR	US-FR	US-CH	DE-SE	DE-CA	
US-UK	US-JP	US-DE	JP-CH	JP-CA	JP-SE

Mittelwert: 237,3 Median: 197,8

* Kombinationen von EU-Ländern sind grau unterlegt.

Für die Verteilung des gewichteten quadratischen Spezialisierungsmaßes kann die Nullhypothese einer Normalverteilung nun wieder wesentlich deutlicher nicht abgelehnt werden, allerdings sind nun die obere und untere Randklasse jeweils nur mit einem Länderpaar besetzt, nämlich USA-Großbritannien in der unteren Randklasse und Japan-Schweden in der oberen Randklasse (Tab. D5). Diese Position haben beide Länderpaare durchgängig bei allen Spezialisierungsmaßen inne. Zudem konzentrieren sich die EU-internen bilateralen Spezialisierungsmaße wiederum unterhalb des Mittelwertes. Mithin liefert keines der bilateralen Spezialisierungsmaße empirische Evidenzen dafür, daß die EU-Staaten als hoch integrierte Volkswirtschaften technologisch untereinander besonders stark spezialisiert sind. Mithin kann zumindest auf der technologischen Ebene die Schlußfolgerung des Modells von Grossman/ Helpman (1991) nicht bestätigt werden, daß bei einem hohen Integrationsgrad eine stärkere Spezialisierung zu erwarten sei. Hingegen befinden sich die Kombinationen von kleineren Ländern mit benachbarten größeren Ländern fast immer unterhalb des Mittelwertes, so daß die Hypothese von Padoan (1997) zumindest nicht abgelehnt werden kann; aber sie erfährt auch keine besondere Bestätigung, weil diese Beobachtung auch für die bilaterale Spezialisierungsmaße zahlreicher anderer Länderpaare gilt.

Tabelle D5. Verteilung der gewichteten quadratischen Spezialisierungsmaße für die zehn patentstärksten Länder in den FuE-intensiven Gütergruppen*

14 – 19,9	20 – 39,9	40 – 59,9	60 – 79,9	80 – 99,9	100 – 108
US-UK	CH-IT	CA-SE	IT-NL	SE-NL	JP-SE
	UK-CA	FR-NL	SE-IT	CH-NL	
	UK-FR	FR-IT	CA-NL	CH-SE	
	DE-IT	FR-SE	CA-IT	CH-CA	
	DE-FR	FR-CH	FR-CA	JP-CH	
	DE-GB	UK-NL	DE-NL		
	JP-NL	UK-IT	DE-SE		
	JP-UK	UK-SE	DE-CA		
	US-CA	UK-CH	JP-IT		
	US-FR	DE-CH	JP-CA		
	US-JP	JP-FR	JP-DE		
		US-NL	US-SE		
		US-IT	US-CH		
		US-DE			

Mittelwert: 54,9 Median: 52,5

* Kombinationen von EU-Ländern sind grau unterlegt.

Gleichzeitig zeigt ein Vergleich der Verteilungen der einzelnen bilateralen Spezialisierungsmaße aber auch, daß – abgesehen von einigen Randlagen – die einzelnen Länderpaare durchaus unterschiedliche Rangplätze bei der Stärke ihrer technologischen Unterschiede einnehmen. Da zudem keines der bilateralen Spezialisierungsmaße aufgrund von theoretischen a priori Überlegungen präferiert oder abgelehnt werden kann, sollen für die folgende empirische Untersuchung des Zusammenhangs zwischen bilateralen Exportströmen und technologischer Leistungsfähigkeit bzw. Spezialisierung alle drei Maße vergleichend herangezogen werden.

3 Technologische Spezialisierung und bilaterale Exporte

Technologieintensive Güter sind in besonders hohem Maße international handelsfähig. So hat auch bereits eine Reihe von empirischen Untersuchungen belegt, daß häufig eine enge Beziehung zwischen der technologischen und der Außenhandelsspezialisierung hoch entwickelter Volkswirtschaften besteht (Münt, 1996). Dies gilt sowohl bei Querschnittsanalysen für einzelne Länder und zahlreiche Produktgruppen als auch – wenn längere Datenreihen verfügbar sind – bei Zeitreihenanalysen für einzelne Länder und Sektoren. Beispielhaft zeigt Tab. D6, basierend auf den 42 Produktgruppen mit hohem FuE-Gehalt, die Korrelationen zwischen den *RPA*-Werten von 1993 bis 1995 und den *RCA*-Werten für den Außenhandel von 1995 für neun der zehn bisher auch betrachteten zehn patentstärksten Länder. Für die großen Länder ist hierbei eine hoch signifikante Korrelation festzustellen. In den Fällen der USA, Japans, Deutschlands, Großbritanniens, Frankreichs, Schwedens und Italiens ist dieser Zusammenhang signifikant auf Niveaus zwischen 1,8 % für Großbritannien und kleiner als 0,1 % für Deutschland und Schweden. Daß diese signifikanten Profilübereinstimmungen bei den kleineren Ländern Niederlande und Kanada nicht anzutreffen sind, kann mit selektiven Innovationsstrategien zusammenhängen, aber auch mit einer weitgehenden Entkopplung von Innovationstätigkeit und Exportgeschäften an den beiden Standorten.

Tabelle D6. Korrelation zwischen RPA und RCA für neun patentstarke Länder

Land	Koeffizient	t-Wert	Signifikanz[1]
USA	0,481	2,545	*
Japan	0,548	2,918	**
Deutschland	0,706	5,237	***
Großbritannien	0,415	2,478	*
Frankreich	0,366	3,537	**
Kanada	0,147	0,877	
Schweden	0,547	4,424	***
Italien	0,641	3,675	**
Niederlande	0,279	0,207	

[1] Signifikanzniveaus: * < 5 %, ** < 1 %, *** < 0.1 %

(Zur Berechnung der t-Werte wurden White's heteroskedastizitätskonsistente Schätzer der Varianz-Kovarianzmatrix der Regressionskoeffizienten verwendet).

Quelle: Jungmittag u.a. (1998)

Im folgenden soll nun – die bisherigen empirischen Studien ergänzend – untersucht werden, ob und wenn ja, mit welcher Wirkungsrichtung, sich die technologischen Spezialisierungen der zehn patentstärksten Länder auf die bilateralen Handelsströme mit FuE-intensiven Gütern zwischen ihnen auswirken. Zu diesem Zweck werden zwei erweiterte Gravitationsgleichungen, die auch als Schumpetersche Gravitationsgleichungen bezeichnet werden können, für die Exportströme der FuE-intensiven Güter im Jahr 1996 als Grundmodelle spezifiziert. Auf Querschnittsdaten beruhende Gravitationsmodelle des Außenhandels, die als zentrale Variable die geographische Distanz zwischen zwei Volkswirtschaften berücksichtigen, haben seit der Untersuchung in Linnemann (1966) zunehmend an Popularität gewonnen. Zudem wurde ihre Spezifikation, die zunächst mehr oder minder ad hoc Charakter aufwies, in der Folgezeit auch mit theoretischen Untermauerungen versehen (vgl. z. B. Bergstrand, 1985; Rohweder, 1989 und Deardorff, 1998). Die erste hier verwendete erweiterte Gravitationsgleichung verwendet als erklärende Variablen neben den traditionellen Variablen (Bruttoinlandsprodukte der Export- und Importländer BIP_i und BIP_j sowie der Luftliniendistanzen zwischen den Zentren der beiden Länder $DIST_{ij}$) die Anzahl der Patente des Exportlandes pro einer Million Einwohner im FuE-intensiven Bereich von 1994 bis 1996 (PAT_i) und die RPA des Export- und Importlandes im FuE-intensiven Bereich (RPA_i und RPA_j) im gleichen Zeitraum. Die Verwendung der absoluten Zahl der Patente pro einer Million läßt sich mit dem Strang der neuen Wachstumstheorie rechtfertigen, der annimmt, daß sich Wissen innerhalb einer Volkswirtschaft frei verbreitet, aber seine internationale Verbreitung über Ländergrenzen hinweg nicht stattfindet (Romer, 1990). FuE ist demnach ein national öffentliches Gut und es ist wichtig, in welchem Land diese FuE stattfindet. Damit ist dann auch die absolute Anzahl von Patenten für die technologische Leistungsfähigkeit in den FuE-intensiven Gütergruppen von Bedeutung.[9] Eigentlich wäre es nach dieser Argumentation angemessen, die nicht durch die Einwohnerzahl gewichtete Absolutzahl der Patente zu verwenden; diese wäre jedoch in hohem Maße mit dem Bruttoinlandsprodukt des Exportlandes interkorreliert, so daß nun die Patentzahlen pro einer Million Einwohner die um reine Größenvorteile bereinigte Wirkung der absoluten technologischen Stärke eines Landes mißt. Die Einbeziehung der *RPA* läßt sich hingegen durch die übliche Argumentation mit komparativen Vorteilen der jeweiligen Länder rechtfertigen. Ausführlich hingeschrieben lautet mithin die erste technologieerweiterte Gravitationsgleichung:

$$ex_{ij} = \beta_0 + \beta_1 bip_i + \beta_2 bip_j + \beta_3 dist_{ij} + \beta_4 pat_i + \beta_5 RPA_i + \beta_6 RPA_j + u_{ij},$$

wobei die Kleinbuchstaben logarithmierte Größen repräsentieren und ex_{ij} der Exportstrom FuE-intensiver Güter des Landes *i* nach Land *j* ist. Ferner wird angenommen, daß der Störterm *u* die üblichen Annahmen erfüllt.

Im Rahmen der zweiten erweiterten Gravitationsgleichung werden statt der *RPA* nacheinander jeweils die bilateralen Spezialisierungsmaße als zusätzliche erklärende Variable herangezogen. Hier wird dann also überprüft, ob eine ausgeprägt unterschiedliche Spezialisierung zweier Länder innerhalb des FuE-intensiven Bereichs Auswirkungen auf den bilateralen Außenhandel mit diesen Gütern hat. Diese erweiterte Ricardo-Schumpeter-Gravitationsgleichung lautet:

$$ex_{ij} = \beta_0 + \beta_1 bip_i + \beta_2 bip_j + \beta_3 dist_{ij} + \beta_4 pat_i + \beta_5 bispez_{ij} + u_{ij},$$

wobei $bispez_{ij}$ hier als Platzhalter für die jeweiligen logarithmierten bilateralen Spezialisierungsmaße $diss_{ij}$, dq_{ij} und dqw_{ij} dient.

Da aufgrund der theoretischen Überlegungen zum Grad der Spezialisierung bei unterschiedlich stark integrierten Volkswirtschaften nicht a priori von einer Parameterkonstanz für verschiedene Ländergruppen ausgegangen werden kann, wurden die erweiterten Gravitationsgleichungen sowohl für alle 90 bilateralen Handelsbeziehungen der zehn patentstärksten Länder gemeinsam geschätzt, als auch sechs Teilstichproben, von denen jeweils zwei disjunkt sind: Nachbarstaaten – Nichtnachbarstaaten, EU-Staaten – Nicht-EU-Staaten sowie EFTA-Staaten – Nicht-EFTA-Staaten.

---

[9] Vgl. zu dieser Argumentation in bezug auf die Absolutzahl von Wissenschaftlern und qualifizierten Arbeitskräften Torstensson (1998).

Tabelle D7. Schätzergebnisse für die technologieerweiterte Gravitationsgleichung

Erklärende Variablen							N	Adj. R^2
Konst.	bip_i	bip_j	$dist_{ij}$	pat_i	RPA_i	RPA_j		
Alle zehn Länder								
6,880	0,980	0,825	-0,903	0,496	2,752	2,769	90	0,864
(6,055)[1]	(17,159)	(13,554)	(-12,022)	(4,428)	(2,181)	(2,087)		
Nur Nachbarstaaten								
4,931	0,719	0,767	---	0,247	7,927	---	14	0,910
(5,188)	(7,773)	(10,133)		(2,183)	(3,951)			
Nur Nichtnachbarstaaten								
6,135	1,013	0,813	-0,917	0,631	2,426	2,647	76	0,862
(5,807)	(16,893)	(13,267)	(-12,443)	(5,862)	(1,777)	(1,865)		
Nur EU-Staaten								
7,727	1,105	0,624	-0,536	---	8,849	---	30	0,905
(5,623)	(9,826)	(7,804)	(-5,411)		(3,846)			
Nur Nicht-EU-Staaten								
6,463	1,011	0,919	-1,028	0,602	3,947	2,679	60	0,877
(4,547)	(14,472)	(12,219)	(-9,716)	(4,782)	(2,462)	(1,727)		
Nur EFTA-Staaten								
7,016	0,896	0,700	-0,508	0,210	1,985	---	42	0,907
(4,672)	(16,059)	(10,778)	(-5,269)	(2,229)	(1,653)			
Nur Nicht-EFTA-Staaten								
7,416	0,992	0,993	-1,288	0,797	2,843	---	48	0,892
(4,765)	(13,380)	(14,006)	(-7,602)	(6,840)	(1,877)			

[1] t-Werte in Klammern. Zu ihrer Berechnung wurden White's heteroskedastizitätskonsistente Schätzer der Varianz-Kovarianzmatrix der Regressionskoeffizienten verwendet.

Die Schätzergebnisse für die erste erweiterte Gravitationsgleichung sind in Tab. D7 wiedergegeben. Unabhängig davon, ob die Gesamtstichprobe oder nur Teilstichproben betrachtet werden, sind die üblichen Variablen des einfachen Gravitationsmodells hoch signifikant, allerdings fallen die Werte ihrer Koeffizienten, die aufgrund der Logarithmierung als Elastizitäten interpretiert werden können, für die einzelnen Teilstichproben deutlich unterschiedlich aus. Insbesondere ist auffällig, daß bei stärker integrierten Volkswirtschaften – sei es durch Nachbarschaft oder Verträge – die Elastizitäten der Bruttoinlandsprodukte der Importländer geringere Werte aufweisen. Bei den Nachbarstaaten gilt dies auch für die Bruttoinlandsprodukte der Exportländer. Ferner besitzt die Distanzvariable für die Nachbarstaaten keinen Erklärungsgehalt und für die anderweitig hoch integrierten Staaten – die sich ja auch durch räumliche Agglomerationen auszeichnen – ist ihre Elastizität nur etwa halb so groß wie bei den jeweiligen komplementären Teilstichproben. Ein ähnliches Muster zeigt sich auch für die Zahl an Patentanmeldungen pro einer Million Einwohner. Deren Elastizität ist bei den hoch integrierten Volkswirtschaften wiederum deutlich geringer, für die Handelsströme zwischen den EU-Staaten sogar nicht signifikant. Hingegen ist der positive Einfluß der relativen Patentanteile der Exportländer für die Nachbarstaaten und für die

EU-Länder von größerer Bedeutung als bei den jeweiligen komplementären Ländergruppen. Dies ist zwar bei den EFTA-Staaten nicht der Fall, dies ist jedoch allein auf die Außenhandelsverflechtungen der Schweiz zurückzuführen, die für den gesamten FuE-Bereich die deutlichste negative Spezialisierung aufweist. Der Einfluß der *RPA* der Importländer ist zwar für die Gesamtstichprobe positiv und auf einem Signifikanzniveau von 5 % von Null verschieden, bei den Teilstichproben bleibt dieser Einfluß jedoch nur auf dem 10 % Niveau für die Nichtnachbarstaaten und die Nicht-EU-Länder erhalten. Hier ist also zumindest ansatzweise eine stärkere Spezialisierung im FuE-intensiven Bereich handelsfördernd, weil diese möglicherweise einen Einsatz der importierten FuE-intensiven Güter erleichtert oder weil es hier ausgeprägte Synergieeffekte gibt.

Die erweiterte Ricardo-Schumpeter-Gravitationsgleichung wurde in drei Varianten mit jeweils einem bilateralen Spezialisierungsmaß geschätzt. Bei der Einbeziehung des Dissimilaritätsmaßes erwies sich die geographische Distanz diesmal zumindest auf einem Signifikanzniveau von 10 % auch für die Nachbarstaaten als signifikant (Tab. D8). Dafür verlor für diese Teilstichprobe – wie zuvor schon bei den EU-Staaten – die Absolutzahl der Patentanmeldungen pro eine Million Einwohner ihre Signifikanz. Für die Gesamtstichprobe ist das Dissimilaritätsmaß zwar nur knapp unterhalb des 10 % Niveaus signifikant, für die Teilstichproben zeigt sich aber ein durchgängiges Muster. Bei hoch integrierten Volkswirtschaften ist es jeweils nicht signifikant, während es bei den nicht so stark integrierten Gruppen jeweils einen deutlich signifikanten negativen Einfluß aufweist.

Bei der Verwendung des quadratischen bilateralen Spezialisierungsmaßes stellen sich im großen und ganzen ähnliche Schätzergebnisse wie bei der Einbeziehung des Dissimilaritätsmaßes ein (vgl. Tab. D9). Allerdings ist das quadratische Spezialisierungsmaß in der Schätzgleichung für die Gesamtstichprobe nicht signifikant von Null verschieden. Zudem ist nun in der Schätzung für die Nachbarstaaten weder die Distanz noch die Absolutzahl der Patente pro einer Million Einwohner signifikant. Dafür zeigt das quadratische Spezialisierungsmaß einen hoch signifikanten positiven Einfluß an. Es ist anzumerken, daß die Gleichung für die Nachbarstaaten nicht allzu strengen Interpretationen ausgesetzt werden sollte, weil sie auf der Basis von nur 14 Beobachtungen geschätzt werden mußte, so daß einzelne auffällige Beobachtungen einen erheblichen Einfluß auf das Schätzergebnis haben können. Ansonsten zeigt sich bei den anderen Schätzgleichungen wieder das zuvor beobachtete Ergebnis: bei weniger integrierten Volkswirtschaften hat auch das quadratische bilaterale Spezialisierungsmaß einen deutlichen negativen Einfluß – bei den Nicht-EU-Staaten allerdings nur knapp unterhalb des 10 % Signifikanzniveaus, während es für die EU- und EFTA-Staaten statistisch nicht signifikant ist.

Tabelle D8. Schätzergebnisse für die Ricardo-Schumpeter-Gravitationsgleichung bei Einbeziehung des bilateralen Dissimilaritätsmaßes

Erklärende Variablen						N	Adj. R^2
Konst.	bip_i	bip_j	$dist_{ij}$	pat_i	$diss_{ij}$		
			Alle zehn Länder				
6,941	0,971	0,812	-0,726	0,541	-0,497	90	0,857
(5,897)[1]	(16,967)	(10,854)	(-10,466)	(4,457)	-1,617		
			Nur Nachbarstaaten				
3,001	0,957	0,954	-0,357	---	0,649	14	0,840
(0,968)	(9,11)	(6,687)	(-1,776)		(1,386)		
			Nur Nichtnachbarstaaten				
7,313	0,968	0,762	-0,712	0,727	-0,818	76	0,869
(5,845)	(16,047)	(12,949)	(-10,289)	(7,390)	(-2,637)		
			Nur EU-Staaten				
9,534	0,763	0,630	-0,602	---	0,155	30	0,880
(4,358)	(7,868)	(5,861)	(-5,936)		(0,450)		
			Nur Nicht-EU-Staaten				
6,822	1,037	0,892	-0,776	0,625	-0,794	60	0,875
(5,566)	(15,534)	(9,397)	(-6,038)	(4,252)	(-2,330)		
			Nur EFTA-Staaten				
7,374	0,850	0,698	-0,495	0,192	-0,040	42	0,902
(4,042)	(13,679)	(10,118)	(-4,998)	(2,027)	(-0,184)		
			Nur Nicht-EFTA-Länder				
10,012	1,020	0,900	-1,195	0,820	-0,909	48	0,901
(5,492)	(14,871)	(12,749)	(-5,959)	(7,528)	(-2,738)		

[1] t-Werte in Klammern. Zu ihrer Berechnung wurden White's heteroskedastizitätskonsistente Schätzer der Varianz-Kovarianzmatrix der Regressionskoeffizienten verwendet.

Die Schätzergebnisse für die Ricardo-Schumpeter-Gravitationsgleichung unter Einbeziehung des gewichteten quadratischen bilateralen Spezialisierungsmaßes bestätigen weitgehend die bisherigen Ergebnisse (vgl. Tab. D10). Wesentliche Unterschiede zum ungewichteten quadratischen Spezialisierungsmaß bestehen nur bei der Schätzung für die Gesamtstichprobe, für die nun der negative Einfluß des gewichteten quadratischen Spezialisierungsmaßes hoch signifikant ist. Bei den Nachbarstaaten ist weiterhin eine positive Wirkung zu beobachten, während bei den Nicht-EU-Staaten der negative Einfluß nun deutlich an Signifikanz gewinnt.

Tabelle D9. Schätzergebnisse für die Ricardo-Schumpeter-Gravitationsgleichung bei Einbeziehung des quadratischen bilateralen Spezialisierungsmaßes

Erklärende Variablen						N	Adj. R^2
Konst.	bip_i	bip_j	$dist_{ij}$	pat_i	dq_{ij}		
			Alle zehn Länder				
6,214	0,976	0,819	-0,738	0,527	-0,155	90	0,855
(5,486)[1]	(15,900)	(10,967)	(-10,319)	(4,438)	-1,108		
			Nur Nachbarstaaten				
1,345	0,915	0,912	---	---	0,421	14	0,862
(1,219)	(11,856)	(8,905)			(4,887)		
			Nur Nichtnachbarstaaten				
6,613	0,963	0,761	-0,722	0,701	-0,327	76	0,865
(5,088)	(14,326)	(11,592)	(-9,979)	(7,198)	(-2,128)		
			Nur EU-Staaten				
11,362	0,696	0,564	-0,584	---	-0,104	30	0,882
(5,474)	(6,347)	(6,014)	(-6,091)		(-0,729)		
			Nur Nicht-EU-Staaten				
5,838	1,043	0,901	-0,790	0,599	-0,279	60	0,869
(4,937)	(14,745)	(9,184)	(-5,997)	(4,205)	(-1,635)		
			Nur EFTA-Staaten				
7,299	0,850	0,699	-0,497	0,192	-0,011	42	0,902
(4,655)	(13,948)	(10,596)	(-4,949)	(2,003)	(-0,133)		
			Nur Nicht-EFTA-Länder				
9,530	1,020	0,900	-1,209	0,778	-0,405	48	0,898
(5,028)	(14,240)	(12,291)	(-6,243)	(7,496)	(-2,390)		

[1] t-Werte in Klammern. Zu ihrer Berechnung wurden White's heteroskedastizitätskonsistente Schätzer der Varianz-Kovarianzmatrix der Regressionskoeffizienten verwendet.

Insgesamt weisen die Schätzergebnisse für die beiden Varianten des erweiterten Gravitationsmodells darauf hin, daß bei der Analyse von bilateralen Handelsströmen der unterschiedliche Integrationsgrad von Volkswirtschaften auf jeden Fall berücksichtigt werden sollte. Dies gilt sowohl für den Einfluß der üblichen Variablen, die bereits Eingang in das einfache Gravitationsmodell finden, als auch für die Variablen, die die technologische Leistungsfähigkeit und Spezialisierung approximieren. Dabei hat die absolute Zahl an Patentanmeldungen pro einer Million Einwohner im FuE-intensiven Bereich des Exportlandes für den Handel der EU-Staaten untereinander mit FuE-intensiven Gütern durchgängig keine statistische Bedeutung. Bei der zusätzlichen Einbeziehung der bilateralen Spezialisierungsmaße gilt dies auch für die Nachbarstaaten, bei denen die Ergebnisse aufgrund des kleinen Stichprobenumfangs aber mit großer Vorsicht interpretiert werden sollten.

Tabelle D10. Schätzergebnisse für die Ricardo-Schumpeter-Gravitationsgleichung bei Einbeziehung des gewichteten quadratischen bilateralen Spezialisierungsmaßes

Erklärende Variablen						N	Adj. R^2
Konst.	bip_i	bip_j	$dist_{ij}$	pat_i	dqw_{ij}		
Alle zehn Länder							
7,072	0,939	0,776	-0,715	0,566	-0,385	90	0,861
(6,445)[1)]	(15,929)	(10,251)	(-11,464)	(4,711)	-2,498		
Nur Nachbarstaaten							
0,775	0,984	0,981	---	---	0,444	14	0,806
(0,361)	(8,322)	(6,648)			(2,040)		
Nur Nichtnachbarstaaten							
6,868	0,939	0,731	-0,711	0,744	-0,494	76	0,871
(6,255)	(14,939)	(11,411)	(-10,592)	(7,433)	(-3,125)		
Nur EU-Staaten							
10,069	0,727	0,594	-0,587	---	-0,051	30	0,880
(4,725)	(6,361)	(5,659)	(-6,176)		(-0,233)		
Nur Nicht-EU-Staaten							
6,663	0,998	0,849	-0,766	0,664	-0,550	60	0,882
(5,753)	(15,135)	(9,039)	(-6,711)	(4,610)	(-3,367)		
Nur EFTA-Staaten							
7,530	0,841	0,689	-0,493	0,193	-0,049	42	0,902
(3,843)	(11,303)	(8,673)	(-5,061)	(2,042)	(-0,305)		
Nur Nicht-EFTA-Länder							
9,080	0,990	0,870	-1,136	0,832	-0,569	48	0,905
(5,299)	(14,622)	(11,831)	(-5,516)	(7,701)	(-3,445)		

[1)] t-Werte in Klammern. Zu ihrer Berechnung wurden White's heteroskedastizitätskonsistente Schätzer der Varianz-Kovarianzmatrix der Regressionskoeffizienten verwendet.

Zudem zeigte sich, daß die *RPA* im FuE-intensiven Bereich bei den höher integrierten Staaten eine größere Bedeutung für den Außenhandel haben als bei den weniger integrierten Staaten, d. h. für den Handel innerhalb der ersteren Gruppen von Staaten erhöht eine stärkere technologische Spezialisierung auf die ganze Breite der FuE-intensiven Produkte auch die Exportmöglichkeiten innerhalb der integrierten Wirtschaftsräume. Für den Handel zwischen weniger integrierten Volkswirtschaften legen die positiven Einflüsse der RPA der Importländer hingegen nahe, daß eine in der Breite der FuE-intensiven Güter positive technologische Spezialisierung der Importeure den Außenhandel ebenfalls fördert. Dieses Ergebnis steht auch im Einklang mit dem deutlich negativen Einfluß der bilateralen Spezialisierungsmaße auf den Außenhandel zwischen weniger integrierten Staaten. Stark unterschiedliche Spezialisierungen in einzelnen FuE-intensiven Produktgruppen führen wahrscheinlich mithin auch zu Problemen, potentiell importierbare FuE-intensive Güter in die eigenen Wertschöpfungsketten zu integrieren.

Eine weitere Frage, die bei dieser Untersuchung auf relativ hoch aggregiertem Niveau nur unbefriedigend beantwortet werden kann, betrifft den intraindustriellen Handel. Jedoch kann der negative Einfluß der bilateralen Spezialisierungsmaße, die ja auf der Dreistellerebene nach SITC III berechnet wurden, auch Ausdruck davon sein, daß ein Großteil des Handels zwischen den patentstärksten Ländern intraindustriellen Charakter hat und die Länder für einen umfangreichen Handel dann auf der Dreistellerebene relativ ähnlich, aber auf tiefer disaggregierter Ebene stärker spezialisiert sein sollten.

4 Einige Schlußfolgerungen und wirtschaftspolitische Implikationen

In dem vorliegenden Beitrag wurde zum einen die internationale Innovationsdynamik und technologische Spezialisierung hoch entwickelter Volkswirtschaften – mit einem besonderen Fokus auf die EU-Staaten – mittels patentstatistischer Kennzahlen empirisch analysiert, zum anderen wurden auf der Basis zweier Varianten eines erweiterten Gravitätsmodells die Auswirkungen von technologischen Spezialisierungsmustern auf die bilateralen Handelsströme mit FuE-intensiven Güter untersucht.

Dabei läßt sich mit Blick auf die langfristigen Innovationsdynamiken in der EU – gemessen durch die Patenterteilungen pro einer Million Einwohner am US-Patentamt – mit den üblichen Meßkonzepten der σ - und β -Konvergenz eine Konvergenz oder zumindest deutliche Annäherung der Innovationsfähigkeiten der meisten EU-Staaten beobachten.[10] An diesem Prozeß nehmen allerdings Portugal und Griechenland gar nicht, und Spanien nur in sehr geringem Umfang teil. Demnach müßte es im Interesse erhöhter Innovations- und Handelsdynamik also darum gehen, diese Länder mit einer selektiven EU-Forschungs- und Technologiepolitik verstärkt zu fördern, damit ihnen der Aufbau effizienter nationaler Innovationssysteme gelingt und sie gleichzeitig auch an dem sich erst in Konturen abzeichnenden europäischen Innovationssystem adäquat partizipieren können.

Bei der mehr kurzfristigen Betrachtung der Innovationsdynamik der zehn patentstärksten Länder im FuE-intensiven Bereich – gemessen durch die Patentanmeldungen in 42 FuE-intensiven Dreisteller-Produktgruppen nach SITC III am Euopäischen Patentamt – zeigte sich, daß gerade die größeren europäischen Länder in diesem Bereich – im Vergleich mit den USA und Japan – eher unterdurchschnittlich spezialisiert sind. Insgesamt sind aber auch hier – wenn auch bei relativ starken Schwankungen – leichte Tendenzen in Richtung auf eine Konvergenz bzw. in Richtung auf eine Durchschnittsspezialisierung zu beobachten. Dieses Ergebnis steht im Einklang mit anderen Untersuchungen, die insgesamt für die 42 FuE-intensiven Produktgruppen für die Mehrzahl der zehn Länder die Tendenz zu einer Durchschnittsspezialisierung festgestellt haben, wobei diese Tendenz allerdings im Bereich der höherwertigen Technik stärker ausgeprägt ist als bei der Spitzentechnik (Jungmittag/Grupp/Hullmann, 1998; Grupp/Jungmittag, 1999). In der Grundtendenz wird dieses Ergebnis auch durch die hier vorgelegte separate

10 Weitergehende empirische Analysen, die auch die Möglichkeiten einer bedingten Konvergenz zu länderspezifischen steady states und von Rückfall- bzw. Überholprozessen berücksichtigen, finden sich in Jungmittag (2002).

Analyse für die zehn Produktgruppen mit den meisten Patentanmeldungen am EPA in 1996 bestätigt.

Bei diesen zehn Produktgruppen, von denen fünf der höherwertigen Technik und fünf der Spitzentechnik zugeordnet sind, zeigt sich nur bei vieren – davon drei aus der Spitzentechnik – eine zunehmende Streuung der *RPA*, d. h. eine stärkere Differenzierung der technologischen Fähigkeiten. Am stärksten ausgeprägt ist diese Tendenz in der allgemeinen Nachrichtentechnik – der Produktgruppe, die die meisten Patentanmeldungen zu verzeichnen hat und in der gleichzeitig die Patentanmeldungen in den letzten Jahren am stärksten gewachsen sind. Sieht man die Konvergenz der technologischen Fähigkeiten in einzelnen Produktgruppen als Bedrohung für jene Länder an, die bisher in diesen Feldern eine starke Position hatten, so stellt sich für die einbezogenen EU-Staaten bei den zehn Produktgruppen mit den meisten Patentanmeldungen die Lage weder dramatisch schlecht dar noch gibt sie Anlaß zur Euphorie. Deutschland ist in zwei Bereichen hoch spezialisiert, in denen ein robustes Spezialisierungsmuster (Kraftfahrzeuge) oder eine leichte Divergenz (Prüfinstrumente und Zähler) zu beobachten ist. Großbritannien ist technologisch mit seinen Stärken in der allgemeinen Nachrichtentechnik und der Pharmazeutik recht erfolgversprechend positioniert. Für Frankreich gestaltet sich die Situation ähnlich wie für Deutschland, nur daß es in keinem großen Spitzentechnikbereich positiv spezialisiert ist. Schweden weist ausgeprägte Stärken in den beiden Bereichen allgemeine Nachrichtentechnik und Pharmazeutik auf, in denen die Divergenz der Innovationsfähigkeiten deutlich zugenommen hat. Die Niederlande mit Stärken in der allgemeinen Nachrichtentechnik und Unterhaltungselektronik ist zwar recht einseitig, aber nicht in konvergierenden Bereichen positiv spezialisiert. Allein Italien ist in keinem der zehn großen Technikfelder positiv spezialisiert.

Bei der anschließenden Analyse der bilateralen Spezialisierungsmuster lieferte keines der verwendeten Maße empirische Evidenzen dafür, daß die EU-Staaten als hoch integrierte Volkswirtschaften untereinander besonders stark spezialisiert sind – vielmehr findet sich stets die Mehrheit der bilaterale Spezialisierungsmaße für jeweils zwei EU-Staaten unterhalb der dazugehörigen Mittelwerte. Mithin kann zumindest auf der technologischen Ebene die Schlußfolgerung des Modells von Grossman/Helpman (1991) nicht bestätigt werden, daß bei einem hohen Integrationsgrad eine stärkere Spezialisierung zu erwarten sei. Hingegen befinden sich die Kombinationen von kleineren Ländern mit benachbarten größeren Ländern fast immer unterhalb des Mittelwertes, so daß die Hypothese von Padoan (1997) zumindest nicht abgelehnt werden kann, aber sie erfährt auch keine besondere Bestätigung, weil diese Beobachtung auch für die bilateralen Spezialisierungsmaße zahlreicher anderer Länderpaare gilt.

Abschließend wurde dann untersucht, welche Auswirkungen die technologischen Spezialisierungen auf die bilateralen Exportströme FuE-intensiver Güter der zehn patentstärksten Länder haben. Dabei zeigte sich, daß die absolute Zahl der Patente pro einer Million Einwohner im FuE-intensiven Bereich häufig einen positiven Einfluß hat. Weniger ausgeprägt ist der Einfluß dieser Variable für die bilateralen Handelsbeziehungen zwischen Nachbarländern und vor allem auch innerhalb der EU. Für diese beiden Ländergruppen scheinen eher komparative technologische Vorteile in der ganzen Breite der FuE-intensiven Produktgruppen von Bedeutung zu sein. Beide Ergebnisse zusammengenommen legen jedoch nahe, daß die Wirtschaftspolitik verbunden mit der Technologie- und Innovationspolitik – sei es auf EU- oder nationaler Ebene – dahin zielen sollte, die Fähigkeiten der Länder in den FuE-intensiven Technikfeldern insgesamt zu stärken, denn hinter den komparativen Vorteilen oder Nachteilen der einzelnen Länder im gesamten FuE-intensiven Bereich stehen ja ganz unterschiedliche technologische Spezialisierungsmuster für die 42 einzelnen FuE-intensiven Produktfelder. Mithin bestätigt sich auch hier die Erkenntnis anderer – die Exportspezialisierungen der OECD-Länder betrachtender – Untersuchungen, daß es kein einfaches mechanistisches Allheilmittel für ein 'Paradies auf Erden' mittels einer alleinigen Spezialisierung auf Spitzentechnologien oder schnell wachsende Sektoren gibt (Dalum/ Villumsen, 1996). Auch der negative Einfluß stark unterschiedlicher bilateraler Spezialisierungen innerhalb der 42 FuE-intensiven Produktgruppen auf den gesamten bilateralen Handel mit FuE-intensiven Gütern innerhalb der nicht so stark integrierten Volkswirtschaften bzw. der fehlende Einfluß dieser Variablen bei den hoch integrierten EU- und EFTA-Staaten kann als ein Indiz in diese Richtung gedeutet werden. Mithin wäre auch eine Politik, die unter Mißachtung der unterschiedlichen gewachsenen nationalen Innovationssysteme und der langfristigen pfadabhängigen Spezialisierungsmuster kurzfristig in eine solche Richtung dirigierend eingreifen wollte, wenig erfolgversprechend. Dies bedeutet aber nicht, daß nicht notwendige – oder auch sich bereits abzeichnende – Strukturwandelprozesse durch die Politik unterstützt werden sollten, denn es ist davon auszugehen, daß die Länder, denen in der jüngeren Vergangenheit der Strukturwandel hin zum FuE-intensiven Bereich, aber auch innerhalb der FuE-intensiven Bereiche, besser gelungen ist, auch bessere Wachstums- und Beschäftigungschancen realisiert haben und/oder auch zukünftig realisieren können.

Literatur

Archibugi D, Pianta M (1992) The Technological Specialisation of Advanced Countries. A Report to the EEC on International Science and Technology Activities. Dordrecht Boston London

Balassa B (1966) Trade liberalization and trade in manufactures among industrial countries. American Economic Review 55: S 466–473

Baldwin RE (1999) Agglomeration and endogenous capital. European Economic Review 43: S 253–280

Bergstrand JH (1985) The gravity equation in international trade: Some microeconomic foundations and empirical evidence. Review of Economics and Statistics 67: S 474–481

Dalum B, Laursen K, Verspagen B (1999) Does specialization matter for growth? Industrial and Corporate Change 8: S 267–288

Dalum B, Laursen K, Villumsen G (1998) Structural change in OECD export specialisation patterns: De-specialisation and "stickiness". International Review of Applied Economics 12: S 423–443

Dalum B, Villumsen G (1996) Are OECD Export Specialisation Patterns 'Sticky'? Relations to the Convergence-Divergence Debate. DRUID Working Paper No. 96-3, Aalborg.

Deardorff AV (1998) Determinants of bilateral trade: Does gravity work in a neoclassical world. In: Frankel JA (Hrsg) The Regionalization of the World Economy. Chicago London S 7–31

Dollar D, Wolff EN (1993) Competitiveness, Convergence, and International Specialization. Cambridge (MA) London

Dosi G, Pavitt K, Soete L (1990) The Economics of Technical Change and International Trade. New York u. a.

Dowrick S. (1997) Innovation and growth: Implications of the new theory and evidence. In: Fagerberg J. u. a. (Hrsg) Technology and International Trade. Cheltenham

Duncan D, Duncan B (1955) A methodological analysis of segregation indexes. American Sociological Review 20: S 210–217

Duncan D, Duncan B (1955a) Residential distribution and occupational stratification. American Sociological Review 20: S 493–505

Griliches Z (1990) Patent statistics as economic indicators: A survey. Journal of Economic Literature 28: S 1661–1707

Grossman G, Helpman E (1991) Innovation and Growth in a Global Economy. Cambridge (MA)

Grupp H (1996) Spillover effects and the science base of innovations reconsidered: an empirical approach. Journal of Evolutionary Economics 6: S 175–197

Grupp H (1997) Messung und Erklärung des technischen Wandels. Berlin u. a.

Grupp H, Jungmittag A (1998) Convergence in global high technology? A decomposition and specialisation analysis for advanced countries. Jahrbücher für Nationalökonomie und Statistik 218: S 552–573

Grupp H, Schmoch U (1999) Patent statistics in the age of globalisation: New legal procedures, new analytical methods, new economic interpretation. Research Policy 28: S 377–396

Helpman E (1998) Explaining the structure of foreign trade: Where do we stand. Weltwirtschaftliches Archiv 134: S 573–589

Jaffe AB, Trajtenberg M, Henderson R (1993) Geographic localization of knowledge spillovers as evidence by patent citations. Quarterly Journal of Economics 100: S 577–598

Jungmittag A (2000) Techno-Globalismus: Mythos oder Realität? List-Forum für Wirtschafts- und Finanzpolitik 26: S 93–108

Jungmittag A (2002) Innovation Dynamics in the EU: Convergence or Divergence? – A Cross-Country Panel Data Analysis. Paper presented at the international conference „Dynamics, Economic Growth, and International Trade, VII (DEGIT-VII)“ in Cologne, Germany, May 24-25, 2002

Jungmittag A, Grupp H, Hullmann A (1998) Changing patterns of specialisation in global high technology markets: An empirical investigation of advanced countries. Vierteljahreshefte zur Wirtschaftsforschung 68: S 86–98

Jungmittag A, Meyer-Krahmer F, Reger G (1999) Globalisation of R&D and technology markets – Trends, Issues and Policy Implications. In: Meyer-Krahmer F (Hrsg), Globalisation of R&D and Technology Markets – Consequences for National Innovation Policies. Heidelberg, S 37–77

Jungmittag A u. a. (1998) Berichterstattung zur technologischen Leistungsfähigkeit Deutschlands 1997. Materialien des Fraunhofer-Instituts für Systemtechnik und Innovationsforschung, Karlsruhe

Krugman PR, Obstfeld M (1991) International Economics. Glenview Boston London

Linnemann H (1966) An Econometric Study of International Trade Flows. Amsterdam

Münt G (1996) Dynamik von Innovation und Außenhandel. Heidelberg

Münt G, Grupp H (1996) Changes in technological and trade specialisation among open economies - A comparison between Europe, the United States and Japan. In: Lang FP, Ohr R (Hrsg) Openness and Development. Heidelberg, S 3–31

Padoan PC (1997) Technology Accumulation and Diffusion – Is There a Regional Dimension? World Bank Policy Research Working Paper Nr. 1781, Washington D.C.

Patel P, Pavitt K (1995) Patterns of technological activity: their measurement and interpretation. In: Stoneman P (Hrsg) Handbook of the Economics of Innovation and Technological Change. Oxford, S 15–51

Porter M (1990) The Competitive Advantage of Nations. London

Rohweder HC (1989) Wechselkursvariabilität und internationaler Handel – Eine empirische Analyse der räumlichen Handelsverflechtungen im Rahmen eines TOBIT-Regressionsansatzes. München

Schmoch U (1999) Eignen sich Patente als Innovationsindikatoren? In: Boch R (Hrsg) Patentschutz und Innovation in Geschichte und Gegenwart. Frankfurt/M. u. a., S 113–126

Torstensson J (1998) Country size and comparative advantage: An empirical study. Weltwirtschaftliches Archiv 134: S590–611

Korreferat zu Andre Jungmittag: Internationale Innovationsdynamik, Spezialisierungsstruktur und Außenhandel – Empirische Befunde und wirtschaftspolitische Implikationen

Hans-Joachim Schalk

Die Frage, um die es Jungmittag in seinem Beitrag geht, ist eine „klassische" insofern, als sich schon die Begründer der Nationalökonomik Adam Smith und David Ricardo mit ihr beschäftigt haben: Warum spezialisieren sich Länder auf die Produktion bestimmter Güter, die sie exportieren, und importieren andere Güter? Jungmittag versucht auf diese Frage eine „neue" Antwort im Lichte der „neuen" Wachstums- und Außenhandelstheorie zu geben, indem er untersucht, welche Einflüsse von der Innovationsdynamik und der Spezialisierung auf die Produktion von Gütern eines Landes mit hohem Technologiegehalt auf den Außenhandel ausgehen. Die Anliegen des Beitrags sind deshalb

- Analyse der Innovationsdynamik hochentwickelter Staaten und Veränderung der Spezialisierungsmuster bei FuE-intensiven Technologien mittels geeigneter Patentdaten, wobei
- ein Schwerpunkt auf die Untersuchung der Frage gelegt wird, ob es in Technikfeldern bzw. Produktgruppen, in denen es international viele Patentanmeldungen gibt, zu Divergenz oder Konvergenz der technologischen Spezialisierung kommt und
- auf der Grundlage von Gravitationsansätzen die Analyse der Einflüsse, die von der technologischen Leistungsfähigkeit eines Landes auf die bilateralen Exportströme von FuE-intensiven Gütern zwischen den Volkswirtschaften ausgehen.

Der üblicherweise für die „Kommentare" eines Beitrags zur Verfügung gestellte Raum würde nicht ausreichen, wollte man alle Facetten dieser wichtigen Thematik mit den vielfältigen empirischen Tests, die vom Autor zur Untersuchung der einzelnen Fragestellungen durchgeführt wurden, einer kritischen Betrachtung unterziehen. Ich möchte deshalb im wesentlichen nur zu Teilen der ersten beiden Anliegen des Autors Stellung nehmen, welche sich auf die Innovationsdynamik und die Konvergenz oder Divergenz der nationalen Innovationsfähigkeit bzw. der technologischen Spezialisierung beziehen. Der Autor führt dazu im zweiten Teil des Beitrags mit Daten des US-Patentamtes interessante empirische Analysen durch, aus denen er dann am Ende der Arbeit einige seiner Schlußfolgerungen für eine „selektive EU-Forschungs- und Technologiepolitik" ableitet. Ich darf vorwegnehmen, daß ich nach einer kritischen Würdigung dieser Analysen zu einer anderen Interpretation der präsentierten empirischen Fakten und folglich auch zu etwas anderen wirtschaftspolitischen Schlußfolgerungen gelange als der Autor.

Die Entwicklung der Patenterteilungen am US-Patentamt wird vom Autor für einen guten Ausgangspunkt zur Beurteilung der längerfristigen Innovationsdynamik in Europa gehalten. Die Daten des US-Patentamtes bieten sich aus Gründen einer unverzerrten internationalen Vergleichbarkeit an und weil sie über einen längeren Zeitraum zur Verfügung stehen. Für die Beurteilung der Innovationsdynamik eines Landes bzw. seiner Innovationsfähigkeit dürften Patente allein allerdings nur bedingt tauglich sein. Patente repräsentieren die Generierung neuer Ideen oder neuen Wissens, unter Innovation ist der Prozeß zu verstehen, bei dem neues Wissen in marktfähige Produkte oder Güter mit praktischem Wert umgesetzt wird (Schalk, Täger u.a. 1999, 1 f.). Für die Innovationsdynamik eines Landes sind aber seine Patentaktivitäten nicht alleine entscheidend. Es dürfte heute allgemein anerkannt sein, daß der Fähigkeit zur verbreiteten Nutzung vorhandenen Wissens und neuer Technologien, d.h. ihrer Diffusion bzw. Imitation, eine zumindest ebenso große Bedeutung für die Höhe der Innovationsdynamik zukommt wie der Erfindung neuer Prozesse und Produkte (Greenaway 1994, 916). Diese Fähigkeit eines Landes wird aber durch seine Ausstattung mit Human-, Infrastrukturkapital und der „social infrastructure" bestimmt (Hall, Jones 1999).

Vor diesem theoretischen Hintergrund erfahren die in Abb. 1 der Arbeit dargestellten empirischen Fakten und die in den Abb. 2 – 4 durchgeführten ökonometrischen Analysen eine etwas andere Interpretation als die des Autors. Abb. 1 zeigt zunächst im langfristigen Vergleich die Entwicklung der Patenterteilungen pro Einwohner, die mit „Innovationsdynamik" gleichgesetzt wird (S. 6), innerhalb der EU und für vier Länder-Cluster. Bei einem solchen Vergleich der Innovationsdynamik, so der Autor, interessiere „natürlich" die Frage, ob sich im Zeitablauf die nationalen Innovationsfähigkeiten, gemessen durch die Patenterteilungen, angeglichen haben. Worin das „natürliche" Interesse an einer solchen Angleichung bestehen soll, wird allerdings nicht weiter erläutert. Statt dessen wird sie an der Entwicklung des Variationskoeffizienten der erteilten Patente zu messen versucht. Nimmt er im Zeitablauf ab, „so ist – in Anlehnung an das entsprechende Konzept aus der Wachstumsforschung – von einer σ-Konvergenz der Innovationsfähigkeit bzw. des Patentindikators auszugehen" (S. 6). Wie dies allerdings im Hinblick auf die eigentlich interessierende Innovationsdynamik zu interpretieren ist, bleibt unklar. Bedeutet σ-Konvergenz Ab- oder Zunahme der Innovationsdynamik?

Abb.2 zeigt, daß der Variationskoeffizient im Beobachtungszeitraum trendmäßig abgenommen hat bzw. eine Angleichung der Innovationsfähigkeit erfolgt ist. Natürlich sagt dieses Ergebnis nichts darüber aus, inwieweit gerade die patentschwächeren Länder an dieser Angleichung beteiligt waren bzw. gegenüber den patentstärkeren Ländern „aufgeholt" haben. Um dies festzustellen, wird die β-Konvergenz geschätzt. Wenn β-Konvergenz und damit ein Aufholprozeß vorliegen soll, müßte in den Daten beobachtet werden können, daß die in einem Ausgangszeitpunkt patentschwachen Länder in der Folgezeit deutlich höhere Wachstumsraten bei den Patenterteilungen aufweisen als die patentstarken Länder. Der Autor lehnt sich hier an einen entsprechenden Ansatz der (neueren) Wachstumsforschung an, mit dem der Konvergenzprozeß der Pro-Kopf-Einkommen zwischen Ländern untersucht wird. Hinter diesem Ansatz steht aber eine Theorie, nämlich die neoklassische Wachstumstheorie, die eine Begründung dafür gibt, weshalb ein solcher Konvergenzprozeß in den Daten zu beobachten sein soll. Welche Theorie liegt der β-Konvergenz aber im Falle von Patenterteilungen zugrunde bzw. warum sollten die Patenterteilungen in einem bisher (oder früher) patentschwachen Land auf einmal schneller zunehmen als in einem patentstarken Land? Man kann immer versuchen, mit Daten β-Konvergenz zu messen, aber ohne Theorie ist das Ergebnis ökonomisch kaum aussagefähig, geschweige denn für wirtschaftspolitische Aussagen verwendbar.

Interessanterweise läßt sich β-Konvergenz erst dann feststellen, wenn die patentschwächsten Länder, Portugal, Spanien und Griechenland, aus dem Datensatz eliminiert werden. Aber auch dann ist die ermittelte Konvergenzrate sehr gering. Die Schlußfolgerungen, die aus diesem Ergebnis vom Autor gezogen werden, sind allerdings m. E. nicht ganz schlüssig. Auf der einen Seite wird das Ergebnis positiv gesehen für den europäischen Integrationsprozeß, da es offenbar zu einer Konvergenz kommt, auf der anderen Seite aber auch negativ gewertet, weil die „südeuropäischen EU-Mitglieder an diesem Prozeß bisher nicht teilnehmen" (S. 8). Meines Erachtens deutet aber der niedrige Wert, der für die Konvergenzrate selbst ohne die Daten für die südeuropäischen Länder erhalten wurde, darauf hin, daß keine „absolute" oder „unbedingte" β-Konvergenz vorliegt, wie von Jungmittag mit seinem Ansatz implizit unterstellt wird, sondern „bedingte" β-Konvergenz. In der Wachstumstheorie besagt konditionale β-Konvergenz, daß „arme" Länder mit niedrigen Einkommen pro Kopf nicht notwendigerweise schneller wachsen als „reiche" Länder mit hohem Pro-Kopf-Einkommen, sondern nur Länder, die im Vergleich zu ihren eigenen Gleichgewichtseinkommen, ihren sog. steady states, „arm" sind (vgl. Jones 1998, 62). Auf das Modell von Jungmittag übertragen besagt bedingte β-Konvergenz dann, daß die Innovationsfähigkeit eines Landes (seine Patente) nur dann schneller wachsen muß (müssen), wenn es im Vergleich zu seinem „eigenen" Gleichgewichtsniveau noch niedrige Patenterteilungen aufweist. Dies bedeute aber nicht, daß alle Länder zu demselben Gleichgewichtsniveau und damit auch untereinander konvergieren müssen. Sie konvergieren lediglich zu ihren jeweiligen eigenen steady states und diese können verschieden sein.

Daß die Länder tatsächlich unterschiedliche steady states bei den Patenterteilungen aufweisen, läßt sich bereits anhand der Cluster in Abb. 1 erkennen. Mit Ausnahme von Portugal und Griechenland scheinen die Gleichgewichtsniveaus für die Länder in den Cluster im Zeitablauf gestiegen zu sein, aber auf unterschiedliche Niveaus. Die Messung einer absoluten β-Konvergenz muß deshalb niedrig ausfallen, da eine solche im Gesamtdatensatz praktisch nicht vorhanden ist. Die Länder konvergieren zu ihren jeweiligen Cluster-spezifischen Niveaus, die sich von Cluster zu Cluster erheblich unterscheiden. Damit können sie untereinander nicht konvergieren, wovon das Konzept der unbedingten β-Konvergenz aber ausgeht. Auf jeden Fall kann von einer deutlichen Annäherung der Innovationsfähigkeit der EU-Staaten (S. 28) nicht die Rede sein. Anhand des vierten Clusters läßt sich besonders gut erkennen, weshalb sich die Daten für Griechenland und Spanien in der Schätzung der unbedingten β-Konvergenz nicht sehr kooperativ gezeigt haben. Die Patenterteilungen liegen im Ausgangsjahr 1965 nur wenig unter den jeweiligen steady states. Ihre Wachstumsraten sind deshalb sehr gering, der Ansatz der unbedingten β-Konvergenz verlangt jedoch, daß sie hoch sind.

An der Entwicklung der Patenterteilungen in Abb. 1 läßt sich, auch ohne ökonometrische Analysen heranziehen zu müssen, gut erkennen, daß es nur vier Länder waren, Spanien, Irland, Italien und Finnland, die aufgeholt haben. Aber nur Finnland hat auch absolut aufgeholt, während die anderen Länder und Portugal und Griechenland weiter relativ zurückgefallen sind, da die Patentaktivitäten in den meisten Ländern im Beobachtungszeitraum und im Durchschnitt stärker zugenommen haben. Im Hinblick auf die Innovations*dynamik* erscheint mir aber die einfache Analyse der Frage, inwieweit die Innovationsfähigkeit der Länder zugenommen hat, viel wichtiger zu sein als die Untersuchung von σ- oder β-Konvergenz. Auch dazu kann aus Abb. 1 eine Antwort gefunden werden. Mit Ausnahme von Portugal und Griechenland ist in allen Ländern die Patentaktivität seit 1963, in manchen Ländern erst ab 1983, auf mehr als das Doppelte in 1997 gestiegen. Ich interpretiere diese Entwicklung als eine insgesamt starke Zunahme der Innovationsdynamik. Aus der β-Konvergenz der Abb. 3 und 4 läßt sich eine solche Aussage nicht ableiten.

Um bedingte β-Konvergenz ermitteln zu können, ist ein Ansatz zu wählen, bei dem für die unterschiedlichen steady state Niveaus durch deren Determinanten kontrolliert wird. Als Bestimmungsgründe für die Gleichgewichtsniveaus der Innovationsfähigkeit der Länder und damit als Kontrollvariable kommen ihre Ausstattung mit Human-, Infrastrukturkapital und ganz allgemein ihre „social infrastructure" in Frage. „Such a social infrastructure gets the prices right so that ... individuals capture the social returns to their actions as private returns" (Hall, Jones 1999, 84). Aufgrund eines solchermaßen erweiterten Ansatzes ergibt sich dann auch eine etwas andere Sicht in bezug auf die zu verfolgende Politik für die Förderung und Annäherung der Innovationsfähigkeiten in den EU-Staaten, insbesondere in Spanien, Portugal und Griechenland. Demnach kann es nicht nur darum gehen, diese Länder mit einer selektiven EU-Forschungs- und Technologiepolitik zu fördern. Damit dürfte sich allenfalls die Patenterteilungsrate geringfügig beeinflussen lassen, was zwar den Aufhol- bzw. Angleichungsprozeß dieser Länder gegenüber ihren eigenen steady states beschleunigen dürfte aber keine absolute Konvergenz garantiert. Für die Angleichung der Innovationsaktivitäten viel wichtiger erscheint mir der Abbau der Unterschiede in der Ausstattung der Länder mit Human-, Infrastrukturkapital und der sozialen Infrastruktur zu sein. Dies würde die Fähigkeiten der Länder steigern helfen, neues Wissen und neue Technologien schneller und besser zu nutzen und in marktfähige Produkte und Verfahren, d.h. in Innovationen, umzusetzen. Dadurch würden erstens die Voraussetzungen dafür geschaffen, daß die Länder auch untereinander konvergieren können und zweitens wäre damit einer Steigerung der Innovationsdynamik besser gedient.

Literatur

Greenaway D (1994) The diffusion of new technology (Editorial note). The Economic Journal 104: 916–917

Hall RE, Jones CI (1999) Why do some countries produce so much more output per worker than others?. Quarterly Journal of Economics 114: 83–116

Jones CI (1998) Introduction to Economic Growth. New York, London

Schalk HJ, Täger UC, et al. (1999) Wissensverbreitung und Diffusionsdynamik im Spannungsfeld zwischen innovierenden und imitierenden Unternehmen – Neuere Ansätze für die Innovationspolitik. ifo studien zur innovationsforschung 7, München

E. Wachstumsdifferentiale Deutschland – USA: Befund, Analyse und Aspekte der New Economy

Thomas Gries, Stefan Jungblut und Angela Birk

1 Stilisierte Fakten im Wachstumsvergleich Deutschland-USA

1.1 Entwicklung des Pro-Kopf-Wachstums

Die Entwicklung des Pro-Kopf-Wachstums zwischen Deutschland, Europa und den USA ist in der ganz langen Frist durch einen Konvergenzprozeß charakterisierbar (vgl. Abb. E1).

Beginnend in den 50er Jahren auf einem Niveau von unter 50 % des amerikanischen Pro-Kopf-Einkommens konnte Deutschland und Europa bis zu Beginn der 90er Jahre kontinuierlich aufholen (vgl. Abb. E1).

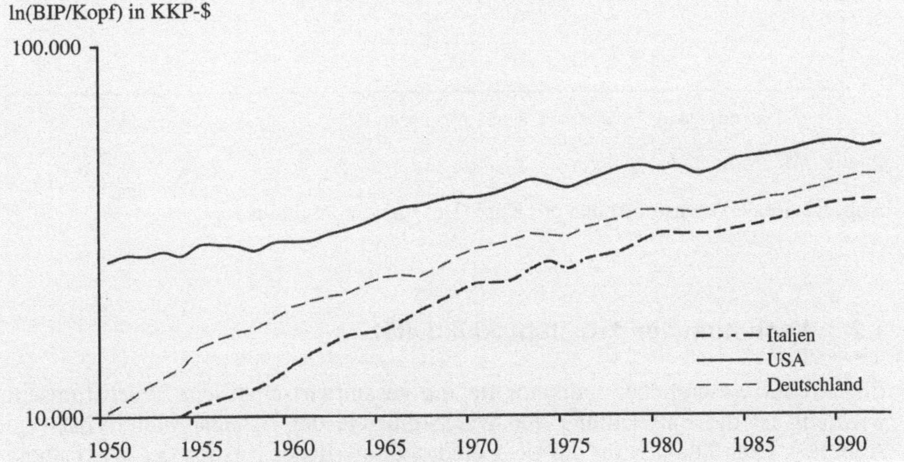

Quelle: Summers/Heston (1994, Penn World Table 5.6)

Abb. E1. Langfristiger Konvergenzprozeß

Die Wachstumsraten in diesem Zeitraum waren durchgehend höher als die amerikanischen Wachstumsraten des Pro-Kopf-Einkommens. Dieser Konvergenzprozeß hat sich in den 90er Jahren nicht fortgesetzt. Erstmals seit Ende des zweiten Weltkriegs war die Wachstumssituation einer Dekade in den Vereinigten Staaten günstiger als in Deutschland und in Europa. Diese Entwicklung ist jedoch eher auf die europäische und deutsche Wachstumsschwäche zurückzuführen als auf eine amerikanische Wachstumsstärke. Wie aus Abbildung E2 erkennbar, hat sich die amerikanische Wachstumsrate im langjährigen Durchschnitt praktisch nicht verändert. Nach 1,7 % in den 70er Jahren und 1,9 % in den 80er Jahren ist die durchschnittliche Wachstumsrate der Pro-Kopf-Einkommen in den USA in den 90er Jahren mit 1,8 % fast konstant geblieben. Deutschland dagegen hat einen kontinuierlichen Rückgang der realen Wachstumsraten des Pro-Kopf-Einkommens zu verzeichnen. Von 2,6 % in den 70er Jahren ist das Wachstum in den 90er Jahren auf durchschnittlich 1,6 % zurückgegangen und liegt damit unterhalb des amerikanischen Niveaus. Mit dieser Wachstumsschwäche der deutschen Wirtschaft in den 90er Jahren ist auch der Konvergenzprozeß gegenüber den USA vorübergehend beendet.

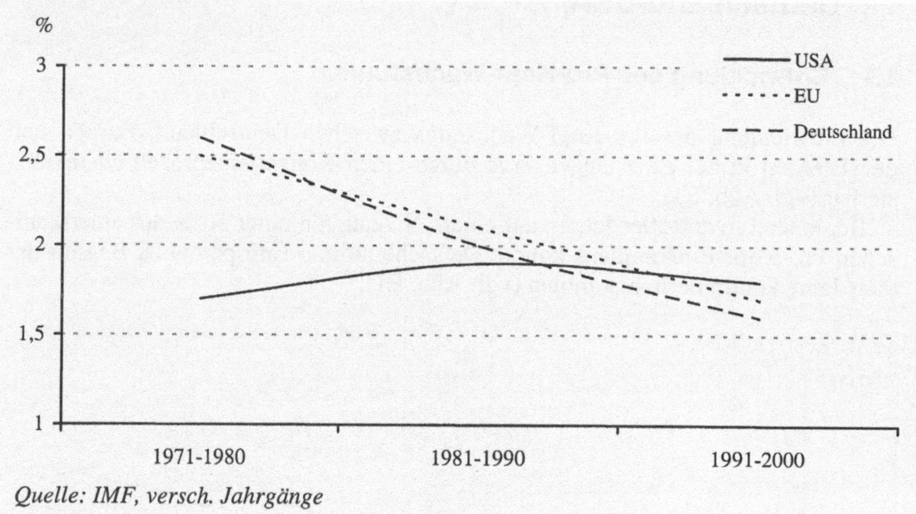

Abb. E2. Reale Wachstumsraten pro Kopf (Dekadendurchschnitte)

1.2 Wachstum der Arbeitsproduktivität

Ein zweiter wesentlicher Indikator für die gesamtwirtschaftliche Wachstumsentwicklung ist die Entwicklung der Wachstumsrate der Arbeitsproduktivität (vgl. Abb. E3). Hier läßt sich für die USA ein kontinuierlicher Anstieg der Wachstumsrate von etwa 2,3 % in den 70er Jahren bis hin zu 3,5 % in den 90er Jahren feststellen. Die Produktivitätszuwächse in Deutschland lagen im gesamten Zeitraum oberhalb der USA. Allerdings ist in den 90er Jahren das Unterbeschäftigungsproblem Deutschlands beim Vergleich dieser Zahlen zu berücksichtigen. Während die USA hohe Produktivitätssteigerungen bei nahezu Vollbeschäftigungsniveau hatten, sind die hohen Produktivitätszuwächse Deutschlands bei erheblicher Unterbeschäftigung und in einer konjunkturell schwachen Phase zu verzeichnen. Ob ähnlich hohe Produktivitätszuwächse in Deutschland auch bei hohem Beschäftigungsniveau erreichbar gewesen wären, ist zu bezweifeln.

Die für die USA erstaunlich hohen Produktivitätszuwächse in einer Phase extrem guter Konjunktur scheinen ein erster und wichtiger Hinweis auf die Idee der besonderen Wirkung der New Economy zu sein. Denn in starken Konjunkturphasen ist eher mit abnehmenden Produktivitätszuwächsen zu rechnen. Da dies aber gerade nicht der Fall ist, könnte diese Entwicklung durch fundamentale strukturelle Veränderungen verursacht sein. Die allmähliche Diffusion der Informationstechnologie in die Wirtschaft und insbesondere in den inzwischen extrem bedeutenden Dienstleistungssektor könnte damit ein entscheidender Beitrag für die starke wirtschaftliche Entwicklung der USA sein.

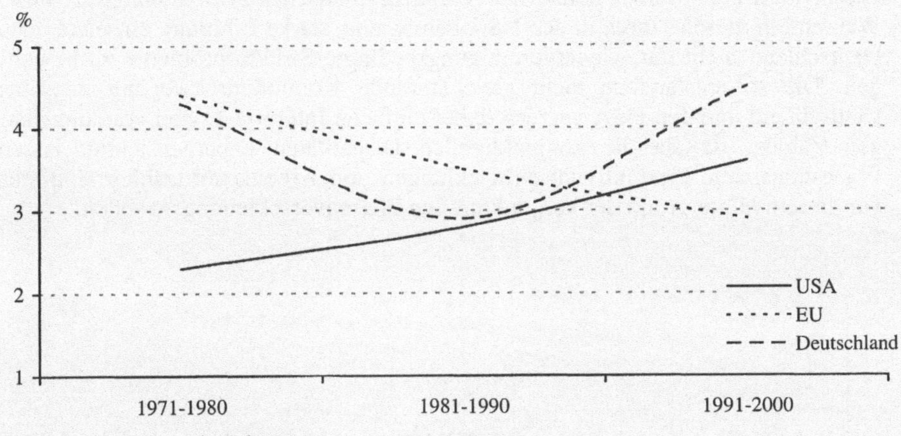

Abb. E3. Wachstumsraten der Arbeitsproduktivität (Dekadendurchschnitte)

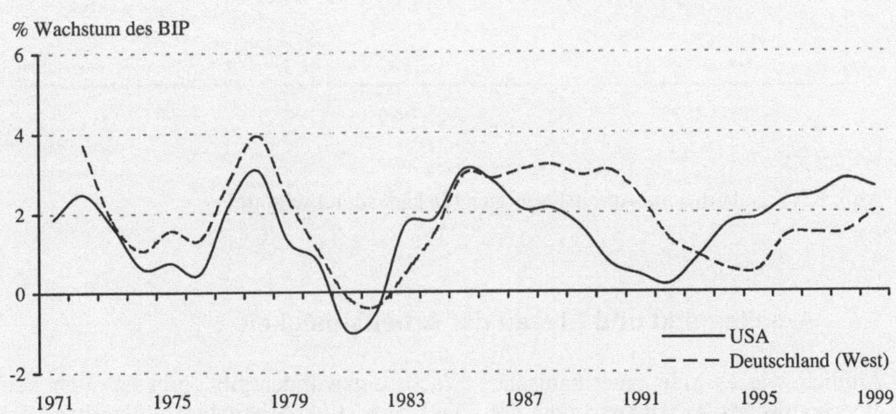

Quelle: Summers, Heston; IMF; eigene Glättung durch gleitende Durchschnitte

Abb. E4. Konjunkturzyklen USA – Deutschland

1.3 Phasenverzögerung der Konjunkturverläufe

Während in den 70er und 80er Jahren die Konjunkturverläufe zwischen den USA und Deutschland relativ parallel verliefen, hat der Wiedervereinigungsschub für Deutschland einen Phasenverschub verursacht (vgl. Abb. E4). Während, gemessen an den Wachstumsraten des realen Bruttoinlandsprodukts pro Kopf, die konjunkturelle Entwicklung in den USA Ende der 80er Jahre und Anfang der 90er Jahre deutlich nach unten verlief, hat der Wiedervereinigungsboom in Deutschland zu Beginn der 90er Jahre den Abschwung um zwei bis drei Jahre verzögert. Dieser kam dann jedoch umso klarer und dramatischer in den Jahren 1994/95. Während in diesen Jahren in den USA bereits eine starke Erholung einsetzte, hatte Deutschland nicht nur wiedervereinigungsbedingte Strukturprobleme zu bewältigen. Die so entstandene nicht gleichlaufende Konjunkturbewegung zwischen Deutschland und den USA verzerrt daher einfache Interpretationen von kurzfristigen Zahlen, da sie die konjunkturellen Disparitäten unberücksichtigt lassen. Wachstumsraten, Produktivitätsentwicklungen und Arbeitsmarktzahlen sind stets vor diesem Hintergrund der konjunkturellen Phasenverschiebung zu sehen.

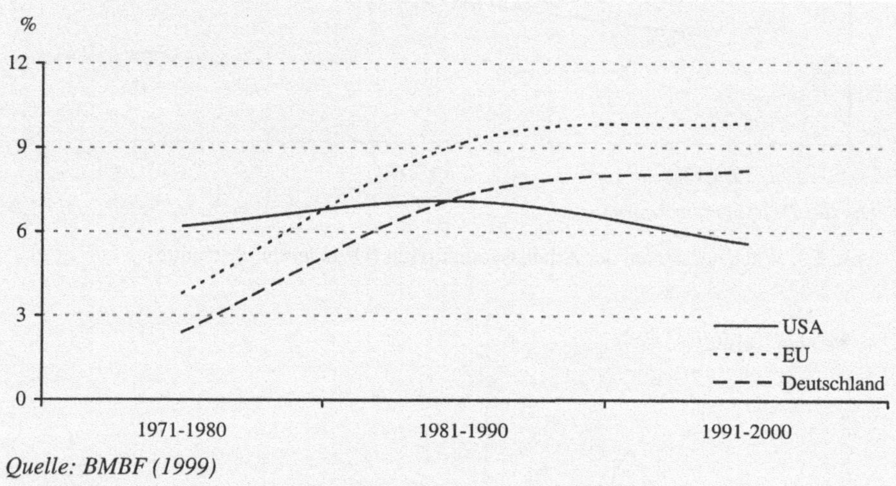

Abb. E5. Standardisierte Arbeitslosenraten (Dekadendurchschnitte)

1.4 Arbeitsmarkt und Niveau der Arbeitslosigkeit

Ähnlich wie es kein amerikanisches Wachstumswunder gibt, gibt es auch kein amerikanisches Arbeitsmarktwunder. Die langfristige Arbeitslosenquote der USA hat sich im langjährigen Durchschnitt praktisch seit den 70er Jahren nicht verändert (vgl. Abb. E5). Sie ist mit 6 % in den 70er, 7 % in den 80er und knapp unter 6 % in den 90er Jahren auf einem relativ konstanten Niveau. Ein Arbeitsmarktproblem dagegen läßt sich für Europa und Deutschland erkennen. In Deutschland ist die Arbeitslosenquote seit den 70er Jahren von 2,5 % auf durchschnittlich etwa

7 % in den 80er Jahren und über 8 % in 90er Jahren kontinuierlich angestiegen. Das Niveau allerdings in den 90er Jahren ist mit gerade einmal 2 Prozentpunkten weniger dramatisch höher als in der öffentlichen Diskussion vermittelt wird. Der Grund hierfür ist, daß die vorliegenden Zahlen mit standardisierten Meßmethoden der OECD erhoben wurden und nicht die offiziellen Arbeitslosenquoten wiedergeben. Wird für diese Zahlen der konjunkturelle Phasenverschub hinzugerechnet und wird darüber hinaus berücksichtigt, daß die Zahlen der 90er Jahre für Deutschland auch die ostdeutsche Sondersituation mit abbilden, würde sich die Lage – bezogen auf den westdeutschen Arbeitsmarkt – nicht wesentlich von der der USA unterscheiden. Mit international standardisierten Zahlen gemessen, stellt sich damit das Arbeitslosigkeitsproblem zumindest in Westdeutschland weniger dramatisch dar, als in der öffentlichen Diskussion erkennbar.

1.5 Arbeitsmarkt und Beschäftigungsstruktur

Hinsichtlich der Beschäftigungsstruktur sind die Entwicklungen in Deutschland und den USA ähnlich, allerdings mit unterschiedlicher Akzentuierung. Während sich in den USA die Universitätsabsolventen und die Hochqualifizierten parallel zum allgemeinen wirtschaftlichen Niveau entwickeln, können die Gering- oder Nichtqualifizierten kaum ihr Beschäftigungsniveau halten (vgl. Abb. E6). Diese Entwicklung spricht für eine Verschiebung der Arbeitsnachfragestruktur zugunsten der Hochqualifizierten. Der Wachstumsprozeß der 90er Jahre, dessen Schubkraft vor allem von den IT-Hochtechnologiefirmen ausgeht, hat eine Verschiebung der Arbeitsnachfrage erzeugt.

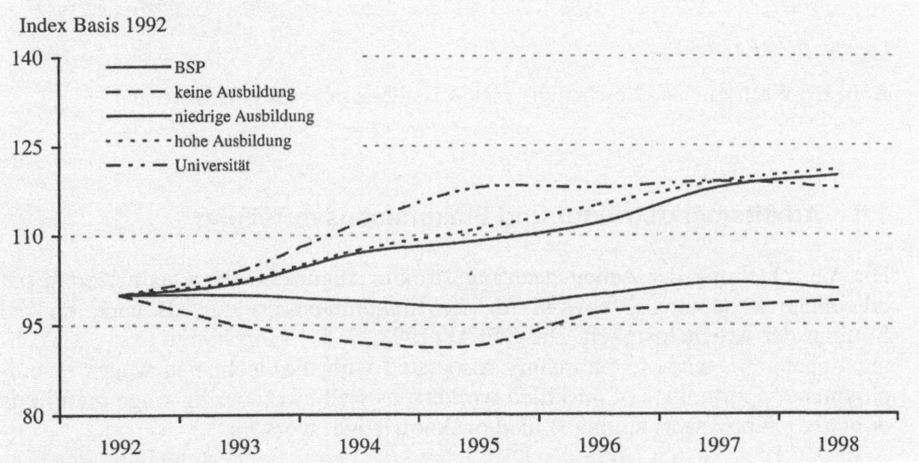

Quelle: BMBF (1999)

Abb. E6. Wachstum und Beschäftigte nach Ausbildungsniveaus in den USA

Ein ähnliches – allerdings noch drastischeres – Bild läßt sich für Deutschland ablesen (vgl. Abb. E7). Hier können ausschließlich die Universitätsabgänger eine stärkere Dynamik entwickeln als der allgemeine Wachstumsprozeß. Die Dynamik bei den Universitätsabgängern übersteigt sogar erheblich die Dynamik des allgemeinen wirtschaftlichen Niveaus. Alle anderen Qualifikationsgruppen müssen nicht nur relative, sondern sogar absolute Beschäftigungsrückgänge hinnehmen. Die Verschiebung der Arbeitsnachfragestruktur ist damit in Deutschland noch drastischer als in den USA. Der technische Fortschritt – insbesondere derjenige, der mit dem Informationstechnologie- und Hochtechnologiebereich verbunden ist – scheint nur wirksam eingesetzt zu werden, wenn ein besonders hohes Qualifikationsniveau oder sogar Hochschulabsolventen als Komplement eingesetzt werden können. Die Technologie Skill-Komplementaritätshypothese scheint zumindest in der New Economy der 90er Jahre eine sinnvolle Ausgangshypothese zu sein.

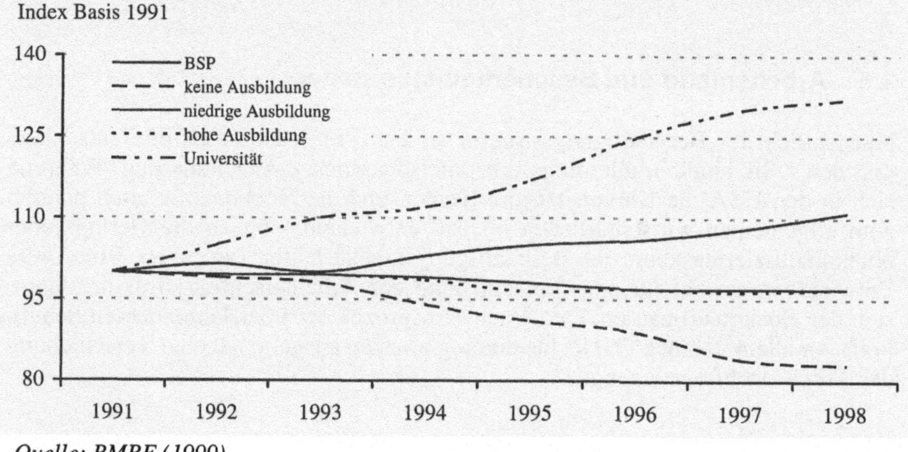

Quelle: BMBF (1999)

Abb. E7. Wachstum und Beschäftigte nach Ausbildungsniveaus in Deutschland

1.6 Arbeitsmarktstruktur und Einkommensverteilung

Die Verschiebung der Arbeitsnachfragestruktur zugunsten der Qualifizierten hat erhebliche Bedeutung – sowohl für die Einkommensstruktur als auch für die Struktur der Arbeitslosigkeit. Die OECD (1998, S. 51) führt hierzu aus: „... Technical change ... tends to be mainly associated with the decline in wages or employment opportunities of unskilled workers, as well as favouring wage premiums or better job prospects among skilled or ‚knowledge' workers."

In den USA ist seit Mitte der 80er Jahre eine deutliche Verschiebung der Einkommensverteilung zugunsten der hohen Einkommensgruppen sichtbar (vgl. Abb. E8). Die Ungleichverteilung hat dort erheblich zugenommen. In Deutschland ist dieser Trend erst in den 90er Jahren klar erkennbar. Dafür ist in den 90er Jahren seine Dynamik wesentlich größer. Allerdings ist das Niveau der Ungleichverteilungen in Deutschland und den USA nach wie vor völlig unterschiedlich.

Die Verschiebung der Arbeitsnachfragestruktur führt aber nicht nur zu einer Öffnung der Lohnschere, sondern je nach Rigidität des Arbeitsmarktes auch zu einer Wirkung auf die Arbeitslosigkeit. In relativ rigideren Arbeitsmärkten, wie dem deutschen, wird eine Verschiebung der Arbeitsnachfragestruktur zu Lasten der Unqualifizierten auch ein weiterer Schub für die ohnehin bereits höhere Arbeitslosigkeit in diesem Arbeitsmarktsegment.

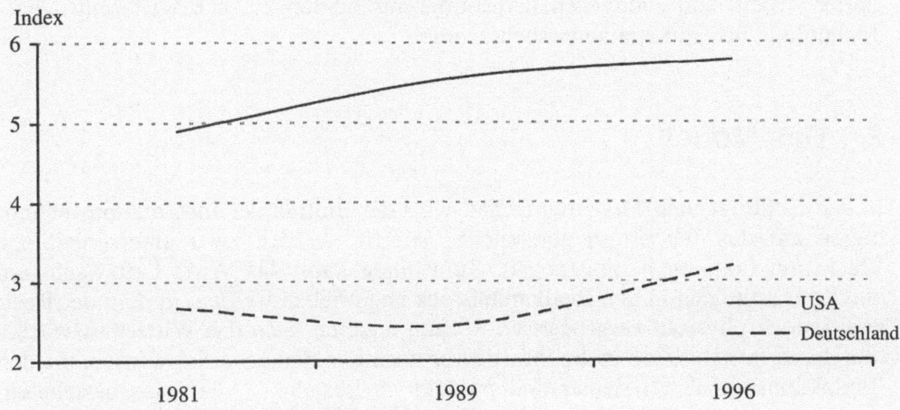

Abb. E8. Einkommensdisparität Reich zu Arm[1]

Die makroökonomischen Entwicklungen, die mit der verstärkten Diffusion der Informationstechnologie in alle Bereiche des wirtschaftlichen Geschehens verbunden sind, lassen sich damit in den folgenden stilisierten Fakten einfach zusammenfassen:

1. Vom wichtigsten Wachstumsindikator, dem Bruttoinlandsprodukt pro Kopf, läßt sich eine positive Wirkung der Informationstechnologie auf den Wachstumsprozeß weder in den USA noch in Deutschland erkennen. In den USA ist noch kein zusätzliches Wachstum entstanden. Deutschland und Europa haben sogar eine Wachstumsschwäche.
2. Ausschließlich die Produktivitätsentwicklung sowohl in den USA als auch in Deutschland in den 90er Jahren deutet auf einen erkennbaren Einfluß der New Economy auf die aggregierte Wirtschaft hin. Insbesondere ist in den USA erstaunlich, daß trotz extrem guter Konjunkturlage hohe Produktivitätsfortschritte erzielt wurden.
3. Eine klar erkennbare Wirkung der New Economy scheint auf dem Arbeitsmarkt vorhanden zu sein. Für die Einführung der neuen Technologien scheinen entsprechende Qualifikationen erforderlich. Die Komplementarität von Technologie und Qualifikationsniveau führt zu einer Strukturverschiebung der Arbeitsnachfrage zu Lasten der weniger Qualifizierten. Eine Vergrößerung der Ein-

[1] Die Entwicklung der amerikanischen und deutschen Einkommensdifferenziale wird durch das Verhältnis der höchsten zu der niedrigsten Einkommensgruppe bestimmt. Vgl. hierfür insbesondere (OECD 1993) S. 159 f.; (US Dept. of Commerce 1998) Panel B, S. 37.

kommensdisparität und/oder eine Zunahme der Unterbeschäftigung bei den gering Qualifizierten ist die Folge.

Ein Modell, das die Wirkung der New Economy auf die makroökonomische Entwicklung eines Landes untersuchen soll, muß mindestens diese drei stilisierten Fakten berücksichtigen. Ein Versuch, dies zu tun, soll in dem nachfolgenden endogenen Wachstumsmodell mit zwei Arbeitsarten, qualifizierter und unqualifizierter Arbeit, und endogenen Investitionsentscheidungen in Erweiterungs- oder Technologieinvestitionen untersucht werden.

2 Das Modell

In der nachfolgenden Modellwirtschaft wird der Einfluß der Informationstechnologien auf das Wachstum untersucht.[2] Hierfür werden zwei unterschiedliche Wachstumsfaktoren herangezogen. Zum einen kann das Wirtschaftswachstum durch Investitionen in den Realkapitalstock angetrieben werden, in dem der Realkapitalstock physisch vergrößert wird. Zum anderen kann das Wirtschaftswachstum durch Investitionen in die Informationstechnologien generiert werden, die den Produktionsprozeß effizienter und produktiver gestalten. Allerdings besteht ein enger Zusammenhang zwischen den Einsatzmöglichkeiten der Informationstechnologien und der Verfügbarkeit qualifizierter Arbeitskräfte. Das heißt, Informationstechnologien und qualifizierte Arbeitskräfte in Form von Humankapital stellen eher komplementäre Produktionsfaktoren dar. Die Skill-Komplementaritätshypothese[3] ist also eine wesentliche Eigenschaft des Modellrahmens.

Durch staatliche Bildungsausgaben kann das in einer Wirtschaft vorhandene Humankapital erhöht werden. Die qualifizierten Arbeitskräfte, die sich durch die staatlichen Bildungsmaßnahmen das notwendige Humankapital für die Nutzung der Informationstechnologien aneignen können, werden mit L_s bezeichnet und die unqualifizierten Arbeitskräfte, die als rein physische Arbeitskräfte definiert sind, werden mit L_u bezeichnet. Es wird unterstellt, daß L_u und L_s sowie $\bar{L}$ konstant sind und $L_u + L_s = \bar{L}$ gilt, wobei $\bar{L}$ die insgesamt verfügbaren Arbeitskräfte darstellt.

In der Ökonomie sind m Unternehmen vorhanden. Jede der Unternehmungen $i \in \{1,...,m\}$ benutzt ihren Kapitalstock und die beiden Arten der Arbeitskräfte, um das homogene Endprodukt, X^i, zu produzieren. Die Produktionsfunktion ist als Cobb-Douglas-Produktionsfunktion

$$X^i = F(K^i, A^i) = K^{i^\alpha} A^{i^{1-\alpha}} \tag{1}$$

definiert, wobei K^i den Kapitalstock und A^i den aggregierten Arbeitsservice bezeichnet, der von Unternehmen i verwendet wird.

Der aggregierte Arbeitsservice setzt sich aus den Produktionsfaktoren der Ar-

---

[2] Für eine weiterführende Darstellung und Diskussion siehe (Jungblut 1999) Kap. 5.

[3] Vgl. (Gries 1995) S. 85 f. und (Hamermesh 1986) S. 461 für weitere Ausführungen.

beit, L_u^i und L_s^i, der eingesetzten Informationstechnologie, λ^i, und der Humankapitalausstattung der qualifizierten Arbeit, h, zusammen. Die Arbeitsaggregatfunktion wird als CES-Funktion angenommen:

$$A^i = A^i(L_i^u, L_s^i, \lambda^i, h) = \left[\beta_u(\lambda^i L_i^u)^{-\rho} + \beta_s(hL_s^i)^{-\rho}\right]^{-\frac{1}{\rho}}, \qquad (2)$$

und es gilt $\beta_u = 1 - \beta_s$. In diese Aggregatfunktion (2) wird die Annahme aufgenommen, daß die eingesetzte Informationstechnologie und das eingesetzte Humankapital komplementär nutzbar sind. Die Skill-Komplementaritätshypothese kommt modelltheoretisch durch die Annahme $\rho > 0$ zum Ausdruck und sie wird durch eine Reihe von empirischen Studien gestützt.[4] Diese Studien weisen darauf hin, daß sowohl die Diffusion als auch die Anwendung neuster Technologien nur möglich ist, wenn Humankapital als Komplement zur Informationstechnologie verfügbar ist.[5] Diese empirische Beobachtung ist auch vielfach von der OECD (1989, S. 19) gestützt worden. „Investment in ‚soft' capital to operate the computer equipment is increasing. The role of human capital ... is gaining in importance."

Der Lohnsatz eines Arbeiters der Art $i \in \{u, s\}$ wird als w_i bezeichnet. Das aggregierte Einkommen der Haushalte, Y, setzt sich aus den Lohneinkommen und den Erträgen der Vermögenseinkommen, rW, zusammen, wobei W das reale Vermögen und r den Zinssatz bezeichnet:

$$Y := w_u L_u + w_s L_s + rW \quad . \qquad (3)$$

Der Staat erhebt auf das gesamtwirtschaftliche Einkommen Steuern, mit denen die Aus- und Weiterbildung der qualifizierten Arbeitskräfte an den neusten Informationstechnologien finanziert werden. Nach der Ausbildung besitzen die qualifizierten Arbeitskräfte das Humankapital, um die neusten Informationstechnologien effizient im Produktionsprozeß einzusetzen. Die Bildung von Humankapital, das geeignet ist mit den Informationstechnologien umzugehen, ist somit durch

$$\dot{H} = \tau Y,$$

gegeben, wobei H den aggregierten Bestand an Humankapital und τ den Steuersatz bezeichnet.[6] Die Humankapitalausstattung der Qualifizierten ist durch

$$h \equiv H / L_s$$

gegeben und die Akkumulation von Humankapital erfolgt durch

$$\dot{h} = \tau \frac{Y}{L_s} \quad . \qquad (4)$$

Das verfügbare Einkommen, $(1-\tau)Y$, wird von den Haushalten für den Konsum, C, und die Ersparnis, S, verwendet und es gilt

$$C = (1-s)(1-\tau)Y,$$

$$S = s(1-\tau)Y \equiv \dot{W},$$

mit s als konstanter Sparquote.

[4] Vgl. (OECD 1996) für eine umfassende Diskussion und weitere Bemerkungen.

[5] Vgl. (OECD 1994) S. 133 und (OECD 1988) S. 188.

[6] Es gilt $\dot{H} \equiv \partial H / \partial t$.

Nach der Darstellung der Akkumulation des Humankapitals wird anschließend die Kapitalbildung charakterisiert. Hierfür werden zwei Arten der Kapitalakkumulation unterschieden: Zum einen kann die Unternehmung i in den Neuerwerb von Informationstechnologien, I^i_{IT}, investieren und zum anderen kann sie Investitionen in den existierenden Kapitalstock tätigen, I^i_K. Während die Realkapitalinvestitionen die Produktionskapazitäten des Unternehmens erweitern, repräsentieren die Investitionen in die Informationstechnologien die Effizienz der verwendeten Informationstechnologie im Produktionsprozeß. Der Kapazitätseffekt, $\dot{K} \equiv \partial K / \partial t$, wird durch

$$\dot{K}^i = I^i_K, \tag{5}$$

dargestellt, während sich die Produktionseffizienz, $\dot{\lambda} \equiv \partial \lambda / \partial t$, gemäß

$$\dot{\lambda}^i = \frac{I^i_{IT}}{c_{IT}} \tag{6}$$

$$\Leftrightarrow c_{IT}\dot{\lambda}^i = I^i_{IT}$$

entwickelt.

Die Gleichung (6) repräsentiert die Innovationsfunktion des Unternehmens in Bezug auf die im Produktionsprozeß eingesetzten Informationstechnologien. Die Innovationsfunktion zeigt, daß die Geschwindigkeit der Informationstechnologien, $\dot{\lambda}^i$, und die Investitionen in die Informationstechnologien, I^i_{IT}, eine positive Beziehung aufweisen. Je schneller neue Informationstechnologien im Produktionsprozeß eingesetzt werden, desto höher ist die Geschwindigkeit mit der sich die Informationstechnologien ausbreiten.[7] Weiterhin ist c_{IT} der Wert einer neuen Innovation der Informationstechnologie in Outputeinheiten gemessen.

Die gesamten Investitionsausgaben des einzelnen Unternehmens setzen sich aus den Realkapitalinvestitionen und den Investitionen für die Informationstechnologie zusammen und betragen $I^i = I^i_K + I^i_{IT}$.

Die Unternehmen planen ihre Investitionsausgaben, so daß der Gegenwartswert ihrer Produktionskosten minimiert wird. Die Kosten in einer Unternehmung, c^i, sind durch die Lohn- und Kapitalkosten gegeben:

$$c^i = w_u L^i_u + w_s L^i_s + rW^i, \tag{7}$$

wobei

$$\begin{aligned} W^i(t) &= \int_0^t (I^i_{IT}(z) + I^i_K(z))dz \\ &= c_{IT}\lambda^i(t) + K^i(t), \end{aligned} \tag{8}$$

als die Summe der gesamten Investitionsausgaben der Unternehmung i bis zum Zeitpunkt t charakterisiert. Das akkumulierte Vermögen, $W^i(t)$, ist gleich dem gegenwärtigen Wert des Realkapitalstocks und dem gegenwärtigen Wert des Kapitals, das für den Kauf von Informationstechnologien verwendet wurde.

[7] Vgl. Kapitel 4.

Werden die Gleichungen (7) und (8) berücksichtigt, hat die Unternehmung i das folgende Kostenminimierungsproblem:

$$\min_{L_u^i, L_s^i, I_K^i, I_{IT}^i} \int_0^\infty e^{-rt} \left\{ w_u L_u^i + w_s L_s^i + r(K^i + c_{IT}\lambda^i) \right\} dt \tag{9.a}$$

s.t.

$$X^i - F(K^i, A^i) = 0\,, \tag{9.b}$$

$$\dot{K}^i = I_K^i\,, \tag{9.c}$$

$$\dot{\lambda}^i = c_{IT}^{-1} I_{IT}^i\,, \tag{9.d}$$

$$I_{IT}^i \geq 0\,, \tag{9.e}$$

$$I^i - I_{IT}^i \geq 0\,, \tag{9.f}$$

$K^i(0)$, $\lambda^i(0)$ gegeben.

Das Kostenminimierungsproblem ist ein beschränktes Problem der optimalen Kontrolltheorie. Die Kontrollvariablen sind I_K^i, I_{IT}^i, L_u^i, und L_s^i. Die Gleichung (9.b) stellt die Outputrestriktion dar. Die Gleichungen (9.c) und (9.d) sind Bewegungsgleichungen für die Zustandsvariablen, K^i und λ^i. Die Gleichungen (9.e) und (9.f) restringieren die Investitionen: (9.e) fordert, daß die Investitionsausgaben in Informationstechnologien nicht negativ sind, und die Gleichung (9.f) fordert, daß die Investitionen in die Informationstechnologien kleiner oder gleich den gesamten Investitionsausgaben sind. Diese letzte Bedingung ist äquivalent zu der Bedingung, daß die Realkapitalinvestitionen größer oder gleich Null sind, $I_K^i \geq 0$.

Um das Kostenminimierungsproblem zu lösen, werden die Gleichungen (9.a), (9.c), und (9.d) verwendet und die Gegenwartswert-Hamiltonfunktion wird aufgestellt:

$$\mathrm{H} = (w_u L_u^i + w_s L_s^i + r(K^i + c_{IT}\lambda^i)) + \mu_{K1} I_K^i + \mu_{IT1} c_{IT}^{-1} I_{IT}^i\,,$$

mit den Kozustandsvariablen μ_{K1} und μ_{IT1}. Die Lagrangefunktion wird dann zu

$$\mathrm{L} = \mathrm{H}(\cdot) - \mu(F(K^i, A^i) - X^i) - \mu_{K2} I_K^i - \mu_{IT2} I_{IT}^i\,. \tag{10}$$

In der Lagrangefunktion wird die Hamiltonfunktion zusammen mit den Restriktionen (9.b), (9.e) und (9.f) kombiniert.[8] Hierbei bezeichnen μ, μ_{K2} und μ_{IT2} die Lagrange-Multiplikatoren der Bedingungen (9.b), (9.e) und (9.f).

Anschließend werden die Bedingungen erster Ordnung des Problems (9.a)–(9.f) verwendet, um die Struktur der beiden Investitionsarten und der Nachfrage nach beiden Arbeitsarten zu determinieren.

Wird die Investitionsnachfragestruktur der Unternehmung bestimmt, müssen Ecklösungen berücksichtigt werden und es ergeben sich drei Lösungstypen, die in Tabelle E1 dargestellt sind. Im Fall 1 ist die Ertragsrate für beide Investitionsarten unterschiedlich. Somit investieren die Unternehmen in die Investitionsart, die den

[8] Vgl. z. B. (Kamien/Schwartz 1991) Teil II, Kap. 10.; (Miller 1979) Kap. 4.4.

höheren Ertrag liefert: Sie investieren in Realkapital (Gleichung (11.a)) oder in die Informationstechnologien (Gleichung (11.b)).

Tabelle E1. Niveau und Struktur der Investitionen.

Fall 1:		Fall 2:
(11.a) $r = \mu F_{K^i} > \mu c_{IT}^{-1} F_{\lambda^i}$	(11.b) $\mu F_{K^i} < \mu c_{IT}^{-1} F_{\lambda^i} = r$	(12) $\mu F_{K^i} = \mu c_{IT}^{-1} F_{\lambda^i} = r$
$I_{IT}^i = 0,$ $I_K^i = I^i,$	$I_{IT}^i = I^i,$ $I_K^i = 0,$	$I_{IT}^i > 0,$ $I_K^i > 0.$

Ist der Ertrag aus den Investitionen in die beiden Kapitalarten allerdings identisch, wird – wie im Fall 2 – sowohl in Realkapital als auch in Informationstechnologien investiert (Gleichung (12)).

Weiterhin wird mit den Bedingungen (9.a)–(9.f) die Struktur der Arbeitsnachfrage determiniert:

$$w_j = \mu F_{L_j^i}, \tag{13}$$

für $j \in \{u, s\}$.

Im letzten Modellteil werden die Gleichgewichtsbedingungen für den Güter-, den Kapital- und den Arbeitsmarkt verwendet, mit denen die noch fehlenden Preise festgelegt werden. Diese Bedingungen sind durch

$$mX^i = Y, \tag{14}$$

$$mI^i = S, \tag{15}$$

$$mL_j^i = L_j \tag{16}$$

gegeben und mit Hilfe der Gleichungen (14)–(16) werden die Grenzkosten der Produktion, μ, die Ertragsrate, r, und die Lohnsätze, w_j, für $j \in \{u, s\}$, bestimmt.

3 Steady-State Lösung

Nachdem die Modellgleichungen dargestellt wurden, werden im folgenden zwei Funktionen hergeleitet, die *effiziente Investitionsfunktion* und die *gleichgewichtige Akkumulationsfunktion*, die das langfristige Gleichgewicht der Ökonomie determinieren.

Die effiziente Investitionsfunktion wird hergeleitet, indem die Gleichung (12) für k/h gelöst wird:

$$\frac{k}{h} = \frac{c_{IT}}{L_s/m}\frac{\alpha}{1-\alpha}\frac{\lambda}{h}\left[1+\frac{\beta_s}{\beta_u}\left(\frac{\lambda L_u}{hL_s}\right)\right]^{\rho} =: \phi_1(\lambda/h)\,. \tag{17}$$

Um die gleichgewichtige Akkumulationsfunktion herzuleiten, wird die Steady-State Bedingung $\hat{h} = \hat{\lambda} = \hat{K}$, die Gleichungen (4)–(6), und die Gleichgewichtsbedingung (15) verwendet. Werden diese Gleichungen für k/h gelöst, folgt

$$\frac{k}{h} = s\frac{1-\tau}{\tau} - \frac{c_{IT}}{L_s/m}\frac{\lambda}{h} =: \phi_2(\lambda/h)\,. \tag{18}$$

Beide Steady-State Bedingungen sind einfach zu interpretieren. Gleichung (17) beschreibt alle Faktorkombinationen, die eine effiziente Investitionsstruktur repräsentieren. Gleichung (18) charakterisiert alle Faktorkombinationen, die mit gleichgewichtigem Wachstum kompatibel sind. Das langfristige Gleichgewicht wird durch den Schnittpunkt der beiden Funktionen bestimmt (vgl. Abb. E9). Es existiert und ist eindeutig.[9]

Der Gleichgewichtswert des Verhältnisses von Realkapital zu Humankapital wird durch $\tilde{k}/h$ repräsentiert und $\tilde{\lambda}/h$ bezeichnet das gleichgewichtige Verhältnis der Effizienz der Informationstechnologie zu Humankapital. Da $\tilde{\lambda}/h$ eine wichtige Variable im Modell ist, wird sie als *Informationstechnologieintensität* des Produktionsprozesses definiert.

Nachdem k/h und λ/h festgelegt sind, wird die Lohndisparität zwischen den qualifizierten und den unqualifizierten Arbeitskräften und die gleichgewichtige Wachstumsrate determiniert. Als das gleichgewichtige Verhältnis der Löhne für die beiden Arbeitsarten ergibt sich

$$\frac{w_s}{w_u} = \frac{\beta_s}{\beta_u}\left(\frac{L_u}{L_s}\right)^{1+\rho}\left(\frac{\lambda}{h}\right)^{\rho}, \tag{19}$$

und für die gleichgewichtige Wachstumsrate erhält man[10]

$$\tilde{\gamma} = \tau\left(\frac{k}{h}\right)^{\alpha}\left[\beta_u\left(\frac{\lambda L_u}{hL_s}\right)^{-\rho} + \beta_s\right]^{-\frac{1-\alpha}{\rho}}. \tag{20}$$

[9] Formal ist die Existenz und Eindeutigkeit durch $\phi_1(0)=0$, $\phi_2(0)>0$, $\phi_1'(0)>0$, $\phi_2'(0)<0$, und $\phi_2''(0)=0$ sichergestellt.

[10] Vgl. (Jungblut 1999) S. 93 f.

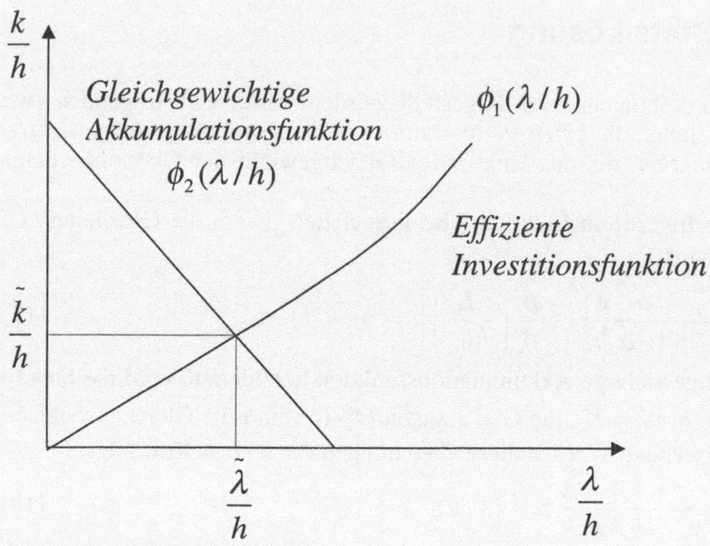

Abb. E9. Die Steady-State Lösung

4 Wirkung der Informationstechnologien auf den gesamtwirtschaftlichen Wachstumsprozeß

Während in dem vorangegangenen Abschnitt das Modell vorgestellt und gelöst worden ist, sollen nun die wesentlichen Modellimplikationen und Ergebnisse herausgearbeitet werden.[11] Die Wirkung der Informationstechnologien setzt an verschiedenen Stellen des Modells an.

4.1 Rückgang der Kosten von Informationstechnologien

Der Preis der Informationstechnologien wird erheblichen Einfluß auf die Innovationskosten haben. Informationstechnologien finden gerade im Forschungs- und Entwicklungsbereich große Anwendung. Günstiger werdende Informationstechnologien senken daher die F&E-Kosten auf breiter Front. Im Rahmen des vorliegenden Modells werden sich diese Argumentationen in einer Senkung des Innovationskostenparameters c_{IT} niederschlagen. Eine Senkung der Innovationskosten – bedingt durch günstiger gewordene Informationstechnologien – läßt sich mit dem entwickelten graphischen Instrumentarium leicht analysieren. Eine Senkung der Innovationskosten dreht die gleichgewichtige Akkumulationsfunktion nach oben und die effiziente Investitionsfunktion nach unten (vgl. Abb. E10).

[11] In (Jungblut 1999) wird gezeigt, dass die Modelllösung global stabil ist. Dort findet sich auch eine detaillierte Darstellung der komparativen Statik des Modells.

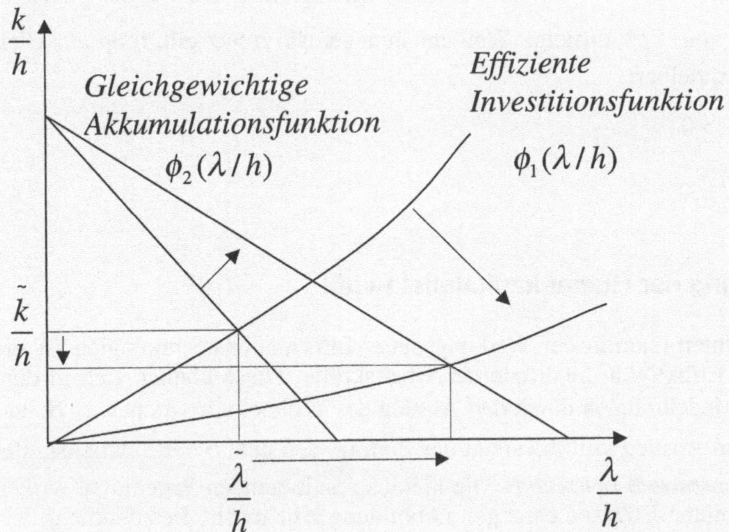

Abb. E10. Senkung der Innovationskosten

Das neue Gleichgewicht verdeutlicht, daß sowohl die Informationstechnologieintensität als auch die Humankapitalintensität ansteigt. Die günstigeren Innovationsmöglichkeiten führen bei den Unternehmen zu verstärkten Innovationsinvestitionen in die Informationstechnologie und damit zur Erhöhung der Innovationsrate. Durch die gesteigerte Rendite der technologischen Investitionstätigkeit im Verhältnis zur Realinvestition wird der reale Kapitalaufbau relativ zurückgeführt. Damit entsteht bei gleichbleibenden Humankapitalinvestitionen eine höhere Informationstechnologieintensität und durch die Komplementaritätshypothese von Technologie und Qualifikation entsteht auch eine höhere Humankapitalintensität im Verhältnis zu dem Realkapital, so daß $\tilde{k}/h$ sinkt. Die verstärkte Nutzung der IT's – ausgelöst durch deren Verbilligung – würde daher in dieser Modellwirtschaft zu einer Informationstechnologie- und Humankapitalintensivierung führen. Als Ergebnis würde die Wachstumsrate des Produktionsniveaus ansteigen:[12]

$$\frac{d\tilde{\gamma}}{dc_{IT}}\frac{c_{IT}}{\tilde{\gamma}} = -\frac{F_\lambda \lambda}{X}.$$

Auf das Lohnverhältnis der qualifizierten zu den unqualifizierten Arbeitskräften hat die New Economy – hier charakterisiert durch die Senkung der Innovationskosten – eine die Ungleichheit vergrößernde Wirkung. Eine Verbesserung der Innovationsmöglichkeiten zieht eine zusätzliche Nachfrage nach qualifizierten Arbeitskräften nach sich. Hierdurch erhöht sich die relative Entlohnung der Qualifizierten und die Ungleichheit nimmt mit zunehmender Einkommensdispersion zu.

[12] Vgl. (Jungblut 1999) S. 109 ff.

Abbildung E10 verdeutlicht, daß bei einer Verringerung von c_{IT} der gleichgewichtige Wert von $\tilde{\lambda}/h$ ansteigt. Weil annahmegemäß $\rho > 0$ gilt, folgt aus Gleichung (19) unmittelbar:

$$\frac{dw_{s/u}}{dc_{IT}} > 0,$$

mit $w_{s/u} := w_s / w_u$.

4.2 Erhöhung der Humankapitaleffektivität

Eine weitere Interpretation der Wirkung neuer Informationstechnologien ist die Erhöhung der Effektivität qualifizierter Arbeitskräfte. Diese können sich in dem vorgestellten Modellrahmen durch den Anstieg des Technologieparameters β_s äußern. Bei einem Anstieg von β_s steigt der Beitrag, den qualifizierte Arbeitskräfte zum Produktionsprozeß beisteuern. Die hieraus resultierenden Ergebnisse wirken den oben genannten Effekten entgegen (Abbildung E11 macht dies deutlich). Ein Anstieg von β_s dreht die effiziente Investitionsfunktion nach links oben, so daß ein neues Gleichgewicht entsteht.

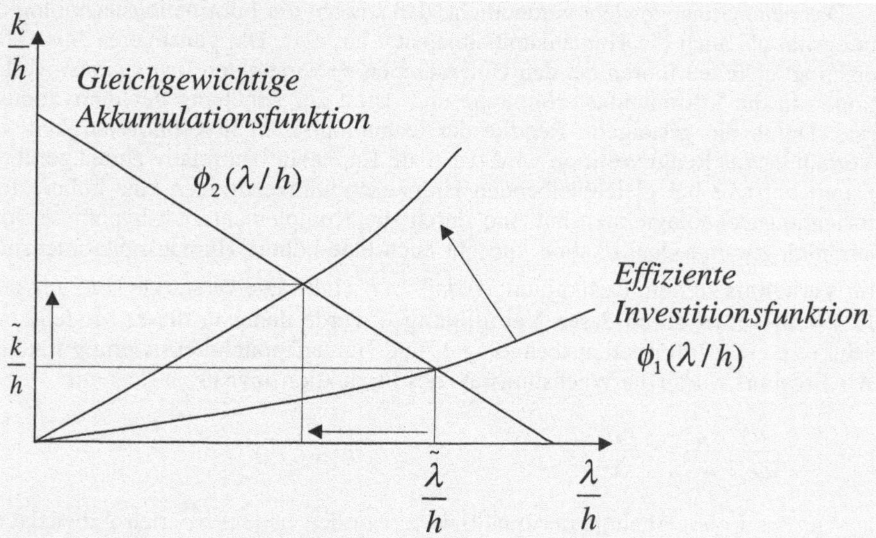

Abb. E11. Erhöhung der Humankapitalintensität

Der von β_s ausgehende eigentlich interessante Effekt ist die Wirkung auf die Lohnstruktur. Eine informationstechnologiebedingte Erhöhung von β_s führt nämlich zur Verschiebung der Arbeitsnachfragestruktur zugunsten der qualifizierten Arbeitskräfte. Diese relative Nachfrageverschiebung führt im weiteren auch zu einer relativen Lohnstrukturverschiebung zu Lasten der Unqualifizierten. Die so charakterisierte Interpretation der verstärkten Nutzung der Informationstechnologien würde damit sowohl die beobachtbare Nachfragestrukturverschiebung als auch die möglicherweise daraus resultierende relative Lohnspreizung erklären können.

$$\frac{dw_{s/u}}{d\beta}\frac{\beta_s}{w_{s/u}} = \frac{1}{1-\beta_s} + \rho\frac{d(\lambda/h)}{d\beta_s}\frac{\beta_s}{\lambda/h} > 0$$

mit $w_{s/u} := w_s / w_u$.[13]

Auch ein zweiter Effekt der Veränderung des Parameters β_s scheint interessant. Die Wirkung einer Erhöhung von β_s auf die Wachstumsrate der Produktion ist nicht eindeutig.[14]

$$\frac{d\tilde{\gamma}}{d\beta_s}\frac{\beta_s}{\tilde{\gamma}} > 0 \Leftrightarrow \frac{\lambda L_u}{hL_s} < 1.$$

Führt also die Diffusion von Informationstechnologien zu einer Veränderung von β_s kommt es nur unter ganz bestimmten Bedingungen auch zu einer positiven Wirkung auf die Wachstumsrate der Produktion. Konkret: Eine Erhöhung von β_s führt nur dann zu einer Erhöhung der Wachstumsrate der Produktion, wenn hinreichend Humankapital in der Wirtschaft vorhanden ist. Ist dies nicht der Fall, können die Wachstumseffekte negativ sein. Wird dieses Ergebnis in bezug auf die stilisierten Fakten des Kapitels 1 interpretiert, würde dies bedeuten, daß die Wachstumsschwäche Deutschlands und Europas auf fehlendes Humankapital zurückzuführen wäre. Der Mangel an Humankapital erlaubt es nicht, die vorhandenen Potentiale, die durch die Informationstechnologien entstehen, zu nutzen. Die Effekte, die die Informationstechnologien auf die Produktionsfunktion haben, fordern eine hinreichende Menge an Humankapital.

4.3 Bildungspolitik in der New Economy

In der New Economy ist die Bildungspolitik – in diesem Modell charakterisiert durch den Parameter τ – das zentrale Instrument sowohl der Wirtschafts- und Wachstumspolitik als auch der Sozial- bzw. Verteilungspolitik. Eine Erhöhung der Bildungsausgabenquote hat einen positiven Einfluß auf die Wachstumsrate des Produktionsniveaus. Dies gilt jedoch nicht uneingeschränkt. Auch eine Überinvestition in Humankapital ist möglich. Dieses Modell bietet damit einen deutlich interessanteren Mechanismus hinsichtlich der Wirkung von Humankapital als andere Standardmodelle der endogenen Wachstumstheorie. Hat die Wirtschaft eine explizite Wachstumszielsetzung, läßt sich eine optimale Humankapitalausgabenquote bestimmen:[15]

---

[13] Vgl. (Jungblut 1999) S. 107 ff.

[14] Vgl. (Jungblut 1999) S. 112 ff.

[15] Vgl. (Jungblut 1999) S. 110 ff.

$$\frac{\partial \tilde{y}}{\partial \tau}\frac{\tau}{\tilde{y}} = 1 - \alpha \frac{s/\tau}{k/h}.$$

Aber nicht nur wachstumspolitisch, sondern auch sozial- und verteilungspolitisch, ist die Ausgabenquote für Humankapital ein zentraler Parameter, denn τ wirkt auch auf das Entlohnungsverhältnis von qualifizierter zu unqualifizierter Arbeit. Hier wirken die Mechanismen wie erwartet.

Eine höhere Ausbildungsquote erhöht das Angebot an Humankapital und führt damit zu einer Senkung der relativen Entlohnung der Humankapitaleigner:

$$\frac{dw_{s/u}}{d\tau} < 0.$$

Eine höhere Ausbildungsquote erhöht das Angebot an Humankapital, so daß $\tilde{\lambda}/h$ sinkt. Gleichung (19) zeigt, daß es als Folge auch zu einer Senkung der relativen Entlohnung der Humankapitaleigner kommt. Die neue Disparität würde damit abnehmen.

5 Zusammenfassung

Das diskutierte endogene Wachstumsmodell ist in der Lage, die stilisierten Fakten, durch die der Einfluß der New Economy in den Ländern Deutschland und USA charakterisiert werden kann, zu erklären. Ein Rückgang der Kosten von Informationstechnologien induziert eine höhere Informationstechnologieintensität und aufgrund der Skill-Komplementaritätshypothese steigt die Nachfrage nach Humankapital. Die erhöhte Arbeitsnachfrage von Qualifizierten verursacht eine Lohnspreizung zuungunsten der Unqualifizierten (vgl. Abb. E8).

Weiterhin erhöht die Informationstechnologie die Effektivität der qualifizierten Arbeitskräfte, so daß hierdurch zusätzlicher Lohndruck zuungunsten der Unqualifizierten induziert wird. Allerdings ist die Wirkung einer erhöhten Effektivität der Qualifizierten auf die Wachstumsrate nicht eindeutig. Die Wachstumsrate wird nur steigen, wenn hinreichend Humankapital vorhanden ist. Fehlt es an dem notwendigen Humankapital, können die Wachstumseffekte negativ sein und die Wachstumsraten können sinken (vgl. Abb. E2).

Durch eine effizient gestaltete Bildungspolitik in Form einer optimalen Bildungsausgabenquote kann Humankapital gesamtwirtschaftlich akkumuliert werden. Hierdurch wird einerseits eine positive Wirkung auf die Wachstumsrate ausgelöst; andererseits kann durch eine effiziente Bildungspolitik die Lohndisparität zugunsten der Unqualifizierten verkleinert werden, da bei zusätzlichem Humankapital die relative Entlohnung der Qualifizierten sinken wird.

In der New Economy hat damit Humankapital eine zentrale Bedeutung. Die Wirtschaftspolitik kann sowohl auf eine aktive Gestaltung der Humankapitalbildung als auch auf eine aktive wirtschaftlich orientierte Bildungspolitik nicht verzichten. Die für Deutschland typische Situation, daß Bildungspolitik ein drittrangiges Mittel der sozialen Verteilungspolitik ist, wird spätestens beim Weg in die New Economy fatale Folgen haben. Der Weg in die New Economy ist ohne massive Anstrengungen und Investitionen im Bildungs- und Ausbildungssystem nicht zu machen.

Literatur

Bundesministerium für Bildung und Forschung (1999), Zur technologischen Leistungsfähigkeit Deutschlands. Bonn.

Gries Th (1995) Wachstum, Humankapital und die Dynamik der Komparativen Vorteile. Mohr, Tübingen.

Gries Th, Suhl L (1999) Economic Aspects of Digital Information Technologies. Deutscher Universitätsverlag, Gabler, Wiesbaden.

Hamermesh D (1986) The Demand for Labor in the Long Run. In: Ashenfelter O, Layard R, (eds) Handbook of Labor Economics, Vol. I. North-Holland, Amsterdam.

International Monetary Fund (1988) World Economic Outlook. Tab. A4, A10, Washington DC.

International Monetary Fund (1989) World Economic Outlook. Tab. A4, A10, Washington DC.

International Monetary Fund (1999) World Economic Outlook. Tab. 4, 10, Washington DC.

Jungblut S (1999) Wachstumsdynamik und Beschäftigung: Eine theoretische Untersuchung über das Niveau und die Struktur der qualifikationsspezifischen Arbeitsnachfgrage im Wachstumsprozeß. Mohr, Tübingen.

Kamien M, Schwartz N (1991) Dynamic Optimization. North-Holland, Amsterdam.

Miller R (1979) Dynamic Optimization and Economic Applications. McGraw-Hill, New York.

OECD (1988) Employment Outlook. Paris.

OECD; 1989) Information Technologies and New Growth Opportunities. Paris.

OECD (1993) Employment Outlook. Paris.

OECD (1994) The OECD Jobs Study, Evidence and Explanations; Part I: Labour Market Trends and Underlying Forces of Change. Paris.

OECD (1996) The OECD Jobs Strategy; Technology, Productivity and Job Creation; Vol. II: Analytical Report. Paris.

OECD (1998) Technology, Productivity and Job Creation, Best Policy Practices. Paris.

Summers, Heston (1994) Penn World Table 5.6.

US Department of Commerce (1998) Statistical Abstract of the United States, National Data Book and Guide to Sources, Panel B, Table 1355. Washington DC.

Korreferat zu T. Gries, S. Jungblut und A. Birk: Wachstumsdifferentiale Deutschland – USA: Befund, Analyse und Aspekte der New Economy

Helmut Wagner

Schon seit einigen Jahren wird in der Ökonomie gerätselt über den anhaltenden Unterschied in der Wirtschaftsleistung, gemessen an der Wachstumsrate und der Arbeitslosenquote, zwischen den USA und Deutschland. Auch werden zunehmend Überlegungen zu dem Einfluß der New Economy auf das Wirtschaftswachstum und den Arbeitsmarkt eines Landes angestellt. In dem vorliegenden Aufsatz wird versucht, beide Aspekte miteinander zu verbinden. Angesichts des gegenwärtigen Forschungsstandes erscheint dies als ein sehr ambitiöses Unterfangen.

Zu den "stilisierten Fakten"

In Kapitel eins erörtern Gries, Jungblut und Birk (im weiteren GJB) einige sogenannte „stilisierte Fakten" im Wachstumsvergleich Deutschland-USA. Es handelt sich dabei um folgende "Entdeckungen":

- Es wird behauptet, daß sich in der "ganz langen" Frist (d.h. hier seit 1950) die Entwicklungen des Pro-Kopf-Wachstums in Deutschland, Europa und den USA bis 1990 anglichen. Allerdings zeigt Tabelle 1 einen signifikanten Konvergenzprozeß zwischen den USA und Deutschland nur für die fünfziger und sechziger Jahre. Auf jeden Fall hat sich der Konvergenzprozeß in den 90er Jahren umgekehrt. Dies wird nun auf die deutsche und europäische Wachstumsschwäche und weniger auf eine amerikanische Wachstumsstärke zurückgeführt.
- Es wird festgestellt, daß die Wachstumsrate der Arbeitsproduktivität in Deutschland in den letzten drei Jahrzehnten oberhalb der in den USA lag. Es wird allerdings vermutet (ohne hierfür im vorliegenden Papier Berechnungen anzustellen), daß das statistisch höhere Produktivitätswachstum in Deutschland während der 90er Jahre auf dem Unterbeschäftigungsproblem Deutschlands beruhte. So bezweifeln GJB, ob ähnlich hohe Produktivitätszuwächse in Deutschland auch bei hohem Beschäftigungsniveau erreichbar gewesen wären. In einer nicht näher begründeten Behauptung werden die "für die USA erstaunlich hohen Produktivitätszuwächse in einer Phase extrem guter Konjunktur" als wichtiger Hinweis auf die Idee der besonderen Wirkung der New Economy aufgefaßt.
- Es wird behauptet, daß der Wiedervereinigungsschub für Deutschland einen Phasenschub in den bis dahin relativ parallel verlaufenen Konjunkturverläufen zwischen den USA und Deutschland verursacht hat. So hätte der Wiedervereinigungsboom in Deutschland zu Beginn der 90er Jahre den Abschwung um zwei bis drei Jahre verzögert. Allerdings wird dieser Einfluß des Wiedervereinigungsschubs auf die konjunkturelle Phasenverschiebung in dem Papier nirgends genau begründet. Auch zeigt Abbildung E4, daß die besagte Phasenver-

schiebung schon einige Jahre vor der deutschen Wiedervereinigung eingetreten ist.

- Es wird behauptet, daß die wirtschaftliche Entwicklung in den USA in den 90er Jahren kein amerikanisches Wachstumswunder und auch kein Arbeitsmarktwunder darstelle. Die Begründung ist, daß sich die Arbeitslosenquote der USA im langfristigen Durchschnitt praktisch seit den 70er Jahren nicht verändert hat. Dagegen ließe sich ein Arbeitsmarktproblem für Europa und Deutschland erkennen. So ist die Arbeitslosenquote in Deutschland seit den 70er Jahren von 2,5 % auf durchschnittlich etwa 7 % in den 80er Jahren und über 8 % in den 90er Jahren kontinuierlich angestiegen. Es wird die zumindest diskussionswürdige Behauptung aufgestellt (ohne hierfür im Papier gesonderte Berechnungen anzustellen oder Literaturhinweise anzugeben), daß, wenn man für diese OECD-Zahlen den konjunkurellen Phasenverschub hinzurechnet und darüber hinaus den Wiedervereinigungssonderaspekt berücksichtigt, sich die Lage in Westdeutschland nicht wesentlich von der der USA unterscheide.
- Was die Beschäftigungsstruktur anbelangt, so wird gezeigt, daß die Entwicklungen in Deutschland und den USA ähnlich sind, allerdings mit unterschiedlicher Akzentuierung. Die vor allem von den IT-Hochtechnologiefirmen ausgehende Dynamik des Wachstumsprozesses der 90er Jahre hat nach GJB in beiden Ländern eine Verschiebung der Arbeitsnachfragestruktur zugunsten der Hochqualifizierten erzeugt (Technologie Skill-Komplementaritätshypothese). Diese Verschiebung der Arbeitsnachfragestruktur sei in Deutschland noch drastischer als in den USA ausgefallen. Die Abbildungen E6 und E7 lassen allerdings nicht erkennen, inwieweit die Entwicklung der Beschäftigungsstruktur auf Nachfragewirkungen und nicht auch/eher auf ein verändertes Arbeits*angebot* zurückgeführt werden kann.
- Die Verschiebung der Arbeitsnachfragestruktur zugunsten der Qualifizierten hat nach GJB's Angaben sowohl in den USA wie auch in Deutschland eine deutliche Verschiebung der Einkommensverteilung zugunsten der hohen Einkommensgruppen erzeugt. Auf dem deutschen Arbeitsmarkt, der rigider als der amerikanische ist, habe die Verschiebung der Arbeitsnachfragestruktur einen weiteren Schub für die ohnehin bereits höhere Arbeitslosigkeit der Unqualifizierten ergeben. Es wird darüber hinaus behauptet, daß in den 90er Jahren die Dynamik der Einkommensverschiebung in Deutschland größer ist als in den USA. Ohne die These hier detailliert zu diskutieren, erscheint sie vor dem Hintergrund aktueller Daten doch fraglich (IWF 1999).

In einer Zusammenfassung werden die obigen Entwicklungen und Sichtweisen (ohne weitere Begründung) in Zusammenhang mit der verstärkten Diffusion der Informationstechnologie gebracht und folgende Aussagen getätigt:

- Weder in den USA noch in Deutschland lasse sich eine positive Wirkung der Informationstechnologie auf den Wachstumsprozeß erkennen, wenn man vom wichtigsten Wachstumsindikator, dem Bruttoinlandsprodukt pro Kopf, ausgehe.
- Einen erkennbaren Einfuß habe die New Economy auf die aggregierte Wirtschaft ausschließlich über die Produktivitätsentwicklung ausgeübt.
- Eine klar erkennbare Wirkung der New Economy scheine auf dem Arbeitsmarkt vorhanden zu sein. Sie zeigt sich in der Strukturverschiebung der Ar-

beitsnachfrage zu Lasten der weniger Qualifizierten mit der Folge einer Vergrößerung der Einkommensdisparität und/oder einer Zunahme der Unterbeschäftigung bei den gering Qualifizierten.

Diese drei Aussagen werden als die zentralen "stilisierten Fakten" charakterisiert. Angesichts der doch recht mageren empirischen Begründung dieser Aussagen zumindest in dem vorliegenden Papier kann man allerdings bezweifeln, ob es sich hier wirklich schon um "stilisierte Fakten" handelt, versteht man doch unter stilisierten Fakten üblicherweise häufig festgestellte empirische (zeit-raum-beschränkte) Regelmäßigkeiten, die jedoch theoretisch noch nicht völlig konsistent erklärt werden können.

Zur Modellanalyse

Modellansatz und Modellergebnisse

In Kapitel zwei entwickeln GJB ein Modell, das die zuletzt aufgeführten drei Aussagen ("stilisierten Fakten") berücksichtigen und die Wirkung der New Economy auf die makroökonomische Entwicklung eines Landes untersuchen soll. In dem vorgestellten Modell endogenen Wachstums werden zwei Typen von Arbeitskräften, qualifizierte und unqualifizierte Arbeit, und zwei Investitionsentscheidungen, Erweiterungs- und Technologieinvestitionen, berücksichtigt. Es wird dabei ein enger Zusammenhang zwischen den Einsatzmöglichkeiten der Informationstechnologien und der Verfügbarkeit qualifizierter Arbeitskräfte im Sinne der oben schon angeführten Skill-Komplementaritätshypothese unterstellt. Durch staatliche Bildungsausgaben kann das in einer Wirtschaft vorhandene Humankapital erhöht werden.

Die New Economy wird im Modell reduziert auf den Fortschritt der Informationstechnologien.

Die Wirkung der Informationstechnologien setzt in dem von GJB vorgestellten Modell an verschiedenen Stellen an, am Rückgang der Kosten der Informationstechnologien, an der Erhöhung der Humankapitaleffektivität, und an der Bildungspolitik in der New Economy. Ein Rückgang der Kosten von Informationstechnologien schlägt sich in dem Modell in einer höheren Informationstechnologieintensität und aufgrund der Skill-Komplementaritätshypothese in einem Anstieg der Nachfrage nach Humankapital (mit der Folge einer Lohnspreizung zuungunsten der Unqualifizierten) nieder. Eine Erhöhung der Humankapitaleffektivität induziert zum einen einen zusätzlichen Lohndruck zugunsten der Qualifizierten, bewirkt aber zum anderen nur dann einen Anstieg der Wachstumsrate, wenn hinreichend Humankapital vorhanden ist. Durch eine effizient gestaltete Bildungspolitik in Form einer optimalen Bildungsausgabenquote kann, wie gezeigt wird, die Akkumulation von Humankapital gesteuert werden und damit eine positive Wirkung auf die Wachstumsrate ausgelöst werden. Zudem kann durch eine solche effiziente Bildungspolitik die Lohndisparität verringert werden.

Modellkritik

Zuerst zu einigen grundlegenden Aspekten.

- Die Humankapitalbildung erfolgt im Modell lediglich durch staatliche Bildungsmaßnahmen. Indem der Staat eine Einkommenssteuer erhebt, wird Humankapital gebildet. Die Humankapitalbildung erfolgt sofort ohne Zeitverzug. Eine sinnvolle Modellergänzung wäre zu berücksichtigen, daß die Ausbildung eine bestimmte Zeit in Anspruch nimmt oder aber verbunden ist mit einem Produktionsrückgang (Learning or Doing).
- Zudem wird ein Humankapitalaufbau aufgrund optimierenden Verhaltens der Privaten beispielsweise zwecks Realisierung eines höheren Lohnes nicht berücksichtigt.[16] Dies erscheint aber insbesondere vor dem Hintergrund der am Ende des Papiers von GJB erhobenen Forderung nach aktiver staatlicher Bildungspolitik relevant. So ist davon auszugehen, daß der Anreiz zur privaten Humankapitalbildung für gelernte Arbeiter aufgrund des in vielen Ländern festzustellenden steigenden Lohndifferentials zunehmen wird. Darüber hinaus steigt auch der Anreiz ungelernter Arbeiter (u.a. aufgrund steigender relativer Arbeitslosigkeit ungelernter Arbeiter) sich auszubilden, um in den Arbeitsmarkt für gelernte Arbeiter zu gelangen (der Anteil ungelernter Arbeiter an der Gesamtheit der Arbeiter wird also abnehmen). Insofern ist staatliche Bildungspolitik nicht der einzige mögliche Ausweg.
- Die Investitionen in Informationstechnologien erhöhen im Modell die Effizienz der verwendeten Technologie. Letztlich stellen sie also technologischen Fortschritt dar. Es wird allerdings nicht modelliert, wie dieser technologische Fortschritt entsteht. Es existiert nur ein Sektor in der Ökonomie. Somit wird angenommen, daß das homogene Endprodukt nicht nur konsumiert oder in Sachkapital umgewandelt werden kann, sondern auch in neue Informationstechnologien. Eleganter wäre es, einen eigenen F&E-Sektor zu modellieren, in dem durch die Verwendung von Ressourcen neue Informationstechnologien entwickelt werden, die dann von den Unternehmen gekauft werden (wie beispielsweise in den grundlegenden Beiträgen von Grossman und Helpman 1991 und Romer 1990). Es ist auch zu überlegen, ob Investitionen in neue Technologien nicht eventuell den alten Kapitalstock teilweise entwerten, z.B. über (in diesem Modell überhaupt nicht berücksichtigte) erhöhte Abschreibungen.

Daneben wirft die Modellanalyse von GJB auch einige „technische" Fragen auf.

- So erscheint die Gleichung (2) etwas „tricky": sie sichert die Existenz eines Steady States, allerdings hat sie einige ungewöhnliche Eigenschaften. So ist

[16] Ungelernte und gelernte Arbeit weisen in GJB's Modell keine direkte Beziehung zueinander auf. Sowohl die Anzahl der qualifizierten als auch der unqualifizierten Arbeitskräfte ist in dem Modell exogen fest vorgegeben und im Zeitablauf konstant. Das Arbeitsangebot ist somit völlig exogen. Andere Aufsätze mit gelernter und ungelernter Arbeit endogenisieren dagegen das Arbeitsangebot, indem sie berücksichtigen, daß sich durch relative Lohnveränderungen Anreize zur Ausbildung ergeben (z.B. Gregg und Manning 1997).

nicht eindeutig, daß die Grenzproduktivität der gelernten Arbeit mit steigender Humankapitalausstattung steigt (was intuitiv eigentlich zu erwarten wäre). Dagegen steigt die Grenzproduktivität der ungelernten Arbeit auf jeden Fall mit steigender Humankapitalausstattung. Weiterhin ist die Richtung der Veränderung der Grenzproduktivität der ungelernten Arbeit aufgrund eines verstärkten Einsatzes von Informationstechnologien nicht eindeutig. Desweiteren ist es zwar einsichtig, daß eine Erhöhung von h den effektiven Arbeitseinsatz gelernter Arbeiter (hL^i_s) und damit den aggregierten Arbeitsservice erhöht. Aber warum führt (ökonomisch begründet) eine Erhöhung von λ zu einer Erhöhung des effektiven Arbeitseinsatzes ungelernter Arbeiter ($\lambda^i L^i_u$) und so zu einer Erhöhung des aggregierten Arbeitseinsatzes?

- Gleichung (19) bildet das gleichgewichtige Lohnverhältnis ab. Einerseits ist nicht sichergestellt, daß $w_s > w_u$ gilt. Andererseits ist aber vor allem das Lohnverhältnis im Gleichgewicht konstant. Das heißt der Lohn ungelernter Arbeiter wächst mit der gleichen Rate wie der der gelernten Arbeiter. Dies ist etwas befremdlich, da sich im Zeitablauf die „Qualität" der ungelernten Arbeiter nicht verändert, die „Qualität" (sprich: der Humankapitalstock) der gelernten Arbeiter aber kontinuierlich erhöht. Ursache ist die besagte Gleichung (2), in der der effektive Arbeitseinsatz der ungelernten Arbeiter durch Multiplikation mit dem Niveau der Informationstechnologie ermittelt wird.

Ergänzungen

Zum Schluß noch einige mehr grundsätzliche, ergänzende Anmerkungen.

Das Papier von GJB zeigt sicherlich interessante Aspekte auf, wenn man den Einfluß der New Economy auf die makroökonomische Entwicklung im allgemeinen und in bezug auf die unterschiedliche Wirtschaftsentwicklung der USA und Deutschlands in den 90er Jahren herausarbeiten möchte. Es gibt allerdings noch weitere Aspekte, die berücksichtigt werden sollten, wenn man eine aussagekräftige Analyse betreiben will. So zählt man zur New Economy in der Regel mehr als nur den gewaltigen technischen Fortschritt im Bereich der Informationstechnologien. Auch verbesserte Managementtechniken, ein schärferer Wettbewerb infolge der Liberalisierung und Globalisierung, damit verbunden zunehmende Deregulierung sowie gesundere Staatsfinanzen und größere Preisstabilität auf der Makroebene als auch Unternehmerfreundlichkeit, eine geringere Steuerlast u.a. auf der Mikroebene, sind Teil der New Economy, die sich in den USA in den 90er Jahren eher und ungehinderter hat durchsetzen können. Erst wenn man zeigen könnte, daß all diese zusätzlichen Elemente letztlich vom technischen Fortschritt im IT-Sektor induziert worden wären, könnte man vielleicht die Analyse wie bei GJB auf diesen einen Aspekt reduzieren. Dem ist jedoch beileibe nicht so. Die technische Revolution auf dem IT-Sektor hat sicherlich eine wichtige Rolle gespielt beim Durchsetzungsprozeß der Globalisierung und den damit verbundenen genannten Entwicklungen, doch sind auch weitere Ursachen hierfür verantwortlich (vgl. z.B. IWF 1997).

Neuere Studien deuten etwa darauf hin, daß die durch die Globalisierung und den dadurch ausgelösten stärkeren Wettbewerb induzierte Disziplinierung auf der Preisfront die Anreizstrukturen verändert und dadurch nicht nur den Inflationsbias, sondern auch die NAIRU tendenziell verringert (Wagner 2000). So steigen die Kosten der Inflation(spolitik), während der Nutzen der Inflation(spolitik) sinkt. Folglich geht sowohl der Inflationsbias als auch die sozial erwünschte Inflationsrate zurück. Dies hat wiederum Rückwirkungen u.a. auf die (optimale) Geld- und Fiskalpolitik und damit letztlich auch auf die NAIRU (ebda). Die NAIRU wird zudem auch direkt durch den Einfluß der Informationstechnologie (insbesondere des Internet) gesenkt (Wadhwani 2000). Dies geschieht durch den durch das Internet ausgelösten Zwang zu stärkerer Flexibilisierung und Deregulierung auf den Arbeitsmärkten sowie durch den – bedingt durch sinkende Suchkosten und abnehmende Eintrittsschranken –stärkeren Wettbewerb auf den Produktmärkten.

Die New Economy ist ein sehr komplexes Konstrukt, dessen Wachstums- und Arbeitsmarktauswirkungen herauszuarbeiten noch zahlreicher über die Untersuchung des vorliegendes Papiers hinausgehender formaler und nicht formaler Analysen bedarf. Insofern verspricht der Titel des Papiers mehr als das Papier selbst halten kann. Dies soll jedoch nicht das Verdienst der Arbeit von GJB schmälern, einer wichtigen Fragestellung mit einem interessanten und eleganten Modellansatz nachgegangen zu sein.

Literatur

Gregg P, Manning A (1997) Skill-biassed Change, Unemployment and Wage Inequality. European Economic Review 41: 1173–1200

Gries T, Jungblut S, Birk A (2000) Wachstumsdifferentiale Deutschland – USA: Befund, Analyse und Aspekte der New Economy. In diesem Band.

Grossman GM, Helpman E (1991) Innovation and Growth in the Global Economy. Cambridge, Mass.

IWF (1997) World Economic Outlook, (May), Globalization – Opportunities and Challenges. Washington, D.C.

IWF (1999) Germany. Selected Issues and Statistical Appendix. Staff Country Report No. 99/130, Washington, DC

Romer PM (1990) Endogenous Technological Change. Journal of Political Economy 98: 71–102

Wadhwani S (2000) The Impact of the Internat on UK Inflation. Speech at the London School of Economics on 23 February 2000

Wagner (2000) Globalization and Inflation. In: Wagner H (Hrsg) Globalization and Unemployment. Berlin, S 345–390

F. Problemfelder einer wachstums- und beschäftigungsorientierten Fiskalpolitik

Wilfried Fuhrmann[1]

1 Einführung

1.1 Motivation

Die Diskussion über die Finanzpolitik und damit auch über die Fiskalpolitik in Deutschland erfolgt vor dem Hintergrund eines Wachstums in Deutschlands, das absolut und im internationalen Vergleich nicht hinreichend ist, um das heimische Problem der hohen Arbeitslosigkeit zu lösen. Es ist aber auch unzureichend, um die früher wahrgenommene Funktion einer Lokomotive für die EU-Integration und damit heute insbesondere für die sog. Osterweiterungen sowie für die globale Integration der EU wahrnehmen zu können. Und es ist zu schwach, um internes und internationales Vertrauen dafür zu schaffen, daß die Wirtschaft in Deutschland den für die Zukunft erwarteten weiteren globalen Strukturwandel wohlfahrtssteigernd auf einem der vorderen Plätze mitgestalten kann.

Kennzeichen der ökonomischen Situation in Deutschland ist eine zwar leicht sinkende, aber anhaltend hohe und über dem EU-Durchschnitt liegende Arbeitslosenquote (als v.H. Satz der zivilen Erwerbspersonen) zwischen 11,1 im Jahre 1998 und 9,4 im Jahre 2001. Sie betrug in den angegebenen Jahren in den sog. FNL sogar 18,2 und 17,5 v.H.. So wie immer noch der demographische Faktor wohl die bedeutendste Ursache für die Reduktion der Arbeitslosigkeit ist, so ist die Arbeitslosenquote in Ostdeutschland immer noch, d. h. über 10 Jahre nach der Wiedervereinigung signifikant fast doppelt so groß wie in Westdeutschland.

Das Wachstum des realen Bruttoinlandsprodukts (in Preisen von 1995) betrug im Durchschnitt dieser letzten vier Jahre nur rd. 1,8, das des Bruttoinlandsproduktes je Erwerbstätigenstunde nur rd. 1,6 v.H..

Das bescheidene Wachstum überrascht wenig angesichts eines derart unterausgelasteten Arbeitskräfte-Potentials. Dabei ist die Unterauslastung nicht vollständig lohnbedingt, sondern es ist eher von einer anhaltenden Fehlentwicklung bei der Bildung von Humankapital (insbesondere im Rahmen des sog. Human-Ressource-Management bzw. der betrieblichen Mitarbeiter-Weiterbildung) auszugehen oder

---

[1] Der Autor dankt für zahlreiche Kommentare und wertvolle Hinweise den Teilnehmern des Workshops „Fiskalpolitik und Wachstum" der Österreichischen Nationalbank und des Staatsschuldenausschusses, Wien sowie den Herren Dr. C. de la Rubia und den Dipl.-Volkswirten St. Anton und A. Kauffmann, Potsdam.

von einem hohen, auch mit den Integrationsprozessen zu erklärenden Kapital- und Arbeitsplatzexport.

Ein von der Inlandsnachfrage getragenes Wachstum bzw. ein quasi nachhaltiges Wachstum der EU-Region Deutschland war nicht festzustellen und konnte somit auch nicht durch die vorgenommenen Reformen und Neuinstitutionalisierungen initiiert oder gehalten werden. Wachstum und Entwicklung sind immer noch stark abhängig von den Entwicklungen in den anderen EU-Mitgliedsländern und insbesondere in den EU-Drittländern. Dieses verwundert im Grunde wenig für eine Volkswirtschaft, die strukturell stark in die EU und in die Weltwirtschaft integriert ist, d.h. strukturell abhängig ist bei einer anteilig großen Bedeutung der Investitionsgüterindustrie.

1.2 Zur Fiskalpolitik

Unter Fiskalpolitik wird traditionell eine makroökonomische Politik zur Glättung bzw. Steuerung der relativen wirtschaftlichen Aktivität verstanden. Sie wird dabei u.a. von der Strukturpolitik, der Industriepolitik und der sog. Mikropolitik unterschieden und traditionell als konjunkturell bedingte Variation der Steuern oder der kreditfinanzierten Ausgaben zur Stabilisierung der konjunkturellen Entwicklung und der Beschäftigung verstanden.

Es geht einerseits um die Reduktion der Output-Varianz und/oder der Ist-Abweichungen von einer zu bestimmenden Soll- oder Normalauslastung eines zu quantifizierenden Produktionspotentials – wobei eine Schwierigkeit darin liegt, daß – wie die Beobachtungen in den letzten Jahren, nicht nur in den USA, gezeigt haben, bedingt durch die Informations- und Kommunikations- (IK-) Technologien sowie durch die steigende Globalisierung – die tatsächlichen Angebotselastizitäten stets größer als die geschätzten bzw. erwarteten waren und sind. Und andererseits geht es um die sog. automatischen Stabilisatoren (wie beispielsweise die konjunkturell bedingten Schwankungen der Arbeitslosengeldzahlungen) sowie ihre Zeitstruktur im Konjunkturzyklus und deren Veränderungen beispielsweise via Steuertermine, Zahlungsfristen usw..

Jede rein quantitiative Darstellung der gesamtwirtschaftlichen Größen im Rahmen der volkswirtschaftlichen Gesamtrechnung kann prima facie zu einer politischen Bewertung und zur Empfehlung einer aktiven antizyklischen Fiskalpolitik führen.

Wissenschaftlich wurde im Rahmen der Makroökonomik eine umfassende modellbasierte Diskussion dazu geführt und zwar insbesondere im Zusammenhang mit rationalen Erwartungen und z.T. unter Einschluß der sog. Lucas-Kritik. Dabei werden unterschiedlich ausgeprägte und verursachte asymmetrische Mengen-, Preis- und Lohnsatzrigiditäten modelliert (Lindbeck, Snower, Stiglitz u.a.) ebenso wie Situationen bei unvollkommener Konkurrenz und bei unvollkommener sowie asymmetrischer Informationsverteilung (Akerlof u.a.) und bei antizipationsbedingten Politik-Ineffektivitäten (Sargent, Wallace). Als Ergebnis scheint immer weniger strittig zu sein, daß eine nachfrageorientierte Fiskalpolitik im Sinne eines keynesianischen Multiplikatormodells oder auch des deutschen Stabilitäts- und Wachstumsgesetzes oder der sog. Phillipskurve mit dem Ziel einer Steigerung der gesamtwirtschaftlichen Wohlfahrt aus der Sicht der makroökonomischen Theorie als obsolet zu betrachten ist.

Aus den genannten Überlegungen und auch aus der sog. Lag-Problematik, d.h. einer unmöglich ausreichend schnell reagierenden Fiskalpolitik gilt auch bei einmaligen Schocks: Die Fiskalpolitik (einschließlich Arbeitsmarkt- und Familienpolitik) hat nicht konjunktur- und schon gar nicht wahl-zyklisch zu sein, d.h. sie ist nicht in Form einer vereinfachten keynesianischen aktiven Konjunkturpolitik zu gestalten.

Politisch scheint diese Erkenntnis von vielen Politikern in der EU und in den Mitgliedsstaaten nicht geteilt zu werden – dieses lässt zumindest die anhaltende Diskussion über einen konjunkturpolitischen Spielraum bis zu einer Defizitquote von 3 v.H. (ausgehend von einer Defizitquote von Null bei Normalauslastung des Potentials) sowie einer von der EZB bzw. dem ESZB immer einmal wieder geforderten Zins-Politik zur Stärkung der Konjunktur vermuten.

Faktisch wird die Option einer aktiv gestalteten Konjunkturpolitik durch den Stabilitätspakt im Rahmen der Europäischen Währungsunion nahezu ausgeschlossen, da die automatischen Stabilisatoren bzw. die sog. built-in-stabilizer das konjunkturelle Haushaltsdefizit des Staates u.a. in Abhängigkeit von der Höhe der Einkommenselastizität der privaten Nachfrage sehr schnell an und möglicherweise sogar über die politisch fixierte Grenze der Neuverschuldung von 3 v.H. des Bruttoinlandsproduktes führen.[2]

Eine im Stabilitätspakt politisch vereinbarte generelle Neuverschuldungsquote von Null hätte den Zwang bedeutet, den konjunkturellen Haushaltswirkungen dieser automatischen Stabilisatoren wie beispielsweise des Arbeitslosengeldes oder eines proportionalen Steuertarifes durch kompensierende Ausgabenreduktionen begegnen zu müssen (unterstellt, daß es überhaupt möglich wäre) oder derartige Stabilisatoren zu eliminieren.

Dabei bedarf es allerdings eines anhaltenden Konsenses in der EU, ob dieser Wert von 3 v.H. (unabhängig u.a. von der Größe des jeweiligen Landes und der Zeit bis zur nächsten Wahl in diesem Land) wirklich jede aktive Konjunkturpolitik ausschließen soll und ob er eine starre Obergrenze auch bezüglich der insgesamt akzeptierten Defizit-Effekte der Stabilisatoren darstellen soll. Letzteres kann deshalb ökonomisch problematisch sein, da vielfach davon ausgegangen wird, daß derartige automatische Stabilisatoren die Reagibilität des Outputs bzw. BIP bezüglich einer Veränderung einer Nachfrage reduzieren und damit auch die Höhe der konjunkturellen Varianz bzw. Stärke der Amplituden. Auch die im Rahmen der privaten Altersvorsorge (sog. Riester-Rente) entstehenden und gewerkschaftlich verwalteten Fonds sind weder direkt noch als temporäre Finanzierung (ohne Neuverschuldung) für eine aktive Konjunkturpolitik geeignet.

Zur Berechnung der effektiven Verschuldungsquote entsprechend dem Stabilitätskriterium in der EWU und im Rahmen einer prinzipiell angebotsorientierten

---

2 Eine Reihe von empirischen Analysen versuchen vergeblich, einen Zusammenhang zwischen der Stärke des Wachstums und der Höhe des strukturellen Defizites aufzuzeigen und begründen diesen Nicht-Nachweis mit der hohen Zinsbelastung bzw. einer dadurch „immobilisierten“ und erst wieder zu ermöglichenden aktiven Fiskalpolitik. Vgl. u.a.: Allsopp und Vines; Buti und Sapir; Gros und Thygesen.

Wirtschaftspolitik wurde seitens des deutschen Sachverständigenrates zur Begutachtung der gesamtwirtschaftlichen Entwicklung (SVR) schrittweise ein Maß in Form des sog. strukturellen Haushaltssaldos entwickelt. Bei einem Defizit wird der Teil der kreditfinanzierten Ausgaben des Staats bzw. aller staatlicher Körperschaften bestimmt, der die als „dauerhaft akzeptabel erscheinende Kreditfinanzierung" (SVR 1999, Ziffer 173) überschreitet. Dieser negative Saldo (Defizit) scheint sich in Deutschland vermindert zu haben von 3,3 v. H. des nominalen BIP im Jahre 1991 auf 0,2 v. H. im Jahre 1998 (SVR 1998/99, Tab. 52) bzw. revidiert u.a. durch den Einbezug der Sozialversicherung im Gutachten 2000/2001 (SVR 2000/01, Tab. 62) von 3,0 im Jahre 1991 auf 1,7 im Jahre 1998 sowie 0,8 in 1999 und noch weiter im Jahre 2000, um dann im Jahre 2001 wieder zu steigen.

Ermittlungsprobleme ergeben sich bei der Berechnung des Maßes vorübergehend aufgrund der Umstellung der Volkswirtschaftlichen Gesamtrechnung (VGR) insbesondere bezüglich des Produktionspotentials bzw. der sog. Normalauslastung der Produktionskapazität und dauerhaft bei allen Einnahmen- und Ausgabentiteln mit konjunkturellen Komponenten, also bei der Quantifizierung des konjunkturbereinigten Aufkommens der Lohn-, Umsatz- und Verbrauchssteuern bis hin zu den Sozialversicherungsbeiträgen sowie bei den konjunkturbereinigten Ausgaben in Form von Personalausgaben bis hin zu den Zahlungen u.a. im Rahmen der Renten und Sozialhilfen.

Die vom SVR in seine Berechnung des strukturellen Saldos der öffentlichen Gesamthaushalte einbezogenen, vom gesamten konjunkturbereinigten Finanzierungssaldo subtrahierten Nettoinvestitionen des Staates gingen dabei zurück von rd. 35 Mrd. DM im Jahre 1992 auf 4,65 bzw. 7,21 im Jahre 1998 bzw. in 1999 (ebenso die zuvor auf das Produktionspotential im 5-Jahres-Durchschnitt bezogene investitionsorientierte Verschuldung; die Verschuldungsquote sank von 1,5 im Jahre 1992 auf 0,8 im Jahre 1998).[3]

Der rückläufige kreditfinanzierte konjunkturelle fiskalische Impuls geht (bei einer anhaltend hohen Nichtauslastung des Produktionspotentials) einher mit einer hohen Staatsquote in Höhe von (gemäß einer Berechnung nach dem ESVG - Europäisches System Volkswirtschaftlicher Gesamtrechnungen von 1995 – bezogen auf das nominale BIP) rd. 48,6 v.H. im Jahre 1999 und 48,6 v. H. im Jahre 1998 (SVR, 1999, Tab. 39) sowie 49,2 v. H. in 1997 und damit einer leicht über jener gemäß der alten VGR-Berechnung von 48,0 v. H. für 1998 bzw. 49,0 v. H. für 1997 liegenden.

Damit wird deutlich, daß auch eine hohe Staatsquote in Verbindung mit einer begrenzten Neuverschuldungsquote keine Vollauslastung der Ressourcen, insbesondere keine Vollbeschäftigung herbeiführt. Fiskalpolitik, d.h. die Gesamtheit der staatlichen Ausgaben und Einnahmen ist prinzipiell auf die Faktorallokation auszurichten. Dieses bedeutet in einer global integrierten, strukturell abhängigen

[3] Für den konjunkturellen Impuls, d.h. die Anstoßwirkung aufgrund der öffentlichen Verschuldung, ermittelte der SVR für das Jahr 1998 einen Betrag in Höhe von 2,5 Mrd. DM. Dabei wurde das Finanzierungsdefizit unter Einschluß des ERP-Sondervermögens berechnet, Belastungen durch Konjunkturprogramme nicht subtrahiert, wohl aber die konjunkturneutrale Verschuldung, die ermittelt wird aus dem ungewichteten gleitenden 5-jährigen Durchschnitt der Investitionsquote.

und nicht an einzelstaatlicher Autarkie orientierten Volkswirtschaft die Ausrichtung der Fiskalpolitik auf das sich endogen über Innovationen und marktwirtschaftliche Anpassungen sowie Antizipationen ergebende selbsttragende Wachstum der einzelnen Sektoren. Es ist eine an den Wachstumsbedingungen, also eine u.a. ressourcen- und infrastrukturell-orientierte, in der Zeit verstetigte Fiskalpolitik und keine die gesamtwirtschaftliche Nachfrage u.a. über staatliche Konsumausgaben aktiv stabilisierende Fiskalpolitik (die Einrichtung von Stabilisatoren ist damit nicht ausgeschlossen, aber u.a. wegen der Anreizproblematik und im Falle einer geringen Verwaltungs- und Gestaltungseffizienz derartiger Institutionen begrenzt).

Dabei ist der Gegensatz zwischen angebots- und nachfrageorientierter Fiskalpolitik gar nicht so scharf, wenn man an die altbekannten methodologischen und ökonometrischen Probleme der Trennung von Konjunktur und Wachstum denkt bzw. an den Zusammenhang zwischen der effektiven Nachfrage heute und der zu erwartenden bzw. der sog. notional und der befriedigbaren Nachfrage morgen infolge der bekannten Nachfrage- und Kapazitätseffekte von Investitionen. Und wenn die auch heute beobachtbaren und nicht nur früher von Keynes sowie mehr noch von den damals führenden Konjunkturforschern in Deutschland betonten konjunkturellen Schwankungen der gesamtwirtschaftlichen Nachfrage überwiegend aus der (Erwartungs-) Instabilität der Investitionsgüternachfrage und auch der Nachfrage des Auslandes herrühren und fiskalpolitisch zu kompensieren wären, dann bedeutete dieses nicht, und wir haben es z.T. nur vergessen, daß sie durch irgendeine staatliche Nachfrage wie bspw. staatlichen Konsum, sondern daß sie nur durch staatliche Investitionen und Anreize zu Investitionen stabilisiert werden kann. Die staatliche (Investitions-) Nachfrage darf dabei nicht zur Ursache einer neuen konjunkturellen Bewegung werden, d.h. nicht das Gleichgewicht stören und auch nicht zur Entstehung von multiplen Gleichgewichten führen. Verstetigt, entwickeln sich gesamtwirtschaftliche Nachfrage und Wachstum kointegriert.[4] Dabei führt eine anteilig hohe (und gleichbleibend hohe) Staatsnachfrage mit sinkendem Investitionsanteil und steigendem Anteil von Konsumausgaben, jeweils aktuellen Projekten und Initiativen sowie Ausgaben für neue Behörden, zunehmende statistische Erhebungen und auch für Beitragszahlungen zu einem anhaltend niedrigen Potentialwachstum bzw. Produktivitätswachstum bei einer niedrigen Wachstumsrate des BIP bzw. der gesamtwirtschaftlichen Nachfrage.[5]

---

[4] Dieses wird bei der Berechnung des strukturellen Saldos durch die Anwendung des sog. Hodrick-Prescott-Filters benutzt, indem das Potential in einer geglätteten Art eines gleitenden Durchschnitts der effektiven Nachfrage berechnet wird.

[5] Eine modellmäßige Darstellung dieses dynamischen Zusammenhanges erfordert ein monetäres Konjunktur- und Wachstums-Modell. Der konjunkturpolitische Erklärungsgehalt von Ein-Perioden-Modellen (auch im Rahmen einer Analyse von Schocks) ist diesbezüglich nicht sehr groß. Und auch bezüglich einer (verstetigten) angebotsorientierten Fiskalpolitik gilt: Eine Darstellung und Evaluierung der Auswirkungen einer angebotsorientierten, strukturierten Ausgabenpolitik sowie einer qualitativen Konsolidierung mittels eines (erwartungsbasierten, verhaltens-evolutorischen, institutionen-dynamischen) gesamtwirtschaftlichen Modells existiert weder für die Bundesrepublik Deutschland noch die EU – weder vor noch nach dem Binnenmarkt und der EWU.

Die Beurteilungen bezüglich der deutschen und europäischen gesamtwirtschaftlichen Wachstums- und Wohlfahrtseffekte u.a. der Politiken der EU-Strukturfonds erfolgen partialanalytisch und anhand von Plausibilitätsüberlegungen primär aufgrund von langfristigen Erwartungen vor dem Hintergrund von (eigenen) Werturteilen und eines (selbst in ökonomischen Umbruch- und Reformphasen) gegebenen verfassungsgerichtsrechtlichen institutionellen Rahmens. Es gibt nur wenige Panel-Analysen sowie nur eine Anzahl von einzelne Zusammenhänge empirisch testenden Analysen. Selbst signifikante empirische Bestätigungen eines zu erwartenden wachstumshemmenden sog. crowding-out durch eine aktiv herbeigeführte konjunkturelle Defizitquote in einer langfristig unterbeschäftigten offenen Volkswirtschaft existieren nicht.[6] Für das Auftreten derartiger Effekte sind die Ausgabenstruktur und die (Kredit- oder Steuer-) Finanzierung bedeutsam sowohl bezüglich ihrer Wirkungen auf die (Weltmarkt-) Zinssätze als auch auf die private Nachfragestruktur, die gesamtwirtschaftliche Nachfrage und das Faktorangebot infolge von Anreizwirkungen und Wanderungen der mobilen Faktoren und damit letztlich auf die (Weltmarkt-) Preise.

Unabhängig von den fehlenden Modellanalysen ändert ein Vertrag wie der Stabilitäts- und Wachstumspakt innerhalb der EWU möglicherweise nicht die politische Präferenz für ein defizitäres Ausgabenverhalten aufgrund des unverändert beanspruchten umfassenden Gestaltungsrechts bzw. Primats der Politik gegenüber der Ökonomie und erhöht auch nicht den Druck zur Durchführung von strukturellen Reformen bspw. hin zur Stärkung der Arbeitsmarktmechanismen. Die politische Diskussion über fiskalpolitisch initiierte Verzerrungen aufgrund einer sogenannten Asymmetrie zwischen einer vergemeinschafteten Geldpolitik und den nicht-vergemeinschafteten Fiskalpolitiken sind dafür ein Indikator. Staatliche Ausgaben, die insbesondere von der als noch akzeptabel erscheinenden Steuerbelastung und Kreditaufnahme sowie den Wahlterminen und nicht bspw. von der zu erwartenden sozialen Rendite determiniert sind, führen weg vom sog. first best Optimum.[7]

Eine hier nicht erfolgende, aber üblicherweise durchgeführte Darstellung der absoluten und quotalen Einnahmen und Ausgaben der Gebietskörperschaften und Sondervermögen dient einerseits der Durchforstung der über mehrere, zumeist vier bis fünf Jahre dargestellten Zeitreihen nach Ausreißern, Abweichungen oder Einzelmaßnahmen und andererseits einer einfachen sog. charts-and-eyes Analyse von Quoten (häufig in Art einer betriebswirtschaftlichen ABC-Analyse) und ihren Veränderungsraten.[8] Eine darauf basierende quantitative Konsolidierung bleibt

---

6 Bekanntlich ist definitionsgemäß (auch ex ante) die privatwirtschaftliche Sparquote gleich der Summe aus Investitionsquote plus Defizitquote plus Nettoexportquote. So ist die gegenwärtig hohe Exportquote nicht Ursache, sondern Folge niedrigen Wachstums und Investitionen. Im Falle einer vollbeschäftigt wachsenden Volkswirtschaft wären die Investitions- und Importquote höher, die Nettoexport- und die Defizitquote niedriger.

7 Weder hat der Staat das Einkommen (bzw. das BIP) auf die Gruppen und Bürger zu verteilen, noch gibt es bei anhaltend allokationsorientierten Ausgaben ein hemmendes Defizit.

8 Darstellungen der (Netto-)Ausgaben des öffentlichen Gesamthaushaltes pro Einwohner und Aufspaltung nach Ausgaben für Personal, Zinsen, Subventionen und Soziales sowie

auch bei sog. globalen Minderausgaben selten eine wohlfahrts- und allokationstheoretisch optimale politische Entscheidung (SVR 1999, Ziffer: 291ff).

2 Zur Haushaltskonsolidierung

Der Fokus der öffentlichen Diskussion zur Finanz- und damit zur Fiskalpolitik liegt seit Jahren (und nicht erst seit dem sog. Stabilitätspakt) unmittelbar auf der Konsolidierung der öffentlichen Haushalte im Sinne einer Reduktion der Haushaltsdefizite bzw. der Defizitquote. Der Stabilitäts- und Wachstumspakt im Rahmen der EWU war nicht nur eine Art von Bedingung für das Einbringen der D-Mark und damit für die Vergemeinschaftung der Geld- und Währungspolitik (auch gemäß des Maastricht-Urteils des Bundesverfassungsgerichts), sondern ist auch als ein institutionen-ökonomisches Instrument des „Zwangs" zur Konsolidierung zu verstehen. Entsprechend analysieren und bewerten u.a. die EZB und der Ecofin-Rat die fiskalische Entwicklung jedes Mitgliedsstaaten in jedem Jahr insbesondere bezüglich der 3 (bzw. Null bei Normalauslastung) und 60 v. H. Quoten. Die kurze Geschichte der EWU hat bereits gezeigt, dass die Einhaltung dieses Paktes und die Auslösung der gestuften Sanktionsmittel (einschl. des sog. Blauen Briefes) durchaus wieder politisch diskutiert und verhandelt werden.

Es stiegen die Wahrscheinlichkeiten von neuen politischen Initiativen, wahlbedingten Ausgaben und von einer Vernachlässigung anstehender Reformen.[9] Dabei stützte der deutsche Finanzminister mit seinen Erklärungen, insbesondere angesichts der bei der Versteigerung der UMTS-Lizenzen erzielten sehr hohen Erlöse (und ihrer kaum beachteten katastrophalen Wirkungen auf den Telekommunikationsmarkt in Deutschland sowie auf die Entwicklung der Informations-Infrastruktur und -technologie mit möglichen sog. first mover Vorteilen), nicht von der Reduktion des Schuldenstandes und auch der absoluten Höhe der Neuverschuldung (über die reduzierten Zinszahlungen) abzurücken,[10] seine finanzpolitische Glaub-

für Schulen und Hochschulen zur Ableitung von sog. Brennpunkten oder vermuteten Ineffizienzen erfolgen hier nicht, weil sie in der Literatur stets aktualisiert verfügbar sind (vgl. bspw. Petersen 2000).

9 Die Erlöse aus Privatisierungen wurden nicht ausschließlich für die Schuldentilgung verwendet. Argumentiert wurde mit Hinweisen auf die gebotene Schonung des Kapitalmarktes (angesichts derart großer Tilgungen, die teilweise technisch nicht möglich sind und so Parkstationen bei der KfW oder BBank erfordern), auf die Belastungen des Haushaltes infolge der Steuerreform und die sog. Zwangsarbeiterstiftung. Eine aus den hohen Mittelzuflüssen erfolgende unmittelbare Reduktion der Schuldenquote verursacht nicht nur in Deutschland (Anpassungs-) Probleme des Kapitalmarktes u. a. infolge der Volumina, der Reduktion der benchmark-Funktion von Anleihen (der BRD) und der Schwächung des Finanzplatzes Frankfurts (bezüglich der Bonds) bei einem gleichzeitig nach London verlagerten Blue-chips-Aktienmarkt.

10 Bei keiner Privatisierung oder Versteigerung wird ausreichend bedacht, dass es sich primär um Vermögensumschichtungen (einschließlich der realisierten sog. windfall-profits) handelt. Da staatliches Vermögen zumindest in Teilen eine Rücklagen für Beamtenpensionen (nicht nur explizit wie bei der Post) oder eine Deckung für eine implizite Staats-

würdigkeit und das Vertrauen in seinen Gestaltungs- und Führungswillen. Das in der vorhergehenden Regierung im Rahmen der Erfüllung der Maastricht-Kriterien zuletzt fast monatliche plötzliche Auftauchen von neuen Finanzierungslücken mit entsprechenden ad hoc Lösungen (einschl. der sog. kreativen Buchhaltung) war dank der EWU vorbei.

Eine mit dem Verschuldungsabbau verbundene Reduktion der allgemeinen wirtschaftlichen Unsicherheit (insbesondere in Form einer hohen Wahrscheinlichkeit von Abgabe- oder Steuererhöhungen zur Deckung des Defizites) wirkt sich nicht kurzfristig, wohl aber bei erfolgreicher Stabilisierung langfristig positiv auf Beschäftigung und Wachstum aus (mit einer erwarteten zusätzlichen Wachstumsrate von bis zu einem Prozent).

Bezieht sich aber die Konsolidierung allein auf die Reduktion der Defizitquote bei unveränderter Schuldenquote (von über 60 v. H.) und erfolgt sie überwiegend aufgrund von konjunkturell niedrigen Zinssätzen und einem entsprechenden Debt-Management durch die geringeren Ausgaben für den staatlichen Schuldendienst (vgl. auch EZB 2000, S. 63f), dann dreht sich die Entwicklung der Quote bei einem konjunkturellen Einbruch sofort wieder um (vgl. die Entwicklung in 2001 und 2002). Es ist keine reale Konsolidierung.

Erfolgt die Konsolidierung konjunkturabhängig infolge einer anhaltenden Abwertung der heimischen Währung bei exportgestützten Nachfragesteigerungen und Steuermehreinnahmen, so sind auch dieses nur zyklische Komponenten (oder einmalige sog. windfall-profits) mit entgegengesetzten Wirkungen bei einer Aufwertung. Weltweit steigende Zinssätze oder eine Abschwächung des US-Wachstums bzw. eine nicht einsetzende Erholung (verbunden mit sinkenden oder nicht wieder steigenden Exporten) oder eine Währungskrise drehen derartige Entwicklungen schnell wieder um.

Insgesamt aber scheint eine Umkehrung in der öffentlichen Perzeption und eine Illusion vorzuliegen. Eine Illusion liegt vor, wenn man glaubt, eine Netto-Konsolidierung sei mit jeder Privatisierung von ertragbringenden bzw. zinstragenden Eigentumsrechten zu erreichen. Die öffentliche Wahrnehmung hat sich verändert, wenn von einer früher im Konsens abgelehnten, weil den Finanz- und Währungsraum sowie das entsprechende öffentliche Gut gefährdenden Abwertung der heimischen Währung von rund 20 v. H. in einem Jahr die Erhöhung der Beschäftigung und die Konsolidierung der nationalen Haushalte sowie der EU-Haushalte erwartet wird. So können weder reale strukturelle Veränderungen und Reformen vermieden werden noch auf den globalen Kapitalmärkten (und auch nicht bei Inländern) Vertrauen in die Zukunftsorientierung der Finanzpolitik sowie die monetäre Stabilität gebildet werden. Wenn der Stabilitäts- und Wachstumspakt primär die Reputation der neuen Währung mit schaffen und absichern und sog. bailing-out-Szenarien ausschließen sollte, so ist eine Abwertung ein Indikator der Systeminkompatibilität der Finanzpolitiken bzw. anderer politischer Ziele und Prioritäten – und daran ändert wahrscheinlich auch eine Vergemeinschaftung der Fiskalpolitik nichts.

---

verschuldung ist, handelt es sich um Vermögensliquidationen. Diese können nur zur Tilgung der expliziten und der impliziten Staatsverschuldung (aber prinzipiell auch zum Erwerb anderer Vermögenstitel) verwendet werden.

3 Zur Steuerpolitik

Die steigende Mobilität des Kapitals – das heißt nicht nur des Portfolio-Kapitals und der Direktinvestitionen, sondern auch des Humankapitals – reduziert in Verbindung mit den Entwicklungen im IT- und IK-Bereich die Bedeutung von natürlichen oder traditionellen Standortfaktoren.[11]

Bei steigender (tatsächlicher und potentieller) Faktormobilität sowie Wanderungsbereitschaft[12] und bei steigendem Anteil der mobilen im Verhältnis zu den immobilen Faktoren reduziert der internationale Steuerwettbewerb die nationale Steuerautonomie. Deutschland liegt im internationalen Steuerwettbewerb um nahezu alle mobile Faktoren im Vergleich mit anderen Industrieländern zurück. Die steuerliche Belastung der von der EU-Integration und Globalisierung besonders betroffenen, weniger ausgebildeten und immobilen oder noch nicht wanderungswilligen Arbeitnehmer hat die anreizkompatible ökonomische und auch die sozialverträgliche Obergrenze überschritten.

Die allgemeine Feststellung, daß anreiz- und allokationsökonomisch die Steuerbelastung aller natürlichen Leistungsträger inzwischen zu hoch ist, gilt stets nur in Verbindung mit der Verwendung der Steuereinnahmen, d.h. mit der Bewertung der zu erwartenden staatlichen Leistungen durch die belasteten Wirtschaftssubjekte. Entsprechend greift eine auf die Steuern fokussierte finanzpolitische Diskussion zu kurz. Steuern sind ohne direkte Gegenleistung zu zahlen und zu akzeptieren. Die subjektive negative Empfindung einer zu hohen Belastung entsteht (selbst bei gegebener effektiver steuerlicher Belastung) bei sinkenden staatlichen Leistungen in den Bereichen, in denen dann die privaten Ausgaben steigen müssen und bei steigenden Ausgaben für politische Aktivitäten, die, durchaus rein subjektiv, als Verschwendung oder kontraproduktiv eingeschätzt werden.

Dieses läßt sich u.a. beobachten im Bereich der Rechtssicherheit, d.h. der intensiven (politischen und EU-politischen) Gesetzgebungsaktivitäten und Rechtsbestände sowie der damit steigenden Rechtsunsicherheit und privaten Kosten im Falle von Streitigkeiten. Zu nennen sind auch der Bereich der öffentlichen Sicherheit, die immer weniger öffentlich finanzierten Informationsdienste, die öffentliche Infrastruktur sowie der Bereich der allgemeinen Erziehung, Bildung und Ausbildung im zunehmend unterfinanzierten öffentlichen System der Schulen, Berufsschulen und Universitäten. Der Rückzug aus derartigen Aufgaben und eine steigende Privatisierung von zuvor „gesellschaftlichen" Gütern reduziert den all-

[11] Ein Hinweis auf eine ausgedehnte und intensivierte Internationalisierung bzw. Globalisierung als Ausdruck eines intensivierten Standortwettbewerbs greift zu kurz. Es geht um die ständige, jeweils neue Bildung eines jeden Standortes überhaupt, da die IT- und IK-Technologien jeden industriellen Produktions-, aber auch jeden Dienstleistungsbereich verändern und bei steigenden Wahlmöglichkeiten einer Art von Produktivitätssprung unterwerfen. Es ändern sich nahezu alle Koeffizienten in einer Input-Output-Analyse, hinzu kommen weitere Märkte für immaterielle Dienste und Eigentumsrechte.

[12] Die Unterscheidung von potentieller und tatsächlicher Mobilität bzw. das Ausmaß der Wanderungsbereitschaft gewinnt Bedeutung, da bereits mit steigender Bereitschaft eines Menschen zu wandern, seine gesellschaftliche Orientierung und Bindung sowie seine Zahlungsbereitschaft sinken. Es treten Wohlfahrtsverluste ein.

gemeinen gesellschaftlichen Konsens und fördert eine Art von intertemporaler individueller Nutzen- und Kosten-Überlegung bezüglich jeder Steuer- und Beitrags-Zahlung.

3.1 Zur Steuerreform

Es macht wenig Sinn, die ständigen kleinen Steuerreformen hier en detail zu diskutieren (um schon bei Drucklegung veraltet zu sein). Die insbesondere für das Jahr 2005 geplanten Steuersenkungen und damit Entlastungen der Unternehmen und privaten Haushalte (im Umfang von rd. 1,3 v.H. des BIP) ist einerseits eine Maßnahme, die über Multiplikatoren verstärkt die Nachfrage erhöht und damit die erwartete Wachstumsrate des BIP insbesondere in den beiden folgenden Jahren trägt. Wachstumshemmend wirken sich innerhalb des Gesamtkonzeptes bzw. des Bruttoentlastungseffektes u. a. die Reduktion der degressiven Abschreibung bzw. die Verschlechterung der Abschreibungsmodalitäten ebenso aus wie der steigende Aufwand für Unternehmer bzw. Personengesellschaften infolge des Halbeinkünfteverfahrens (die Dividenden werden definitiv zur Gänze mit 25 v. H. Körperschaftssteuer und zur Hälfte mit dem individuellen Steuersatz belastet), das sogenannte Optionsmodell (Versteuerung analog einer Kapitalgesellschaft mit entsprechender Auswirkung auf die Erbschaftssteuer), die nicht abgeschaffte Gewerbesteuer sowie die Kindergeldzahlungen seitens der Unternehmen usw.. Noch bedeutsamer sind die Spaltung der Spitzen-Steuersätze mit 25 v. H. bei der Körperschaftssteuer und 45 bzw. 47,5 v. H. unter Einfluß des Solidaritätszuschlages bei der Einkommenssteuer, d. h. die höhere Belastung des kreativen Humankapitals und die geringere Entlastung der noch standortverwurzelten Personenunternehmen sowie die Begünstigung der einbehaltenen Gewinne als eine Art von indirekter Investitionslenkung ohne die optimale Allokation über die Finanzmärkte und mit einer Begünstigung von Sachinvestitionen bei Belastung von Bildungsinvestitionen.

Obwohl das Ziel einer Steuerreform letztlich in der Stärkung der Bedeutung der privaten ökonomischen Präferenzen für die wirtschaftliche Entwicklung liegt, fehlt nach wie vor eine Reform im Sinne einer Durchforstung aller Bestimmungen nach verzerrenden Wirkungen. Es geht dabei nicht so sehr um das politische Schlagwort der Einfachheit, sondern um die Transparenz und Systemkonformität der Institution Steuersystem bzw. aller steuerrechtlichen Bestimmungen und damit der Steuerpolitik.

3.2 Zu Haushaltsrisiken

Die von der EU-Kommission eingeforderte Einhaltung der Verschuldungsgrenzen auch im Falle einer großen Steuerreform kann ebenso zu einer faktischen wie zu einer nur politisch argumentativ verwendeten Begrenzung jeder weitreichenden Reform werden.

So kann sie in Antizipation der mit einer Steuersenkung zu erwartenden temporären Erhöhung der Verschuldungsquote (bspw. von 1,3 v.H. in 2005) in den Jahren davor zu einer konjunkturell und strukturell nicht sinnvollen kontraktiven Fiskalpolitik führen, damit die 3 v.H. auch im Reformjahr nicht überschritten werden.

Sie kann auch zu einer „Zentralisierung" des Föderalismus führen (beispielsweise durch ein zentrales System der Verteilung der zulässigen Defizite für jedes Bundesland und dann weiter für jede Kommune innerhalb eines Landes usw.) und damit nicht nur den föderalen Charakter der Bundesrepublik stark verändern, sondern auch der in der EU in eher „visionären" Reden geforderten Stärkung der Regionen (trotz des Ausschusses der Regionen usw.) zuwiderlaufen.

Sie kann so und insbesondere bei einer politischen Neuabgrenzung von Regionen aus zuvor ökonomisch weitgehend integrierten Regionen zu steigenden Kosten der politischen Koordination und zu Wohlfahrtsverlusten unterschiedlicher Höhe in den Mitgliedsländern führen.

Neben diesen von den starren quantitativen Konsolidierungs-Quoten ausgehenden Risiken für eine große Steuerreform gibt es eine Reihe von Kosten und Risiken in der deutschen Politik.

- Erstens: Erheblich Steuerausfälle können eintreten bei einem weitergehenden bzw. generellen Übergang zur sog. Nachbesteuerung aller sog. Alterseinkünfte.[13] Ein erster Zwang zur Harmonisierung ging von einem Entscheid des Bundesverfassungsgerichtes im Sinne des gebotenen steuerlichen Gleichbehandlungsgrundsatzes aus. Die Schwierigkeiten liegen a.) in der für eine lange Übergangsfrist notwendigen Unterscheidung der Alterseinkünfte (noch) aus versteuertem Einkommen von jenen aus unversteuertem, b.) in der Einbeziehung der Sozialrenten,[14] c.) in der steuerrechtlichen Definition von Vorsorge und Entnahme, d.) in der Nicht-Diskriminierung einzelner Einkommensarten bzw. Anlageformen (Immobilie, Gewerbe, Anleihe, Aktie usw.), e.) in der Vermeidung von die Arbeitsmobilität reduzierenden Regelungen, wie jene bei betrieblichen Altersvorsorgen aus unversteuerten Beiträgen sowie f.) in der Vermeidung neuer bürokratischer Institutionen bei Fondslösungen. Die Regelungen im Rahmen der sog. Riester-Rente sind nicht als „gesichert" zu betrachten.

  Die bisherige Steuerreform hat nicht zu einer anzustrebenden Nicht-Besteuerung jeglicher Spartätigkeit bzw. dem Übergang zu einer Art von Konsumbesteuerung (in Verbindung mit direkten Transfers zur Sicherung eines

[13] Die Zahlen schwanken zwischen 5 und 20 Mrd. Euro. Vgl. u.a. B. Rürup, Steuerausfälle von 15 Milliarden DM, in: Handelsblatt, Nr. 88, 08.05.2000, S. 5.

[14] Zu fragen ist, inwieweit die gegenwärtigen Renten überhaupt aus Beitragszahlungen aus versteuertem Einkommen resultieren und ob man nicht unmittelbar zu einer nachrangigen Besteuerung übergehen kann.

realen Mindesteinkommens und einer Erbschaftssteuer) geführt. Die Versteuerung von Veräußerungsgewinnen ist prinzipiell neu zu regeln, beispielsweise ist die 10-Jahres-Frist bei Immobilienverkäufen wieder zu kürzen.

- Zweitens: Ein weiteres Risiko, das die notwendigen Steuersenkungen verhindern kann, liegt in einer intendierten Absicherung der Flächentarifverträge in Verbindung mit der dringenden Forderung nach einer zumindest zeitlich festgelegten vollständigen Angleichung der Löhne und Gehälter in den neuen und alten Bundesländern. Hier droht ein doppelter Teufelskreis. Da das Steueraufkommen der neuen Länder dieses nicht ermöglicht, müssen sie zwischen einer Steuererhöhung bei einer verzögerten Reduktion der Defizitquote oder einem beschleunigten Beschäftigungsabbau (bei Arbeitslosenquote zwischen 15 und 20 %) entscheiden. Oder die Transfers von West nach Ost sind anhaltend zu erhöhen. Eine Flucht in eine konjunkturell schädliche Mehrwertsteuererhöhung, politisch mit einer EU-Harmonisierung zu erklären, ist wahrscheinlich.
- Drittens: Ein weiteres Risiko resultiert aus der mit der Euro-Bargeldeinführung erfolgenden Erhöhung der Preise (verteilt über mehrere Monate), durch die das verfügbare reale Einkommen und die gesamtwirtschaftliche Nachfrage sinken, die Lohnforderungen in Tarifverhandlungen und die Unsicherheiten steigen und so das Wachstum gehemmt wird. Die entstehenden Haushaltsrisiken können verschärft werden durch Lasten aus der EU-Osterweiterung.

3.3 Zur langfristigen Orientierung

Fiskal- bzw. steuerpolitische Eingriffe in die Allokationsentscheidungen der Wirtschaftssubjekte bzw. in die Preis- und damit auch die Lohn- und Einkommensstruktur bedürfen besonderer Begründungen. Allgemeine Hinweise auf externe Effekte oder Marktversagen sind nicht ausreichend und zumeist nur Mäntel auf polit-ökonomischen Schultern. Eingriffe mit sozialen Begründungen bzw. im Rahmen einer „alten" Familienpolitik können effizient nur getroffen werden, wenn auf der Basis von Bruttoausweisen quantifizierte Synopsen aller verteilungsmotivierter Zahlungen und Vergünstigungen vorliegen (Spill, Fuhrmann 2000).

Eine langfristige Orientierung stellt auch nicht die gängige mittelfristige Finanzplanung mit (Schubladen-) Beschäftigungsprogrammen dar. Sie ist ein konzeptionelles Instrument der aktiven Konjunkturpolitik. Unabhängig von der wissenschaftlichen Skepsis haben derartige Programme auch in der an der Exportquote gemessenen (relativ zu jenen der einzelnen Mitgliedsstaaten zuvor) weniger offenen EU kaum Beschäftigungs- und Wachstumseffekte. Dieses gilt auch für gemeinsame, koordinierte Nachfragepolitiken. Die Büchse der Pandora einer aktiven EU-Konjunkturpolitik mit EU-Kreditaufnahmen und letztlich einem EU-Länderfinanzausgleich sollte verschlossen bleiben.

Zu einer langfristigen Orientierung der Finanzpolitik im Sinne einer Zukunftsorientierung anstelle einer Gegenwartsbewältigung bzw. einer einspringenden staatlichen Beschäftigung, Ausbildung sowie Umschulung im sog. zweiten Arbeitsmarkt und im sog. Dritten Sektor gehören u.a. die:

1. Vermeidung von gesetzgeberischen „Schnellschüssen" mit anschließend folgenden Anpassungen und Veränderungen, d.h. die Stärkung der rechtlichen Planungssicherheit und Reduktion der Unsicherheiten in der Steuer-, Sozial- und Arbeitsgesetzgebung; dies bedeutet auch die verstärkte Beachtung von Kosten infolge der Schaffung neuen EU-Rechts;
2. Gestaltung der Einkommenssteuer in Verbindung mit der Erbschaftssteuer zur Besteuerung des Lebenseinkommens unverzerrt nach Art und (Rechts-) Form, in der diese Einkommen anfallen, sowie nach der gewählten Form des (Zusammen-) Lebens;
3. Zentrierung und Verstetigung der Ausgaben hin zu Bildung und Ausbildung, Markt- und Systeminformationen sowie infrastrukturellen Investitionen und FuE bei einer insgesamt starken Reduktion der Kosten des politischen Apparates (bspw. mit Zielvorgaben, sinkenden Obergrenzen, der Akzeptanz neuer Aufgaben und zusätzlicher Kosten auf der Ebene der EU nur bei einem Nachweis einer effektiven nationalen Kosteneinsparung zumindest in doppelter Höhe) und somit der Staatsausgabenquote.

Es geht hier nicht primär um den häufig beklagten Fall eines sog. Politikversagens, sondern um den politisch angestrebten Zuwachs innerhalb bestehender und neuer Politikfelder. Hier bedarf es einer Optimierung (und nicht Maximierung) unter Beachtung jeweils der Auswirkungen auf die gesamtwirtschaftliche Wohlfahrt. Eine prosperierende Wirtschaft ist Voraussetzung und Grundlage für derartige Politiken und kein Hemmnis. Die Präferenzen der Wirtschaftssubjekte bzw. Individuen sollten letztlich entscheiden und nicht die der Politiker.

Nur unzureichend werden die altbekannten Prinzipien wie Klarheit und Transparenz beachtet – wie hoch sind bspw. die Ausgaben für alle politischen Beamten, im Rahmen der an Zahl zunehmenden GmbH`s und Stiftungen des öffentlichen Rechts? Die Prinzipien sind als weiche Regelbindungen der Finanzpolitik nicht effektiv. Maßnahmen zu ihrer Stärkung können bspw. sein, alle Haushaltspläne ins Netz zu stellen und sie so jederzeit u.a. der journalistischen und wissenschaftlichen Öffentlichkeit zugänglich zu halten. Kontrollen und Beurteilungen der Erfüllung der an staatliche Organe (Ministerien, Ämter usw.) delegierten Aufgaben können durch private Evaluierungsagenturen und Wirtschaftsprüfungsgesellschaften erfolgen. Unabhängigkeit und Gewicht von Landesrechnungshöfen sind zu stärken.

4 Zur Ausgabenpolitik

4.1 Regelbindungen – Mindestquoten

Bedeutsamer als eine rein quantitative Konsolidierung ist die optimale Strukturierung der Ausgaben. Nur weil eine Vielzahl von Investitionserfordernissen keine direkten gesetzlichen Bindungen aufwies und weil keine justitiablen Ausführungsbestimmungen bezüglich von kreditfinanzierbaren Investitionen gemäß Art. 115 GG energisch angestrebt wurden und existieren, ist die Konsolidierung in den letzten Jahren, insbesondere für die Konvergenzbeurteilungen für den Eintritt in die Währungsunion zum 01.01.1999, zunächst über die zeitliche Streckung und dann über die Streichung von Investitionen bzw. Investitionsausgaben in Bereichen wie Infrastruktur, Schulen und Hochschulen erfolgt.

Dabei ist auch im Rahmen der Überwachung der Haushaltslage in den Mitgliedsstaaten nach Art. 104c Abs. 3 EG-Vertrag ein Budgetdefizit im Umfang der Ausgaben für öffentliche Investitionen selbst beim Überschreiten der Referenzwerte weder übermäßig noch Disziplinierungsmaßnahmen erzwingend. Der SVR berücksichtigt es mit einem bei steigender Investitionsquote sinkenden strukturellen Defizit.

Die auf das reale BIP bezogene volkswirtschaftliche Investitionsquote liegt unter 10 v. H. (9,2 v. H. bzw. in den alten Bundesländern 8,3 v. H. im Jahre 1998) in Deutschland und darüber u. a. in den USA, Spanien, Österreich und den Niederlanden. Die Investitionsquote der Körperschaften insgesamt, dargestellt über die Ausgaben der Kapitalrechnung der VGR, liegt unter 5 v. H., nachdem sie u. a. durch die Wiedervereinigung und Konvergenzkriterien von 6,7 v. H. im Jahre 1992 auf 5,98 v. H. in 1994 und 4,9 in 1997 gesunken ist.

Devisenmärkte bewerten Zukunftsperspektiven und damit letztlich auch die Arbeitsmarkt-, Sozial-, Bildungs- und Wissenschaftspolitiken aller Länder der EWU. Fiskalpolitische Ineffizienzen können in einem flexiblen Wechselkurssystem anhaltende Abwertungen bedingen und ein Fest-Kurs-System zu Fall bringen. Da ein derartiger Marktmechanismus in der EWU für einzelne Länder nicht mehr möglich ist, können Strukturvorgaben bezüglich der das endogene Wachstum stimulierenden Ausgaben, bspw. in Form von einzuhaltenden Mindestquoten für Investitionen, für Bildungsausgaben bzw. Schule und Hochschule sowie für FuE-Ausgaben sinnvoll sein.[15] Derartige Mindestquoten können auf die gesamten staatlichen Ausgaben, auf das BIP oder pro Kopf berechnet werden. Sie wirken wie ein System flexibler Regelbindungen zur Sicherung bestimmter Aufgaben bzw. einer wachstumsorientierten Ausgabenstruktur.[16] Sie können national, aber

[15] Es kann für die Mindestquoten bspw. festgelegt werden: a) ein absoluter Wert (z. B. eine Mindestquote für Investitionen um 10 v. H.), b) die Nichtunterschreitung des Vorjahreswertes oder c) der Durchschnitt der Werte der fünf OECD-Länder mit der höchsten Quote im Vorjahr.

[16] Eine Flexibilisierung dieser Regel beispielsweise in Form eines an langfristig erwarteten Ausgabenrenditen orientierten optimierten Strukturansatzes ist ebenso möglich wie in

auch über die EU entwickelt und eingeführt werden. Die aus der Zentralbank-Diskussion bekannten Kontraktlösungen bzw. Principal-Agent-Ansätze können dann für einzelne Ausgaben-Politiken bzw. Ämter zu anreizorientierten Instrumenten werden.

Mit einem über Mindestquoten eingegrenzten fiskal- und verteilungspolitischen Rahmen sind untrennbar verknüpft die Einführung sowohl einer staatlichen Vermögensrechnung als auch von betriebswirtschaftlichen Kontroll- und Steuerungsinstrumenten (Rechnungswesen, Controlling) auf der Durchführungsebene. Es bedarf eines ökonomischen „Governance-Ansatzes".

Darüber hinaus setzt eine effektive, allokationsorientierte Fiskalpolitik klare Zuständigkeiten und Verantwortlichkeiten sowie Transparenz voraus. Staatliche Aufgabenbereiche sind wieder klar zu definieren und abzugrenzen.

So sind beispielsweise Fort- und Weiterbildung sowie Berufsausbildung Aufgaben des privaten Sektors bzw. der Unternehmen und/oder des Schulwesens der Länder. Es sind weniger die unterschiedlichen landesspezifischen Regeln das Problem des Föderalismus, sondern die (u.a. infolge zunehmend zentral diskutierter Parteipolitiken aber auch der Ausgestaltung der Systeme des Finanzausgleichs) fehlende Transparenz und die geringe Effizienz des institutionellen Wettbewerbes. Zunehmende Aktivitäten der Bundesanstalt für Arbeit in diesem Bereich (einschl. der außerbetrieblichen Ausbildung in den FNL) und Programme wie das „Sofortprogramm zum Abbau der Jugendarbeitslosigkeit" des Bundes bzw. entsprechende Arbeitsmarktpolitiken führen zu Überschneidungen, Intransparenz, ungenügenden Effizienzkontrollen bei den einzelnen Maßnahmen bzw. Ausgabentiteln und damit zu Vergeudung. Die gleichzeitige tendenzielle Zentralisierung wird zunehmend weniger als Systemverstoß bezüglich des bundesrepublikanischen Föderalismus und der Subsidiarität problematisiert. Derartige neu übernommene Aktivitäten überdecken Defizite in der Schul- und Berufsschulausbildung der Länder und Politikversagen, ohne sie letztlich zu beseitigen. Gleichzeitig schwächt der Staat mit der Übernahme privatwirtschaftlicher Aufgaben (und Ausgaben) die persönliche Initiative und Verantwortung für das eigene Humankapital und noch mehr die unternehmerische Verantwortung und Initiativen zur Aus- und Weiterbildung sowie zur Gründung vollkommen privatwirtschaftlicher Bildungseinrichtungen (vgl. auch SVR 1998, Ziffer 242). Zentralisierungen oder die Bildung von größeren staatlichen Einheiten sind (wie bei Unternehmen) nur dann wohlfahrtssteigernd, wenn Skalenerträge bzw. sog. economies-of-scale der Standardisierung in der Produktion oder in der Verwaltung erwartet werden können. Dieses ist aber gerade im Bereich von FuE, Bildung und Ausbildung nicht der Fall. Derartige Maßnahmen und Einsparungen gehen hier zu Lasten der Qualität.

Form von temporär beschränkten sog. escape-clauses bei asymmetrischen nationalen oder bei asymmetrisch sich auswirkenden internationalen Schocks.

4.2 Notwendiger Subventionsabbau und Liberalisierung

Eine anhaltende, wachstumsorientierte Konsolidierung der Staatsfinanzen beinhaltet eine Reduktion der Steuerbelastung und Kreditaufnahme und damit eine Reduktion der Ausgabenquote durch den Abbau der Subventionen. Während für 1997 die VGR rd. 67 Mrd. DM und damit eine am BIP gemessene Quote von 1,9 v. H. verzeichnet, weisen der 17. Subventionsbericht der Bundesregierung unter Einschluß von Steuervergünstigungen 107,5 Mrd. DM und das Institut für Weltwirtschaft mit seiner weiteren Definition 291 Mrd. DM aus. Dabei ist wegen einer nicht systematischen Erfassung der Subventionen über das Instrument der Steuergesetzgebung die Subventionsquote nicht einmal vollständig ermittelbar. Sie wird unterschätzt. Die Staatsquote ist im Umfang der Subventionsquote im Sinne einer langfristig akzeptablen wachstumsverstetigenden Staatsquote zu hoch.

Die hier dominierenden Partialinteressen verursachen gesamtwirtschaftliche Persistenzeffekte (auf dem Arbeitsmarkt, im Außenhandel usw.). Die politische Brisanz und Schwierigkeit eines notwendigen Subventionsabbaus sind offensichtlich. Dabei gibt es durchaus schwierige ökonomische Entscheidungsfälle bei relativ schwachem Lobbying wie im Schiffbau und offensichtliche Entscheidungsfälle bei relativ starkem Lobbying wie in der Landwirtschaft und im Kohlebergbau. Allfällig ist stets der Hinweis auf die Subventionspolitiken anderer Länder und die damit verbundene (allerdings nicht stets) notwendige, aber schwierige internationale Koordination u.a. über die WTO. Dabei sind eng mit einem Subventionsabbau verbunden die Liberalisierung von Märkten (auch im Energiebereich). Bedeutsam aber bleibt, die ordnungspolitische Orientierung zu stärken und sie nicht durch eher ad hoc politische Koordination in der EU und der WTO usw. zu ersetzen.

4.3 Zum Strukturwandel

Wachstum läßt sich mittels traditioneller Modelle vom Typ Solow, Harrod-Domar usw. und damit über den technischen Fortschritt sowie das Wachstum der Faktoren Arbeit und Kapital bzw. deren Produktivitäten prinzipiell verstehen. Allein eine sektoral disaggregierte und dynamische Entwicklungsanalyse zeigt den Prozeß von Strukturwandel und Wachstum. Der Strukturwandel erfolgt ausschließlich über Investitionen aufgrund des Kapitalcharakters aller Produktionsfaktoren, d.h. des Faktors Arbeit bzw. Humankapital ebenso wie jeglicher Informations-, Kommunikations- und Transportstruktur sowie aller Sachkapitalgüter, Technologien und ökonomischen Institutionen wie beispielsweise der Märkte, der Börsen und des Rechts.

Alle Faktoren und Standorte sind im Wachstum endogen. Bei einem Vergleich des Wachstums (gemessen am realen BIP pro Kopf) der USA und Deutschlands anhand von IWF-Statistiken ist interessant, daß die USA ein nahezu (durchschnittliches, geglättetes) konstantes langfristiges Wachstum bei einer durchschnittlich gleichbleibenden Arbeitslosenquote von knapp 6 v. H. haben, während Deutschland nach dem unmittelbaren sog. catching-up Prozeß nach dem Kriege eine tendenziell sinkende Wachstumsrate mit einer steigenden (auch Sockel-) Arbeitslosenquote aufweist. Das sich bei gestiegenem Wohlstand veränderte staatliche Verhalten bezüglich Investitionen, Forschung, Bildung und Ausbildung und die unterschiedliche strukturelle Integration können wesentlich dazu beigetragen haben, daß die Produktivitätsfortschritte in Deutschland beständig gesunken und unter die der USA gefallen sind.

Dabei änderte sich die Arbeitsnachfrage (integrationsbedingt) prinzipiell zugunsten der Ausgebildeten und der höherwertig Ausgebildeten (ohne daß netto ihre Pro-Kopf-Einkommen seit 1989 merklich gestiegen sind) und zu ungunsten nur eingeschränkt belastbarer und wenig qualifizierter bzw. kurzfristig nicht weiter qualifizierbarer jugendlicher und älterer Arbeitnehmer. In den das Wachstum der alten Sektoren, aber auch der neuen Sektoren der sog. immateriellen Dienstleistungen und handelbaren Eigentumsrechte vorantreibenden Bereichen von Software, Internet, Kommunikation usw. sind kaum sog. first-mover Vorteile in Deutschland im Gegensatz zu den USA, dort sogar mittels Humankapital u. a. aus Indien und Deutschland, realisiert worden.[17]

4.4 Zu FuE - Ausgaben

FuE-Ausgaben gelten nicht nur individual-betrieblich als ein entscheidender Motor für Beschäftigung und Wachstum. Die dabei nahezu stets anfallenden positiven externen Effekte bzw. ihre nicht mögliche vollständige Internalisierung schaffen nicht nur im Falle der Marktreife eines neuen Produktes über den einsetzenden, Schumpeter folgenden Imitationswettbewerb weitere Arbeitsplätze und Wachstum, sondern i. d. R. bereits über die Diffusion der neuen Ideen, der durchgeführten Versuche und des gewonnenen Know-how. Externalitäten und zwischen den Menschen erfolgende Kommunikation und Interaktion (bis hin zum Problem der Industrie- und Entwicklungsspionage), die über reine Agglomerationseffekte hinaus gehen, sind einerseits mit eine Ursache für das endogene Entstehen von Wachstumspolen und andererseits eine Begründung für eine staatliche Mitfinanzierung und auch Schaffung von Kompetenzzentren. Der Strang der Literatur ist lang, erinnert sei an die Arbeiten u. a. von Schumpeter und Grossman/Helpman (1991) sowie Aghion/Howitt (1998) ebenso wie bereits an das Konzept von Externalitäten eines sog. learning-by-doing von Arrow (1962) oder das der steigenden Skalenerträge bei Romer (1986). Allerdings existieren erhebliche Lücken in der empirischen Absicherung.

Gleichwohl: Die einzelstaatliche angebotsorientierte Fiskalpolitik in Form der FuE-Politik ist im Zielbereich der wissenschaftlichen und technologischen Grundlagen (Art. 130f, EGV) zur Sicherstellung der Kohärenz der diesbezüglichen nationalen Politiken gemäß Art. 130h EGV zu koordinieren und damit teilweise eingeschränkt. Eine Orientierung in Richtung auf (Hochgeschwindigkeits-)

[17] Es gibt viele mögliche Ursachen dafür. Eher regionale Ereignisse wie die Wiedervereinigung und der europäische Binnenmarkt haben die Notwendigkeit zur Weltmarktorientierung für deutsche Unternehmen zeitweise scheinbar reduziert. Darüber hinaus haben es Innovatoren und Querdenker bzw. wirtschaftlich Aktive, deren Aktivitäten zu neuen Asymmetrien führen, in Deutschland offensichtlich schwerer als in den USA

Internet und Kommunikationsnetze gab das Treffen in Lissabon am 23./24.03.2000. Diese mag in Verbindung mit dem geplanten Internet-Anschluß aller Schulen (bis ins Jahr 2002) und eines Rechtsrahmens für das sog. E-Commerce angesichts der (eher skeptisch zu bewertenden) Zielvorgabe von jährlich 3 v. H. reales Wachstum für die nächsten 10 Jahre auf eine Art von sog. New-Economy-Effekt abzielen oder auf eine angestrebten Wissens-Abgrenzung mit geopolitischem Führungsanspruch.

In Deutschland ist die FuE-Intensität, d. h. der Anteil der FuE-Ausgaben am BIP in den letzten 10 Jahren gesunken: von 2,43 v. H. im Jahre 1981 stieg er zunächst bis 2,88 v. H. im Jahre 1987, um seitdem auf 2,26 v. H. im Jahre 1997 zu fallen (SVR 1999, Tab. 79). Er liegt unter den Intensitäten der USA, Japans und Frankreichs. Dabei ist der Finanzierungsanteil durch den Unternehmenssektor auf 61,6 v. H. im Jahre 1997 gesunken (63,7 v. H. in 1998). Aktivitäten wurden teilweise ins Ausland verlagert, und der Anteil des Staates, der auch die allgemeinen Hochschulförderungsmittel beinhaltet, ist auf 36,2 v. H. gestiegen (34,2 in 1988).

Stärker steigende staatliche Ausgaben als Kompensat für zu schwach steigende FuE-Ausgaben der Unternehmen sind nicht zu rechtfertigen, da dann in der wachstumsorientierten Fiskalpolitik dieselben Gewöhnungs- und Mitnahmeeffekte eintreten wie in der u.a. deshalb obsolet gewordenen nachfrageorientierten fiskalischen Konjunkturpolitik.

Es genügt nicht, auf außerordentliche Externalitäten zu verweisen oder in weiteren Bereichen Aufgaben in Verbindung mit Quoten der Kofinanzierung zu übernehmen.[18] Durch die fehlende zusätzliche Ausfinanzierung werden so die staatlichen FuE-Ausgaben, einschl. jener für Studium und Ausbildung, im allgemeinen Erkenntnisbereich sowie im bezüglich der konkreten Anwendung diffusen Grundlagenbereich noch weiter reduziert, obwohl sie gerade hier steigen müßten und nur hier eindeutig zu rechtfertigen sind.

Die Abkehr der Politik von den traditionellen staatlichen Bildungs- und Ausbildungsaufgaben sowie der Sicherung und der Vermittlung von Grundkompetenzen ist denkbar. Die Folgen werden noch gravierender wenn, angesichts der weltweit zu beobachtenden zunehmenden zeitlichen Verkürzung der unternehmerischen Planungsperiode und Kapitalbindung sowie der Entwicklungsvorsprünge und Marktvorteile bei gleichzeitig steigenden Risikoprämien bzw. (Mindest-) Renditen, die Marktunvollkommenheiten im Bereich der eher mittel- bis langfristig umsetzbaren Forschung steigen.[19]

Es liegt in der Natur der Sache, daß Politiker, auch Industriepolitiker, die zukünftigen Wachstumsbereiche nicht benennen und beurteilen können. Dieses gilt auch bezüglich der anhaltenden Betonung der IK-Technologien. Staatliche Technologieförderung wird so u. U. militärstrategischen und geopolitischen Überlegungen, Lobbying-Einflüssen und polit-ökonomischen Erwägungen i.w.S., also

[18] So steigen in inneruniversitären Mittelverteilungsmodellen die Prozentsätze für Mittelzuweisungen in Abhängigkeit von den eingeworbenen Drittmitteln – sowohl im Bereich der Forschung als auch neuerdings im Bereich der Lehre über sog. Fortbildungs-GmbH oder besondere Master-Programme.

[19] Entsprechend erklärte die Industrie, daß sie für die Studierenden des sog. 100-Mio-DM-Informatik-Programmes keine Arbeitsplatzgarantien in drei Jahren abgeben kann.

auch EU-integrationspolitischen und partei-ideologischen, folgen. Dann ist die Beteiligung an einem internationalen Wettlauf in Form indirekter Subventionen und gelenkter Forschung mit staatlicher Verschuldung weder auszuschließen noch zu verhindern.

Mit der Unkenntnis auch der Politiker bezüglich der Zukunftsentwicklungen, mit der Unterbindung eines politischen Mißbrauches von Forschung und mit ordnungspolitischen Überlegungen läßt sich die konstitutionelle Freiheit von Wissenschaft, Forschung und Lehre gemäß Art. 5, Abs. 3 GG begründen. Diese ökonomisch aufgrund von Externalitäten und Marktunvollkommenheiten staatlich zu garantierende wissenschaftliche Forschung und Lehre ist nicht in ihrer Ausrichtung und Durchführung vom Mittel-Zuwender zu determinieren. Dadurch soll ein wettbewerbsfähiger Wissenschaftsstandort sowie ein flexibles Humankapital entstehen und mit der Befähigung zum lebenslangen Lernen im Wissenschaftsbereich überhaupt erst die Fähigkeit zu Innovation, zur Entwicklung sowie zur Aufnahme und Verarbeitung von u. a. über das Internet erfahrenen, anderenorts entstandenen, neuen Erkenntnissen geschaffen werden. Ob aufgrund dieser Überlegungen die Wissenschaft derart zu fördern ist, daß sie im internationalen Wettbewerb um exzellente Forscher finanziell bezüglich der Gehälter, Forschungsausstattung usw. bestehen kann (vgl. SVR 1999, Ziffer 467), mag strittig sein – nicht aber diese Freiheit.[20]

In der gar nicht mehr so neuen Literatur sind die Notwendigkeiten derartiger Fähigkeiten (Porter, 1990) und ihr Vorhandensein als Voraussetzung für wettbewerbsfähige Standorte überhaupt und damit die Attrahierung von (auch Direkt-) Investitionen (Lucas, 1993) wenig strittig. (Und trotz der ökonomischen Performance der USA ist das eher katastrophale öffentliche US-Bildungswesen nicht gut und beispielsweise das deutsche duale Ausbildungssystem nicht schlecht geworden.) Dieses gilt bezüglich der über die kurzfristige Verfügbarkeit von flexiblem Humankapital[21] attrahierbaren Investitionen mit ihren Beschäftigungseffekten. Es geht um die absolut und relativ steigende Bedeutung von immateriellen Dienstleistungen und Eigentumsrechten für das Wachstum (Thurow 1997, Tornell 1996, Clague, Keefer, Knack, Olson 1999), wie es mit dem Übergang vom GATT zur WTO letztlich für jedermann deutlich wurde.

FuE-Ausgaben sind nur eine Art von Indikator für das Potential von Produkt- und Prozeßinnovationen. Dabei sind in den letzten 4 Jahren die RCA-Werte (revealed comparative advantages), d. h. das Export-Import-Verhältnis einer Warengruppe (gemäß SITC-Klassifikation) zu dem aller Waren, auf relativ niedrigem

---

[20] Dieses gilt nicht nur bezüglich der vertraglich zugesagten Ressourcen ohne sog. explizite und implizite Haushaltsvorbehalte, sondern auch bezüglich der Gestaltungs- und Publikationsfreiheit bzw. -verpflichtung.

[21] Angesichts der Erfordernisse der kurzfristigen Verfügbarkeit und der beruflichen bzw. wissenschaftlichen Flexibilität, die kurzfristig eine hohe Rendite einer qualifizierten Zusatzausbildung erst ermöglichen, ist die Einführung von branchenbezogenen Ausbildungsberufen oder Studiengängen (wie der des Automobilkaufmanns anstelle des Kaufmannes oder des Dipl.-Immobilienwirtes anstelle des Dipl.-Kaufmannes) eher eine kurzfristige arbeitsmarktpolitische Maßnahme.

Niveau geblieben. Sie liegen bei Industriewaren der Spitzentechnik mit einer auf den Umsatz bezogenen FuE-Intensität von über 8,5, bei jenen der forschungsintensiven und bei denen der höherwertigen Technik unter 2 v.H..

Der Grubel-Lloyd-Index weist für Deutschland für alle drei Gütergruppen einen gesunkenen intraindustriellen Handel bei Vergleich des Jahres 1997 mit dem des Durchschnittes der Jahre 1991 bis 1997 aus (Welfens, 2000, S. 20). Die Werte sind beispielsweise größer in den USA, in Frankreich und auch in England. Dieses mag eine Folge relativ niedriger FuE-Ausgaben sein und einen Rückzug Deutschlands aus der internationalen Arbeitsteilung im Bereich der Entwicklung von forschungsintensiven, technologisch hochwertigen Waren anzeigen.

Sofern Humankapital und IK-Technologien komplementär sind, ist eine anhaltende Erhöhung des Wachstums nur bei einem ausreichenden Bestand an Humankapital und einer Wachstumsrate des Humankapitals möglich, die größer/gleich der der IK-Technologien ist. Für beide Bedingungen gilt:

- Erstens: Die Bedingung des ausreichenden (eigenen oder attrahierten) Anfangsbestandes gewinnt besondere Bedeutung aufgrund der hohen kumulativen Lerneffekte in den IK-Technologien. Dabei ist möglicherweise der Einstieg nur für eine gewisse Anfangszeit der Entwicklung dieser neuen Technologien möglich (vgl. auch Perez, Soete 1988), die Tür schlägt quasi bei einem gewissen Entwicklungsgrad der Technologie zu (und ist auch mittels sog. Greencards nur schwer wieder zu öffnen) . Bei bedingten und zeitlich begrenzten Einstiegsmöglichkeiten ergeben sich durch die bewußte Nutzung bzw. Nicht-Nutzung, d. h. durch die Spezialisierung in bestimmte Technologien die späteren Produktions- und Exportstrukturen eines Landes (vgl. u. a. Helpman 1998, Krugman, Obstfeld 1991).
- Zweitens: Die Rate der Humankapitalbildung sinkt mit (konstanten und) sinkenden Forschungs- und Entwicklungs-(FuE-)Ausgaben.

4.5 Zu Ausbildungsausgaben

In Deutschland ist das System von Schule, Berufsschule, Fachschule, Fachhochschule und Universität primär Länderaufgabe.[22] Mit dieser „Nicht-Zentralisierung“ sollen u. a. die Möglichkeit einer politischen Steuerung (Forschungslenkung, Indoktrination usw.) eingeschränkt, der Regionalbezug gestärkt, das Prinzip der Subsidiarität gesichert und der ökonomische Wettbewerb zwischen den Bundesländern gefördert werden.

Relativ veraltete oder ökonomisch rückständige (dezentrale regionale) Wirtschaftsstrukturen lassen gute Absolventen abwandern; wachsende Standorte attrahieren gute, in anderen Regionen oder Ländern ausgebildete Arbeitskräfte. Es wirken Bindungs- und Standortfaktoren.

Die Verluste an regionalen Humankapitalinvestitionen infolge der Mobilität des Faktors (in diesem Sinne birgt die beginnende Globalisierung der Arbeitsmärkte kaum Überraschungen) führten mit zu Finanzausgleichsforderungen zwischen den

---

[22] Es gibt daneben auch u.a. die Gemeinschaftsaufgaben, Universitäten der Bundeswehr ebenso wie private Fachhochschulen.

Bundesländern (sowie zu EU-Strukturfonds zur Vermeidung von ökonomisch bedingten und sinnvollen Wanderungen). Hochschulgründungen und -verlagerungen wurden Instrumente der regionalen Wirtschaftspolitik. Insgesamt kam es zu Mittelkürzungen. Letztere waren durchaus mit einem regional-provinziellen Nutzenkalkül und dem Gedanken verbunden, gegebenenfalls fehlende Spezialisten zu attrahieren aus anderen (Bundes-) Ländern (und später im Rahmen einer Zuwanderungsregel sowie Arbeitserlaubnissen mit sog. Green-Card aus anderen Ländern).[23]

Schulen sind seit Jahren gekennzeichnet durch zu niedrige Investitionsmittel (Renovierungen, Bauten, apparative Ausstattung und unzureichende PC's), falschen Einsatz der Lehrer (z.T. Reinigung von Klassenzimmern), zu hohe Lehrdeputate bzw. Klassenfrequenzen und ungenügende Infrastruktur (keine eigenen Arbeits- und Beratungszimmer, keinen Schreibtisch, PC usw.).

Systematisch gekürzt wurden und werden Universitätsetats,[24] die Ausbildung von Berufsschullehrern ist zu gering (es besteht heute schon ein Mangel) usw. Die BIP-Quote der Nettoausgaben betrug im Jahre 1994 für Schulen und vorschulische Bildung 2,07 v. H., für Hochschulen 1,3 v. H.. Es waren zusammen 6,1 v. H. der gesamten staatlichen Nettoausgaben. Pro Einwohner waren es 1995 für Schulen und vorschulische Bildung 1.262,32 DM und für Hochschulen 560,44 DM; das Land Brandenburg brachte für Hochschulen 186,07 DM und für Schulen sowie vorschulische Bildung, einschl. Kindergärten plus Krippe 1694,31 DM pro Kopf auf. Für Wissenschaft, Forschung, Entwicklung außerhalb der Hochschulen waren es 1995 pro Einwohner in Deutschland 62,10 DM, in Brandenburg 88,90 DM.

Wenn Ökonomen unisono betonen, daß Humankapital Deutschlands wichtigste Ressource ist, dann sind derartige Ansätze und weitere relative Kürzungen bei anhaltend niedrigem Wachstum und aufgestautem Strukturwandel kontraproduktiv und bedingen weitere Persistenz- u.U. sogar Hysteresis-Effekte in Form anhaltend niedrigen Wachstums und hoher Arbeitslosigkeit. Andererseits sind weder Ausgabenerhöhungen generell stets wohlfahrtssteigernd, es treten auch hier abnehmende Grenzerträge ein, noch sind sie es in jedem Bereich. Zu den Grundsatzüberlegungen gehört:

- Erstens: Wenn eine Reihe von Fähigkeiten und Erfahrungen, aufgeteilt auf mehrere Mitarbeiter, bei steigender Arbeitsteilung mit neuen Berufsbildern komplementär sind, dann nützt in einem sog. catching-up Prozeß ein Import und eine zeitlich befristete Einstellung von Spezialisten nur dann etwas, wenn die komplementären Leistungsträger vorhanden sind. Ansonst gibt es weder den erhofften Wachstumsprozeß noch eine die Ausgaben rechtfertigende so-

[23] Die Schwierigkeiten mit einer derartiger i.d.R. auf 5 Jahre befristeten Arbeitserlaubnis liegen primär in der landesrechtlichen Zustimmung und aufenthaltsrechtlichen Genehmigung (ohne Prüfung) sowie in den Problemen der Sozialhilfe, Arbeitslosengeld, Kapitalisierung der Beitragszahlungen usw. und den nur begrenzten langfristigen Integrationsaussichten.

[24] Vertragliche Berufungszusagen werden selten voll eingehalten, die Abwanderung junger qualifizierter, stark motivierter Kräfte in Kauf genommen, „fiskalisch" der Juniorprofessor eingeführt, teure Evaluierungsmodelle durchgesetzt; gleichzeitig kämpfen die Studierenden um Tutoren, Bibliotheks-Öffnungszeit bis 23 Uhr usw..

ziale Rendite aus der Zuwanderung. Ist dieses die Folge einer Kürzung der Ausgaben für FuE, Schul- und Hochschulwesen, so wirkt dieser Beitrag zur Erfüllung der EU-Defizitquoten kontraproduktiv.

- Zweitens: Die Globalisierung führt auch zu einer weiteren Privatisierung der Bildungsbemühungen.[25] Es kann also nicht generell um eine Ausgabenerhöhung gehen. Allerdings weisen viele Grundkompetenzen wie bspw. Lesen, Schreiben, Deutsch, Mathematik, ökonomische Logik und Kulturwissen eindeutig (wenn auch kaum zu quantifizierende) positive Externalitäten auf und begründen damit eine staatliche Finanzierung dieser allgemeinen und beruflichen Bildungsangebote.[26]

Dieses gilt aber auch in Bereichen der höheren Bildung. Das hier zunehmende In-Frage-Stellen des „alten“ gesellschaftlichen Konsens‘ und die Befürwortung von generellen Studiengebühren oder Akademikersteuern (mit Hinweisen der Art, daß „zwei Drittel der Gesellschaft die Hochschulbildung des einen Drittels finanzieren“) erfolgt zu undifferenziert. Sind beispielsweise die von der Industrie geforderten unmittelbar tätigkeitsqualifizierenden, praxisnahen und damit im jeweiligen Einkommen nahezu voll internalisierbaren Kosten von bestimmten Studienabschlüssen oder Studiengängen oder Lehrstühlen voll aus Steuermitteln bzw. knappen Universitätsetats öffentlich zu finanzieren? Die Frage stellt sich verstärkt angesichts vieler Konzepte mit „neuen“ Abschlüssen wie BA und MBA sowie MA. Hier eingesetzte öffentliche Mittel können zu einer weiteren Verzerrung im Bildungssektor zu Lasten von wirklich privaten Bildungseinrichtungen führen und ein sog. free-rider-Verhalten von Studierenden und auch von Unternehmen begünstigen.

Der Weg kann (auch bei einem prinzipiell öffentlich finanzierten ersten Ausbildungs- und Studienabschluß) nicht in einer per Gesetz und fiskalisch bewirkten Entwicklung der Universität und der universitären Studiengänge in Richtung einer höheren Berufsschule (einer modifizierten Fach-Hochschule) bei politisch ausgewählten Eliteinstitutionen oder sog. Centres of Competence liegen. Es kann nicht um die vollständige oder generelle Privatisierung bestimmter Studienfächer gehen, aber evtl. sollte an einer (staatlichen) Universität die Einrichtung bestimmter Lehrstühle nur dann erfolgen, wenn dauerhaft x-Prozent aus privatwirtschaftlichen Mitteln finanziert werden. Hier fehlt es auch am ökonomischen Engagement von Stiftungen und Unternehmen (neben den vielen „Lobbying“-Forderungen an die staatlichen Einrichtungen).

Verhalten sich die Unternehmen marktorientiert und werden die Ausgaben in diesem Bereich entsprechend gestaltet sowie rent-seeking nicht ständig belohnt, dann besteht sogar im Bereich der staatlichen Bildungsausgaben ein erhebliches

---

[25] So wie die Globalisierung alle Bedenken bezüglich einer Privatisierung der Telekom, der Post, der Bahn, der Bundesdruckerei usw. „weggefegt“ hat, werden auch spezifische Bildung und Ausbildung wieder mehr zu privatwirtschaftlich angebotenen und nachgefragten Gütern werden.

[26] Anders ausgedrückt: Wenn die Gesellschaft will, daß jeder bestimmte Bildungsinhalte kennt und hat, dann hat die Gesellschaft bzw. der Steuerzahler dieses Angebot auch zu finanzieren. Dieses gilt auch für bestimmte, nicht direkt über das Einkommen internalisierbare gesellschaftlich erwünschte Fähigkeiten, Studiengänge usw..

Potential für Kürzungen (dieser im Grunde indirekten Subventionierung von Unternehmen und Transferzahlungen an Studierende). Dann haben private und staatliche Akkreditierungs- und Rating-Agenturen für Transparenz, Qualität und einen funktionierenden privatwirtschaftlichen Ausbildungs-Dienstleistungsmarkt zu sorgen.[27]

5 Ausblick

Fiskalpolitik zur Nachfragesteuerung ist im Rahmen der EU und bei vergemeinschafteter Geldpolitik zumindest in Form der automatischen Stabilisatoren möglich (zumindest im Rahmen der Defizitquote bis 3 v.H.). Die Effizienz einer aktiven Konjunkturpolitik ist nicht zu erwarten. Dieses gilt auch für eine vergemeinschaftete Fiskalpolitik mit erheblichen zusätzlichen Problemen wie hohen Koordinationskosten und einem EU-Finanzausgleich bei nicht synchronen Konjunkturverläufen in den Mitgliedsländern trotz des intraindustriellen Binnenmarkthandels.

Fiskalpolitik sollte im Sinne einer makroökonomischen Politik zur Stärkung und Verstetigung des Wachstums verstanden und entwickelt werden. Sie hat verstetigt primär über Ausgaben für Investitionen, FuE sowie Bildung und Ausbildung zu erfolgen ohne eine staatliche Lenkung der Technologien, Grundlagenforschung usw.. Dabei können einzuführende und gesetzlich zu fixierende Mindestquoten für diese Ausgaben wie flexible Regelbindungen nicht nur zu einer notwendigen qualitativen Konsolidierung (und Lösung von sog. principal-agent-Problemen für einzelne staatliche Aufgabenfelder) führen, sondern auch zu einer Art von Balance zwischen einer wachstums- und allokationsorientierten und einer verteilungsorientierten Politik führen bzw. eine Obergrenze für den gegenwärtigen Konsum durch die Garantie eines (Mindest-) Konsums in der Zukunft setzen. Aufgrund ihrer Bedeutung für die internationale und regionale Wettbewerbsfähigkeit eines Raumes unterliegt die Fiskalpolitik ebenso wie die Steuerpolitik mit steigender Globalisierung immer stärker dem Druck zur Systemkompatibilität.

---

[27] Überprüfen und revidieren die Unternehmen in immer kürzeren Abständen ihre unterschiedlichen Standortentscheidungen zunehmend global und zumindest EU-weit und setzt hier ein Wettlauf der Regionen ein, so können derart begründete Kürzungen regional zumindest kurzfristig kontraproduktiv sein und EU-Regelungen notwendig werden.

Literatur

Aghion P, Howitt P (1998) Endogenous Growth Theory. Cambridge, Mass

Allsopp C, Vines D (1998) The Assessment: Macroeconomic Policy After EMU. Oxford Review of Econ. Policy 14: 1–23

Arrow KJ (1962) The Economic Implications of Learning by Doing. Review of Economic Studies 29: 155–173

Buti M, Sapir A (1998) Budgetary Adjustment: The Role of the Stability and Growth Pact. In: Buti M, Sapir A (eds) Economic Policy in EMU. Oxford, p 102–127

Claque C, Keefer S Knack M, Olson M (1999) Contract Intensive Money: Contract Enforcement, Property Rights, and Economic Performance. Journal of Economic Growth 4: 185–211

European Central Bank, Annual Report, versch. Jgg., Frankfurt

Gros D, Thygesen N (1998) The relationship between economic and monetary integration: EMU and national fiscal policy. In: European Monetary Integration, 2nd edition, Harlow, p 317–368

Grossmann G, Helpman E (1991) Innovation and Growth in a Global Economy. Cambridge (MA)

Helpman E (1998) Explaining the structure of foreign trade: Where do we stand. Weltwirtschaftliches Archiv 134: 573–589

Krugman PR, Obstfeld M (1991) International Economics. Glenview, Boston London

Lucas RE jr (1993) Making a Miracle. Econometrica: 251–272

Perez C, Soete L (1988) Catching Up in Technology: Entry Barriers and Windows of Opportunity. In: Dosi G, Freeman C, Nelson RR, Silverberg G, Soete L (eds) Technical Change und Economic Theory. London

Porter M (1990) The Competitive Advantage of Nations. London

Romer PM (1986) Increasing Returns and Long-Run Growth. Journal of Political Economy 94: 1002–1037

Sachverständigenrat zur Begutachtung der gesamtwirtschaftlichen Entwicklung (versch. Jg.), Jahresgutachten 1997/98, 1998/99, 1999/00, 2000/01. Wiesbaden

Sachverständigenrat zur Begutachtung der gesamtwirtschaftlichen Entwicklung (1998) Wirtschaftspolitik unter Reformdruck. Deutscher Bundesrat, Drucksache 698/99 vom 29.11.99, Bonn

Spill P, Fuhrmann W (2000) Alterssicherung, Umlagesystem und Kinder. www.Finanzwissenschaft.de, Nr. 2, Stand: 01.02.2000

Thurow LC (1997) Needed: A New System of Intellectual Property Rights. Harvard Business Review, Sept.-Oct.: 95–103

Tornell A (1996) Economic Growth and Decline with Endogenous Property Rights. Journal of Economic Growth 2: 219–103

Wagner H (Hrsg, 2000) Globalisation and Unemployment. Heidelberg

Welfens PJJ (2000) Wachstums-, Beschäftigungs- und Innovationsprobleme in der Triade, Beitrag zum EIIW-Workshop „Wachstum und Innovationspolitik in Deutschland und Europa“, Potsdam, 14.04.2000

G. Langfristige Wachstums- und Produktivitätstrends Europa vs. USA?

Bernhard Felderer[1]

1 Einführung

Der Beitrag stellt zunächst die unterschiedlichen Wachstums- und Produktivitätsentwicklungen dar und prüft kritisch einige bekannte Thesen zu diesem Thema. Dabei wird auch etwas ausführlicher auf die Vermutung eingegangen, daß Globalisierung und New Economy die Volatilität der US-Wirtschaft reduziert hätten.

Die erste Graphik stellt die unterschiedlichen Wachstumsraten der USA und der 11 EURO-Länder dar. Um die Trends besser hervortreten zu lassen, werden gleitende Durchschnitte verwendet.

Um die Problematik der Sondersituation der Nachkriegszeit in Europa weiträumig zu umgehen, beginnen die Zeitreihen erst Mitte der 60er Jahre. In den 60er Jahren liegt das reale Wachstum in Europa über dem der USA. Aber in beiden Teilen der Welt sinken tendentiell die Wachstumsraten bis Anfang der 80er Jahre. Danach folgt in den USA eine Phase hohen Wirtschaftswachstums in den 80er Jahren mit Höhepunkten um die Mitte der 80er Jahre. Europa vollzieht diesen Aufschwung mit einer kleinen Verzögerung nach, allerdings bleiben die Wachstumsraten und die Beschäftigungszunahme wesentlich hinter jenen der USA zurück. Obwohl der Höhepunkt des europäischen Zyklus Ende der 80er Jahre bis Anfang der 90er Jahre durch nicht wiederholbare Ereignisse wie Ostöffnung, Arbeitsmigration und deutsche Wiedervereinigung stark unterstützt wurde, lagen die Wachstumsraten deutlich unter jenen, die die USA Mitte der 80er Jahre realisieren konnten. Der Aufschwung der 90er Jahre zeigt wieder ein ähnliches Muster wie der der 80er: In den USA ist die reale Wachstumsrate des Bruttoinlandsprodukts höher, der Beschäftigungszuwachs und die Reduzierung der Arbeitslosigkeit stärker.

Um von den Wirkungen des volatileren amerikanischen Arbeitsmarktes zu abstrahieren, betrachten wir einen Vergleich der Entwicklung der durchschnittlichen Arbeitsproduktivität.

[1] Ich danke Frau Andrea Weber, Wien, für die Hilfe bei den statistischen Berechnungen und den Teilnehmern an Seminarveranstaltungen am CESifo München, der Universität zu Köln und dem IHS Wien für hilfreiche Hinweise.

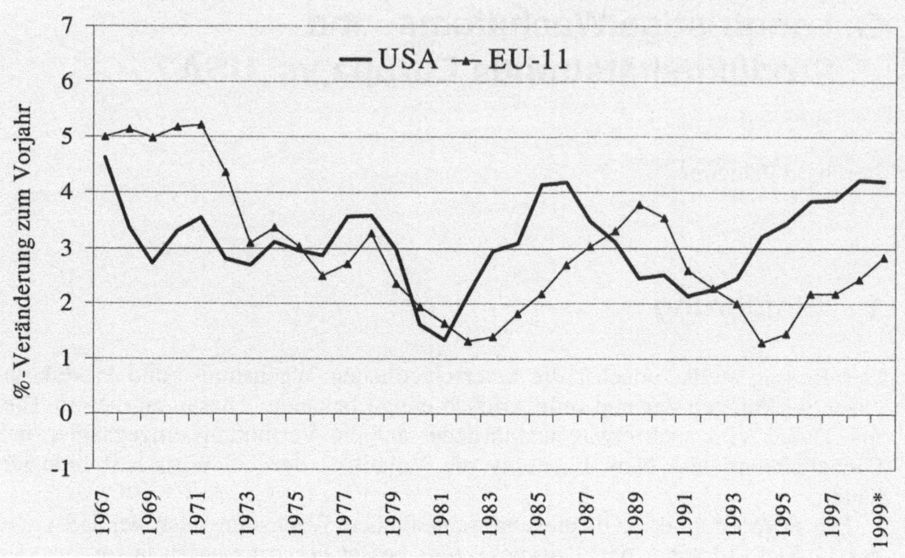

* provisorisch

Quelle: OECD, IHS

Abb. G1. Wachstum des realen BIP – gleitender Durchschnitt (fünf Jahre)

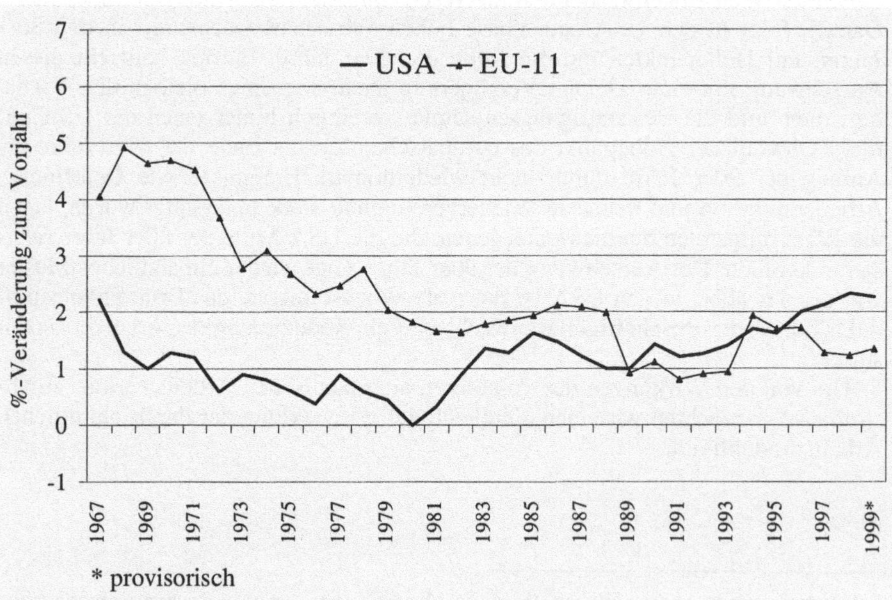

* provisorisch

Quelle: OECD, IHS

Abb. G2. Wachstum der Arbeitsproduktivität – gleitender Durchschnitt (fünf Jahre)

Abb. G2 hebt hervor, was in der Betrachtung der Wachstumsraten noch nicht deutlich erkennbar war, daß nämlich die Unterschiede zwischen den USA langfristiger, tendentieller Natur sind: Die Wachstumsrate der Arbeitsproduktivität der USA und Europas weist in der Nachkriegszeit bzw. in dem hier betrachteten Zeitraum seit Mitte der 60er Jahre einen sinkenden Trend auf. Während aber seit 1981 in den USA die Wachstumsrate der Arbeitsproduktivität tendentiell wieder zunimmt und inzwischen über der Zuwachsrate der europäischen Staaten liegt, ist eine vergleichbare Trendumkehr in Europa nicht erkennbar.

Im Folgenden wird versucht, einige Thesen zur Erklärung dieser Unterschiede zu erläutern und zu bewerten.

2 Die These von der „New Economy“

Nach dieser Ansicht hätte die *new economy* in den USA ihre Wirksamkeit gezeigt, während dies in Europa nicht oder nur geringfügig der Fall ist. Was aber *new economy* bedeutet, bleibt i.d.R. ungenau definiert. Offenbar handelt es sich um eine Mischung von Anwendungen von Informations- und Kommunikationstechnologien und den daraus resultierenden, erhöhten Wachstum auf der einen Seite und Deregulierung und institutionelle Innovation auf der anderen Seite. Man bekommt den Eindruck, daß unterschiedliche Autoren auch unterschiedliche Vorstellungen von dem haben, was die *new economy* eigentlich ausmacht. Alle haben allerdings die beeindruckende Entwicklung der US-Volkswirtschaft während der letzten 10 Jahre oder eventuell auch etwas länger vor Augen.

Diese Entwicklung sei gekennzeichnet durch einen höheren Wachstumstrend, hinter dem ein tendentiell höherer Produktivitätsfortschritt steht. Auch wird vermutet, daß der *tradeoff* zwischen Inflation und Beschäftigung dadurch beeinflußt wurde, daß die NAIRU (*non-accelerating inflation rate of unemployment*) gesenkt wird, d.h. eine Ökonomie kann länger expandieren und der vom Arbeitsmarkt ausgehende Inflationsdruck setzt in einer späteren Phase des Konjunkturzyklus ein. Damit ergäben sich neue Formen von Konjunkturzyklen. Die Produktivitätszunahme habe zudem teilweise andere Ursachen: Externalitäten und Skalenerträge würden durch neu entstehende Netzwerke an Bedeutung gewinnen. Die Skalenerträge nähmen mit zunehmender Größe der Netzwerke zu.

Wenn in dieser Studie eine engere Definition des Begriffs *„New Economy“* bevorzugt wird und darunter die zunehmende Verwendung von Informations- und Kommunikationstechnologien (ICT) und die daraus resultierenden Produktivitätsfortschritte verstanden werden, also aus den technischen Veränderungen möglicherweise induzierte institutionelle Änderungen ausdrücklich ausgeschlossen werden, so hat dies seinen Grund darin, daß diese Fragen erst im nächsten Gliederungspunkt behandelt werden.

Über die Ökonomie der USA, dem Land, in dem sich die *new economy* zu realisieren scheint, sind verschiedene neuere Studien zum Beitrag der ICT zum Produktivitätsfortschritt durchgeführt worden. Neben der Arbeitsproduktivität wird auch die totale Faktorproduktivität betrachtet. Letztere hat sich nach Oliner und

Sichel (Oliner and Sichel, 2000) von 0,6% jährlich in der Periode von 1991-95 auf 1,25% in der Periode 1996-99 erhöht. Jorgenson and Stiroh erhalten ähnliche Ergebnisse und argumentieren, daß der ICT-Sektor eine wichtige Rolle gespielt hat (Jorgenson and Stiroh, 2000). Eine Betrachtung nach Industrien zeigt, daß nicht nur der ICT-Sektor selbst, sondern zahlreiche andere Industrien zum Anstieg der totalen Faktorproduktivität beitragen. Inwieweit es sich dabei bereits um Auswirkungen der Anwendung von ICT in diesen Industrien handelt, konnte nicht festgestellt werden. Eine frühere Studie von R. Gordon kommt zu noch stärkeren Wirkungen der ICT auf den Produktivitätsfortschritt (Gordon, 1999). Obwohl die Informationstechnologie in den USA weniger als 10% des gesamten US-Output erzeugt, hat sie zwischen 1995 und 1999 wegen ihres hohen Wachstums und wegen fallender Preise jährlich durchschnittlich 30% zum realen Wachstum der gesamten US-Wirtschaft beigetragen (Digital Economy, 2000).

Tabelle G1. Informationstechnologie produzierende Unternehmen – Beiträge zum realen Wachstum USA

	1994	1995	1996	1997	1998	1999
%-Änderung des realen "domestic income"[1)]	4.2	3.3	3.5	4.7	4.8	5.0
IT-Beiträge in %-Punkten	0.8	1.0	1.2	1.3	1.3	1.6
Beiträge aller anderen Industrien in %-Punkten	3.4	2.3	2.3	3.4	3.5	3.4
IT-Anteil in % des "domestic income"	19.0	30.0	34.0	28.0	27.0	32.0

1) Nationales Einkommen der USA

Quelle: US Department of Commerce, Digital Economy 2000, S. 27.

Die USA befinden sich seit den 80er Jahren mit deutlicher Beschleunigung seit Mitte der 90er Jahre in einer Phase hoher Investitionen in Informationstechnologie. Alles deutet darauf hin, daß diese Strukturänderung bei den Investitionen auch während einer Zeit abgeschwächten Wachstums weiter anhalten wird.

Während der Anteil der Investitionen in Informationstechnologie an der Summe aller Ausrüstungsinvestitionen 1993 und 1994 im Durchschnitt noch bei 46% lag, stieg er in der Periode 1995-98 auf 65% und erreichte 1999 geschätzte 78% (U.S. Department of Commerce, 2000).

Dieses Wachstum der Investitionen erhöhte die US-Kapitalintensität der Produktion deutlich. Es kann nicht überraschen, daß sich dies auf die Entwicklung der Arbeitsproduktivität niedergeschlagen hat.

Tabelle G2. Beitrag von Informationstechnologischer Ausrüstung zu den gesamten Ausrüstungsinvestitionen USA

	1993	1994	1995	1996	1997	1998	1999
Wachstum der Ausrüstungsinvestitionen in %	11.4	11.8	11.9	11.0	11.5	15.8	12.1
Beitrag von IT-Investitionen in %-Punkten	5.4	5.3	7.4	7.5	7.5	9.8	9.4
Beitrag aller anderen Arten von Ausrüstungsinvestitionen in %-Punkten	6.0	6.5	4.5	3.5	4.0	6.0	2.7
Anteil der IT-Investitionen an allen realen Ausrüstungsinvestitionen in %	47.0	45.0	62.0	69.0	66.0	62.0	78.0

Quelle: US Department of Commerce, Digital Economy 2000, S. 29.

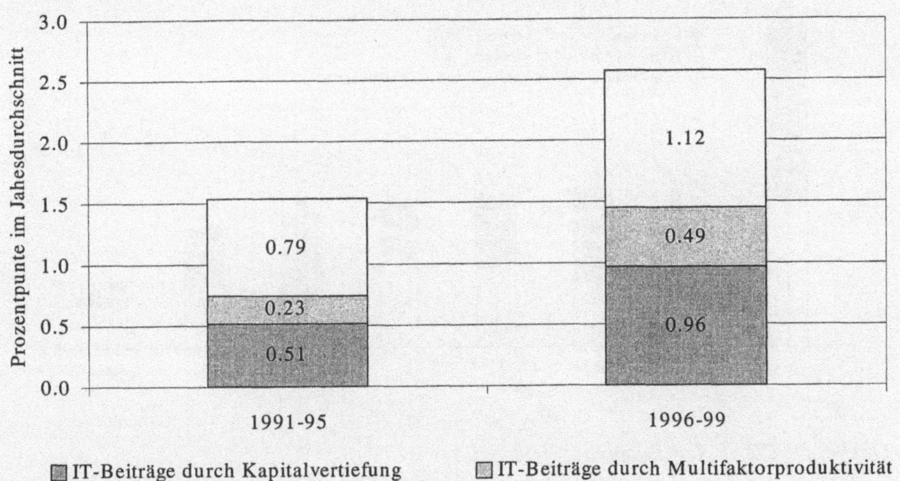

Quelle: US Department of Commerce, Digital Economy 2000, S. 35

Abb. G3. IT-Beiträge zur wachsenden Arbeitsproduktivität USA

Im IT-Beitrag zur totalen Faktorproduktivität kann man die Wirkung von sonst schwer meßbaren steigenden Skalenerträgen und anderer Wirkungen von IT auf die Produktivität erkennen.

Diese Beobachtungen beziehen sich alle auf die USA. Was wissen wir von anderen Industrieländern, die ebenfalls steigende Anteile ihrer Investitionen im Bereich der Informationstechnologie durchführen? Shinozaki (1999) findet, daß IT in Japan einen geringeren Beitrag zum Wachstum leistet, als dies in den USA festgestellt worden ist. Dies hängt mit einer wesentlich geringeren Geschwindigkeit der Implementierung von IT, aber auch mit geringeren IT-Investitionen zusammen.

Dieses Ergebnis scheint durchaus typisch für die wenigen nicht auf die USA bezogenen Studien. Den höchsten Wert berichtet eine Studie aus Korea (Yoo, 2000), nach der 40% des Wachstums 1999 aus dem ICT-Sektor komme. Dieses Ergebnis ist vor dem Hintergrund der besonderen Rolle der Exporte nach der Krise der koreanischen Wirtschaft von 1997 und der Bedeutung von IT in den Exporten erklärbar. Für die Niederlande werden 17% des BIP-Wachstums in der Periode 1996-98 dem IT-Sektor zugerechnet. Dies ist 4mal mehr als der Anteil dieser Industrie am BIP. Für die meisten Industrie-Staaten gibt es keine vergleichbare Untersuchung. Es sollen daher andere Indikatoren für einen Vergleich der USA insbesondere mit europäischen Ländern herangezogen werden.

Als wichtigster Indikator erscheint zunächst die Anzahl der installierten PCs pro Bevölkerungseinheit.

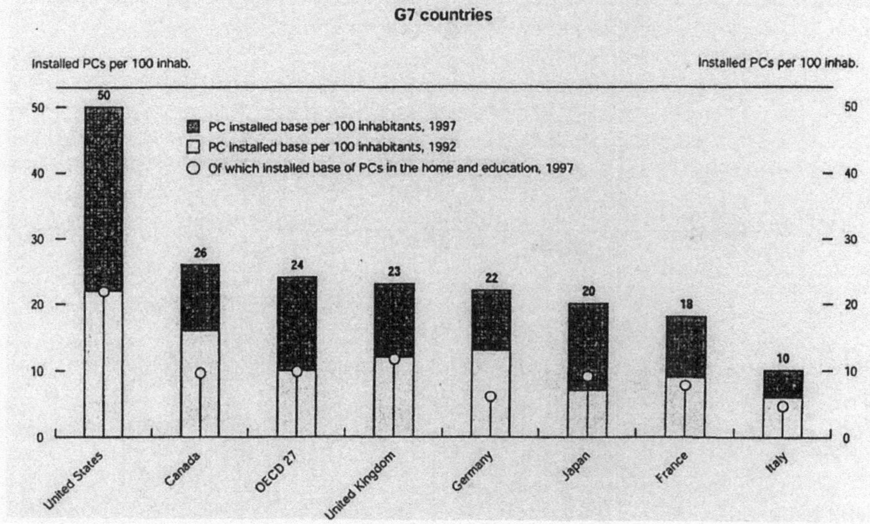

Quelle: OECD, A New Economy, 2000, S. 65

Abb. G4. Durchschnittliche PC-Dichte (Installationen in der OECD)

Das Schaubild zeigt, daß der Abstand zwischen den großen europäischen Ländern und den USA in den 90er Jahren deutlich gewachsen ist, d.h., daß es in den USA wesentlich größere Investitionen in den PC-Bestand gegeben haben muß. Im Falle Deutschlands ist besonders die Nutzung von PCs in Haushalten gegenüber den USA unterentwickelt. Im *business to business*-Bereich liegt Deutschland zwar besser als seine europäischen G7-Nachbarn, aber ebenfalls deutlich hinter den USA.

Während der einzelne *online user* normalerweise aus Kostengründen nur zeitweise mit dem Internet verbunden ist und Informationen geben oder erhalten möchte, sind die Maschinen, die die Kommunikation ermöglichen bzw. Auskunft erteilen können – die Server –, ständig ansprechbar. Man kann den *online user* als Nachfrager und das System von Servern als Angebot sehen. Voraussetzung für die kommerzielle Nutzung sind sogenannte sichere Server, d.h. die Information wird durch Verschlüsselung für Dritte nicht lesbar. Die Anzahl der sicheren Server wird daher allgemein als Indikator für den Entwicklungsstand der *internet economy* angesehen. Die folgende Abbildung zeigt, daß der Abstand zwischen Europa und den USA in der zweiten Hälfte der 90er Jahre dramatisch zugenommen hat.

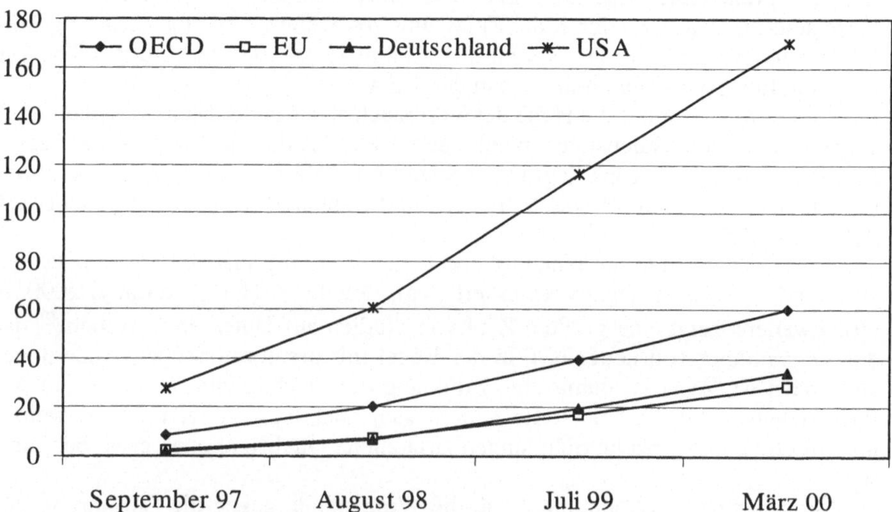

Quelle: OECD, A New Economy, 2000, S. 67

Abb. G5. Sichere Server pro 1 Million Einwohner

In den USA scheinen sich seit Mitte der 90er Jahre die Nachfrage nach und das Angebot von Dienstleistungen aus dem Internet gegenseitig zu verstärken. Ohne Zweifel haben US-Unternehmen in einigen Bereichen in den nächsten Jahren Vorteile des *first movers* auf globalem Niveau.

Kommen wir zur oben gestellten Frage zurück, ob die fortschreitende Durchdringung der Ökonomien in Europa und den USA mit Informations- und Kommunikationstechnologie die unterschiedlichen Wachstums- und Produktivitätsentwicklungen erklären kann.

Die Erklärungen oben haben sich mit Recht weitgehend auf die 2. Hälfte der 90er Jahre konzentriert, weil erst in den letzten Jahren die *internet economy* sich sehr verschieden entwickeln und einen unterschiedlicheren Beitrag zum Wachstum leisten konnte, als das früher der Fall war. Dieser unterschiedliche Beitrag zum Wachstum kommt in erster Linie von den in den USA relativ höheren ICT-Investitionen. Er kommt aber vermutlich auch zunehmend aus den Produktivitätsfortschritten, die in anderen Branchen durch ICT entstehen.

Warum hat sich in Europa die *internet economy* nicht mit derselben Geschwindigkeit wie in den USA entwickelt? Es handelt sich hier nicht um Wissen, das den Europäern nicht zugänglich war, sondern um die Implementierung von gehandelter *hardware* und bekannter *software*.

Es gibt dafür mindestens zwei Gründe: Erstens muß festgestellt werden, daß für Haushalte oder kleine Unternehmen der wesentliche Kostenfaktor der Internet-Partizipation die lokalen Telefonkosten sind. Sie stellen im Durchschnitt 2/3 der Kosten der Internetnutzung dar. Diese Telefonkosten sind in Deutschland und in einigen anderen europäischen Staaten Mitte der 90er Jahre erhöht worden (Änderung der Preisverhältnisse: *long distance, short distance).* Gegen Ende der 90er Jahre sind diese Kosten durch die Zulassung von weiteren Wettbewerbern gesunken. Dennoch liegen im Durchschnitt der Jahre 1995–2000 die Internet-Telefonkosten in Europa 2–3 mal höher als in den USA.

Darüber hinaus spielt die Höhe der Verbrauchsteuern oder Mehrwertsteuern auf Telekommunikationsdienstleistungen eine wichtige Rolle. In den USA beträgt der Steuersatz 10%, in Europa liegt Deutschland mit 16% (Ausnahmen: Schweiz und Luxemburg) am unteren Ende. Schweden und Dänemark erheben eine Mehrwertsteuer von 25%.

Die Kosten der Internet-Nutzung und Penetration mit *internet clients* oder Servern sind signifikant negativ korreliert (Vgl. OECD, A New Economy, 2000, S. 69). Zweitens zeigt eine größere Zahl von Studien auf Unternehmensebene[2], daß die Verwendung von neuer ICT in der Regel mit organisatorischen Änderungen verbunden ist. Zwar ist damit eine Erhöhung der Produktivität möglich, die Anforderungen an die Arbeitskräfte ändern sich aber bzw. steigen. Diese werden durch Lernen und gezielte Schulungen zusätzliche Qualifikationen erwerben müssen.

Von daher ist es verständlich, daß die Widerstände gegen die Einführung von ICT in einem deregulierten Arbeitsmarkt, wie er in den USA existiert, geringer sein werden als in Europa. Damit ist aber die Nutzung der Vorteile von ICT in den USA offenbar schneller und leichter zu erreichen als in Europa.

Fassen wir zusammen: Die These, daß ICT das Wachstum in den USA insbesondere in der 2. Hälfte der 90er Jahre stärker unterstützt hat als in Europa, ist nicht zurückzuweisen. Aber: Der Abstand zwischen Europa und den USA in diesem Bereich, der sich in der 2. Hälfte der 90er Jahre vergrößert hat, ist kein Zufall, sondern mit rationalem ökonomischen Kalkül erklärbar: Die Kosten des Einsatzes neuer ICT in den Unternehmen und die Kosten des Betriebs eines privaten PC waren in Europa in den 90er Jahren mehrfach so hoch wie in den USA.

---

[2] Hitt, L. and Brynjolfsson, E. (1997), Information Technology and Internet Firm Organisation: An Exploratory Analysis, Journal of Management Information Systems, Vol. 14(2). Brynjolfsson, E., Hitt, L. and Yang, S. (1998), Intangible Assets: How the Interaktion of Information Systems and Organisational Structure Affects Stock Market Valuations, forthcoming in Proceedings of the International Conference on Information Systems, Helsinki, Finnland. Bresnahan, T.F., Brynjolfsson, E. and Hitt, L. (1999), Information Technology, Workplace Organisation and the Demand for Skilled Labor: Firm Level Evidence, NBER Working Paper, No. 7136, May.

3 Die These von der geringeren Flexibilität Europas

Weshalb die offensichtlich weniger regulierten US-Arbeitsmärkte, bis in die 90er Jahre auch die Kapitalmärkte, die allgemein schwächeren Eingriffe des Staates in wirtschaftliche Entscheidungen – etwa im Bereich der Sozialpolitik – in manchen Schriften mit zur *new economy* gerechnet werden, bleibt unerklärbar: Denn das Mißtrauen gegen den freien Markt und die Hoffnung, daß der Staat zentrale Fragen jeder Wirtschaft und Gesellschaft wie z.B. Einkommensverteilungsfragen besser lösen kann, war in den USA schon immer wesentlich weniger verbreitet. Wenn aber ein Datum gefunden werden muß, ab dem eine Wende in den USA stattgefunden hat, dann bietet sich der Beginn der 80er Jahre an. Wie Abbildung G2 zeigt, weist die Wachstumsrate der Arbeitsproduktivität seit dieser Zeit einen steigenden Trend auf. Es ist kein Zufall, daß verschiedene Regulierungen von US-Arbeitsmärkten zu dieser Zeit aufgehoben worden sind. Mit *new economy* meint aber niemand die Deregulierungen und flexiblen Märkte in den USA, sondern offenbar die Verbindung dieser Märkte mit ICT. Unabhängig von dieser Definitionsfrage soll aber hier der Unterschied zwischen den Wachstums- und Produktivitätstrends der USA und Europa erklärt werden. Dabei spielen die Unterschiede in den Anpassungsgeschwindigkeiten an Schocks eine entscheidende Rolle.

Betrachten wir noch einmal Abbildung G2. Die anfänglich wesentlich größeren Wachstumsraten der Arbeitsproduktivität in Europa sind teils auf höhere Investitionen bzw. Kapitalwachstum, teils auf höhere Fortschrittsraten der gesamten Faktorproduktivität zurückzuführen. Die europäischen Regierungen hatten aus der Zwischenkriegszeit stark regulierte und abgeschlossene Ökonomien geerbt. Der langsame Abbau von Regulierungen und Verstaatlichungen war die eine von zwei wesentlichen Quellen des hohen Produktivitätsfortschritts bis in die 70er und teilweise noch in die 80er Jahre. Die Gründung der Europäischen Wirtschaftsgemeinschaft, der Zollabbau, die weitgehende Beseitigung nichttarifärer Handelshemmnisse hatten dabei einen wesentlichen Anteil. Sie erlaubten eine europaweite Resourcenreallokation und die Ausnutzung von Skalenerträgen. Die zweite wesentliche Quelle für den hohen Produktivitätsfortschritt Europas insbesondere in den 50er und 60er Jahren war die auch innerhalb jedes einzelnen Landes wirksame Reallokation von Arbeitskräften. Der Hauptstrom war der aus der Landwirtschaft in die Industrie und Dienstleistungen. Bei mehreren europäischen Ländern lag die Beschäftigung in der Landwirtschaft in der Nachkriegszeit noch bei 30-40% mit sehr geringer Produktivität[3].

Beide genannten Quellen des Produktivitätsforschritts waren den USA verschlossen. Das Land war ökonomisch durch einen nationalen Markt seit langem integriert und der Beschäftigungsanteil der Landwirtschaft war zu dieser Zeit schon wesentlich geringer als in Europa. Trotzdem blieb Europa relativ stärker reguliert und zwar sowohl durch staatliche Eingriffe als auch durch sozialpartnerschaftliche Vereinbarungen. Interessant ist, daß einige kleinere europäische Länder (z.B. skandinavische Staaten, Niederlande und Österreich) durch korporatistische Strukturen eine rasche Anpassung der Arbeitsmärkte an exogene Schocks

[3] Dieser Aspekt wird in den Berechnungen von E. Denison (1969) besonders deutlich.

erreichen konnten. Insgesamt aber blieb Europa durch die hohe Regulierungsdichte und den Wegfall der oben genannten Vorteile der Nachkriegsjahrzehnte in den 80er und 90er Jahren in der Produktivitätsentwicklung hinter den USA zurück.

Diese europäische Schwäche erweist sich als problematisch, nicht nur bei exogenen Schocks (z.B. Asienkrise, Energiepreise), sondern auch bei binnenwirtschaftlichen Anpassungen, wie sie die Anwendung neuer Verfahren oder Techniken aus dem Bereich der ICT darstellt.

4 Die These von der abnehmenden Volatilität

In Zusammenhang mit der Diskussion um die *new economy* wurde auch mehrfach auf die abnehmende Volatilität der US-Ökonomie der 90er Jahre hingewiesen. Ohne Zahlenmaterial wird unterstellt, daß dies anderswo nicht so sei. Die folgenden Überlegungen versuchen auch in dieser Frage, die Unterschiede zwischen den USA und Europa herauszuarbeiten.

Die Frage, ob die Amplituden von Konjunkturzyklen säkular oder wenigstens in der Zeit nach dem 2. Weltkrieg schwächer geworden sind, ist seit langer Zeit ein Diskussionsthema unter Ökonomen. Bis zur Rezession von 1974/75 wurde allgemein die Ansicht vertreten, daß die Konjunkturschwankungen der Nachkriegszeit und der Zukunft (Vgl. z.B.: A. Burns, 1960) geringer sind bzw. sein werden als früher. M. Bronfenbrenner konnte nach 1969 fragen: *"Is the business cycle obsolete?"* (M. Bronfenbrenner, 1969). Die Zweifel einer Minderheit haben die Grundtendenz nicht in Frage stellen können, daß nämlich Keynesianische Stabilisierungspolitik einen milden Konjunkturzyklus garantieren werde. Nach 1974/75 allerdings mehren sich die Zweifel: Knut Borchardt, der auch die Abschwächung des Zyklus in Frage stellt, vermutet 1976, daß "die Stabilisierung der Beschäftigung der Nachkriegszeit eher auf andere Umstände als auf eine besonders erfolgreiche Politik der Stabilisierung der Produktion zurückzuführen ist" (K. Borchardt, 1976).

Obwohl Fiskalpolitik immer weniger zur Stabilisierung eingesetzt wurde und das Interesse der Profession an Konjunkturfragen geringer wurde, sind in längeren Abständen immer wieder Studien zur Frage der Stärke der Zyklen veröffentlicht worden: M.N. Baily (1978), J. Bradford, De Long und L.H. Summers (1986) und N.S. Balke und R.J. Gordon (1997) haben für die USA gezeigt, daß die Volatilität der Konjunkturzyklen der Zeit nach dem 2. Weltkrieg 25–50% geringer als jene vor dem 1. Weltkrieg ist. Christina D. Romer (1986, 1989, 1991, 1999) kommt im Prinzip für die USA zur selben Schlußfolgerung. Allerdings findet bei ihr eine sorgfältige Überprüfung der Daten statt, die sie zum Schluß führen, daß die Unterschiede geringer sind, als von früheren Autoren behauptet. Die Konstruktion historischer Zeitreihen über Wachstums - oder Produktivitätsaggregate der Zeit vor dem 1. Weltkrieg geschieht nämlich zum Teil auf der Basis von Aufzeichnungen und Dokumenten, die volatiler als das Produktionsaggregat bzw. Bruttoinlandprodukt sind. Auch nach Berücksichtigung solcher statistischer Verzerrungen bleibt es bei der festgestellten tendentiellen Verminderung der Volatilität. Sie weist auch darauf hin, daß in der Nachkriegsperiode eine deutliche Abnahme der Zyklusstärke stattgefunden hat: Während für die Zeit von 1948 bis 1984 nur eine etwas geringere Volatilität als vor dem 1. Weltkrieg feststellbar ist, reduziert sich die Schwankungsstärke in der Zeit von 1985 bis 1997 ungefähr um die Hälfte gegenüber der Zeit vor dem 1. Weltkrieg.

Da vergleichende internationale Studien bisher kaum vorliegen oder mit sehr unzureichender Datenbasis arbeiten mußten[4], soll ein solcher Vergleich auf der Basis neuer Daten, die von Maddison (1995) auf der Basis von OECD Daten und zahlreicher nationaler Quellen zusammengetragen worden sind, hier präsentiert werden.

Wie auch in den oben zitierten Studien wird die Periode zwischen den beiden Weltkriegen wegen ihrer besonders starken Volatilität getrennt ausgewiesen. Als Maß für Volatilität werden die Standardabweichungen der Wachstumsraten des Bruttoinlandsprodukts pro Kopf verwendet.

Tabelle G3. Pro-Kopf Wachstum des BIP (Standardabweichungen)

	1870–1914	1922–1939	1951–1998
USA	4.99	7.44	2.39*
GBR	2.22	3.32	1.96
FRA	4.30	6.28	1.83*
DEU	3.41	8.30	2.76
ITA	3.97	3.88	2.46*
BEL	1.78	3.58	2.06
NL	2.67	3.86	2.29
AUT	3.60	6.79	2.52*
SWE	2.88	3.28	2.18+
DEN	1.83	3.49	2.30
FIN	3.16	4.25	3.11
NOR	1.79	4.06	1.63
SWI	0.61	3.81	2.62*
CAN	4.82	7.65	2.41*
AUS	6.30	3.60	1.88*
JAP	5.98	4.73	3.73*

Note: F-test der Differenzen in den Vorkriegsjahren (1870-1914) und den Nachkriegsjahren (1951-1998);
* signifikant auf 5% Niveau,
+ signifikant auf 10% Niveau.

Quelle: Maddison (1995), IHS Schätzung.

Das Resultat stützt die Hypothese von der abnehmenden Volatilität in den meisten Ländern. Bei einigen kleinen Ländern gibt es atypische Muster. So hat in der Schweiz, in Belgien und Dänemark die Volatilität sogar zugenommen. Im Fall einiger Länder ist die Verminderung gering bzw. nicht signifikant, z.B. Finnland.

---

[4] Sheffrin, S.M. (1988), Have Economic Fluctuations been Dampended?, Journal of Monetary Economics, 21, pp. 73-83.

Diese Ausnahmefälle sind auf historisch bedingte Sondereinflüsse zurückzuführen.

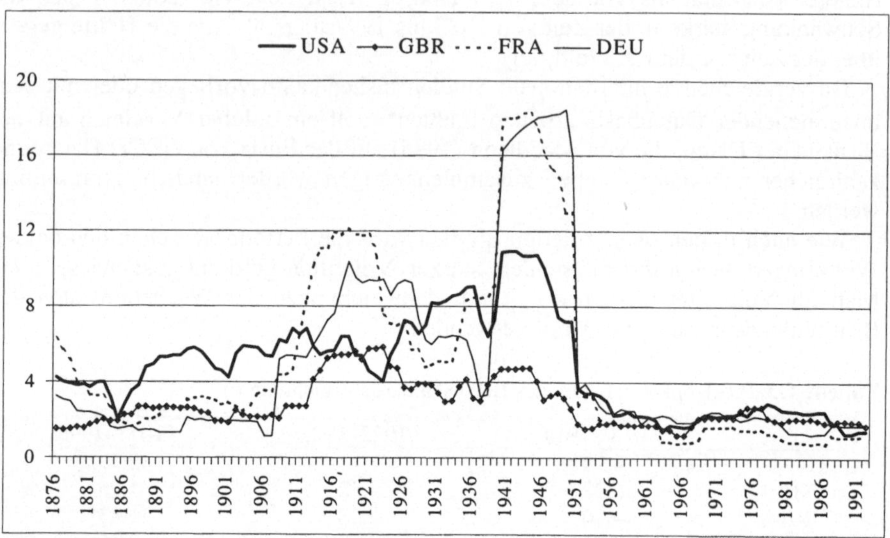

Quelle: Maddison (1995), IHS Schätzung.

Abb. G6. Gleitende Standardabweichungen des BIP pro Kopf (10-Jahres-Fenster)

Abb. G6 zeigt sehr anschaulich die Entwicklung der Volatilitäten. In der Zeit seit 1870 vor dem 1. Weltkrieg liegt die Volatilität der USA i.d.R. über der der europäischen Staaten. Nur Frankreich liegt auch wegen historischer Besonderheiten am Anfang dieser Periode darüber. Die Kurven in der Zeit zwischen den Kriegen sprechen für sich. In der Nachkriegszeit liege die Volatilität deutlich tiefer. Auffällig ist, daß die USA ihre Konjunkturschwankungen gegenüber der Zeit vor dem 1. Weltkrieg relativ am deutlichsten reduzieren konnte. Die Volatilitäten aller vier Länder steigen in den 70er Jahren noch einmal leicht an, um danach in den 80er Jahren deutlich zu sinken.

Um diese Nachkriegsperiode genauer unter die Lupe zu nehmen, folgen wir dem Vorgehen von Christina D. Romer für die USA und teilen die Nachkriegszeit in zwei Perioden: 1951-1984 und 1985-1998.

Tabelle G4. Pro-Kopf-Wachstum des BIP (Standardabweichungen)

	1951–1984	1985–1998
USA	2.71	1.37*
GBR	2.05	1.80
FRA	1.81	1.13*
DEU	2.90	1.54*
ITA	2.51	1.33*
BEL	2.20	1.51+
NL	2.55	1.55*
AUT	2.66	1.25*
SWE	2.06	2.02
DEN	2.48	1.74+
FIN	2.77	3.62
NOR	1.72	1.43
SWI	2.84	1.79*
CAN	2.48	2.09
AUS	1.99	1.62
JAP	3.56	2.40+

Beachte: F-test für Differenzen in den Jahren (1951-1984) und (1985-1998);
* signifikant auf 5% Niveau,
+ signifikant auf 10% Niveau.

Quelle: Maddison (1995), IHS Schätzung

Alle Länder mit Ausnahme von Finnland, das durch den Zusammenbruch der Sowjetunion eine Sonderentwicklung durchgemacht hat, zeigen eine deutliche Abnahme der Volatilität in der Nachkriegsperiode. Mit Ausnahme eines kleinen Landes, nämlich Österreich, sind es wiederum die USA, die von allen Ländern ihre Volatilität am stärksten reduzieren können. Da mit der Nachkriegszeit eine Trendentwicklung von rund 50 Jahren abgebildet wird und der Zusammenhang zwar in sehr unterschiedlichem Maße aber doch praktisch für alle untersuchten Länder festgestellt worden ist, ist es wohl nicht mehr möglich, das beobachtete Phänomen als historische Zufälligkeit zu qualifizieren.

Um die Teilung der Nachkriegsjahre in zwei Perioden von vor und nach 1986 nicht willkürlich erscheinen zu lassen, ist mit einem *chow-test* nach einem Strukturbruch gesucht worden. Ein solcher ist tatsächlich in den 80er Jahren, genau 1987, feststellbar. Die Wahl einer 2-Teilung mit 1985 als Trennungsjahr scheint daher sinnvoll.

Warum ist es zu dieser Verminderung der Volatilität gekommen? Ist es zutreffend, daß die Konjunkturstabilisierung im Laufe der Jahrzehnte besser geworden ist? In der Keynesianischen Periode haben Autoren wie A. Burns und viele andere die Feststellung bzw. Hoffnung auf abnehmende Volatilität des Konjunkturzyklus vor allem auf eine aktive Fiskalpolitik zurückgeführt. Nach deren zunehmender Bedeutungslosigkeit sehen andere Autoren wie Christina D. Romer in der erfolgreichen Geldpolitik à la Alain Greenspan die Ursache für eine Verminderung der Amplituden der Konjunkturschwankungen. Es bleibt unerfindlich, warum strukturelle Gründe kaum in Betracht gezogen werden. Sollte sich in allen oben untersuchten Ländern gleichzeitig eine Verbesserung der Qualität der geldpolitischen

Stabilisierung ergeben haben, die ausreicht, um das präsentierte Resultat zu erklären?

Warum sollten die Änderungen nicht auf Lernprozesse zurückgeführt werden können, Vorgänge, die insbesondere in der Nachkriegszeit eine besondere Dynamik erhalten haben? Ist es nicht möglich und wahrscheinlich, daß sich die Reaktion eines repräsentativen Konsumenten auf eine Verminderung des Wertes seines Aktienportefeuilles im Laufe der Jahrzehnte geändert hat, nachdem derselbe Konsument nach jedem *crash* einen neuen Boom erleben durfte? Ist es nicht wahrscheinlich, daß Investoren und Unternehmer eine ähnliche Erfahrung gemacht haben und ihre kurzfristigen oder statischen Erwartungen an langfristigen Entwicklungen orientiert haben und damit die Volatilität ihrer Investitionen reduziert haben? Diese beiden Reaktionen sind aber entscheidende Elemente jedes scharfen Konjunkturabschwungs gewesen[5]. Eine solide Veränderung der Erwartungsbildung muß daher auch konjunkturelle Änderungen bewirkt haben. Es scheint, daß es Zeit braucht, um mit freien Märkten leben zu lernen.

Die folgende Abbildung zeigt, daß der noch in den 60er und 70er Jahren enge Zusammenhang zwischen Aktienkursen und Konsum bzw. Investitionen sich seit etwa Mitte der 80er Jahre weitgehend abgeschwächt hat. Während also vorher ein Anstieg der Aktienkurse gleichzeitig oder mit einem *lag* zu einem Anstieg von Konsum und Investitionen geführt hat, ist diese Kausalität nach 1985 nur mehr schwach gegeben.

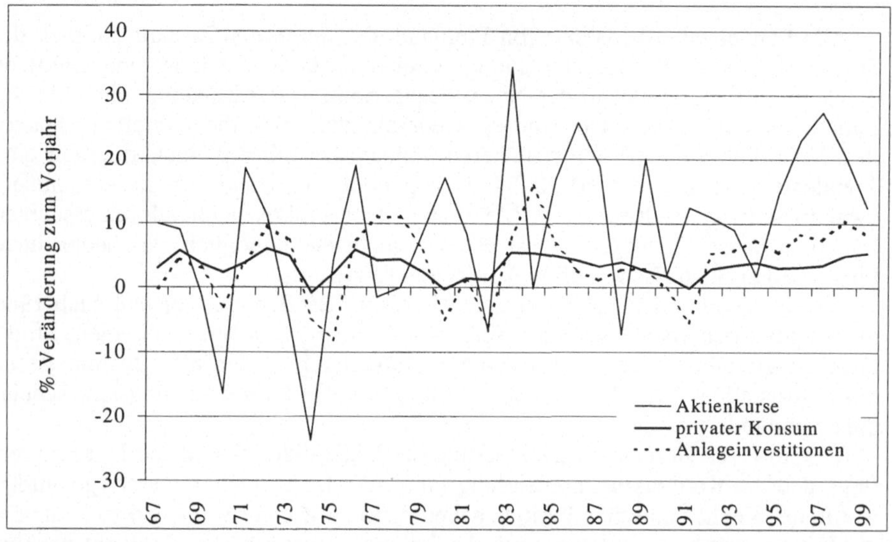

Quelle: OECD

Abb. G7. Aktienkurse, Konsum und Investitionen USA

[5] Unsicherheit hat ganz allgemein negative Auswirkungen auf das Pro-Kopf-Wachstum (Lensink, R., Bo, H. und Sterken, E., 1999).

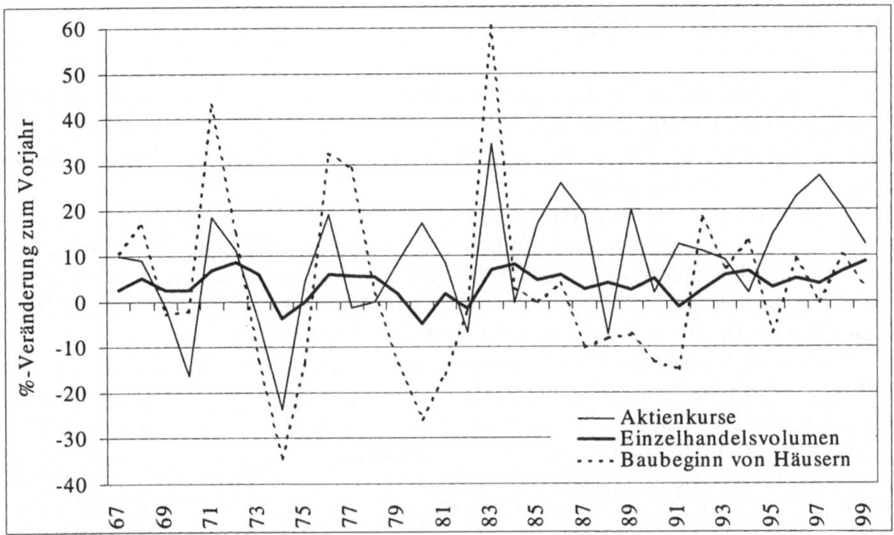

Quelle: OECD

Abb. G8. Aktienkurse und Haushaltsausgaben USA

Lernen wird durch verbesserte Information ermöglicht. Sowohl die Qualität als auch die Zugänglichkeit zu Informationen hat sich in den zurückliegenden Jahrzehnten wesentlich verbessert. Wenn diese Überlegung stimmt, müßte sich auch die zur Verfügung stehende Informationsmenge nach dem Entwicklungsstand eines Landes unterscheiden und damit auch die Volatilität beeinflussen. In der Tat geben die vorhandenen Daten in einem Querschnitt genau den Eindruck wieder, daß nämlich Länder mit geringem Pro-Kopf-Einkommen zu höherer Volatilität auf ihren Märkten bzw. des BIP-Aggregats tendieren, als Länder mit hohem Pro-Kopf-Einkommen. Die Volatilität in Ländern mit geringem Pro-Kopf-Einkommen ist höher, weil wegen schlechter Information nur wenig Lernen möglich war, die Erwartungen also eher statisch sein werden. Mit zunehmender Entwicklung und Lernen wird mehr Information effizienter verwendet.

Zurück zum Unterschied zwischen Europa und den USA: Eine Verminderung der Volatilität von realen Variablen, wie Einkommen und Beschäftigung, hilft Konjunkturabschwächungen gering zu halten und Rezessionen zu vermeiden. Damit wird die Wirtschaft länger und enger an ihrem Kapazitätspfad gehalten. Diese Veränderung der Erwartungsbildung ist eine weitere, bisher vernachlässigte Erklärung für einen Teil der unterschiedlichen Wachstums- und Produktivitätsentwicklung in Europa und den USA.

5 Schlußfolgerung

Es sind drei mögliche Erklärungen für die unterschiedliche Wachstums- und Produktivitätsentwicklung in Europa und den USA vorgetragen worden. Diese schließen sich gegenseitig keineswegs aus, sondern – wie oben schon erläutert – bedingen bzw. ergänzen einander.

Sicher gibt es auch noch andere Gründe für die unterschiedliche wirtschaftliche Entwicklung – beispielsweise könnte der hohe Nettokapitalzustrom in die USA in den 90er, insbesondere gegen Ende der 90er Jahre, Aktienkurse erhöht und damit die Investitionen positiv beeinflußt haben. Ich glaube aber nicht, daß dieser Effekt unter den heutigen US-Bedingungen von großer Bedeutung ist.

Die unterschiedlichen Entwicklungstrends zwischen den USA und Europa beruhen auf strukturellen Zusammenhängen und werden sich nicht kurzfristig beseitigen lassen. Der festgestellte Abstand wird trotz Abschwächen der wirtschaftlichen Dynamik in den nächsten Jahren fortbestehen.

Literatur

Baily MN (1978) Stabilisation Policy and Private Economic Behavior. Brookings Papers on Economic Activity 1: 11–59

Balke NS, Gordon RJ (1989) The Estimation of Prewar Gross National Product: Methodology and New Evidence. Journal of Political Economy, February 97: 38–92

Borchardt K (1976) Wandlung des Konjunkturphänomens in den Letzten Hundert Jahren. Bayrische Akademie der Wissenschaften, Philosophisch-Historische Klasse, Sitzungsberichte Jahrgang 1976, Heft 1.

Bresnahan TF, Brynjolfsson E, Hitt L (1999) Information Technology, Workplace Organisation and the Demand for Skilled Labor: Firm Level Evidence. NBER Working Paper No. 7136

Bronfenbrenner M (1969) Is the Business Cycle Obsolete? Based on a Conference of Social Science Research Council, Committee on Economic Stability, New York

Brynjolfsson E, Hitt L, Yang S (1998) Intangible Assets: How the Interaction of Information Systems and Organisational Structure Affects Stock Market Valuations. Forthcoming in: Proceedings of the International Conference on Information Systems, Helsinki, Finland.

Burns A (1960) Progress Towards Economic Stability. American Economic Review 50: 1–19

De Long JB, Summers LH (1986) The Changing Cyclical Variability of Economic Activity in the United States. In: Gordon RJ (ed) The American Business Cycle: Continuity and Change. University of Chicago Press, Chicago, pp 679–734

Denison EF (1969) Why Growth Rates Differ? Post War Experience in Nine Western Countries, Brookings Inst., Washington

Gordon RJ (1999) Has the 'New Economy' Rendered the Productivity Slowdown Obsolete? Northwestern University and NBER, mimeo

Hitt L, Brynjolfsson E (1997) Information Technology and Internal Firm Organisation: An Exploratory Analysis. Journal of Management Information Systems 14(2)

Jorgenson DW, Stiroh KJ (2000) Raising the Speed Limit: U.S. Economic Growth in the Information Age. Harvard University and Federal Reserve Bank of New York, March, Vol. 3, mimeo

Lensink R, Bo H, Sterken E (1999) Does Uncertainty Affect Economic Growth? An Empirical Analysis. Weltwirtschaftliches Archiv/Review of World Economics 135(3): 379–96

Maddison A (1995) Monitoring The World Economy 1820-1992. OECD, Paris

OECD (2000) A New Economy, The Changing Role of Innovation and Information Technology in Growth. Paris

Oliner SD, Sichel DE (2000) The Resurgence of Growth in the Late 1990s: Is Information Technology the Story? Federal Reserve Board, February, mimeo

Romer ChD (1986a) Spurious Volatility in Historical Unemployment Data. Journal of Political Economy 94 1–37

Romer ChD (1986b) Is the Stabilisation of the Postwar Economy a Figment of the Data? American Economic Review 76: 314–334

Romer ChD (1989) The Prewar Business Cycle Reconsidered: New Estimates of Gross National Product, 1869-1908. Journal of Political Economy 97: 1–37

Romer ChD (1991) The Cyclical Behavior of Individual Production Series, 1889-1984. Quarterly Journal of Economics 106: 1–31

Romer ChD (1999) Changes in Business Cycles: Evidence and Explanations. Journal of Economic Perspectives 13: 23–44

Sheffrin SM (1988) Have Economic Fluctuations been Dampened? Journal of Monetary Economics 21: 73–83

Shinozaki A (1999) An Empirical Analysis of Information-related Investment in Japan and its Impact on the Japanese Economy. Mimeo, Faculty of Economics Kyushu University, Japan

U.S. Department of Commerce (2000) Digital Economy 2000. Washington

Yoo KY (2000) The Role of Industry in Korean Economy. Korean Ministry of Finance and Economy, Seoul, mimeo

Tabellenverzeichnis

A. Wachstums-, Beschäftigungs- und Innovationsdynamik in der Triade

B. Wachstum und Strukturwandel: Trends, Muster und Politikoptionen

D. Internationale Innovationsdynamik, Spezialisierungsstruktur und Außenhandel – Empirische Befunde und wirtschaftspolitische Implikationen

E. Wachstumsdifferentiale Deutschland – USA: Befund, Analyse und Aspekte der New Economy

G. Langfristige Wachstums- und Produktivitätstrends Europa vs. USA?

Abbildungsverzeichnis

D. Internationale Innovationsdynamik, Spezialisierungsstruktur und Außenhandel – Empirische Befunde und wirtschaftspolitische Implikationen

E. Wachstumsdifferentiale Deutschland – USA: Befund, Analyse und Aspekte der New Economy

G. Langfristige Wachstums- und Produktivitätstrends Europa vs. USA?

Autorenverzeichnis

Dr. Georg Erber
Deutsches Institut für Wirtschaftsforschung (DIW)
Berlin

Prof. Dr. Bernhard Felderer
Staatswissenschaftliches Seminar der Universität Köln

Prof. Dr. Michael Fritsch
Technische Universität Bergakademie Freiberg
Freiberg/Sa.

Prof. Dr. Wilfried Fuhrmann
Universität Potsdam

PD Dr. Jürgen Jerger
Gerhard-Mercator-Universität Duisburg

Dr. Andre Jungmittag
Europäisches Institut für Internationale Wirtschaftsbeziehungen (EIIW)
Universität Potsdam

Prof. Dr. Jürgen Kromphardt
Technische Universität Berlin

Prof. Dr. Bart Verspagen
Universtiät Maastricht

Prof. Dr. Helmut Wagner
Fernuniversität Hagen

Prof. Dr. Paul J.J. Welfens
Europäisches Institut für Internationale Wirtschaftsbeziehungen (EIIW)
Universität Potsdam

Wirtschaftswissenschaftliche Beiträge

Band 148: J. Henkel, Standorte, Nachfrageexternalitäten und Preisankündigungen, 1997. ISBN 3-7908-1029-0

Band 149: R. Fenge, Effizienz der Alterssicherung, 1997. ISBN 3-7908-1036-3

Band 150: C. Graack, Telekommunikationswirtschaft in der Europäischen Union, 1997. ISBN 3-7908-1037-1

Band 151: C. Muth, Währungsdesintegration – Das Ende von Währungsunionen, 1997. ISBN 3-7908-1039-8

Band 152: H. Schmidt, Konvergenz wachsender Volkswirtschaften, 1997. ISBN 3-7908-1055-X

Band 153: R. Meyer, Hierarchische Produktionsplanung für die marktorientierte Serienfertigung, 1997. ISBN 3-7908-1058-4

Band 154: K. Wesche, Die Geldnachfrage in Europa, 1998. ISBN 3-7908-1059-2

Band 155: V. Meier, Theorie der Pflegeversicherung, 1998. ISBN 3-7908-1065-7

Band 156: J. Volkert, Existenzsicherung in der marktwirtschaftlichen Demokratie, 1998. ISBN 3-7908-1060-6

Band 157: Ch. Rieck, Märkte, Preise und Koordinationsspiele, 1998. ISBN 3-7908-1066-5

Band 158: Th. Bauer, Arbeitsmarkteffekte der Migration und Einwanderungspolitik, 1998. ISBN 3-7908-1071-1

Band 159: D. Klapper, Die Analyse von Wettbewerbsbeziehungen mit Scannerdaten, 1998. ISBN 3-7908-1072-X

Band 160: M. Bräuninger, Rentenversicherung und Kapitalbildung, 1998. ISBN 3-7908-1077-0

Band 161: S. Monissen, Monetäre Transmissionsmechanismen in realen Konjunkturmodellen, 1998. ISBN 3-7908-1082-7

Band 162: Th. Kötter, Entwicklung statistischer Software, 1998. ISBN 3-7908-1095-9

Band 163: C. Mazzoni, Die Integration der Schweizer Finanzmärkte, 1998. ISBN 3-7908-1099-1

Band 164: J. Schmude (Hrsg.) Neue Unternehmen in Ostdeutschland, 1998. ISBN 3-7908-1109-2

Band 165: A. Rudolph, Prognoseverfahren in der Praxis, 1998. ISBN 3-7908-1117-3

Band 166: J. Weidmann, Geldpolitik und europäische Währungsintegration, 1998. ISBN 3-7908-1126-2

Band 167: A. Drost, Politökonomische Theorie der Alterssicherung, 1998. ISBN 3-7908-1139-4

Band 168: J. Peters, Technologische Spillovers zwischen Zulieferer und Abnehmer, 1999. ISBN 3-7908-1151-3

Band 169: P. J. J. Welfens, K. Gloede, H. G. Strohe, D. Wagner (Hrsg.) Systemtransformation in Deutschland und Rußland, 1999. ISBN 3-7908-1157-2

Band 170: Th. Langer, Alternative Entscheidungskonzepte in der Banktheorie, 1999. ISBN 3-7908-1186-6

Band 171: H. Singer, Finanzmarktökonomie, 1999. ISBN 3-7908-1204-8

Band 172: P. J. J. Welfens, C. Graack (Hrsg.) Technologieorientierte Unternehmensgründungen und Mittelstandspolitik in Europa, 1999. ISBN 3-7908-1211-0

Band 173: T. Pitz, Recycling aus produktionstheoretischer Sicht, 2000. ISBN 3-7908-1267-6

Band 174: G. Bol, G. Nakhaeizadeh, K.-H. Vollmer (Hrsg.) Datamining und Computational Finance, 2000. ISBN 3-7908-1284-6

Band 175: D. Nautz, Die Geldmarktsteuerung der Europäischen Zentralbank und das Geldangebot der Banken, 2000. ISBN 3-7908-1296-X

Band 176: G. Buttler, H. Herrmann, W. Scheffler, K.-I. Voigt (Hrsg.) Existenzgründung, 2000. ISBN 3-7908-1312-5

Band 177: B. Hempelmann, Optimales Franchising, 2000. ISBN-3-7908-1316-8

Band 178: R. F. Pelzel, Deregulierte Telekommunikationsmärkte, 2001. ISBN 3-7908-1331-1

Band 179: N. Ott, Unsicherheit, Unschärfe und rationales Entscheiden, 2001. ISBN 3-7908-1337-0

Band 180: M. Göcke, Learning-by-doing und endogenes Wachstum, 2001. ISBN 3-7908-1343-5

Band 181: W. Schelkle, Monetäre Integration, 2001. ISBN 3-7908-1359-1

Band 182: U. Blien, Arbeitslosigkeit und Entlohnung auf regionalen Arbeitsmärkten, 2001. ISBN 3-7908-1377-X

Band 183: A. Belke, Wechselkursschwankungen, Außenhandel und Arbeitsmärkte, 2001. ISBN 3-7908-1386-9

Band 184: F. Jöst, Bevölkerungswachstum und Umweltnutzung, 2002. ISBN 3-7908-1405-9

Band 185: F. Bulthaupt, Lohnpolitik und Finanzmärkte in der Europäischen Währungsunion, 2001. ISBN 3-7908-1424-5

Band 186: P. J. J. Welfens, R. Wiegert (Hrsg.), Transformationskrise und neue Wirtschaftsreformen in Russland, 2002. ISBN 3-7908-1465-2

Band 187: M. Pflüger, Konfliktfeld Gobalisierung, 2002. ISBN 3-7908-1466-0

Band 188: K. Gutenschwager, Online-Dispositionsprobleme in der Lagerlogistik, 2002. ISBN 3-7908-1493-8